建设工程预算难点与实例系列丛书

装饰装修工程

张国栋　主编

中国建材工业出版社

图书在版编目(CIP)数据

装饰装修工程/张国栋主编. —北京：中国建材工业出版社,2014.1
(建设工程预算难点与实例系列丛书)
ISBN 978-7-5160-0621-4

Ⅰ.①装… Ⅱ.①张… Ⅲ.①建筑装饰-工程装修-建筑预算定额 Ⅳ.①TU723.3

中国版本图书馆 CIP 数据核字(2013)第257558号

内 容 简 介

本书是根据住房和城乡建设部最新颁布的《房屋建筑与装饰工程工程量计算规范》(GB 50854—2013)和《全国统一建筑工程基础定额》(GJD 101—1995)编写的,包含的章节有概述,楼地面工程,墙、柱面工程,顶棚工程,门窗工程,油漆、涂料、裱糊工程,其他工程等内容。每章对应设置有基本知识介绍,清单相关内容,问题答疑部分、实例解析部分,且实例解析部分对计算过程中涉及的计算数据有详细的来源注释和计算解释,方便读者快速学习。其中基本知识介绍是该章的基本知识点的讲解,也相当于是起到一个引导的作用。清单相关内容是该章所对应的本章在清单上的有关项目编码、项目名称及项目特征、工程量计算规则的说明,以及在清单中需要注意的问题。问题答疑部分是针对定额上的一些含糊不清、模棱两可以及计算系数的更改和替换等问题给予详细解答,让读者从迷惑中走出,快速走进预算门槛。每章的最后设置有分部分项实例,帮助读者进行实战演练,进一步巩固每章所涉及的知识点,以求快速提高自身水平。本书是初学预算者良好的枕边书,也可作为已经从事工程造价人员的实用参考书。

装饰装修工程
张国栋 主编

出版发行:中国建材工业出版社
地 址:北京市西城区车公庄大街6号
邮 编:100044
经 销:全国各地新华书店
印 刷:北京鑫正大印刷有限公司
开 本:787mm×1092mm 1/16
印 张:17.25
字 数:428千字
版 次:2014年1月第1版
印 次:2014年1月第1次
定 价:50.00元

本社网址:www.jccbs.com.cn

编写人员名单

主　　编　张国栋

参　　编　赵小云　毕晓燕　洪　岩　郭芳芳　李　锦
马　波　段伟绍　冯　倩　荆玲敏　丁　帅
柳晓娟　张　雪　费英豪　刘宗玉　付亚萱
王升帆　马　妍　梁　娜　李　纳　何婷婷
孔　秋　安新杰　王丽格　苏　莉　刘若飞

前　言

随着当今建筑行业的飞速发展,全国各大院校对建筑及其相关工程类专业的招生也在逐步扩大,多数学生在大学的几年时间里学习的是书本上的理论知识,缺乏解决实际问题的能力。若是让这些工程类相关专业的人员在学习或工作中多接触了解实际的工程案例,通过实践积累解决疑难问题的经验,长期下去受益匪浅。鉴于此,作者结合自身多年来做工程预算的经验加之在教学案例中遇到的问题,特组织编写了此系列书。

此系列书具有不同于其他造价类书的显著特点:

1. 开门见山,直入主题。将建筑工程预算的主要内容详列于第一章,给读者一种引路的感觉。

2. 图文表并举,简单易懂,该书每章所对应的基本知识及相关经济技术、数据查询、工程量计算规则、问题答疑等面面俱到,经典实例剖析统一按照《建设工程工程量清单计价规范》中相应的内容选择,所选例题精而准,方便读者学习。

3. 以住房和城乡建设部最新颁布的《房屋建筑与装饰工程工程量计算规范》(GB 50854—2013)为准则,并结合《全国统一建筑工程基础定额》(GJD 101—1995),捕捉最新信息,把握新动向,对清单中涉及的内容均进行了相应项目的详细介绍,并加以细致分析,以使读者能更深入地了解清单,为其能运用自如地套用实例奠定基础。

4. 详细的工程量计算和注释解说为读者提供了便利,同时将清单工程量与定额工程量对照,让读者可以在最短的时间内收到事半功倍的效果。

5. 该书结构清晰、层次分明、内容丰富、覆盖面广、适用性和实用性强、简单易懂,是初学造价工作者的一本理想参考书。

本书在编写过程中得到了许多同行的支持与帮助,在此表示感谢。由于编者水平有限和时间紧迫,书中难免有错误和不妥之处,望广大读者批评指正。如有疑问,请登录 www. gczjy. com(工程造价员网)或 www. ysypx. com(预算员网)或 www. debzw. com(企业定额编制网)或 www. gclqd. com(工程量清单计价网),或发邮件至 zz6219@163. com 或 dlwhgs@tom. com 与编者联系。

编　者

2013. 8

目　录

第1章　概　　述

1.1　装饰装修工程概况

装饰装修是指为使建筑物、构筑物内外空间达到一定的环境质量要求，使用装饰、装修材料对建筑物、构筑物外表和内部进行装饰处理的工程建设活动。

1.1.1　装饰工程的作用

1. 保护建筑主体结构

通过建筑装饰，使建筑物主体不受风雨和其他有害气体的影响。

2. 保证建筑物的使用功能

这是指满足某些建筑物在灯光、卫生、隔声等方面的要求而进行的各种装饰。

3. 强化建筑物的空间序列

对公共娱乐设施、商场、写字楼等建筑物的内部进行合理布局和分隔，满足在使用上的各种要求。

4. 强化建筑物的意境和气氛

通过建筑装饰，对室内外的环境再创造，从而达到精神享受的目的。

5. 起到装饰性作用

通过建筑装饰，达到美化建筑物和周围环境的目的。

1.1.2　装饰工程的特点及特性

建筑装饰工程由于其本身变化大，没有固定模式，所以具有范围宽，装饰形式变化大，工艺复杂，材料品种多，新工艺、新材料使用率高，价格差异大等特点。

上述特点归纳起来，主要表现在以下特性：

1. 单件性

指每个建筑物的装饰工程在形式上、工艺上、材料上、数量上都不相同，这就意味着必须分别对每个建筑装饰工程造价进行计算，我们将建筑装饰工程各不相同的特点称为单件性。

2. 新颖性

建筑装饰的生命力就在于不重复、有新意。建筑装饰通过采取不同的风格进行造型，采取不同文化背景和特色进行构图，采用新材料、新工艺进行装饰，使人产生耳目一新的感觉，从而达到建筑装饰、装修的目的。

3. 固定性

建筑装饰工程必须附着于建筑物主体结构上，而建筑物主体结构必须固定于某一地点，不能随意移动。

1.2 基本建设程序

1.2.1 基本建设的概念

基本建设指国民经济各部门中固定资产的再生产，如工厂、矿井、商店、住宅、医院等工程的建设和机器设备、车辆等的购置。

基本建设是再生产的重要手段，是发展国民经济的重要物质基础。

简单地说，基本建设就是固定资产的再生产，即把一定的物资，如各种建筑材料、机器设备等，通过购置、建造和安装等活动，转化为固定资产，形成新的生产能力或使用效益的过程。

1.2.2 基本建设项目组成

基本建设项目是按照基本建设管理和确定建筑安装工程造价的需要，由建设项目、单项工程、单位工程、分部工程、分项工程项目五个层次组成。

1. 建设项目

一般指在一个总体设计范围内，由一个或几个单项工程组成，经济上实行独立核算，行政上实行统一管理的建设单位。一般以一个企业、事业单位或独立的工程作为一个建设项目。

2. 单项工程

单项工程是建设项目的组成部分。是指有独立的设计文件，竣工后可以独立发挥生产能力或使用效益的工程，也可将它理解为独立存在意义的完整的工程项目。一个建设项目可以是一个单项工程，也可以包括许多个单项工程。在工业建筑中，各个生产车间、仓库等；民用建筑中教学楼、图书馆、住宅等都是单项工程。

3. 单位工程

各单项工程可分解为能独立施工的单位工程。单位工程是施工企业的产品，民用建筑物或构筑物的土建工程连同安装工程一起称为一个单位工程。例如，一个生产车间的厂房修建、电气照明、给水排水、电气设备安装等，都是生产车间这个单项工程中包括的不同性质的工程内容的单位工程。

4. 分部工程

由于考虑到组成单位工程的各部分是由不同工人用不同工具和材料完成的，可以把单位工程进一步分解为分部工程。分部工程是单位工程的组成部分，一般按工种工程来划分，如土石方工程、脚手架工程、装饰油漆工程等；也可按单位工程的各个组成部分来划分，如基础工程、楼地面工程等。

5. 分项工程

按照不同的施工方法、构造及规格可以把分部工程进一步划分为分项工程，分项工程是能用较简单的施工过程生产出来的，可以用适量的计量单位计算并便于测定或计算的工程基本构成要素，是假定的建筑安装产品，假定建筑产品虽然没有独立存在的意义，但这一概念在预算编制原理、计划统计、施工、工程预算、会计核算等方面都是必不可少的重要概念。

其基本建设项目划分如图 1-1 所示。

1.2.3 工程建设项目的建设程序

我国的工程项目建设程序随着经济建设的发展，随着人们对工程建设规律的认识逐步建立不断完善起来，工程建设程序是人们在认识客观规律的基础上按照建设项目发展的内在联

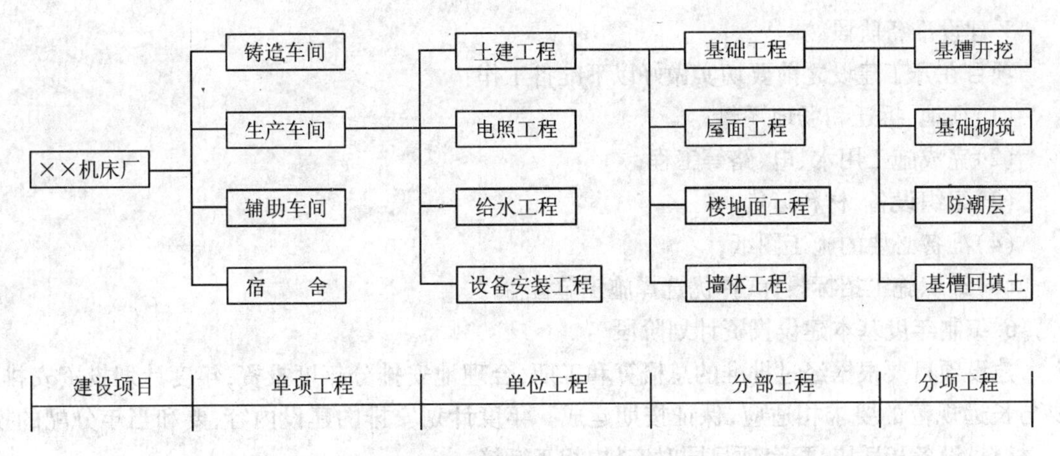

图 1-1　基本建设项目划分示意图

系的发展过程制定出来的，是工程建设项目科学决策和顺利进行的重要保证。一个工程建设项目从提出项目设想、选择、评估、决策、设计、施工到开始生产的这个过程一般称为工程建设项目的生命周期，在这个项目的生命周期里根据项目管理的内容不同可分为工程建设项目决策评估阶段、设计阶段、招投标阶段、施工阶段、竣工保修阶段等，这些阶段是一个循序渐进的工作过程，顺序不可颠倒，但可以重叠交叉进行。

根据我国现行规定，一般大中型和限额以上的项目从建设前期工作到建设投产，主要经历以下十个阶段：

1. 投资机会研究和项目建议书阶段

项目建议书是要求建设某一个工程项目的建议文件，是工程建设程序中最初阶段的工作，是投资决策前对拟建项目的轮廓设想。项目建议书的作用是为了推荐一个拟进行建设项目的初步说明和阐述其建设的必要性、条件的可行性和获利的可能性，提交工程建设主管部门选择，并确定是否进行下一步工作。项目建议书经批准后，便可进行详细的可行性研究工作，有些部门在提出项目建议书之前还增加了初步可行性研究工作，对拟进行建设的项目初步论证后，再进行编制项目建议书。项目建议书编制完成后，按照建设总规模和限额划分的审批权限进行报批。

2. 可行性研究报告阶段

可行性研究报告是确定建设项目，编制设计文件的重要依据，要求它必须有相当的深度和准确性。可行性研究报告批准后，不得随意改变和变更，凡经可行性研究未被通过的项目，即未被正式立项，因此也就不得进行下一步的工作。

3. 建设地点的选择阶段

按照隶属关系，由主管部门组织勘察设计等单位和所在地部门共同进行，凡在城市辖区内选点的，要取得城市规划部门的同意，并且要有对项目建设规划要求的批准文件。

4. 设计工作阶段

根据建设项目的不同情况，设计过程一般划分为两个阶段，即初步设计和施工图设计，重大项目和技术复杂项目可根据不同行业的特点和需要，增加技术设计阶段，初步设计是设计的第一阶段，如果初步设计提出的总概算超过可行性研究报告确定的总投资估算 10% 以上或其他主要指标需要变更时，要重新报批可行性研究报告。初步设计文件经批准后，全厂总平面布置、主要工艺流程、主要设备、建筑面积、建筑结构和总概算等不得随意修改、变更。

5. 建设准备阶段

项目在开工建设之前要切实做好以下准备工作：

(1)征地、拆迁和场地平整；

(2)完成施工用水、电、路等工程；

(3)组织设备、材料订货；

(4)准备必要的施工图纸；

(5)组织施工招标投标，择优选择施工单位。

6. 编制年度基本建设投资计划阶段

建设项目要根据经过批准的总概算和工期，合理地安排分年度投资，年度计划投资安排，要与长远规范的要求相适应，保证按期建成。年度计划安排的建设内容，要和当年分配的投资、材料、设备相适应，配套项目同时安排，相互衔接。

7. 建设实施阶段

项目新开工时间，按设计部门规定，是指建设项目设计文件中规定的任何一项永久性工程第一次正式破土开槽开始施工的日期，不需要开槽的工程，以建筑物组成的正式打桩作为正式开工。

8. 生产准备阶段

建设单位要根据建设项目或主要单项工程生产技术特点，及时地组成专门班子或机构，有计划地抓好生产准备工作，保证项目或工程建成后能及时投产。

9. 竣工验收阶段

竣工验收是建设过程的最后一环，是全面考核基本建设成果、检验设计和工程质量的重要步骤，也是基本建设转入生产或使用的标志。通过竣工验收，一是检验设计和工程质量，保证项目按设计要求的技术经济指标正常生产；二是相关部门和单位可以总结经验教训；三是建设单位对经验收合格的项目可以及时移交固定资产，使其由基建系统转入生产系统或投入使用。

10. 后评价阶段

建项建设后评价是工程项目竣工投产、生产运营一段时间后，再对项目的立项决策、设计施工、竣工投产、生产运营等全过程进行系统评价的一种技术经济活动，是固定资产投资管理的一项重要的内容，也是固定资产投资管理的最后一个环节。通过建设项目后评价以达到肯定成绩、总结经验、研究问题、吸取教训、提出建议、改进工作、不断提高项目决策水平和投资效果的目的。

1.3 基本建设费用组成

1.3.1 建设项目工程造价的构成

建设工程造价指建设项目有计划地进行固定资产再生产、形成相应的无形资产和铺底流动资金的一次性费用的总和。它由建筑安装工程费用，设备、工器具费用和工程建设其他费用组成，见表 1-1。

1.3.2 建设装饰工程造价费用构成

同其他建筑工程一样，建筑装饰工程也是建筑产品，因而，也需要计算其产品价格，建筑装饰工程造价从本质上讲，就是该产品价值的货币表现形式。在社会主义市场经济条件下，建筑装饰工程造价的基本理论是建立在劳动价值论和供求关系理论的基础之上的。

表 1-1　我国建设工程造价的构成及各项费用的计算方法

费用项目		参考计算方法
(1)建筑安装工程费用	直接工程费	Σ(实物工程量×概预算定额基价+其他直接费)
	间接费	(直接工程费×取费定额)或(人工费×取费定额)
	利润	[(直接工程量+间接费)×利润率]或(人工费×利润率)
	税金	(直接工程费+间接费+计划利润)×规定的税率
(2)设备、工器具费用	设备购置费(包括备品备件)	设备原价×定额费率(1+设备运杂费率)
	工器具及生产家具购置费	设备购置费×定额费率
(3)工程建设其他费用	土地使用费	按有关规定计算
	建设单位管理费	[(1)+(2)]×费率或按规定的金额计算
	研究试验费	按批准的计划编制
	生产准备费	按有关定额计算
	办公和生活家具购置费	按有关定额计算
	联合试运转费	[(1)+(2)]×费率或按规定的金额计算
	勘察设计费	按有关规定计算
	引进技术和设备进口项目其他费	按有关规定计算
	供电贴费	按有关规定计算
	施工机构迁移费	按有关规定计算
	临时设施费	按有关规定计算
	工程监理费	按有关规定计算
	工程保险费	按有关规定计算
	财务费用	按有关规定计算
	经营项目铺底流动资金	按有关规定计算
	预备费	[(1)+(2)+(3)]×费率
	其中:价差预备费	按规定计算
	固定资产投资方向调节税	建设项目总费用×规定的税率

我国现行建筑装饰工程费用构成如图 1-2 所示。

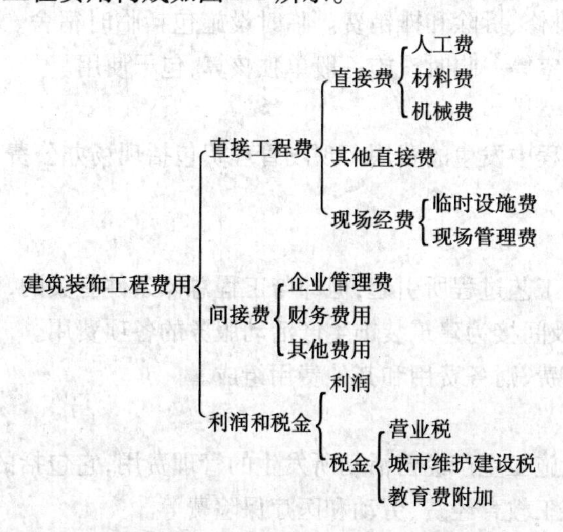

图 1-2　我国现行建筑装饰工程费用构成

1. 直接工程费

建筑装饰工程直接工程费由直接费、其他直接费和现场经费组成。

1）直接费

指在施工过程中直接耗费的构成工程实体或有助于形成工程实体的各项费用。直接费由人工费、材料费和机械费组成。

（1）人工费

指直接从事装饰工程施工的生产工人开支的各项费用，包括了生产工人基本工资、职业福利费等内容。

（2）材料费

指施工过程中耗用的构成工程实体的主要材料及辅助材料的费用，其主要材料价格按材料所在地的市场预算价格执行。

（3）机械费

指使用施工机械作业所发生的机械使用费以及机械安拆和进出场费，具体内容包括折旧费、大修理费、燃料动力费、养路费等。

2）其他直接费

其他直接费指除了直接费以外在施工过程中直接发生的其他费用。其他直接费包括如下内容：

（1）冬、雨期施工增加费。指在冬期、雨期施工期间，为了确保工程质量，采取保温、防雨措施所增加的临时设施、劳保用品、防滑、排除雨雪的人工以及因功效和机械作业效率降低所增加的费用。

（2）夜间施工增加费。指为确保工程质量和工期，需要在夜间连续施工或在特殊施工条件下必需增加的照明设施、夜餐补助、劳动效率降低等费用。

3）现场经费

指为施工准备、组织施工生产和管理所需的费用，包括临时设施费和现场管理费。

（1）临时设施费

指施工企业为进行工程建设所需的生活和生产用的临时性、半永久性的建筑物、构筑物和其他临时设施的搭设、维修、拆除和摊销费。临时设施包括临时宿舍、文化福利及公用事业房屋与构筑物、仓库、办公室等。临时设施一般单独核算，包干使用。

（2）现场管理费

指现场组织施工过程中发生的费用。现场管理费包括现场办公费、差旅交通费、固定资产使用费、工程保修费等。

2. 间接费

指虽不直接由施工工艺过程所引起，但却与工程总体条件有关的，建筑装饰企业为组织施工和进行经营管理，以及间接为建筑装饰生产活动服务的各项费用。

间接费由企业管理费、财务费用和其他费用组成。

1）企业管理费

指施工企业为组织施工生产经营活动所发生的管理费用，它包括的内容有企业办公费、工具用具费、工会经费、职工教育经费、劳动和医疗保险费等。

2）财务费用

指企业为筹集资金而发生的各项费用,包括企业经营期间发生的短期贷款利息净支出、汇总净损失、金融机构手续费及企业筹集资金发生的其他财务费用等。

3)其他费用

指按规定支付工程造价管理部门的定额编制管理费及劳动管理部门的定额测定费,以及按有关部门规定支付的上级管理费,如建筑工程质量监督费、安全监督费、建筑企业上级管理费等。

3. 利润和税金

1)利润

利润是企业职工为社会劳动所创造的那部分价值在工程造价中的体现,1993 的建设部、国家体改委、国家院经贸办在批准发布的《全民所有制建筑安装企业转换经营机制实施办法》中提出:"为维护国家和企业的利益,对工程项目的不同投资来源或工程类别实行在利润基础上的差别利润率。"

2)税金

建筑装饰工程税金是指国家税法规定的应计入装饰工程费用的营业税、城市维护建设税及教育费附加。

1.3.3 建筑装饰工程费的计算方法

建筑装饰工程费用以人工费为基础进行计算,其理论计算方法见表1-2。

表1-2 建筑装饰工程费用理论计算方法

序　号	费 用 名 称	计 算 式
1	直接工程费	1.1 +1.2 +1.3
1.1	定额直接费	Σ(分项工程量×分项工程定额基价)
1.2	其他直接费	定额人工费×其他直接费费率
1.3	现场经费	定额人工费×现场经费费率
2	间接费	定额人工费×间接费费率
3	利　润	人工费×利润率
4	税　金	(1 +2 +3)×税率
5	工程造价	1 +2 +3 +4

1.4 建筑装饰工程清单计价

1.4.1 工程量清单计价的概念及特点

1. 工程量清单计价的概念

工程量清单计价是一种国际上通行的建设工程造价计价方式,是在建设工程招标投标中,招标人按照国家统一的工程量计算规则提供工程数量,由投标人依据工程量清单自主报价,并经审后低价中标的工程造价计价方式。

2. 工程量清单计价的主要特点

1)计价规范起主导作用

工程量清单计价由国家颁发的《建设工程工程量清单计价规范》来规范计价方法,该规范具有权威性和强制性。

2)规则统一、价格放开

规则统一是指工程量清单实行统一项目编码、统一项目名称、统一计量单位、统一工程量计算规则。价格放开是指确定工程量清单计价的综合单价由企业自主确定。

3)以综合单价确定分部分项工程费

综合单价不仅包括人工费、材料费、机械使用费,还包括间接费和利润,它是计算分部分项工程费用的重要依据。

4)计价方法与国际通行作好接轨

工程量清单计价采用综合单价法的特点与FIDIC合同条件所要求的单价合同的情况相符合,能较好地与国际通行的计价方法接轨。

5)工程量统一,消耗量可变

在工程量清单计价中,招标单位提供的工程量是统一的,但各投标报价的消耗量,可由各自企业定额消耗量水平的情况确定,是可以变化的。

1.4.2 工程量清单编制

1.工程量清单的编制原则和编制依据

工程量清单指拟建工程的分部分项工程项目、措施项目、其他项目名称和相应数量的明细清单,是招标文件中的组成部分之一。

1)工程量清单的编制原则

(1)要满足建设工程施工招投标的需要,能够对工程造价进行合理确定和有效控制。

(2)编制工程量清单要做到四统一。

①项目编码统一。编码是为工程造价信息全国共享而设的,要求全国统一。项目编码共设12位数字,规范统一到前9位,后三位由编制人确定。

②项目名称统一。项目设置的原则之一是不能存在重复、完全相同的项,只能相加后列一项,用同一编码,即一个项目只有一个编码,只有一个对应的综合单价。

③计量单位统一。工程量的计量单位均采用基本单位计量,编制清单或报价时,一定要以规定的计量单位计。

④工程量计算规则统一。每个清单项目都有一个相应的工程量计算规则,此规则全国统一。

(3)有利于规范建筑市场的计价行为,能够促进企业的经营管理、技术进步、增加施工企业在国内外市场的竞争能力。

(4)适当考虑我国目前工程造价管理工作的现状,实行市场调节价。

2)工程量清单的编制依据

(1)装饰装修工程图纸

(2)施工现场条件

(3)《房屋建筑与装饰工程工程量计算规范》(GB 50854—2013)

2.工程量清单的编制内容

工程量清单是招标文件的组成部分,由招标人提供、主要反映工程拟建情况和拟建数量,该数量系招标人估算的和临时的,作为投标人报价的共同基础,付款以实际完成工程量,工程量清单由具有编制招标文件能力的招标人或受其委托的具有相应资质的中介机构编制。

工程量清单由分部分项工程量清单、措施项目清单、其他项目清单组成。

1)分部分项工程量清单

分部分项工程量清单为不可调整的闭口清单,投标人对招标文件提供的分部分项工程量清单必须逐一计价,对清单所列内容不允许作任何更改变动。投标人如果认为清单内容有不妥或遗漏,只能通过质疑的方式由清单编制人作统一的修改更正,并将修正后的工程量清单发往所有投标人。

分部分项工程量清单的综合单价,不得包括招标人自行采购材料的价款。

分部分项工程量清单编制程序如图 1-3 所示。

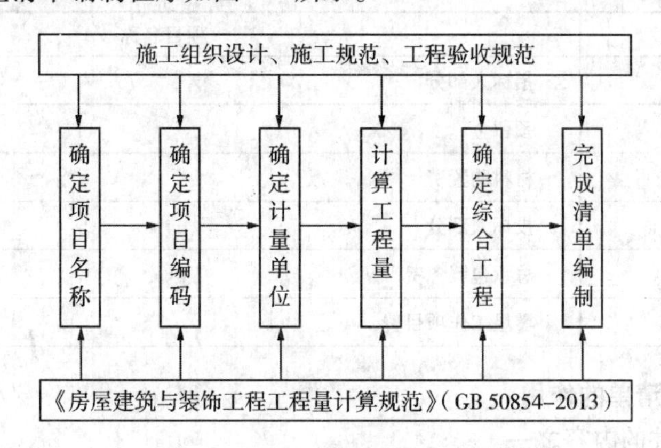

图 1-3 分部分项工程量清单编制程序

2)措施项目清单

措施项目清单中所列的措施项目均以“一项”提出,所以计价时,首先应详细分析其所含工程内容,然后确定其综合单价。措施项目不同,其综合单价组成内容可能有差异,措施项目清单为可调整清单,投标人对招标文件中所列项目,可根据企业自身特点作适当的变更增减。投标人要对拟建工程可能发生的措施项目和措施费用作通盘考虑,清单计价一经报出,即被认为是包括了所有应该发生的措施项目的全部费用。如果报出的清单中没有列项,且施工中又必须发生的项目,业主有权认为,其已经综合在分部分项工程量清单的综合单价中。将来措施项目发生时投标人不得以任何借口提出索赔与调整。

措施项目清单应根据拟建工程的具体情况,参照表 1-3 列项,如果出现表中未列项目,编制人可作补充。

表 1-3 装饰工程措施项目一览表

序号	项目	序号	项目
1.1	环境保护	1.8	混凝土、钢筋混凝土模板及支架
1.2	文明施工	1.9	脚手架
1.3	安全施工	1.10	已完工程及设备保护
1.4	临时设施	1.11	施工排水、降水
1.5	夜间设施	3.1	垂直运输机械
1.6	二次搬运	3.2	室内空气污染测试
1.7	大型机械设备进出场及安拆		

3)其他项目清单

其他项目清单由招标人、投标人两部分组成。招标人填写的内容随招标文件发至投标人或标底编制人，其项目、数量、金额等投标人或标底编制人不得随意改动。由投标人填写部分的零星工作项目表中，招标人填写的项目与数量，投标人不得随意更改，且必须进行报价。如果不报价，招标人有权认为投标人就未报价内容要无偿为自己服务。当投标人认为招标人列项不全时，投标人可自行增加列项并确定本项目的工程数量及计价。

其他项目清单应根据拟建工程的具体情况列项，内容详见表1-4，实际工程中出现表中未列的项目，编制人可作补充。

表1-4　其他项目清单

序号	项目名称
1	招标人部分
1.1	预留金
1.2	材料购置费
2	投标人部分
2.1	总承包服务费
2.2	零星工作项目费

1.4.3　工程量清单的作用

1. 作为招标文件的内容之一。

2. 作为招标人编制招标标底的依据。

3. 作为投标人编制投标报价的依据。

4. 作为评标和签订施工合同的依据。

5. 作为统计实物工程量、支付工程进度款和竣工结算的依据。

6. 作为调整工程量、进行工程进度款和竣工结算的依据。

总之，工程量清单是在市场下工程招标投标发包人和承包人之间，从招标投标开始直至竣工结算为止，双方进行核算、处理经济关系、进行经营管理活动不可缺少的基础数量依据。

第2章 楼地面工程

2.1 楼地面造价基本知识

2.1.1 楼地面相关应用释义

整体面层：相对于块料面层而言，用现场浇筑法一次性铺筑成整片直接接受各种荷载、冲击的表面层。一般分为水泥砂浆面层、水磨石面层、细石混凝土面层、钢筋混凝土面层等。

块料面层：是以陶质材料制品及天然石材等为主要材料铺设在用建筑砂浆或粘结剂作结合层的直接接受各种荷载、摩擦、冲击的表面层。一般分为方整石面层、红（青）砖面层、锦砖面层、水泥砖面层、混凝土面层、大理石面层、花岗石面层、水磨石面层等。

找平层：是在垫层、楼板或轻质松散材料上起找平或找坡作用的构造层，其部位在面层与结构层之间。

垫层：是指用水泥、碎石、炉渣灰、大颗粒砂石、砂子、灰土、三合土等加水浇筑而成的混凝土层。浇筑时根据承受荷载的大小可按不同配合比进行浇筑。它用来承受基础或地面的荷载，并将荷载均匀传递到下面的土层，有承重、隔声、防潮等作用，一般有素混凝土、炉渣混凝土、毛石垫层之分，如图2-1所示。

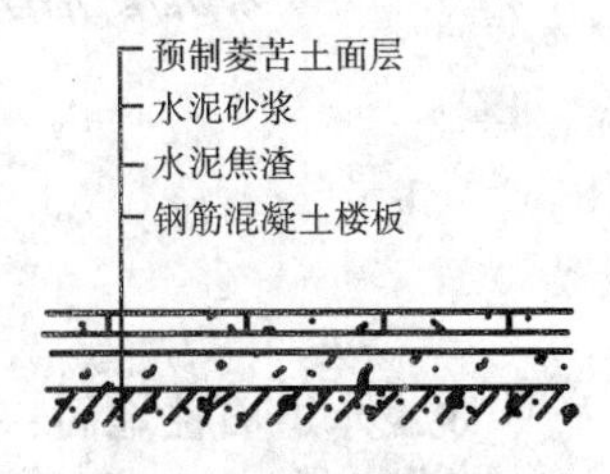

图2-1 地面垫层

水泥砂浆地面：用1∶3或1∶2.5的水泥砂浆在基层上抹15～20mm厚，抹平后待其终凝前再用铁板压光而成的地面，叫水泥砂浆地面，如图2-2所示。

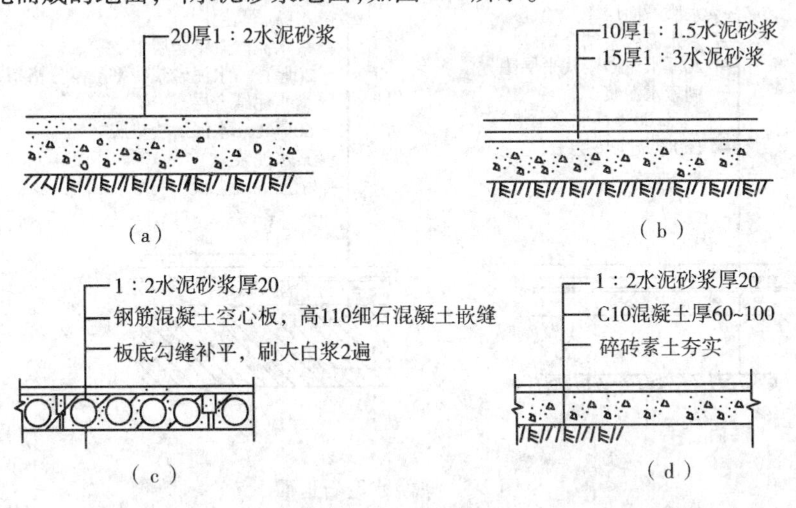

图2-2 水泥砂浆地面

（a）水泥砂浆地面单层；（b）水泥砂浆地面双层；（c）楼地面；（d）地面

楼地面：由于楼面与地面面层的构造基本相同，所以常把楼面层也称为地面。楼板层、结构层即为楼面基层，如图2-3所示。

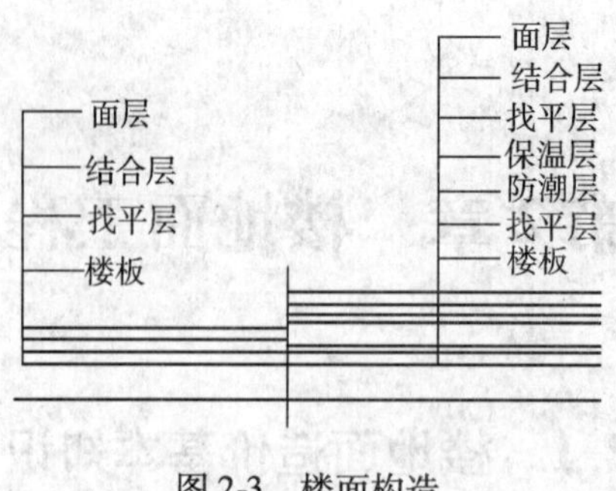

图 2-3　楼面构造

散水:亦称护坡,为使房屋外墙四周和勒脚附近不积水并及时排出雨水,在建筑物外墙四周地面采用不易透水的材料做成3% ~5% 的坡度以便将雨水排至远处的设施叫散水,有混凝土、砖铺、毛石等散水,如图 2-4 所示。

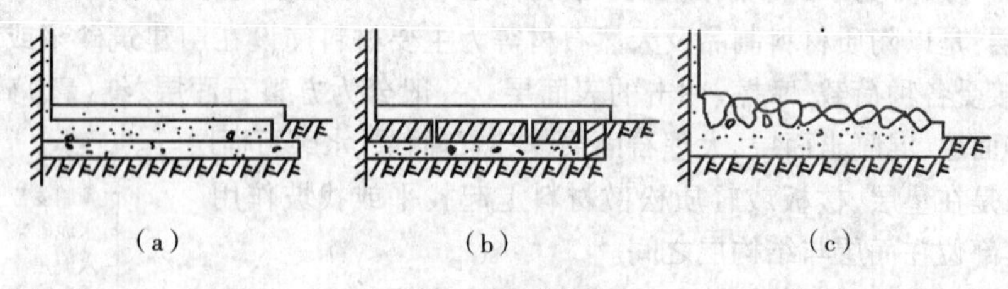

图 2-4　散水

(a)混凝土;(b)砖铺;(c)毛石

现浇水磨石楼地面:在水泥砂浆或混凝土垫层上,按设计要求分格镶嵌嵌条,并浇筑一定厚度的水泥石子浆,硬化后磨光露出石渣并经补浆、细磨、酸洗、打蜡,即成水磨石面层。分为普通水磨石、彩色水磨石和高级水磨石三种。其配合比一般为 1∶1.5 ~1∶2.5(水泥∶石粒)。厚度为 12 ~18mm。现浇水磨石楼地面的构造,如图 2-5 所示。

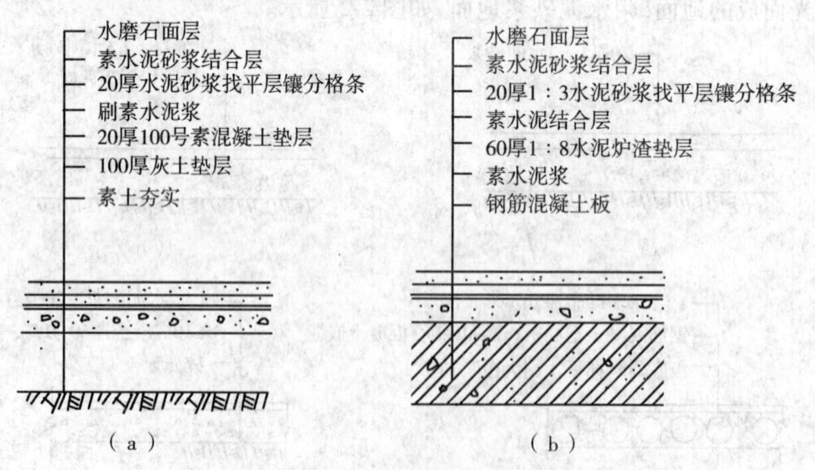

图 2-5　现浇水磨石地面

(a)首层;(b)楼层

踢脚板:亦称踢脚线,是用以遮盖楼地面与墙面的接缝和保护墙面,以防撞坏或拖洗地面时把墙面弄脏的板。有缸砖、木、水泥砂浆和水磨石、大理石之分,如图 2-6 所示。其形式如图 2-7 所示。

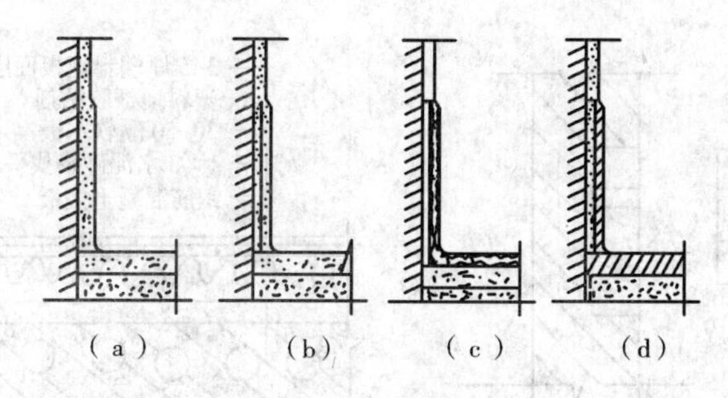

图 2-6　踢脚板

(a)水泥踢脚板;(b)水磨石踢脚板;

(c)缸砖踢脚板;(d)木踢脚板

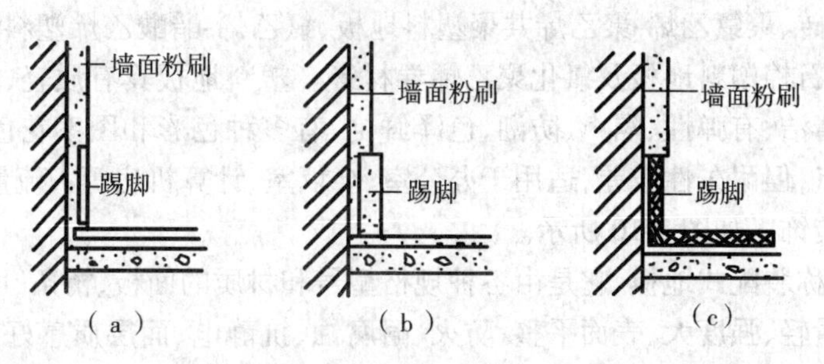

图 2-7　踢脚板的形式

(a)相平;(b)凸出;(c)凹进

菱苦土地面:是以菱苦土、氯化镁溶液、木屑、滑石粉及矿物颜料等配制成胶泥,经铺抹压平,养护 4d 硬化稳定后,用磨光机磨光打蜡而成。菱苦土地面应采用刚性垫层,一般情况下,可选用混凝土垫层。楼层地面采用菱苦土地面时,面层可以直接做在钢筋混凝土楼板上。楼板表面不平时,应加做 1∶3 水泥砂浆找平层。菱苦土地面构造做法如图 2-8 所示。

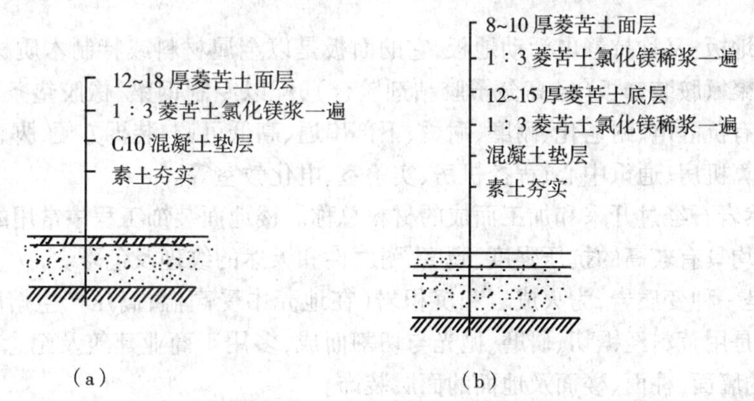

图 2-8　菱苦土地面

(a)单层做法;(b)双层做法

砖地面:指用普通机制砖作地面面层,通常将砖侧砌,垫层为 60mm 砂垫层,用水泥砂浆钗缝,也有平铺灌缝的,常需做耐腐蚀加工,将砖放在沥青中浸渍后铺砌,用沥青砂浆砌铺。

壁龛:指的是墙壁上空缺一块用分好格的木框安在其内方便放置物件的一种简单的构件,如图 2-9 所示。

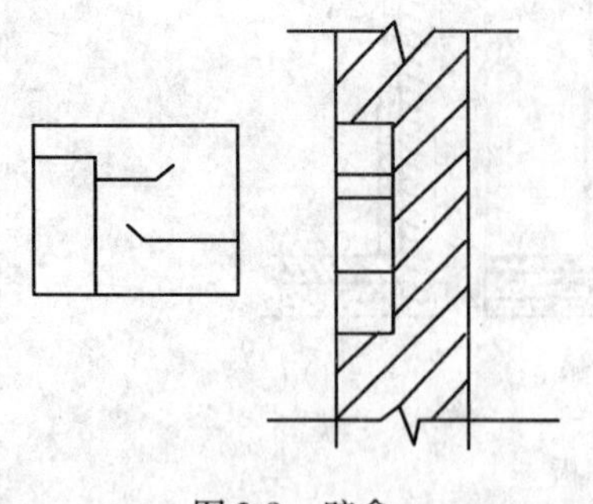

图 2-9　壁龛

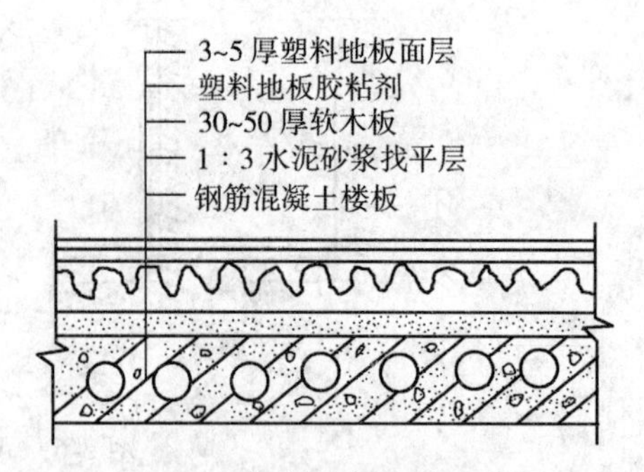

图 2-10　塑料地板构造示意图

塑料地板:常用于地面面层的塑料地板分为半硬质、软质板块和软质卷材。有聚氯乙烯塑料地板、塑料地板砖、聚氯乙烯-聚乙烯共聚塑料地板、氯乙烯-醋酸乙烯塑料地板、聚乙烯树脂塑料地板、半硬质石棉塑料地板及氯化聚乙烯卷材等。塑料地板具有质轻、表面光滑、有一定耐磨性、耐腐、易清洁、有弹性、隔声、防潮、色泽鲜艳、有多种色彩和图案花色、铺贴施工方便、装饰效果好等特点,但耐久性较差,适用于办公室、会议室、计算机房等人流量不大的公共建筑和住宅室内地面装饰。如图 2-10 所示。

活动地板:又称装配式地板,它是由各种规格型号和材质的面板、桁条、可调支架等组合拼装而成。具有质量轻、强度大、表面平整、防火、耐腐蚀、抗静电、面层质感好、装饰效果佳等特点。它适用于计算机房、实验室、程控调度室、广播室、自动化办公室、通讯枢纽及其他防静电要求的场所。

活动地板的面板有木质活动地板,常用平压刨花板双面贴三聚氰胺甲醛树脂装饰板,或采用贴塑刨花胶合板;铝质活动地板,多为各种复合板,如面板底面用铝合金板,中间由玻璃钢浇制成空心夹层,表面由聚酯树脂加抗静电剂、填料制成抗静电塑料贴面,或者用铸铝合金表面粘中软塑料。各种活动地板常用规格为 450mm × 450mm、500mm × 500mm、600mm × 600mm,厚 20 ~ 40mm。

防静电楼地板:又称抗静电活动地板,它的面板是以金属材料或特制木质材料为基材,表面覆以高压三聚氰胺装饰板(经高分子胶粘剂胶合),配以专制钢梁、橡胶垫条和可调金属支架而成。它具有抗静电、耐老化、耐磨、耐烫、下部串通、高低可调、装拆方便、脚感舒适等特点,适用于电子计算机房、通讯中心、程控机房、实验室、电化教室等。

石材:天然岩石经过开采和加工而成的材料总称。楼地面装饰工程中常用的有大理石、花岗石等。它们均具有较高的抗压强度、硬度、耐磨性和天然的纹理及色彩。

大理石:是一种变质岩,为火成岩和沉积岩(在地壳中受高温,高压产生熔融结晶而成)。大理石饰面板是用荒料经锯切、研磨、抛光与切割而成,多用于商业建筑及纪念性建筑物的大厅、大堂等处的墙面、柱面、楼面及地面的面层装饰。

楼梯面层:包括踏步、休息平台以及小于 500mm 宽的楼梯井的表面。

防滑条:对于人流量较大的楼梯,踏步表面应考虑防滑措施。通常是在靠近踏步阳角部位做防滑条,防滑条所用材料可选用水泥铁屑、金刚砂、金属条等,如图 2-11 所示。

楼梯井:由楼梯所围合的中空的类似井状的空间,如图 2-12 所示。

踏步:供人们上楼用的踏步。踏步构造如图 2-13 所示。分为踏面(供行走时踏脚的水平部分)和踢面(形成踏步高差的垂直部分)。底层楼梯的第一个踏步,为美观起见可与栏杆扶手相配合做成特殊的形式,如图 2-14 所示。

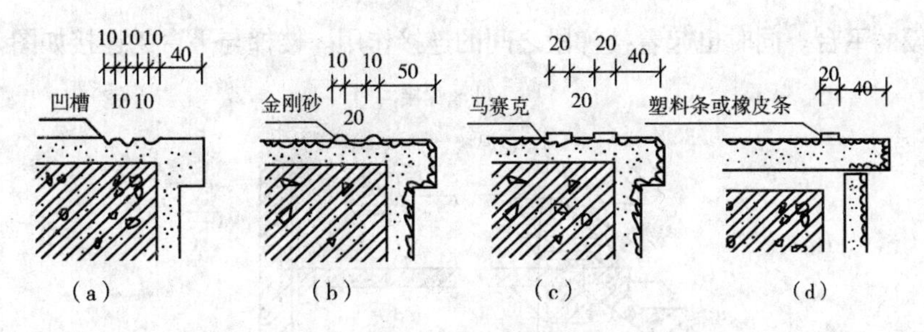

图 2-11 踏步防滑条构造

(a)防滑凹槽;(b)金刚砂防滑条;(c)贴马赛克防滑条;(d)嵌橡皮防滑条

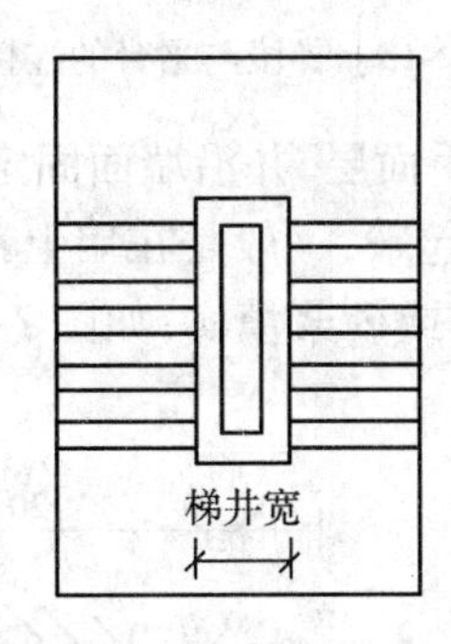

图 2-12 楼梯井平面图

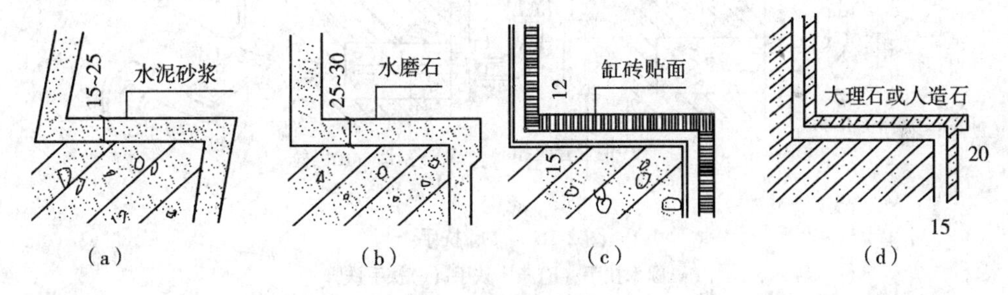

图 2-13 踏步面层构造

(a)水泥砂浆面层;(b)水磨石面层;(c)缸砖贴面大理石;(d)大理石或人造石面层

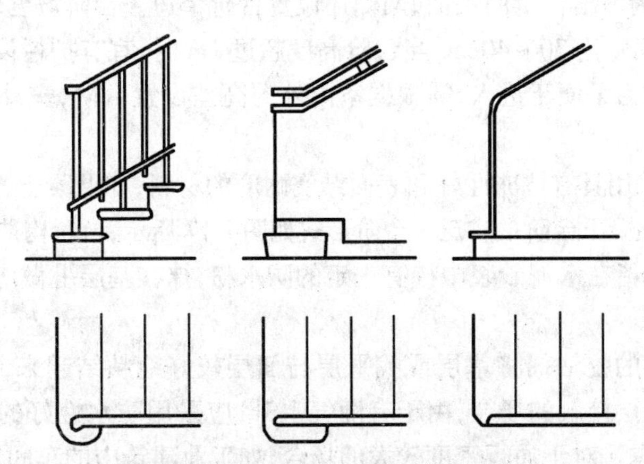

图 2-14 梯段第一个踏步构造处理

休息平台:指两楼梯段之间的水平板。主要用来缓解疲劳,使人们在上楼过程中能得到暂时的休息而铺设的平台。同时也起着楼梯段之间的连接作用。楼梯与平台的连接如图 2-15 所示。

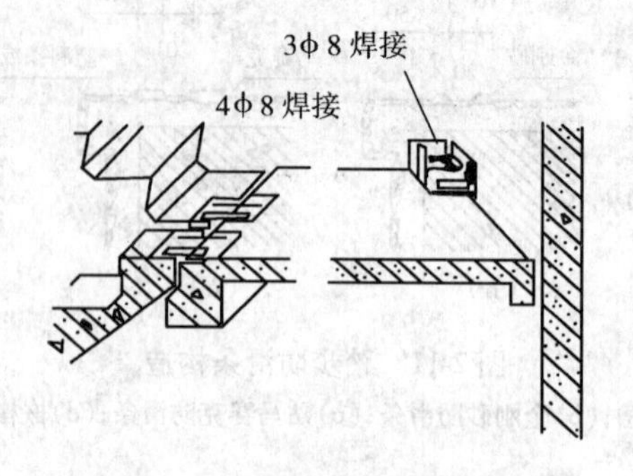

图 2-15　梯段与平台的连接

硬木靠墙扶手:是指用硬木做扶手面层,并沿墙面固定的扶手。将硬木扶手固定在墙上,具体做法为:用铁脚使扶手与墙联系起来,一般是在墙上预留 120mm × 120mm × 120mm 的孔洞,将栏杆铁件伸入洞中,再用混凝土或砂浆填实,如图 2-16 所示。一般用于公共场合,人员流动较大的楼梯中。

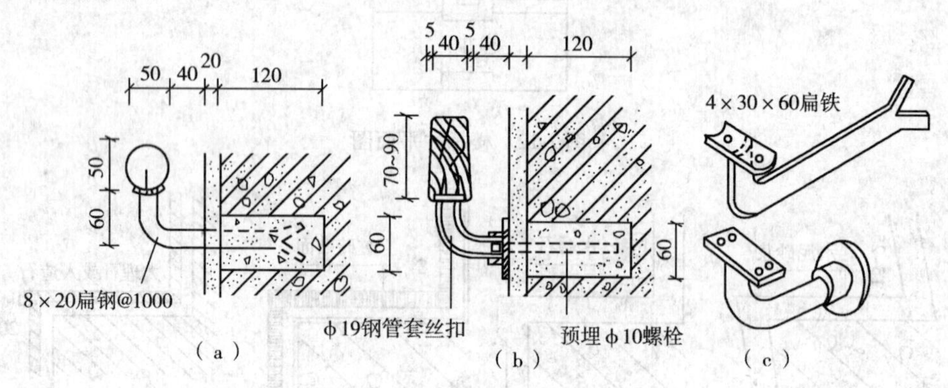

图 2-16　靠墙扶手

(a)圆木扶手;(b)条木扶手;(c)扶手铁脚

台阶:是连接两个高低地面的交通踏步阶梯。由踏步和平台组成,其形式有单面踏步式、三面踏步式等。有时为突出台阶的正面,两侧还设置台阶牵边。台阶坡度较楼梯平缓,每级踏步高为 10 ~ 15cm,踏面宽为 30 ~ 40cm,当台阶高度超过 1m 时,宜有护栏设施。一般建筑的室内地面高于室外地面,为了便于进入,需根据室内外的高差设置台阶,室外门前为了便于车辆进出,常做坡道。

建筑物的台阶应采用具有抗冻性好和表面结实耐磨的材料,如混凝土、天然石、缸砖等。大量的民用建筑以采用混凝土台阶最广泛。台阶形式如图 2-17 所示,台阶构造如图 2-18 所示。

水泥砂浆防潮层:指在水泥砂浆中掺有一定的防水粉,抹在基层上做防水处理的方法叫水泥砂浆防潮层。

粘结层:选择适当的胶粘剂将基层或找平层与面层较好地粘结起来,增强楼地面的整体性。例如,在基层和地层接触的场合,由于有潮气上升,应采用防水性好的胶粘剂。地面的使用条件也必须加以考虑。对于通行密度较大的场合,如工业建筑中的车间地面等,应采用粘接强度较高的胶粘剂。而经常与水或化学药品接触的地面,则应采用耐水性和耐化学药品性良好的胶粘剂。

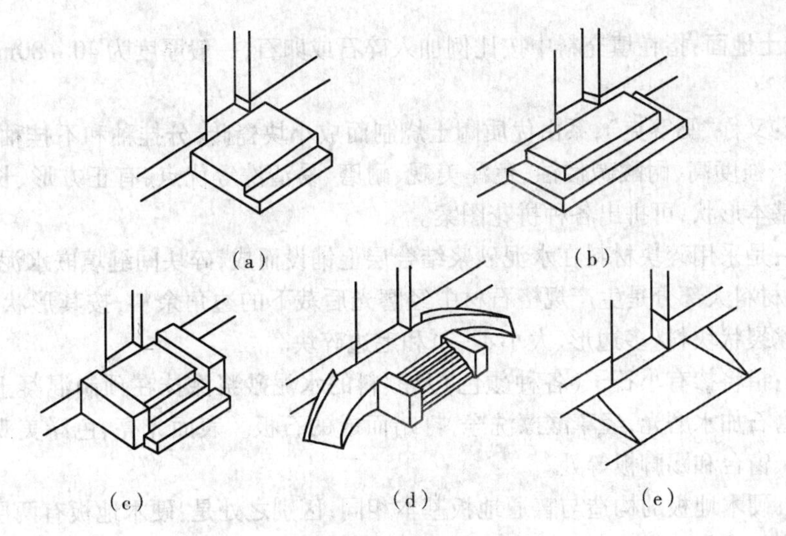

图 2-17 台阶的形式

(a)单面踏步式;(b)三面踏步式;(c)单面踏步带方形石;(d)坡道与踏步结合;(e)坡道

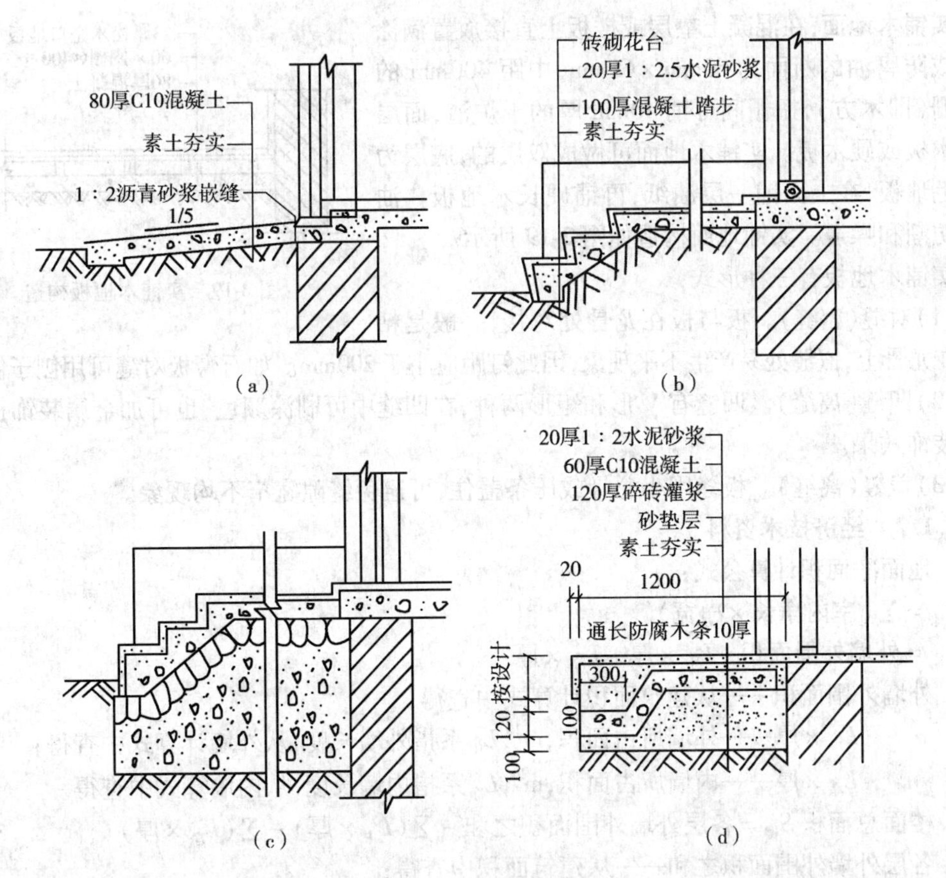

图 2-18 台阶的构造

(a)、(b)不考虑冰冻地区的台阶构造;(c)、(d)考虑冰冻地区的台阶构造

灰渣三合土:指石灰、炉渣(砂)和碎砖(石),其比例为 1:2:4,厚度为 80 ~ 150mm,可加水泥随打随抹,使其成为光平的地面。

沥青混凝土地面:指在填充料中按比例加入碎石或卵石,一般厚度为40~80mm的混凝土面层。

陶瓷锦砖:又称“马赛克”,系由优质陶土烧制而成小块瓷砖,分挂釉和不挂釉。陶瓷锦砖具有质地坚实、强度高、耐酸碱侵蚀、色泽美观、耐磨、易清洗等优点,有正方形、长方形、六角形、斜长条等基本形状,可拼出各种拼花图案。

拼碎材料:是采用碎块材料在水泥砂浆结合层上铺设而成,碎块间缝填嵌水泥砂浆或水泥石粒等。碎块材料大部分是生产规格石材中经磨光后裁下的边角余料,按其形状可分为非规格矩形块料,冰裂状块料(多边形、大小不一)和毛边碎块。

水磨石板:指将掺有小石子(各种颜色)及颜料的水泥砂浆涂抹在预制混凝土板上,待硬化后,用硬质磨石加水磨光,经草酸擦洗净,打蜡而成的石板。表面光亮、色泽美观,常用于地板、地面、踏步、窗台和踢脚板等处。

硬木地板:硬木地板的构造与普通地板基本相同,区别之处是:硬木地板有两层,下层为毛板,上层为硬木板。如要求防潮,在毛板与硬木地板之间增设一层油纹或席纹式等,对裁口缝硬木地板条用粘贴法。由于这种地板成本较高,施工复杂,一般应用于高级住宅间及室内运动场。

实铺木地面:在混凝土垫层或楼板上直接放置满涂沥青或防腐油的断面为60mm×65mm,中距400mm的木搁栅(即木方),搁栅间可铺40mm厚的干炉渣,面层钉松木板或硬木板。实铺木地面可做成双层的,底层为松木毛地板,在上面铺一层油纸,再铺硬长木地板。油纸可防潮和噪声。实铺地面构造如图2-19所示。

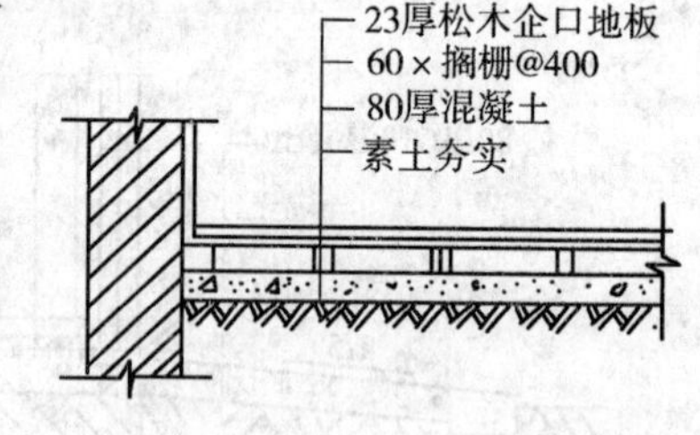

图2-19　实铺木地板构造

实铺木地板有三种形式:

(1)对缝(密缝)。板与板在龙骨处对接,一般是粘或钉在龙骨上,嵌缝处易产生不平现象,因此钉距应小于200mm。如石膏板对缝可用刨子刨平。

(2)凹缝(离缝)。凹缝有V形和矩形两种,在凹缝中可刷涂颜色,也可加金属装饰板条以增加装饰效果。

(3)盖缝(离缝)。板缝用小龙骨或压条盖住,可避免缝隙宽窄不均现象。

2.1.2　经济技术资料

1. 地面净面积计算公式:

$S_{地}=\sum$(室内净长×净宽)

$S_{地}$=外墙外围面积$-L_{中}$×厚$-L_{净}$×厚

式中　外墙外围面积——从建筑面积计算式中查得;

$L_{中}$×厚——外墙所占面积,m^2,$L_{中}$系指外墙长度,从外墙计算式中查得;

$L_{净}$×厚——内墙所占面积,m^2,$L_{净}$系指内墙长度,从内墙算式中查得。

2. 楼面总面积$S_{楼}$=各层外墙外围面积之和$-\sum(L_{中}\times$厚$)-\sum(L_{净}\times$厚$)$

式中　各层外墙外围面积之和——从建筑面积中查得;

$\sum(L_{中}\times$厚$)$——各层外墙所占面积,m^2,$L_{中}$系各层外墙长度,从外墙算式中查得;

$\sum(L_{净}\times$厚$)$——各层内墙所占面积,m^2,$L_{净}$系各层内墙长度,从内墙算式中查得。

3. 散水工程量：

$$S_{散}=[(L_{外}-台阶长、坡道长)+4\times 散水宽]\times 散水宽$$

或
$$S_{散}=(L_{外}-台阶长、坡道长)\times 散水宽+4\times 散水宽^2$$

式中　$L_{外}$——外墙外边线长(m)；

$4\times$散水宽^2——四个角的散水面积(m^2)。

上述公式中散水工程量按散水的水平投影面积(m^2)计算，定额中包括了散水挖土、垫层、面层和沥青缝等做法。有的地区不是综合定额时，要按散水的面积$S_{散}$分别计算挖土、垫层、面层和沥青缝的工程量，套相应定额项目计算。

4. 台阶工程量计算：

台阶工程量按台阶的水平投影面积(m^2)计算，台阶与平台的分界线，台阶算至最上一级，加300mm。

混凝土台阶工程量：$A\times B-a\times b$

台阶抹面工程量：

平面：$A\times B-a\times b$

立面：$\sum$(台阶边沿长$\times$台阶高)

式中　$\sum$——各层台阶的边沿长$\times$台阶高之和。

台阶平台地面工程量：

面层：$a\times b$

混凝土：$a\times b\times$厚

灰土垫层：$a\times b\times$厚

素土夯实：$a\times b\times(H_{差}-地面厚)$

5. 明沟工程量：

$$明沟长度=外墙外边线长+散水宽\times 8+明沟宽\times 4-台阶坡道长$$

6. 底层地面面层工程量：

$$S=S_1-S_2-S_3-S_4-S_5$$

式中　S——底层地面面层面积，m^2；

S_1——底层建筑面积，m^2；

S_2——承重墙水平投影面积，m^2；

S_3——构筑物所占面积，m^2；

S_4——设备基础所占面积，m^2；

S_5——不需抹地沟盖板所占面积，m^2。

7. 垫层压实系数：垫层材料用量的计算，如石灰炉渣、水泥石灰炉渣和三合土等，虚铺厚度和压实厚度之比为压实系数，即

$$压实系数=\frac{虚铺厚度}{压实厚度}$$

$$材料用量=材料的百分比\times 压实系数$$

8. 块料面层材料用量计算公式：

块料数量及灰缝结合层材料计算公式：

$$每100m^2块料用量(块)=\frac{100}{(块料长+灰缝宽)\times(块料宽+灰缝宽)}$$

$$每100m^2灰缝用料=[100-(块料长\times块料宽\times每100m^2块料用量)]\times灰缝宽$$

$$结合层用料=100\times结合层厚度$$

在铺贴块料前需将块料浸水（水瓷砖除外），其用水量按下式计算：

$$浸块料的用水量=块料体积\times\frac{1}{2}$$

9. 木板面层用料量计算公式：

木地板制作以不同宽度分项计算，板厚一般按2.5cm计算。

$$每100m^2面层用板材体积=\frac{板材宽度}{板材有效宽度}\times板材厚度(毛板)\times100$$

10. 垫层材料用量计算公式

1）重量比计算方法（配合比以重量比计算）：

$$压实系数=\frac{虚铺厚度}{压实厚度}$$

$$混合物重量=\frac{1000}{\dfrac{甲材料占百分率}{甲材料容量}+\dfrac{乙材料占百分率}{乙材料容量}+\cdots\cdots}$$

$$材料用量=混合物重量\times压实系数\times材料占百分率$$

2）体积比计算方法：

配合比用量计算公式：

$$每立方米材料用量=每立方米的虚体积\times材料占配合比百分率$$

$$材料占配合比百分率=\frac{甲(乙\cdots\cdots)材料之配比}{甲材料之配比+乙材料之配比+\cdots\cdots}$$

$$材料实体积=材料占配合比百分率\times(1-材料空隙率)$$

$$材料空隙率=(1-\frac{材料容量}{材料密度})\times100\%$$

灰土体积比计算公式：

$$每立方米灰土的石灰或黄土的用量(m^3)=\frac{虚铺总厚度}{打实总厚度}\times\frac{石灰或黄土的配比}{10}$$

$$每立方米灰土所需生石灰(kg)=石灰的用量(m^3)\times每立方米粉化灰需用生石灰数量$$

3）砂土、砂、碎（砾）石等单一材料的垫层，其用量按下列公式计算：

$$定额用量=定额单位\times压实系数\times(H损耗率)$$

$$压实系数=\frac{虚铺厚度}{压实厚度}$$

对于砂垫层的用量计算，按上列公式计算得出干砂用量后，需另加砂的含水膨胀系数21%。

4）碎（砾）石或碎砖灌浆垫层：碎（砾）或碎砖的用量与干铺垫层用量同样计算，其灌浆用的砂浆用量按下列公式计算：

$$碎浆用量=\frac{碎(砾)石密度-碎(砾)石容重\times压实系数}{碎(砾)石密度}\times填充密度(H损耗率)$$

11. 玛琋脂配合比用料量计算公式：

$$石油沥青玛琋脂每立方米容重=\frac{1}{\dfrac{石油沥青百分比}{石油沥青密度}+\dfrac{滑石粉百分比}{滑石粉密度}}\times1000$$

煤沥青玛琋脂每立方米容重

$$=\frac{1}{\frac{\text{煤沥青百分比}}{\text{煤沥青密度}}+\frac{\text{煤焦油百分比}}{\text{煤焦油密度}}+\frac{\text{桐油百分比}}{\text{桐油密度}}+\frac{\text{滑石粉百分比}}{\text{滑石粉密度}}}\times 1000$$

2.1.3 相关数据参考与查询

1. 垫层材料压实系数参考见表 2-1。

表 2-1 垫层材料压实系数参考表

名称	虚铺厚度（mm）	压实厚实（mm）	压实系数	名称	虚铺厚度（mm）	压实厚度（mm）	压实系数
素黏土			1.55	灰土	15～25	10～15	1.60
砂			1.14	碎砖三/四合土	16	11	1.455
碎（砾）石			1.08	碎砾（石）三/四合土	14.5	10	1.45
天然砂砾			1.20	石灰炉（矿）渣	16	11	1.455
碎砖			1.30	水泥石灰炉（矿）渣	16	11	1.455

2. 块料面层计算数据参考见表 2-2。

表 2-2 块料面层计算数据参考表

序号	项目名称		材料规格（cm）	灰缝（cm）		结合层厚度（cm）
				宽度	深度	
1	方整石	砂结合层及缝	30×15×12	0.5	12	6
2		砂浆结合层及缝				1.5
3	红青砖	砂结合层、砂缝（平铺）	24×11.5×5.3	0.5	5.3	1.5
4		砂结合层、砂缝（侧铺）		0.5	11.5	1.5
5	缸砖	砂浆结合层（勾缝）	15.2×15.2×1.5	0.2	1.5	1.5
6		沥青结合层（勾缝）		0.2	1.5	1.5
7	水泥砂浆结合层	锦砖（马赛克）	2.5×2.5			1.5
8		瓷砖	15×15×0.6	0.2	0.6	1.5
9		混凝土板	40×40×6	0.6	6	1.5
10		水泥砖	20×20×2.5	0.2	1.5	1.5
11		菱苦土板	25×25×2	0.3	2	1.5
12		人造大理石板	50×50×3	0.1	3	1.5
13		天然大理石板	50×50×30	0.1	3	1.5
14		水磨石板（地面）	50×50×3	0.2	3	1.5
15		水磨石（楼梯面）				2.0
16		铸铁板	29.8×29.8×0.6	0.2	0.6	4.25

3. 建筑面积折算楼地面面积参考见表 2-3。

表 2-3 建筑面积折算楼地面面积参考表

建筑类别	每 $100m^2$ 建筑面积折算	
	地 面	楼 面
工业主厂房、食堂、体育建筑及大型仓库	94	
一般性辅助仓库	90	
民用住宅	83	83×楼层数
民用宿舍	84	84×楼层数
办公、教学、病房、化验室	86	86×楼层数

4. 木地板常用规格参考见表 2-4。

表 2-4 木地板常用规格参考表

名称			厚(mm)	宽(mm)	长(mm)	备注
钉接式	松、杉木条形地板		23	75、100(杉木) 100、125、150(松木)	800 以上	木地板除底面外,其他五面均应平直刨光
	硬木条形地板	单层	20~23	50	800 以上	
		双层的面层	18~23			
	硬木拼花地板		18~23	30、37.5、42、50	250、300	
粘接式	松、杉木		18~20	不大于 50	不大于 400	
	硬木		15~18			

5. 钢筋混凝土平板按楼层建筑面积折算材料量见表 2-5。

表 2-5 钢筋混凝土平板按楼层建筑面积折算材料量表 (单位:每 $100m^2$)

板厚(mm)	混凝土量(m^3)	材料消耗		
		钢材(kg)	水泥(kg)	木材(m^3)
60	5.35	414	2260	0.698
70	6.24	482	2637	0.814
80	7.14	552	3017	0.931
90	8.03	621	3393	1.047
100	8.92	690	3769	1.163
120	10.71	828	4525	1.397
140	12.49	965	5277	1.629
160	14.27	1103	6029	1.861

注:本表折成楼层建筑面积系数 0.892。

6. 每米楼梯扶手安装材料用量见表 2-6。

表 2-6 每米楼梯扶手安装材料用量

材料项目	用量		
	铝合金扶手	不锈钢扶手	黄铜扶手
角钢 50×50×3(kg)		4.8	4.8
方钢 20×20(kg)	1.6		
钢板,厚 2mm(kg)	0.4	0.4	0.4

续表

材料项目	用量		
	铝合金扶手	不锈钢扶手	黄铜扶手
玻璃胶(支)	0.5	1.8	1.8
不锈钢焊条(kg)		0.05	
铜焊条(kg)			0.05
电焊条(kg)	0.05		
铝拉铆钉 φ5(只)	10		
膨胀螺钉 M8(只)	4	4	4
钢钉 32mm(只)	2	2	2
自攻螺钉 M5(只)	5		
不锈钢法兰盘座(只)		0.5	
抛光蜡(盒)	0.1	0.1	0.1

7. 细石混凝土散水构造与做法见表 2-7。

表 2-7　细石混凝土散水构造与做法　（单位:mm）

构　造	厚　度	做　法	说　明
面　层	190	40 厚 1∶2∶3 细石混凝土,撒 1∶1 水泥砂子压实赶光	散水宽度应在施工图中注明
垫　层		150 厚 3∶7 灰土	
		150 厚卵石灌 M2.5 混合砂浆	
基　土		素土夯实向外坡 4%	

8. 常用楼地面材料规格及参考价格见表 2-8。

表 2-8　常用楼地面材料规格及参考价格

名　称		规格尺寸 (mm)	参考价格 (元/块)	附　注
大阶砖		250×250×50,370×370×50	1.20~1.30	
水泥砖	水泥花砖	200×200×16~18	1.30~1.50	用于室外工程
	水泥红面砖	250×250×10	1.10~1.30	
	水泥方格砖	250×250×30,250×250×50,250×250×80	1.30~1.50	
水磨石块		400×400×25,305×305×20,500×500×25	54(元/m^2)	
地板砖		200×200×8 300×300×8 400×400×8	36~200(元/m^2)	
缸砖		150×150×15 100×100×10 150×75×15 100×75×10	35~46(元/m^2)	

续表

名称	规格尺寸 （mm）	参考价格 （元/块）	附注
锦砖	25×25×4.5（六角形） 19×19×4（正方形） 39×39×5（正方形） 39×19×4（长方形）	32～35（元/m^2） 32～35（元/m^2）	
大理石 花岗石	500×500×20 450×450×20 500×500×20	200～300（元/m^2） 360～560（元/m^2）	有各种颜色
塑料地板 钙塑地板 拼花硬木地板	500×500×3，250×250×3 350×350×1.5 250×250×1.5～2 115×23×10，125×25×10	13（元/m^2） 15（元/m^2） 18（元/m^2） 80～140（元/m^2）	
活动地板	600×600×25，600×600×23.5	300（元/m^2）	用于机房、仪表控制室等
石英地板砖	600×600	42～60（元/m^2）	

9. 砖面层材料用量见表2-9。

表2-9　砖面层材料用量　　（单位：每100m^2）

材料	单位	黏土砖	缸砖		陶瓷锦砖
		平铺砂结合层	沥青胶结料结合层	水泥砂浆结合层	
普通黏土砖	千块	3.425			
缸砖150mm×150mm×10mm	块		4364	4364	
陶瓷锦砖	m^2				101
42.5级水泥	kg				1353
净砂	m^3	2.1		1203	2.39
白水泥	kg			2.39	10
汽油	kg		88		
60号石油沥青	kg		100		
10号石油沥青	kg		400		
滑石粉	kg		112		

10. 聚氯乙烯塑料地板产品规格见表2-10。

表2-10　聚氯乙烯塑料地板产品规格表

品种	规格（mm）	品种	规格（mm）
石棉塑料地板	（1.5～1.6）×254×254 （1.5～1.6）×305×305	聚氯乙烯地板革	（2.7，3.0）×（800～1200）×2000（一卷）
钙塑地板	（1.5～1.6）×（150～330）×（150～330）见方	聚氯乙烯再生胶复合地板	1.6×（300，300）×（300，330）

续表

品　　种	规格(mm)	品　　种	规格(mm)
聚氯乙烯塑料地板	1.2×300×300 (1～2)×600×900	聚氯乙烯弹性卷材地板	(1.4～1.5)×(900～930)×20000
塑料软地板 (又名聚氯乙烯软地板)	厚度:1.0～1.4 宽度:600～1100 长度:任意		

11. 找平层材料用量见表2-11。

表2-11　找平层材料用量　　(单位:每100m²)

材　料	单位	水泥砂浆			沥青砂浆	
		在填充材料上	在硬基层上	加减0.5cm	在硬基层上	加减0.5cm
		2cm厚			2cm厚	
净砂	m^3	2.58	2.06	0.52	2.16	0.55
42.5级水泥	kg	1022	816	206		
60号沥青	kg				508	124
滑石粉	kg				954	239
汽油	kg				37	

12. 保温材料用量参考见表2-12。

表2-12　保温材料用量参考表

材　料	单位	干铺珍珠岩	干铺蛭石	干铺炉渣	水泥珍珠岩	水泥蛭石	沥青珍珠岩板	水泥蛭石板
珍珠岩	m^3	10.4						
蛭石	m^3		10.4		12.55			
炉渣	m^3			11		13.06		
32.5级水泥	kg				14.59	15.10		
沥青珍珠岩板	m^3						10.2	
水泥蛭石板	m^3							10.2

13. 砂浆分层厚度及砂浆配合比见表2-13。

表2-13　砂浆分层厚度及砂浆配合比　　(单位:mm)

项　　目		底　　层		中　　层		面　　层		总厚度
		砂浆种类	厚度	砂浆种类	厚度	砂浆种类	厚度	
防水砂浆	平面	素水泥砂浆一道				1:2.5水泥砂浆	20	20
	立面	素水泥浆一道				1:2.5水泥砂浆	16	16
五层作法	平面	素水泥浆3道 1:3水泥砂浆	7			1:3水泥砂浆	7	14
防水砂浆	立面	素水泥浆2.5道 1:2.5水泥砂浆	6			1:2.5水泥砂浆	7	13

续表

项目		底层		中层		面层		总厚度
		砂浆种类	厚度	砂浆种类	厚度	砂浆种类	厚度	
整体面层		素水泥浆一道				1:2.5 水泥砂浆	20	20
水泥砂浆踢脚线		1:3 水泥砂浆	13			1:2.5 水泥砂浆	7	20
水磨石地面		1:3 水泥砂浆	20	素水泥浆一道		1:2.5 水泥磨石	10	30
水磨石踢脚线		1:3 水泥砂浆	12	108 胶水泥浆		1:2.5 水泥磨石	8	20
碎拼大理石、水磨石地面		素水泥浆二道		1:3 水泥砂浆	30	1:2.5 白水泥美术石渣灌缝		30
剁斧石地面		1:3 水泥砂浆	15	素水泥浆一道		1:2.5 水泥石子浆	10	25
混凝土(钢筋混凝土)地面厚度 6cm		C15 混凝土随打随抹	60			1:1 水泥砂子压实赶光		60
豆石混凝土楼面厚度 3.5cm		素水泥浆一道		1:2:3 豆石混凝土随打随抹	35	1:1 水泥砂浆压实赶光		50
钢筋豆石混凝土楼面厚度 5cm		素水泥浆一道		1:2:3 豆石混凝土随打随抹	50	1:1 水泥砂浆压实赶光		50
108 胶水泥彩色地面		108 胶水泥浆一道		刮底子胶一道	0.5	刮面胶二道	1.6	2.1
108 胶水泥彩色踢脚线		108 胶水泥浆一道		刮底子胶一道	0.5	刮面胶二道	1.6	2.1
菱苦土楼地面厚度 2cm		素水泥浆一道		1:4 菱苦土、锯末	12	1:1.4:0.6 菱苦土、锯末、砂面层	8	20
红机砖地面平铺、侧铺	砂垫	砂子	15			砂子填缝		15
	浆垫	1:3 石灰砂浆	15			1:3 石灰砂浆填缝		15
缸砖地面	勾缝	素水泥浆一道		1:4 干硬性水泥砂浆上撒水泥面	20	1:1 水泥砂浆勾缝		20
	不勾缝	素水泥浆一道		1:4 干硬性水泥砂浆上撒水泥面	20	水泥浆擦缝		20
缸砖踢脚线		1:3 水泥砂浆	12			1:1 水泥砂浆勾缝		12
耐酸缸砖	地面	素水泥浆一道		冷底子油一道一毡二油		水玻璃砂浆勾缝		50
		1:3 水泥砂浆	20	耐酸砂浆找平 水玻璃耐酸砂浆	20 10			
耐酸缸砖踢脚线		1:3 水泥砂浆	13	水玻璃耐酸砂浆	10	水玻璃砂浆勾缝		23
锦砖(马赛克)地面		素水泥浆一道		1:4 干硬性水泥砂浆上撒素水泥面	20	白水泥擦缝		20
预制水磨石楼地面		素水泥浆一道		1:4 干硬性水泥砂浆上撒素水泥面	30	水泥擦缝		30
预制水磨石踢脚线		1:3 水泥砂浆	12					12
大理石楼地面		素水泥浆一道		1:4 干硬性水泥砂浆上撒素水泥面	30			30

续表

项目		底层		中层		面层		总厚度
		砂浆种类	厚度	砂浆种类	厚度	砂浆种类	厚度	
大理石踢脚线		1:3 水泥砂浆	12					12
水泥花砖地面		素水泥浆一道		1:4 干硬性水泥砂浆上撒素水泥面	20	1:1 水泥砂浆擦缝		20
地面砖地面	勾缝	素水泥浆一道		1:4 干硬性水泥砂浆上撒素水泥面	20	1:1 水泥砂浆勾缝		20
	不勾缝	素水泥浆一道		1:4 干硬性水泥砂浆上撒素水泥面	20			20
塑料板地面		素水泥浆一道		1:2.5 水泥砂浆	20			20
橡胶板地面		素水泥浆一道		1:2.5 水泥砂浆	20			20

2.2 清单计价规范对应项目介绍

2.2.1 整体面层

在《房屋建筑与装饰工程工程量计算规范》(GB 50854—2013)中,整体面层包含的项目有水泥砂浆楼地面、现浇水磨石楼地面、细石混凝土楼地面等。

1. 水泥砂浆楼地面

1)水泥砂浆楼地面清单项目说明见表 2-14。

表 2-14 水泥砂浆楼地面清单项目说明

工程量计算规则	按设计图示尺寸以面积计算。扣除凸出地面构筑物、设备基础、室内铁道、地沟等所占面积,不扣除间壁墙和小于等于 $0.3m^2$ 的柱、垛、附墙烟囱及孔洞所占面积。门洞、空圈、暖气包槽、壁龛的开口部分不增加面积
计量单位	m^2
项目编码	011101001
项目特征	找平层厚度、砂浆配合比;素水泥浆遍数;面层厚度、砂浆配合比;面层做法要求
工作内容	基层清理;抹找平层;抹面层;材料运输

2)对应项目相关内容介绍

垫层:是指水泥、碎石、炉渣灰,大颗粒砂石,砂子、灰土、三合土等加水浇筑而成的混凝土层。浇筑时根据承受荷载的大小可按不同配合比进行浇筑。它用来承受基础或地面的荷载,并将荷载均匀地传递到下面的土层。

找平层:主要是指楼地面和屋面部分面层以下,因工艺或技术上的需要而进行找平,便于下一道工序正常施工,并使施工质量得到保证的一种过渡层。

面层:是直接承受外力的表面层,分整体面层和块料面层。

防水层:为了防止地下水或地面上的水渗入室内用沥青、冷底子油等防水材料在墙体中做的一种构造保护层。

配合比:是指在拌制砂浆或混凝土时所用的水泥、石子、砂的比例,分为重量比和体积比,本工程以后涉及到的抹灰砂浆配合比均指重量比。

防水砂浆的配合比,一般为水泥: 砂 =1∶2 ~1∶3,水灰比应在 0.5 ~0.55 之间,最好选用32.5R 号以上的普通水泥和洁净中砂,把一定量的防水剂溶于拌和水中,与事先拌匀的水泥、砂混合料再次拌和均匀,即可使用。涂抹时,每层为 5mm,一般分五层涂抹,一、三层可用防水水泥净浆,二、四、五层用防水水泥砂浆,每层在初凝前用木抹子压实一遍,最后一层要压光。用防水砂浆构成的刚性防水层适用于不受振动和具有一定刚度的混凝土或砖石砌体的表面,应用于地下室、水塔、水池等防水工程。

做水泥砂浆面层时,宜采用硅酸盐水泥、普通硅酸盐水泥,强度等级不少于 42.5MPa(标号不应小于 42.5R),严禁混用不同品种、不同强度等级的水泥。

做找平层、块料面层的结合层和填缝时,其水泥宜采用硅酸盐水泥、普通硅酸盐水泥或矿渣硅酸盐水泥,强度等级不小于 42.5MPa(标号不宜小于 42.5R)。

基层清理:清除基层上存在的一些有机杂质和粒径较大的物件以便进行下一道工序。

垫层铺设:采用 1∶6 水泥焦渣做 50 ~90mm 厚的垫层。

水泥焦渣垫层用焦渣应过筛,且要充分闷水,按比例拌配水泥焦渣。

抹找平层:抹 20mm 厚 1∶3 水泥砂浆找平层,四周抹小八字角。

防水层:在找平层上铺设防水卷材或刷一道防水混凝土。

抹面层:20mm 厚 1∶2.5 水泥砂浆压实赶光。

材料运输:将材料运到施工现场。

水泥地面有双层做法和单层做法。双层做法一般是以 15 ~20mm 厚 1∶3 水泥砂浆打底、找平,再以 5 ~10mm 厚 1∶1.5 或 1∶2 水泥砂浆抹面、压光。单层做法是先抹素水泥砂浆一道做结合层,直接抹 15 ~20mm 厚 1∶2 或 1∶2.5 水泥砂浆,抹平后待终凝前用铁抹压光。双层做法虽增加了施工程序,但易保证质量,减少由于材料干缩产生裂缝的可能性。

2. 现浇水磨石楼地面

1)现浇水磨石楼地面清单项目说明见表 2-15。

表 2-15　现浇水磨石楼地面清单项目说明

工程量计算规则	按设计图示尺寸以面积计算。扣除凸出地面构筑物、设备基础、室内铁道、地沟等所占面积,不扣除间壁墙≤0.3m² 的柱、垛、附墙烟囱及孔洞所占面积。门洞、空圈、暖气包槽、壁龛的开口部分不增加面积
计量单位	m²
项目编码	011101002
项目特征	找平层厚度、砂浆配合比;面层厚度、水泥石子浆配合比;嵌条材料种类、规格;石子种类、规格、颜色;颜料种类、颜色;图案要求;磨光、酸洗、打蜡要求
工作内容	基层清理、抹找平层、面层铺设、嵌缝条安装、磨光、酸洗、打蜡;材料运输

2)对应项目相关内容介绍

清扫基层:即把基层上的灰土和一些有机杂质等清除干净。

水磨石地面做法:水磨石地面均为双层构造,常用10~15mm厚的1:3水泥砂浆打底、找平,按设计图案用1:1水泥砂浆固定分格条(玻璃条、铜条或铝条),再用1:2~1:2.5水泥石渣浆抹面,浇水养护约一周后用磨石机磨光,打蜡保护。水磨石地面分格的作用是将地面划分成面积较小的区格,减少开裂的可能,不同的图案和分格增加了地面的美观,也便于维修。

找平抹面:水泥石子浆铺好后,先用大滚筒压实,纵横各滚压一遍,同时用扫帚及时扫去粘于滚筒上及分格条上的石粒,缺石粒处要补齐,间隔两小时左右,再用小滚筒做第二次压实,直至将水泥浆全部压出为止。随之再用木抹子或铁抹子抹平。

水磨石面层铺设:

(1)水磨石面层宜在找平层的水泥砂浆抗压强度达到1.2MPa后铺设。

(2)铺设前,应在找平层上按设计要求的分格或图案设置铜条、铝条或玻璃条,用水泥稠浆在嵌条两边予以埋牢,高度应比嵌条低3mm,分格嵌条应上下一致,作为铺设面层的标准。

(3)铺设前,还应在找平层表面刷一遍与面层颜色相同的水灰比为0.4~0.5的水泥砂浆做结合层,随刷随铺水磨石拌合料,水磨石拌合料的铺设厚度要高出分格嵌条1~2mm。要铺平整,用滚筒滚压密实,待表面出浆后,再用抹子抹平。在滚压过程中,如发现表面石子偏少,可在水泥浆较多处补撒石子并拍平,增加美观,次日开始养护。

(4)如在同一面层上采用几种颜色图案,应先做深色,后做浅色,先做大面,后做镶边,待前一种色浆凝固后,再做后一种。

磨光:开磨前先试磨,表面石粒不松动方可开磨,一般开磨时间见表2-16。

表2-16　水磨石面层开磨时间

序　号	平均温度(℃)	开磨时间/d	
		机　磨	人工磨
1	20~30	2~3	1~2
2	10~20	3~4	1.5~2.5
3	5~10	5~6	2~3

水磨石面层应使用磨石机分四次磨光,第一遍要求磨匀磨平,将分格嵌条外露,用60~90号粗金刚石磨,宜一边磨一边加水,用水将磨后的面层上的泥浆冲洗干净,再涂抹上同色水泥浆,将面层表面的细小孔隙和凹痕填平,适当养护;第二遍要求磨到表面光滑,宜用90~120号金刚石磨,步骤同第一遍;第三遍要磨到表面石子显露,无砂眼细孔,平整光滑,冲洗后抹草酸溶液一遍,宜用200号金刚石磨;第四遍应研磨至表面光滑并出白浆为止,然后冲洗晾干,宜用240~300号油石磨。

(5)普通水磨石面层磨光遍数不应少于三遍,高级水磨石面层应适当增加磨光遍数及提高油石的号数。

打蜡:水磨石面层上蜡工作,应在不影响面层质量及其他工序全部完成后进行,可用川蜡500g,煤油2000g,放在桶里熬到130℃(冒白烟),用时加松香水300g,鱼油50g调制,将蜡包在薄布内,在面层上薄薄涂一层,待干后再用钉有细帆布(或麻布)的木块代替细石,装在磨石机的磨盘上,进行研磨,直到光滑洁亮为止,上蜡后铺锯末进行养护。

酸洗:室内装修结束后,应先将锯末清除干净,冲洗干净,然后浇上草酸液打磨,直至表面光滑。

酸洗的作用是让表面有化学抛光作用,将少量悬浮浆和粉末清除掉,使表面更光滑,草酸液为草酸∶水 =1∶10 的液体。

2.2.2 块料面层

在《房屋建筑与装饰工程工程量计算规范》(GB 50854—2013)中,块料面层包含的项目有石材楼地面、块料楼地面等。

1.石材楼地面

1)石材楼地面清单项目说明见表 2-17。

表 2-17 石材楼地面清单项目说明

工程量计算规则	按设计图示尺寸以面积计算。门洞、空圈、暖气包槽、壁龛的开口部分并入相应的工程量内。
计量单位	m^2
项目编码	011102001
项目特征	找平层厚度、砂浆配合比;结合层厚度、砂浆配合比;面层材料品种、规格、颜色;嵌缝材料种类;防护层材料种类;酸洗、打蜡要求
工作内容	基层清理、抹找平层;面层铺设、磨边;嵌缝;刷防护材料;酸洗、打蜡;材料运输

2)对应项目相关内容介绍

结合层:用以固定块料面层或垫砌面层,使块料面层与下层结合牢固,并使面层所承受的荷载均匀的传给垫层。结合层的材料有胶凝材料和松散材料两大类。胶凝材料结合层如水泥砂浆、沥青等;松散材料结合层如砂、炉渣等。

防潮层:是防地基土中的水分由于毛细作用透过地面的构造层,应与墙身防潮层相连。

保温、隔热层:用以改变地面热工性能的构造层,用于上下层房间有温差的楼层地面或保温地面。

隔声层:隔绝楼层地面撞击声的构造层,用于隔声要求较高的地面。

垫层:承受面层传来的荷载并传给基层。垫层材料按面层材料的不同可分为刚性和非刚性两种。刚性垫层有足够的整体刚度,受力后不产生塑性变形,常用不超过 C10 的混凝土和碎砖三合土等,用于整体面层地面和小块料面层的地面。非刚性垫层为砂、炉渣、碎石、灰土等,多用于石或砖等块料面层下面,垫层厚度应由计算确定,但民用建筑一般都采用经济尺寸。垫层的最小厚度见表 2-18。

表 2-18 垫层最小厚度、最低强度等级或配合比

序 号	垫层名称	最小厚度(mm)	最低强度等级或配合比
1	混凝土	60	C7.5
2	三合土	100	1∶3∶6(熟化石灰∶砂∶碎砖)
3	灰 土	100	2∶8(熟化石灰∶黏土)
4	砂、炉渣、碎石	60	
5	矿 渣	80	

2.块料楼地面

1)块料楼地面清单项目说明见表 2-19。

表 2-19　块料楼地面清单项目说明

工程量计算规则	按设计图示尺寸以面积计算。门洞、空圈、暖气包槽、壁龛的开口部分并入相应的工程量内
计量单位	m^2
项目编码	011102003
项目特征	找平层厚度、砂浆配合比；结合层厚度、砂浆配合比；面层材料品种、规格、颜色；嵌缝材料种类；防护层材料种类；酸洗、打蜡要求
工作内容	基层清理、抹找平层；面层铺设、磨边；嵌缝；刷防护材料；酸洗、打蜡；材料运输

2）对应项目相关内容介绍

清理基层：指将基层上的灰尘、污垢、油渍等清除干净。

调运砂浆：指调配和运输砂浆。

打底刷浆：指用1∶3水泥砂浆打底10mm厚，如果为混凝土墙面则刷一道YJ－302型混凝土界面处理剂。

镶贴块料面层：指抹完结合层（6mm厚1∶2.5水泥砂浆）后，并刷YJ－Ⅲ型建筑结合剂（$0.4kg/m^2$），然后粘贴大理石板。

切割面料：指用石料切割机将饰面石料切割成所需要的尺寸。其内容与拼碎大理石、挂贴大理石均相同，具体可参见前两者的释义。

磨光：是指用人工或机械进行打磨，使其表面平整光滑。

擦缝：指石板安装完毕后，清除所有余浆痕迹，并按石板颜色调制水泥砂浆嵌缝，边嵌缝边擦干净，以防污染石材表面，使缝隙密实均匀。

擦缝养护：是指在石板安装完毕后，清除所有的彩浆痕迹，并且按照石板颜色调制水泥浆的嵌缝，在嵌缝的同时要擦干净，以防污染了石材表面，使缝隙密实均匀，然后洒水养护，使砂浆充分的硬化，并且与大理石粘结牢固。

打蜡养护：指将大理石表面上一层蜡，使其有光泽，并洒水养护使砂浆充分硬化与大理石粘结牢固。

块材式楼地面的装饰面层：是采用板块料铺贴而成的，表面有接缝，可按设计要求拼成各种图案。块材式楼地面常用做法有预制水磨石、瓷砖、陶瓷锦砖及缸砖、大理石、花岗石等。

2.2.3　橡塑面层

在《房屋建筑与装饰工程工程量计算规范》（GB 50854—2013）中，橡塑面层包含的项目有橡胶板楼地面、橡胶板卷材楼地面、塑料板楼地面、塑料卷材楼地面等。

1. 橡胶板楼地面

1）橡胶板楼地面清单项目说明见表2-20。

表 2-20　橡胶板楼地面清单项目说明

工程量计算规则	按设计图示尺寸以面积计算。门洞、空圈、暖气包槽、壁龛的开口部分并入相应的工程量内
计量单位	m^2
项目编码	011103001
项目特征	粘结层厚度、材料种类；面层材料品种、规格、颜色；压线条种类
工作内容	基层清理；面层铺贴；压缝条装钉；材料运输

2）对应项目相关内容介绍

橡胶板：有天然橡胶板和合成橡胶板两种，是由高分子化合物制成的，具有弹性好、不透水、不透气、绝缘的优点。

橡胶地面：是指在橡胶中掺入适量的填充料制成的地板铺贴而成的地面。这些填充料有烟片胶、氧化锌、硬脂酸、防老化粉和颜料等。橡胶地板表面可做成光平或带肋，带肋的橡胶地板多用于防滑走道上，厚度 4 ~ 6mm。橡胶地板可制成单层或双层，也可根据设计制成各类色彩和花纹。

橡胶板楼地面：成块状供应的橡胶地板被称为橡胶板楼地面。

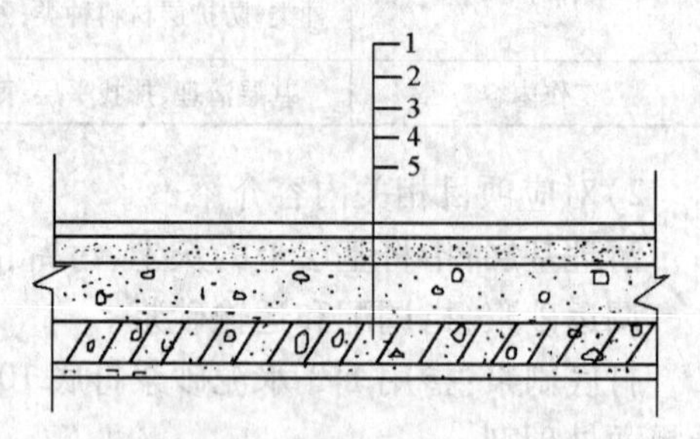

图 2-20　橡胶板楼地面构造示意图

1—橡胶板；2—88 橡胶浆子粘结；3—1∶3 水泥砂浆；4—水泥焦渣；5—结构层

橡胶地面具有良好的弹性，双层橡胶地面的底层如改用海绵橡胶则弹性更好。橡胶地面耐磨、保温、消声性能均较好，表面光而不滑，行走舒适，比较适用于展览馆、疗养院、阅览室、实验室等公共场合。如图 2-20 所示。

胶粘剂：能直接将两种材料牢固地粘结在一起的物质通称为胶粘剂。

聚醋酸乙烯乳胶：也叫白胶，是由聚醋酸乙烯酯（100 份）、乳化剂（8 份）、过硫酸铵（0. 2 份）、苯二甲酸二丁酯（11 份）和蒸馏水（97 份）配合而成。调制时最后放过硫酸铵，再充分混合后即可使用。施工时，勿使乳液受热超过 50℃，否则会发黏起泡。这种胶粘剂的不足之处是不耐水浸、抗老化性较差和冷天易冻结。

基层清理：面层施工前，应将基层表面清理干净并保持干燥，防尘，刷油、水等。

腻子：用聚醋酸乙烯乳液、108 胶、水泥、水、石膏、滑石粉、土粉、羧甲基纤维素等配制成的用以修补混凝土或水泥砂浆表层缺陷的混合物。

刮腻子：用石膏乳液腻子嵌补找平，然后用 0# 铁砂布打毛，再用滑石粉乳液腻子刮第二遍，直至基层平整、无浮灰后，再刷 108 胶水泥乳液一道，以增加胶结层的胶结力。

2. 塑料卷材楼地面

1）塑料卷材楼地面清单项目说明见表 2-21。

表 2-21　塑料卷材楼地面清单项目说明

工程量计算规则	按设计图示尺寸以面积计算。门洞、空圈、暖气包槽、壁龛的开口部分并入相应的工程量内
计量单位	m^2
项目编码	011103004
项目特征	粘结层厚度、材料种类；面层材料品种、规格、颜色；压线条种类
工作内容	基层清理；面层铺贴；压缝条装钉；材料运输

2）对应项目相关内容介绍

塑料卷材楼地面：用聚氯乙烯树脂、增塑剂、填充料及着色剂等经混合、滚压成卷形的塑料板铺贴而成的地面。

基底材料一般为化纤无纺布或玻璃纤维交织布，中间层为彩色印花（或单色）或发泡涂层，表面为耐磨涂敷层，具有柔软丰满的脚感及隔声、保温、耐腐、耐磨、耐折、耐刷洗和绝缘等性能。

氯化聚乙烯 CPE 铺地卷材：是聚乙烯与氯经取代反应制成的无规则氯化聚合物，具有橡胶的弹性，由于 CPE 分子结构的饱和性以及氯原子的存在，使之具有优良的耐候性、耐臭氧和耐热、抗老化性，以及耐油、耐化学药品性等，作为铺地材料，其耐磨耗性能和延伸率明显优于普通聚氯乙烯卷材。

聚氯乙烯 PVC 铺地卷材，分为单色、印花和印花发泡卷材，常用规格为幅宽 900 ~ 1900mm，每卷长度 9 ~ 20m，厚度 1.5 ~ 3.0mm。塑料卷材铺贴于楼地面的做法，可采用活铺、粘贴，由使用要求及设计确定，卷材的接缝如采用焊接，即可成为无缝地面。

基层清理：对旧基层要清除油污，用打磨机磨光，视胶粘剂品种确定是否做封底处理。基层必须处理洁净，应具足够强度，必须平滑无任何凸包或颗粒。

铺贴面层：卷材的铺置方式可采用横叠法或纵卷法。横叠法是指涂胶前将卷材就位，把料片横向翻起一半，涂刮胶液后即做半片粘贴，而后按相同方法铺贴另半片；纵卷法指将卷材纵向卷起半片先粘贴，而后再粘贴另一半。

压缝：卷材接缝处搭接至少 20mm，居中弹线，将钢尺压线后用裁切刀将两层叠合的卷材边一次割断，扯下断开的边条并将接缝处压紧贴牢，再用小滚筒紧压一遍以保证接缝严密。如系无缝地面，根据设计要求按前述施焊，也可选用嵌缝材料封缝。

2.2.4 其他材料面层

在《房屋建筑与装饰工程工程量计算规范》（GB 50854—2013）中，其他材料面层包含的项目有楼地面地毯、竹木地板、防静电活动地板等。

1. 楼地面地毯

1）楼地面地毯清单项目说明见表 2-22。

表 2-22 楼地面地毯清单项目说明

工程量计算规则	按设计图示尺寸以面积计算。门洞、空圈、暖气包槽、壁龛的开口部分并入相应的工程量内
计量单位	m^2
项目编码	011104001
项目特征	面层材料品种、规格、品牌、颜色；防护材料种类；粘结材料种类；压线条种类
工作内容	基层清理；铺贴面层；刷防护材料；装钉压条；材料运输

2）对应项目相关内容介绍

基层处理：对于水泥砂浆基层应按有关规范施工，表面无空鼓或宽度大于 1mm 的裂缝，不得有油污、蜡质等，否则应进行修补（可用 108 胶水泥砂浆），清理洁净后可采用松节油、丙酮或用砂轮机打磨。现浇混凝土必须养护 28d 左右，现抹水泥砂浆基层施工后 14d 左右，基层表面含水率小于 8% 并具一定强度后，方可铺设地毯。

尺量与裁割：精确测量房间尺寸、铺设地毯的细部尺寸，确定铺设方向。要按房间和用毯型号逐一填表记录。化纤地毯的裁剪长度应比实际尺寸长出 20mm，宽度以裁去地毯边缘后的尺寸计算。在地毯背面弹线，然后用手推裁刀从毯背裁切，裁后卷成卷并编号运入对号房间。如系圈绒地毯，裁割时应是从环毛的中间剪断；如系平绒地毯，应注意切口绒毛的整齐。

缝合：对于加设垫层的地毯，裁切完毕先虚铺于垫层上，然后再将地毯卷起，在需要拼接的端头进行缝合。先用直针在毯背面隔一定距离缝几针做临时固定，然后再用大针满缝。背面缝合拼接后，于接缝处涂刷5～6cm宽的一道白乳胶，粘贴布条或牛皮纸带；也可粘贴玻璃纤维网格胶带等。将地毯再次平放铺好，用弯针在接缝处做正面绒毛的缝合，使之不显拼缝痕迹。

活动式铺设：是指地毯与基层不固定，而是将地毯搁地，铺于楼地面基层上，不需把地毯与基层固定。此类铺设方式主要是指装饰性工艺地毯，铺置于较醒目部位，往往形成烘托气氛的某种虚拟空间；再就是方块地毯。方块地毯的基底较厚，其第二层的麻底下面，一般加有2～3mm厚度的胶，胶的外面贴有一层薄毡片，这种构造使方块地毯重量较大，人行其上时不易卷起，同时也能加大地毯与基层接触面的滞性。方块地毯铺设排紧于楼地面上，当受到行人所产生的外力时，会促使方块与方块之间更为密实，能够满足使用要求。

地毯作活动式铺设时，对基层的要求主要是平整光洁，不能有突出表面的堆积物。如为水泥砂浆基层，可按水泥楼地面的平整度要求，用2m直尺检查，其偏差不应大于4mm。要清理干净，弹好分格控制线，宜从中央开始向四周展开铺排，至收口部位可选择适宜的收口条。与其他材质地面交接处，如标高一致，可选用铜条或不锈钢条；标高不一致，一般选用铝合金收口条，将地毯的毛边伸入收口条内，再将收口条端部砸扁，即起到收口与边缘固定的双重作用。

平地面地毯铺设的基层处理要求：混凝土地面要平整，无凸凹不平的现象。基层面所粘结的油脂等应擦干净。基层表面的凸起部分要用砂轮机磨平，如不平整度较严重（高低不平之差大于6mm，且有多种坑凹），就应用水泥砂浆找平。

在水泥砂浆基层施工完成14h左右、混凝土基层施工完成28h后，基层表面的含水率要小于8%，并有一定的强度，方可铺设地毯。

2. 竹木地板

1）竹木地板清单项目说明见表2-23。

表2-23　竹木地板清单项目说明

工程量计算规则	按设计图示尺寸以面积计算。门洞、空圈、暖气包槽、壁龛的开口部分并入相应的工程量内
计量单位	m^2
项目编码	011104002
项目特征	龙骨材料种类、规格、铺设间距；基层材料种类、规格；面层材料品种、规格、品牌、颜色；防护材料种类；油漆品种、刷漆遍数
工作内容	基层清理；龙骨铺设；基层铺设；面层铺贴；刷防护材料；材料运输

2）对应项目相关内容介绍

木地板：具有较强的质感，装饰地面会给人以温暖舒服的感觉。木地板表面花纹精美且花纹多样，增加了地面整体美。在装饰工程中使用的高级木地板有柚木地板、水曲柳地板、柞木地板、白桦木地板、枫木地板等。楼地面铺贴木地板装饰工程适用于体育馆、会议馆、接待室、阅览室、办公室、游艺场、会客厅等。

竹地板：系以优质竹材为原料，经初步加工、脱水及防腐防蛀处理、拼装、精加工等工艺加工制成。产品表面一般用聚氨酯漆涂装，具有防水、防霉、防腐、防蛀、坚韧耐磨、光洁高雅、弹性好等特点。

基层清理：将基层清理干净，并用水刷洗。

清理净面：按先纵后横的顺序用开刀将缝隙拔直均匀，用1∶2水泥砂浆将缝隙填满，适当洒水擦平，面层上的水泥浆在凝结前清除干净。

打磨：木地板铺完后，先按垂直木纹方向粗刨一遍，再按顺木纹方向细刨一遍，然后磨光、刨磨至无痕迹止，注意刨磨总厚度不宜超过1.5mm。待室内一切施工完毕后再油漆和上蜡。

铺贴木地板：楼地面铺贴木地板常用架铺法、直铺法和拼装法施工。架铺法优点是防潮性能好、弹性强。直铺法优点是防潮性能好、施工快捷。拼装法优点是施工简便、快捷，但防潮性能差。

木地面有空铺和实铺两种做法。

(1)空铺木地面。空铺地面是将木搁栅架空，使其不与基层接触。当墙的距离较小时，木搁栅可直接搁置在内、外墙上；当墙的距离较大时，可砌筑地垅墙，地垅墙间夯以厚100mm灰土，其表面标高不低于室外地坪，满堂灰土可防潮气上升和生长杂草，在地垅墙上放置50mm×100mm满涂沥青或其他防腐剂的压沿木（也叫垫木），压沿木下层干铺油毡一层，在压沿木上放50mm×70mm的木搁栅，中距400mm，在木搁栅上钉以松木企口板或硬木长条地板。空铺木地板在地垅墙和外墙上应留通风洞口，外墙的通风洞应安有铁箅子。北方寒冷地区冬季应堵严保温。空铺木地面构造如图2-21所示。

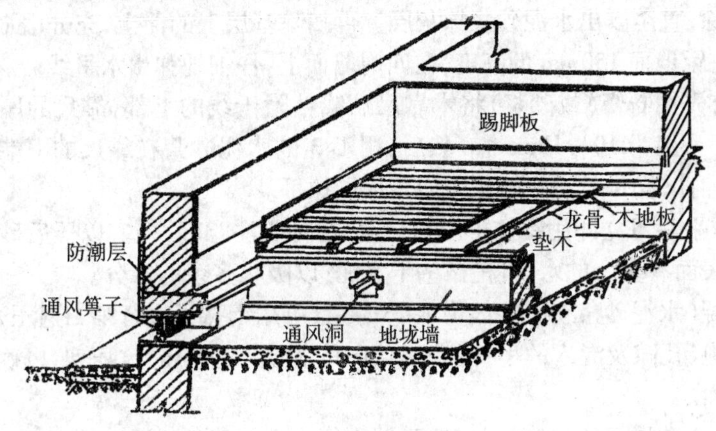

图2-21　空铺木地面构造

(2)实铺木地面。前面已有介绍，此处不再赘述。

2.2.5　踢脚线

在《房屋建筑与装饰工程工程量计算规范》(GB 50854—2013)中，踢脚线包含的项目有水泥砂浆踢脚线、块料踢脚线、木质踢脚线等。

1. 水泥砂浆踢脚线

1)水泥砂浆踢脚线清单项目说明见表2-24。

表2-24　水泥砂浆踢脚线清单项目说明

工程量计算规则	1. 以平方米计量，按设计图示长度乘以高度以面积计算；2. 以米计量，按延长米计算
计量单位	1. m^2；2. m
项目编码	011105001
项目特征	踢脚线高度；底层厚度、砂浆配合比；面层厚度、砂浆配合比
工作内容	基层清理；底层和面层抹灰；材料运输

2)对应项目相关内容介绍

水泥砂浆踢脚线:是指在楼地面与墙面的交接处采用水泥砂浆接缝,如图 2-22 所示。当设计有踢脚线时,按踢脚线子目 1-13 执行,除水泥砂浆楼梯已包括了踢脚线外,整体面层、块料面层中均不包括踢脚线在内。另外,水泥砂浆踢脚线高度定额是按 150mm 编制的。

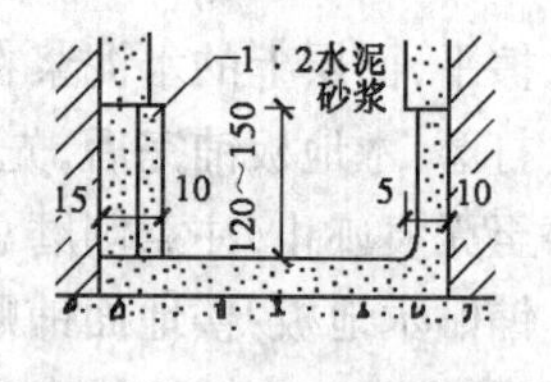

图 2-22　水泥砂浆踢脚线

踢脚板的主要作用是保护内墙脚不被撞损,也可防止擦洗地面时弄脏墙面,也可增加室内美观。

踢脚板作为地面的延伸部分,其所用材料一般与楼地面材料相同,也可以采用其他材料,如水泥砂浆地面可用水泥砂浆踢脚板,大理石地面可选用大理石踢脚板,瓷砖地面可用瓷砖踢脚板,而木地面既可用木踢脚板,也可用塑料踢脚板等。踢脚板的构造也与楼地面一样采用分层做法。

水泥踢脚一般高为 150mm,厚度(高出墙面的尺寸)为 10~15mm,具体步骤如下:

(1)清理基层。首先在距地面 150mm 的高度,于墙四周弹线,然后将地面与线之间的装饰抹灰层小心剔除,直至露出水泥砂浆抹灰层。再扫除基层上的浮土,充分用水润湿。

(2)画线。在距地面 150mm 的高度,在四周墙面上,仔细地弹出水平线。

(3)抹灰。首先用石膏(或砂浆)将木靠尺贴线粘附于线的上部,靠尺的厚度即应为踢脚高出墙面的高度(一般为 10~15mm)。然后,用 1∶3 的水泥砂浆在靠尺的下端与地面之间的空隙内用木抹子铺抹,操作时注意砂浆表面要尽量抹平。

(4)压光。抹平后可立即用钢抹子压第一遍,压时要注意轻一些,以压后砂浆表面不出现水纹为宜。如果表面有多余的水,可稍撒些干水泥,以吸收多余的水分。

当砂浆层初凝(水泥砂浆初凝一般为 1~3h)后,可用钢抹子进行第二遍压光,压时应注意清除面层中的气泡、孔隙及混入的小石粒等杂物,操作时要注意压光、压实,以确保砂浆表面形成一个光滑的表面。

(5)修整。小心地取下靠尺,并对有缺陷处进行小心的修整。

2. 木质踢脚线

1)木质踢脚线清单项目说明见表 2-25。

表 2-25　木质踢脚线清单项目说明

工程量计算规则	1. 以平方米计量,按设计图示长度乘以高度以面积计算;2. 以米计量,按延长米计算
计量单位	1. m^2;2. m
项目编码	011105005
项目特征	踢脚线高度;基层材料种类、规格;面层材料品种、规格、颜色
工作内容	基层清理;基层铺贴;面层铺贴;材料运输

2)对应项目相关内容介绍

实木踢脚线:是地面与墙面相交处的构造采用实木板进行处理。常见的几种木质踢脚板形式如图 2-23 所示。设计做木踢脚线时,本分项定额列有硬木踢脚线(高 150mm,厚 20mm)制作、安装和衬板上贴切片踢脚线制作、安装两个子项。木踢脚板是常用的一种踢脚板,比较讲究的房间均采用,木楼面最合适的踢脚板材料当然是木踢脚板,所选用的材质及色彩、纹理最好与面层相协调。常用的规格有 150mm×20mm~25mm(宽×厚)。其他方面要求同面层。

木踢脚板与地面相交处一般采用压木条或在转角处安装圆角成品木条。

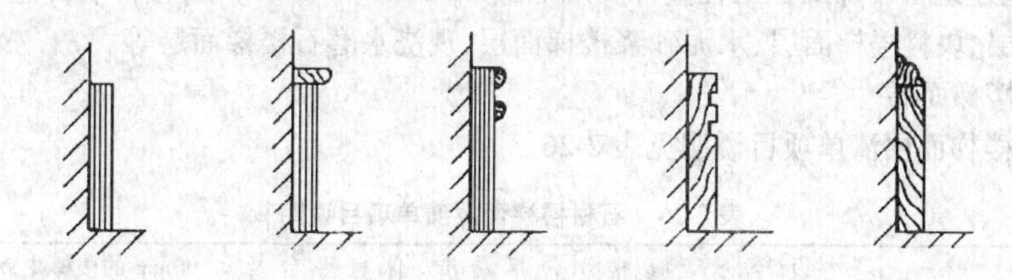

图 2-23　几种木质踢脚板

木地板房间的四周墙脚处应设木踢脚板，踢脚板一般高 100 ~ 200mm，常采用高 150mm 厚 15 ~ 20mm 的规格。所用木材最好与木地板面层所用材质相同。踢脚板预先刨光，上口刨成线条。为防止翘曲，在靠墙的一面应开成凹槽，超过 150mm 开三条凹槽，凹槽深度约 3 ~ 5mm。如用 15mm 厚木夹板做踢脚板，则不需开槽。钉踢脚板前应在墙面上每隔 400mm 埋入防腐木砖，在防腐木砖外面再钉防腐木垫块。一般内墙可用冲击电钻打孔埋入木楔，然后踢脚板钉在木楔处。一般木踢脚板与地面转角处，常用木压条压口或安装圆角成品木条，其构造做法如图 2-24 所示。也可用踢脚板压着木地板而不再加压口木线条。

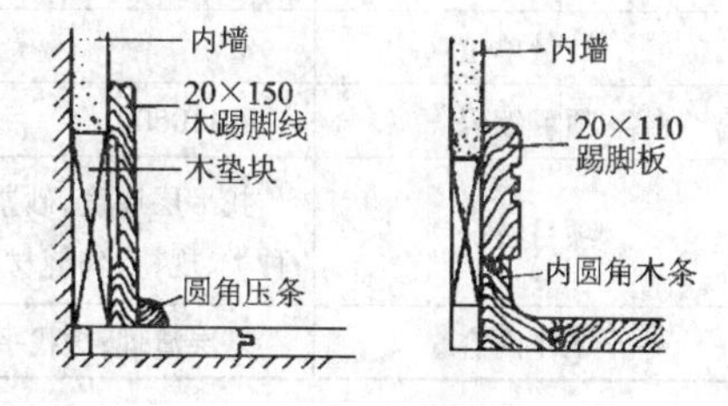

图 2-24　踢脚板与地面转角处做法

木踢脚板应在木地板刨光后安装，木踢脚板接缝处应做暗榫或斜坡压槎，在 90°转角处可做成 45°斜角接缝。接缝一定要处在防腐木块上。安装时木踢脚板与立墙贴紧，上口要平直，用明钉钉牢在防腐木块或木楔上，钉头要砸扁并冲入板内 2 ~ 3mm。如采用 15mm 木夹板作为踢脚，其结构较简单，如图 2-25 所示。但其对接处也应用斜坡压槎。

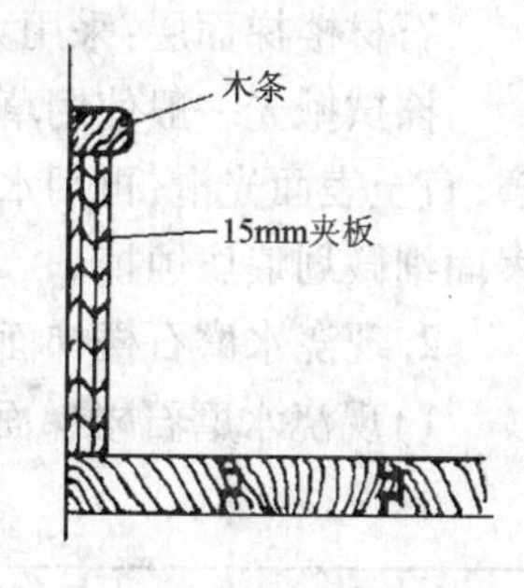

图 2-25　用木夹板作踢脚

木踢脚板做法如图 2-26 所示。

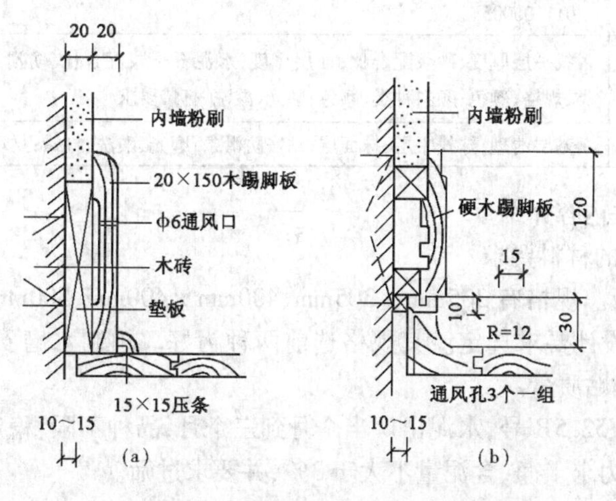

图 2-26　木踢脚板做法示意图

(a)压条做法；(b)圆角做法

2.2.6 楼梯装饰

在《房屋建筑与装饰工程工程量计算规范》(GB 50854—2013)中,楼梯装饰包含的项目有石材楼梯面层、块料楼梯面层、水泥砂浆楼梯面层、现浇水磨石楼梯面层等。

1. 石材楼梯面层

1)石材楼梯面层清单项目说明见表2-26。

表2-26 石材楼梯面层清单项目说明

工程量计算规则	按设计图示尺寸以楼梯(包括踏步、休息平台及≤500mm的楼梯井)水平投影面积计算。楼梯与楼地面相连时,算至梯口梁内侧边沿;无梯口梁者,算至最上一层踏步边沿加300mm
计量单位	m^2
项目编码	011106001
项目特征	找平层厚度、砂浆配合比;粘结层厚度、材料种类;面层材料品种、规格、颜色;防滑条材料种类、规格;勾缝材料种类;防护材料种类,酸洗、打蜡要求
工作内容	基层清理;抹找平层;面层铺贴、磨边;贴嵌防滑条;勾缝;刷防护材料;酸洗、打蜡;材料运输

2)对应项目相关内容介绍

石材楼梯面层:采用大理石、花岗石等石材作楼梯的装饰面层。其外形美观、整体效果好。

擦拭抛光一般使用草酸液洒到面层上,用棉纱头进行擦洗,或用软布卷固定在磨石机上研磨,直至表面光滑,再用水冲洗干净。擦草酸可起到化学抛光作用,在棉纱或布卷擦拭下,可把表面细微划痕腐蚀掉。

2. 现浇水磨石楼梯面层

1)现浇水磨石楼梯面层清单项目说明见表2-27。

表2-27 现浇水磨石楼梯面层清单项目说明

工程量计算规则	按设计图示尺寸以楼梯(包括踏步、休息平台及500mm以内的楼梯井)水平投影面积计算。楼梯与楼地面相连时,算至梯口梁内侧边沿;无梯口梁者,算至最上一层踏步边沿加300mm
计量单位	m^2
项目编码	011106005
项目特征	找平层厚度、砂浆配合比;面层厚度、水泥石子浆配合比;防滑条材料种类、规格;石子种类、规格、颜色;颜料种类、颜色;磨光、酸洗、打蜡要求
工作内容	基层清理;抹找平层;抹面层;贴嵌防滑条;磨光、酸洗、打蜡;材料运输

2)对应项目相关内容介绍

(1)预制水磨石的材料要求

①预制水磨石板。规格有305mm×305mm、400mm×400mm、500mm×500mm,厚25mm、35mm。表面色彩按设计要求选定。其规格选前两种为好。预制水磨石板必须做到角方、边直、面平,利于保证铺贴质量。

②水泥。42.5R、52.5R号,水泥出厂半个月到三个月,品种不限,稳定性好。

③黄砂。中砂,力求干净,含泥量不大于3%,并要求过筛。

④材料配合比。

a. 基层细石混凝土按设计强度等级配制。

b. 找平层砂浆配合比:水泥: 砂 =1:3。

c. 粘结层砂浆配合比:水泥: 黄砂 =1:1.5,稠度一般为6~8cm。

(2)现浇水磨石面层材料要求

①水泥。根据设计要求的图案和颜色,白色或浅色的水磨石面层,应采用白水泥;深色的水磨石面层,宜采用硅酸盐水泥、普通硅酸盐水泥,其强度等级不应小于32.5R。相同颜色的面层,应使用同一批水泥。

②石粒。水磨石面层的石粒,应采用坚硬可磨的白云石、大理石等岩石加工而成。石粒应洁净无杂物,其粒径除特殊要求外,应为6~15mm。

③颜料。水泥中掺入的颜料应采用耐光、耐碱的矿物颜料,不得使用酸性颜料。颜料的掺入量宜为水泥重量的3%~6%,或由试验确定。同一彩色面层应使用同厂、同批的颜料。

④水泥石粒拌合料。铺设水磨石面层的水泥与石粒拌合料,其体积比应符合设计要求,且为1:1.5~1:2.5(水泥: 石粒)。铺设的水磨石面层厚度,除有特殊要求外,宜为12~18mm,并应按设计要求的石粒粒径确定。

⑤嵌条。水磨石饰面根据设计要求的分格或图案,选用铜条或玻璃条,也可按设计采用彩色塑料条等作为分格装饰嵌条或图案分界嵌条。

⑥抛光材料。水磨石表面磨光使用的草酸,应是白色透明的坚硬晶体,手捻不软、不黏。所用地板蜡,宜选用成品。

2.2.7 扶手、栏杆、栏板装饰

在《房屋建筑与装饰工程工程量计算规范》(GB 50854—2013)中,扶手、栏杆、栏板装饰包含的项目有金属扶手、栏杆、栏板,塑料扶手、栏杆、栏板,金属靠墙扶手等。

1. 金属扶手、栏杆、栏板

1)金属扶手、栏杆、栏板清单项目说明见表2-28。

表2-28 金属扶手、栏杆、栏板清单项目说明

工程量计算规则	按设计图示尺寸以扶手中心线长度(包括弯头长度)计算
计量单位	m
项目编码	011503001
项目特征	扶手材料种类、规格;栏杆材料种类、规格;栏板材料种类、规格、颜色;固定配件种类;防护材料种类
工作内容	制作;运输;安装;刷防护材料

2)对应项目相关内容介绍

扶手:扶手的种类按材料分为铝合金扶手、不锈钢扶手、塑料、钢管扶手、硬木扶手等,无论哪种扶手,它们在拐角处都需弯头。

扶手供行走时作扶手用,当梯段宽度超过两股以上人流时,靠墙一侧有必要时可设靠墙扶手,当梯段宽度超过四股或五股人流时,应在梯中央加设扶手,楼梯扶手可用硬木、钢管、水泥砂浆、水磨石、塑料、大理石或花岗石等制成。

栏杆与扶手的连接一般是按两者的材料种类,采用相应的连接方法,钢管扶手与钢栏杆焊接,木扶手与钢栏杆顶部的通长扁铁用螺钉连接,石材扶手与砖或混凝土栏板用水泥砂浆粘结。

空花栏杆一般采用15~25mm的方钢,或φ16~25mm的圆钢,或(30~50)mm×(3~6)mm的扁钢,或φ20~50mm的钢管制作。为安全起见,空花栏杆的杆距不应大于110~130mm。

实心栏板可用砖砌、预制或现浇钢筋混凝土、钢丝网水泥，建筑标准较高的建筑中，可用有机玻璃、钢化玻璃、装饰板等做栏板。砖砌栏板应注意其稳定性，1/4 砖栏板应用现浇钢筋混凝土扶手连成整体。

空花栏杆与实心栏板可结合在一起形成部分镂空、部分实心的组合栏杆。

不锈钢管扶手系指利用不锈钢制成的扶手。常用于豪华建筑中，造价较高。不锈钢是指含铬13%以上的合金钢，有的还含有镍钛等其他元素，具有耐蚀和不锈的特性。多用于制造化工机件、耐热的机械零件、餐具等。此处用于扶手工程中。

利用不锈钢管型材制作楼梯扶手及栏杆，是当前较常用的高级装饰手法，它具有光洁明快、美观大方、使用寿命长等特点，常使用于各类高级宾馆、酒楼、写字楼的楼梯与栏杆工程中。不锈钢扶手与栏杆分圆型和矩型两种。

圆型不锈钢扶手与栏杆是主管，采用 $\phi63$ 或 $\phi76$ 不锈钢圆管，管壁厚 1.5mm 左右，扶手与栏杆的垂直管采用比主管小 13mm 以上的不锈钢圆管，管壁厚亦为 1.5mm 左右。主管的弯位采用 90°角的不锈钢弯头进行焊接成形。不锈钢垂直管可钻孔，用自攻螺丝将不锈钢槽拧紧在垂直管上，待扶手和栏杆安装牢固后装上 10mm 厚玻璃或是 8mm 厚的有机玻璃组成扶手和栏杆的挡板。在楼梯或楼板上钻孔，装上膨胀螺栓，将不锈钢垂直管与膨胀螺栓焊固，以固定扶手或栏杆，不锈钢垂直管与膨胀螺栓的烧焊应用不锈钢装饰盖掩盖装饰。当扶手或栏杆安装牢固后，用抛光机对其烧焊部位进行打磨抛光。

矩形不锈钢楼梯扶手与栏杆是主管，采用 100mm × 45mm 扁管或 90mm × 45mm 扁管，管壁厚 1.5mm 左右。扶手与栏杆的垂直管采用 38mm × 38mm 管或 130mm × 30mm 管，管壁厚 1.5mm 左右。施工方法基本同圆型不锈钢管扶手与栏杆方法，不同的是不锈钢垂直管与膨胀螺栓的焊接位置一般用花岗石板或大理石板掩盖修饰。

铝合金管扶手是采用铝合金为材料制成的管状扶手，常见于楼梯处栏杆上。

铝合金金属管：由铝合金制成的扁形管。铝合金是指由铝元素跟其他金属或非金属元素熔合而成的，具有铝的特性的物质。铝合金的熔点比组成它的各金属低，而硬度比组成它的各金属高。

铝合金方管：由铝合金为材料，截面为方形的管材。

方钢 20 ×20：指截面边长为 20mm 的方形钢材。钢是在严格的技术控制下生产的材料，品质均匀，强度高，有一定塑性和韧性，具有承受冲击和振动荷载的能力。

油灰：指桐油和石灰的混合物，用来填充器物上的缝隙。

螺栓：有螺纹的圆杆和螺母组合成的零件，用来连接并紧固，可以拆卸。用来固定两个或多个物件。

钢钉：以钢为原料制成的细棍形的物件，一端有扁平的头，另一端尖锐，主要起固定或连接作用，也可以用来悬挂物品或做别的用处。

铝拉铆钉：用铝为材料制成的铆钉，圆柱形，一头有帽。

螺丝：即螺钉或螺丝钉，为圆柱形或圆锥形金属杆上带螺纹的零件。

管子切割机：利用刀片或利用机床切断或利用火焰、电弧烧断金属材料的机械，此处指利用机床切断铝管以及铝合金管的机械。

不锈钢管栏杆是采用不锈钢材料制成的栏杆，栏杆置于扶手下方，楼梯踏板上方，栏杆也指桥两侧或阳台、看台等边上起拦挡作用的东西。

有机玻璃栏板：栏板上镶嵌有机玻璃。有机玻璃是由甲基丙烯酸甲酯聚合而成的高分子化合物，透明性好，质轻，不易破碎，有热塑性。可用作玻璃的代用品，制航空窗玻璃、仪表盘等，也用来制日常用品，此处用作栏板上的镶嵌物。

茶色半玻栏板：指在栏板的上半部分镶嵌茶色玻璃。茶色玻璃是在玻璃处于熔融状态时掺入少许氧化铜冷却硬化而成。

栏杆与梯段的连接有两种方式：一种是在梯段内预埋铁件与栏杆焊接；另一种方式是在梯段上预留孔洞，用细石混凝土、水泥砂浆或螺栓固定，如图2-27所示。

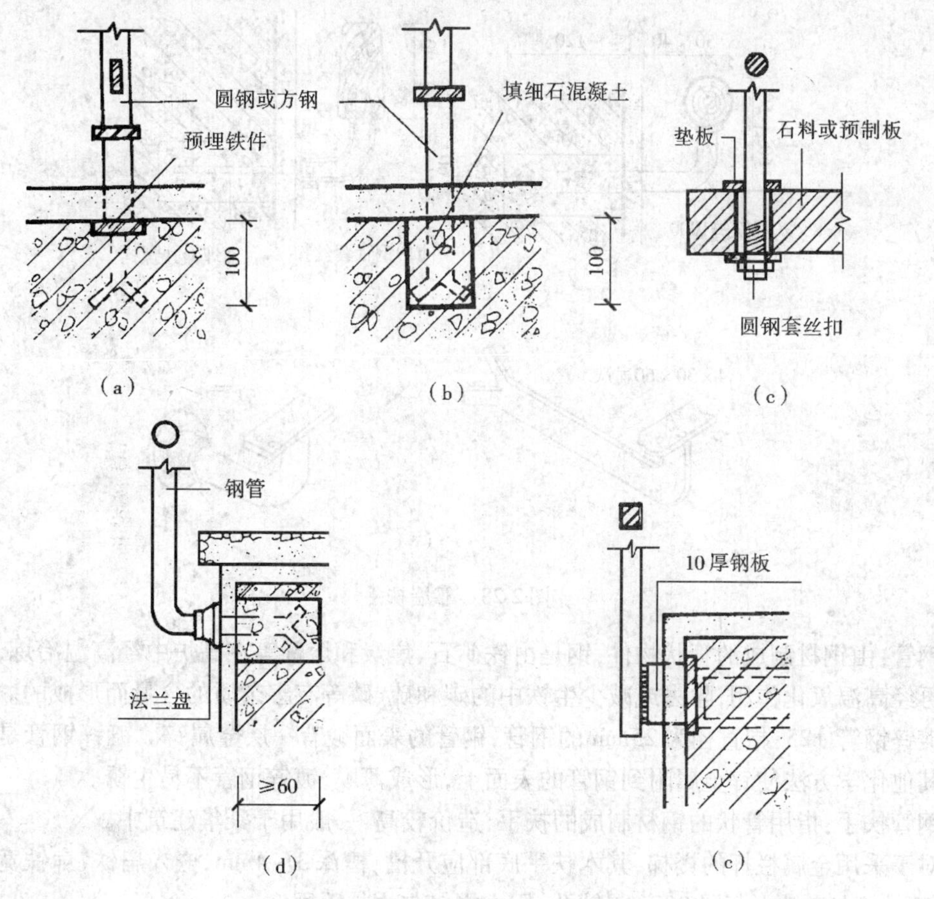

图2-27　栏杆与梯段的连接

(a)梯段内预埋铁件；(b)梯段预留孔；(c)梯段预留孔用螺栓拧固；(d)踏步侧面预留孔；(e)踏步侧面预埋铁件

2. 金属靠墙扶手

1）金属靠墙扶手清单项目说明见表2-29。

表2-29　金属靠墙扶手清单项目说明

工程量计算规则	按设计图示尺寸以扶手中心线长度（包括弯头长度）计算
计量单位	m
项目编码	011503005
项目特征	扶手材料种类、规格；固定配件种类；防护材料种类
工作内容	制作；运输；安装；刷防护材料

2）对应项目相关内容介绍

金属靠墙扶手：是指固定在墙上的用金属做成的扶手，其下面不设置栏杆、栏板，将钢管扶手、铜管扶手、不锈钢扶手、铝合金管扶手固定在墙上。扶手下面设有栏杆或栏板，一般设在较宽的楼梯。在设置靠墙扶手时，常用铁脚使扶手与墙联系起来，如图 2-28 所示。

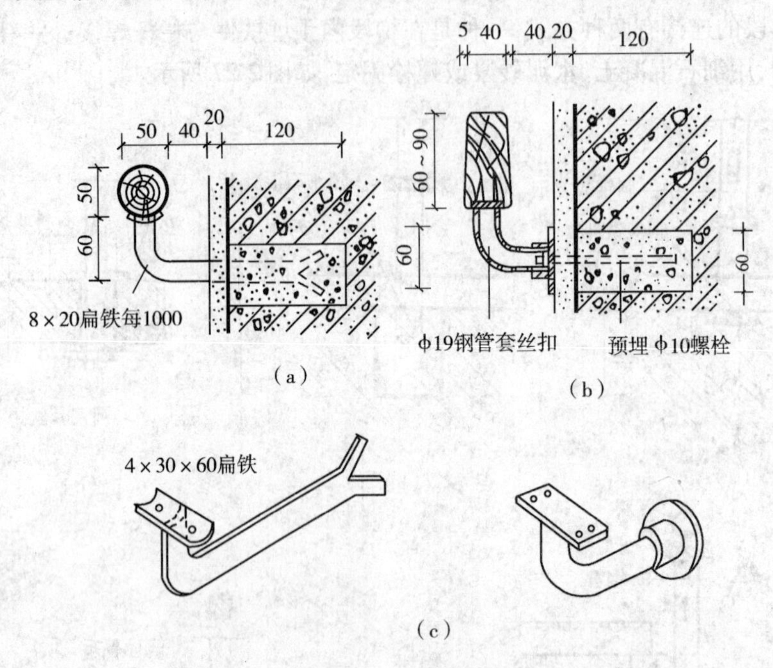

图 2-28 靠墙扶手

钢管：由钢材制成的管状物件，钢是由铁矿石、焦炭和熔剂等在高炉中经高温冶炼，还原出铁后再经高温氧化作用，除去或减少生铁中的碳和硫、磷等有害杂质的含量而形成的。

镀锌钢管 ϕ25：指直径为 25mm 的钢管，钢管的表面镀有一层金属锌。镀锌钢管是采用电解或其他化学方法使锌金属附到钢管的表面上，形成薄膜，镀锌钢管不易生锈。

钢管扶手：指用管状的钢材制成的扶手，造价较高，一般用于豪华建筑中。

对于采用金属栏杆的楼梯，其木扶手底部应开槽，槽深 3 ~ 4mm，嵌入扁铁，扁铁宽度不应大于 40mm，在扁铁上每隔 300mm 钻孔，用木螺钉与木扶手固定。

安装靠墙扶手时，应按图纸要求的标高弹出坡度线，在墙内埋设防腐木砖或是固定法兰盘，然后将木扶手的支承件与木砖或法兰盘固定。

2.2.8 台阶装饰

在《房屋建筑与装饰工程工程量计算规范》（GB 50854—2013）中，台阶装饰包含的项目有石材台阶面、块料台阶面、剁假石台阶面等。

1. 块料台阶面

1）块料台阶面清单项目说明见表 2-30。

表 2-30 块料台阶面清单项目说明

工程量计算规则	按设计图示尺寸以台阶（包括最上层踏步边沿加 300mm）水平投影面积计算
计量单位	m^2
项目编码	011107002

续表

项目特征	找平层厚度、砂浆配合比；粘结材料种类；面层材料品种、规格、颜色；勾缝材料种类；防滑条材料种类、规格；防护材料种类
工作内容	基层清理；抹找平层；面层铺贴；贴嵌防滑条；勾缝；刷防护材料；材料运输

2）对应项目相关内容介绍

块料台阶：用大理石、花岗石、瓷砖等块料做成的台阶面。

防水要求建筑物的室内地面应至少高于室外地坪150mm，一般都大于此数。为了出入方便，需根据室内外高差来设置台阶。在台阶和出入口之间设置平台，作为缓冲。平台应向外作1%～2%的坡度，以利排水。台阶踏步的高度为100～150mm，踏面宽度为300～400mm，较室内楼梯坡度平缓。

台阶应采用耐久性、抗冻性好并比较耐磨的材料，如天然石材、混凝土、缸砖等。北方地区冬季室外地面较滑，台阶表面处理粗糙一些为好。

台阶的地基，由于在主体施工时，多数已被破坏，一般是做在回填土上。为避免沉陷和寒冷地区的土壤冻胀影响，有如下几种处理方式：

（1）架空式台阶，将台阶支承在梁上或地垄墙上，如图2-29（a）～图2-29（b）所示。

（2）分离式台阶，台阶单独设立，如支承在独立的地垄墙上。寒冷地区，如台阶下为冻胀土（黏土或亚黏土），应当用砂类、砾石类土换去冻胀土，以减轻冻胀影响，然后再做台阶。单独设立的台阶必须与主体分离，中间设沉降缝，以保证相互间的自由升降如图2-29（c）所示。

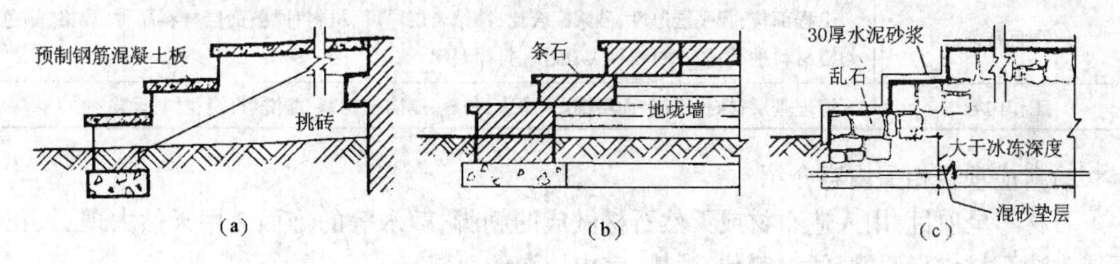

图2-29　台阶构造

（a）预制钢筋混凝土架空台阶；（b）支承在地垄墙上的架空台阶；（c）地基换土台阶

2. 剁假石台阶面

1）剁假石台阶面清单项目说明见表2-31。

表2-31　剁假石台阶面清单项目说明

工程量计算规则	按设计图示尺寸以台阶（包括最上层踏步边沿加300mm）水平投影面积计算
计量单位	m^2
项目编码	011107006
项目特征	找平层厚度、砂浆配合比；面层厚度、砂浆配合比；剁假石要求
工作内容	清理基层；抹找平层；抹面层；剁假石；材料运输

2）对应项目相关内容介绍

剁假石台阶面：系指用剁假石做成的台阶面层。以水泥石子浆或水泥石屑浆涂抹在水泥砂浆基层上，待凝结硬化，具有一定强度后，用斧子及各种凿子等工具，在面层上剁斩出类似石材经雕琢的纹理效果，其质感分立纹剁斧和花锤剁斧两种。剁假石又称剁斧石或斩假石，它的底层、中层和面层的砂浆操作,都同水刷石一样,只是面层不要将石子刷洗出来,而是用毛刷蘸水轻刷一遍,将接头咬槎的水泥埂刷去,约经3~5d养护后,待水泥石子浆面层达到一定强度,就用剁斧将面层由上往下,斩成并行齐直的剁纹,远看似有琢石之感,故又叫人造假石。

研磨、抛光的设备采用移动式抛光机,材料用水砂纸、抛光膏、汽车抛光蜡等。研磨、抛光的工艺为:

(1)相继用不同细度的水砂纸打磨人造大理石所需抛光的表面,使后一道砂纸磨去前一道砂纸打磨时留下的痕迹。

(2)打磨后,用抛光膏涂于布轮上进行抛光。

(3)抛光终了,随即用汽车蜡打光,操作方法同抛光。

2.2.9　零星装饰项目

在《房屋建筑与装饰工程工程量计算规范》(GB 50854—2013)中,零星装饰项目包含的项目有石材零星项目、拼碎石材零星项目、块料零星项目等。

1. 石材零星项目

1)石材零星项目清单项目说明见表2-32。

表2-32　石材零星项目清单项目说明

工程量计算规则	按设计图示尺寸以面积计算
计量单位	m^2
项目编码	011108001
项目特征	工程部位;找平层厚度、砂浆配合比;贴结合层厚度、材料种类;面层材料品种、规格、颜色;勾缝材料种类;防护材料种类;酸洗、打蜡要求
工作内容	清理基层;抹找平层;面层铺贴、磨边;勾缝;刷防护材料;酸洗、打蜡;材料运输

2)对应项目相关内容介绍

石材零星项目:用人造石材或天然石材做成的勒脚、散水等的饰面。用天然大理石、花岗石或人造石材作小便槽、便池蹲位、池槽、室内地沟的面层。

坡道:是室内外便于车辆行走的斜坡。

水刷豆石坡道的长宽尺寸按设计要求确定。施工时,在混凝土垫层上刷素水泥浆一道,用20mm厚1∶2水泥豆石抹面。抹平后,用湿刷把浆刷去微露小豆石,坡道两边留20mm宽不刷。

坡道施工,有设计时应按设计要求,无设计要求时,室内坡道一般不大于1∶8;室外坡道不大于1∶10;供轮椅用的坡道不大于1∶12,供轮椅使用的坡道,两侧应设高度为0.65m的扶手。当室内坡道水平距离超过15m时,宜有休息平台。

做混凝土散水,应根据水平标高,以建筑物墙根弹线,以此标出散水面层的上标高和散水处面层的下标高。标高坡度检查合格后,在散水下标高处支模板,在上标高靠墙根处用10~20mm薄板做隔断(在混凝土终凝前取出),转角处用木条做伸缩缝,每开间间距12m处用20mm木条做分格缝。

检查无误后,浇筑混凝土。混凝土可加浆一次抹平压光,也可在混凝土面层上抹1∶2.5水泥砂浆面层,具体可根据设计要求施工。

混凝土养护后,对散水的墙勒脚缝、伸缩缝、分格缝等进行清理、去除缝内杂质后,填嵌沥青胶结料。

块石灌浆散水施工中,注意:对块石的缝隙应用1∶2.5水泥砂浆填缝。

散水的宽度应根据建筑物的高度和屋面排水形式而定。一般为600～1000mm，当采用无组织排水时，散水宽度可按檐口线放出200～300mm。对工业建筑的散水，宜按20～30m的间距设伸缩缝，缝内填嵌沥青胶结料。

2. 块料零星项目

1）块料零星项目清单项目说明见表2-33。

表2-33　块料零星项目清单项目说明

工程量计算规则	按设计图示尺寸以面积计算
计量单位	m^2
项目编码	011108003
项目特征	工程部位；找平层厚度、砂浆配合比；贴结合层厚度、材料种类；面层材料品种、规格、颜色；勾缝材料种类；防护材料种类；酸洗、打蜡要求
工作内容	清理基层；抹找平层；面层铺贴、磨边；勾缝；刷防护材料；酸洗、打蜡；材料运输

2）对应项目相关内容介绍

块料零星项目：是指用大理石、花岗石等块料做勒脚、散水的饰面。用小块面砖、缸砖、釉彩墙地砖等作零星项目的面层。

勒脚：是指外墙接近室内地坪的部位。它经常遭受雨水的浸溅及地潮的侵蚀，同时容易受到外界碰撞，如不以构造上采取相应措施加以保护，则会使墙身受潮，墙体受损，抹灰粉化、脱落，以致影响建筑物的正常使用。

勒脚的做法、高矮、色彩等应结合建筑造型，选用耐久性高的材料或防水性能好的外墙饰面。一般采用以下几种构造做法，如图2-30所示。

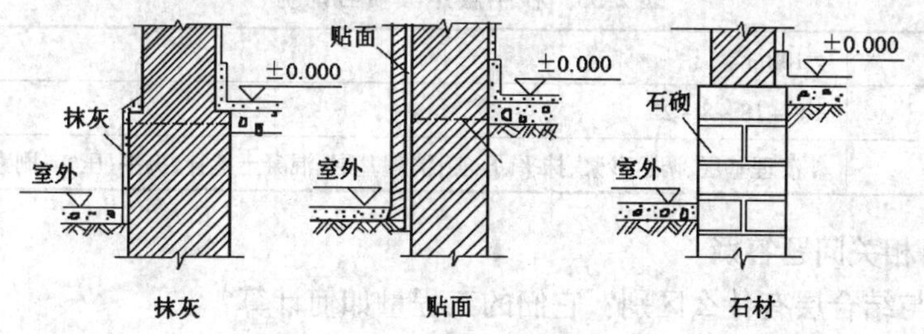

图2-30　外墙勒脚构造做法

（1）勒脚表面抹灰。勒脚表面可采用20厚1∶3水泥砂浆抹面，也可以采用1∶2水泥白石子浆水刷石或斩假石抹面。此法多用于一般建筑。

（2）勒脚贴面。勒脚可用天然石材或人工石材贴面，如花岗石、水磨石板等。贴面勒脚耐久性强，装饰效果好，用于高标准建筑。

（3）勒脚墙身加固。可将墙身部分加厚60～120mm，或采用天然石材镶砌及混凝土浇筑成型。

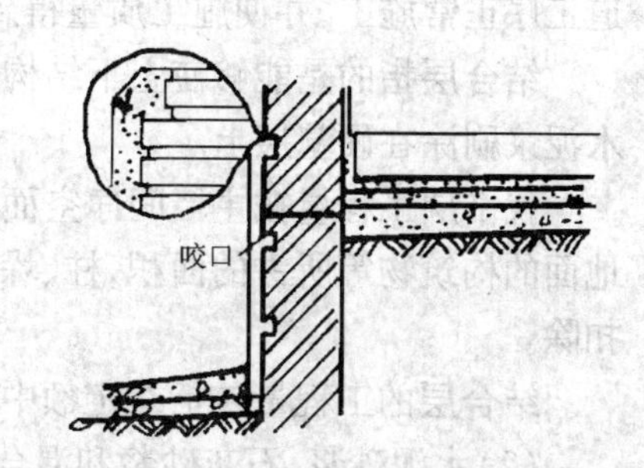

图2-31　勒脚抹灰构造做法

采用勒脚抹灰做法时，为保证抹灰层与砖墙粘结牢固，防止表面脱落，可在墙面上留槽，使抹灰嵌入，抹灰下部伸入散水内，如图2-31所示。

2.3 定额应用及问题答疑

2.3.1 垫层

1)垫层定额项目说明见表2-34。

表2-34 垫层定额项目说明

计量单位	$10m^3$
定额编号	8-1~8-17
工作内容	拌和、铺设、找平、夯实;调运砂浆、灌缝;混凝土搅拌、捣固、养护

2)对应项目相关问题答疑

(1)楼地面垫层与基础垫层有何区别?

楼地面垫层与基础垫层的主要区别在于它们的施工条件和施工位置不同。楼地面垫层在楼地面结构层下面,标高多在±0.000以上,且多为就地施工;基础垫层施工是在槽坑下面,需垂直运输,其标高多为±0.000以下。

(2)计算地面垫层工程量时哪些内容不应扣除?

在计算地面垫层工程量时,柱、垛、间壁墙、附墙烟囱和面积不超过$0.3m^2$的孔洞所占面积均不应扣除。

2.3.2 找平层

1)找平层定额项目说明见表2-35。

表2-35 找平层定额项目说明

计量单位	$100m^2$
定额编号	8-18~8-22
工作内容	清理基层、调运砂浆、抹平、压实;清理基层、混凝土搅拌、捣平、压实;刷素水泥浆

2)对应项目相关问题答疑

(1)找平层与结合层有什么区别?它们的工程量如何计算?

找平层指的是楼地面和屋面部分面层以下,因工艺或技术上的需要而进行找平,便于下一道工序正常施工,并使施工质量得到保证的一种过渡层。

结合层指的是能够使上下结构层快速结合和粘结得牢固的一道胶结中间层。做法通常用水泥浆刷涂在硬基层上。

找平层工程量按主墙间净空面积以"m^2"计算。并应扣除设备基础,室内管道、地沟、凸出地面的构筑物等所占的面积,柱、垛、附墙烟囱、间壁墙及不超过$0.3m^2$的孔洞所占的面积不扣除。

结合层的工程量包括在定额中,不再另行计算。

(2)水泥砂浆、石灰砂浆和混合砂浆三者之间有什么不同?

水泥砂浆是由水泥和砂加水拌和而成。它属水硬性材料,强度高,一般常用于砌筑潮湿环境下的砌体。

石灰砂浆是由石灰膏和砂加水拌和而成。它属气硬性材料,强度不高,常用于砌筑次要的民用建筑中地面以上的砌体。

混合砂浆是由水泥、石灰膏和砂加水拌和而成。这种砂浆强度较高，和易性和保水性较好，常用于砌筑地面以上的砌体。

砂浆的强度也用强度等级表示，有 M15、M10、M7.5、M5、M2.5、M1 及 M0.4 七个级别。常用的砌筑砂浆是 M1 ~ M5 几个级别，M5 以上属高强度砂浆。

(3)什么是细石混凝土地面?

为了增强楼板层的整体性和防止楼面产生裂缝和起砂，采用 30 ~ 40mm 厚细石混凝土层。它是用粒径不超过 20mm 的砾石做集料加水和砂浆拌和而成的混凝土层。它是采用 C20 细石混凝土在结构层上随打随抹，初凝时用铁滚滚压出浆水，抹平后，待其终凝前再用铁板压光作为地面。

2.3.3 整体面层

1)整体面层定额项目说明见表 2-36。

表 2-36 整体面层定额项目说明

计量单位	$100m^2$(100m)
定额编号	8 - 23 ~ 8 - 49
工作内容	清扫基层、调制石子浆、刷素水泥浆、找平抹面、磨光、补砂眼、理光、上草酸、打蜡、擦光、嵌条、调色；彩色镜面水磨石还包括油石抛光，清理基层、浇捣混凝土、面层抹灰压实；菱苦土地面包括调制菱苦土砂浆、打蜡等；金属嵌条包括画线、定位；金属防滑条包括钻眼、打木楔、安装；金刚砂、缸砖包括搅拌砂浆、敷设

2)对应项目相关问题答疑

(1)如何计算水磨石地面嵌条工程量?

水磨石地面分为带嵌条和不带嵌条两种。带嵌条的定额是按玻璃嵌条考虑的。如采用塑料嵌条者，减去玻璃用量，并按定额规定增加塑料条用量。如采用金属嵌条者，按相应定额执行。金属嵌条定额的工程量按嵌条长度来计算。

(2)水泥浆制作的水磨石有哪几种?

水泥浆制作的水磨石分为不带嵌条、带嵌条、带嵌条分色与带艺术形嵌条四种情况。不带嵌条是指水磨石面层中无分格条，当然也无法分色。带嵌条就是用分格条将整体面层，分成一定规格的矩形格子，它是在施工中，通过弹线、固定分格条后才能进行铺磨石子浆面层等工作，所以其与不带嵌条有很大的不同。带嵌条分色是指水磨石面层用白水泥加多种颜料做成多种不同的色彩，通过嵌条所划分的方格有规律的分色布置。当分格嵌条按艺术线条曲线或折线造型，同时也将不同区间布置成不同色彩，按需要制作成理想的图案，定额中称之为带艺术形嵌条。

(3)如何换算水泥砂浆楼地面的定额?

①水泥砂浆楼地面的定额耗用量是综合考虑的，无论是否做踢脚线，定额量均不得换算，若踢脚线用其他材料敷设，可按其材料另行列项，套用相应踢脚线定额，但水泥砂浆定额不得扣减。

②当水泥砂浆设计配合比与定额不同时，可按上述计算方法换算，但定额砂浆量不变。

③材料单价和人工工资，均按各地情况换算材料费和人工费。

④若水泥砂浆面层厚度超过 20mm 时，超过部分套用“找平层增减厚度”定额。

2.3.4 块料面层

在《全国统一建筑工程基础定额 土建》(GJD 101—1995)中，块料面层包含的项目有大理石、花岗石、水泥花砖、陶瓷锦砖、拼碎材料、木地板等。

1. 大理石

1)大理石定额项目说明见表2-37。

表2-37 大理石定额项目说明

计量单位	$100m^2$
定额编号	8-50~8-56
工作内容	清理基层、锯板磨边、贴大理石、擦缝、清理净面;调制水泥砂浆或胶粘剂、刷素水泥浆及成品保护

2)对应项目相关问题答疑

(1)大理石楼梯应如何套用定额?

大理石楼梯按水平投影面积计算,梯井宽度小于20cm者可以不扣减;若梯井宽超过20cm,应扣除超过部分的水平投影面积。

楼梯段侧面和踢脚线应另行计算,套用相应的定额。

螺旋形楼梯应将人工工日和机械台班乘以1.2系数,大理石板耗用量乘以1.1系数。

(2)人造大理石如何分类?天然大理石主要有哪几类?

按照人造大理石生产所用材料分为四类:水泥型人造大理石、树脂型人造大理石、复合型人造大理石、烧结型人造大理石。

天然大理石主要有云灰大理石、白色大理石、彩色大理石。

(3)定额中的大理石饰面是按天然大理石还是按人造大理石计算?

定额中大理石的耗用量指标不分天然和人造大理石,其材料用量不变,但单价可以调整。调整办法是将两种石材单价之差乘以大理石材料用量,所得之积加减到材料费或基价中即可,其他一律按定额执行。

2. 陶瓷锦砖

1)陶瓷锦砖定额项目说明见表2-38。

表2-38 陶瓷锦砖定额项目说明

计量单位	$100m^2$
定额编号	8-94~8-100
工作内容	清理基层、贴陶瓷锦砖、拼花、勾缝、清理净面;调制水泥砂浆或胶粘剂

2)对应项目相关问题答疑

(1)陶瓷锦砖与玻璃锦砖分别用于何处?

陶瓷锦砖用于墙、地面装饰。

玻璃锦砖主要用于内外墙装饰,亦可作镶嵌式的艺术装饰材料。为优等品(A)、一等品(B)、合格品(C)三个等级。天然花岗岩板是用天然花岗岩荒料加工而成。分为普型板和异型板。普型板是指正方形或长方形的板;异型板是指其他形状的板。按板表面加工程度分为细面板、镜面板和粗面板。细面板是指表面平整光滑的板;镜面板是指表面平整,具有镜面光泽的板;粗面板是指表面平整、粗糙,具有较规则加工条纹的机刨板、剁斧板、锤击板、烧毛板等。按板材规格尺寸允许偏差、平面度允许极限公差、角度允许极限公差、外观质量分为优等品(A)、一等品(B)、合格品(C)三个等级。

(2)如何使用陶瓷锦砖定额?

①陶瓷锦砖定额的含量,不包括找平层,其基层找平应按找平层定额项目执行。

②陶瓷锦砖面层擦缝用的白水泥,定额是按擦两遍计算,在实际施工中常只擦一遍,但仍按定额执行,不予扣减。

③工程量计算,楼地面按主墙间的净空面积计算,扣除大于 0.3m^2 以上不做陶瓷锦砖面层的部分,不扣除柱、小于 120mm 厚的间壁墙以及小于 0.3m^2 孔洞等所占的面积,但对门洞、空圈等开口部分所铺贴陶瓷锦砖面层,不再增算其面积。

(3)锦砖有哪些分类?

锦砖又称马赛克。按其所用材料不同有陶瓷锦砖和玻璃锦砖。按锦砖表面性质分为有釉锦砖和无釉锦砖。按锦砖尺寸允许偏差和外观质量分优等品和合格品。

3. 木地板

1)木地板定额项目说明见表 2-39。

表 2-39　木地板定额项目说明

计量单位	100m^2
定额编号	8－127～8－138
工作内容	木楼板、龙骨、横撑、垫木制作、安装、打磨、净面、涂防腐油、填炉渣、埋铁件等;清洗基层、刷胶、铺设、打磨净面;龙骨、毛地板制作、刷防腐剂;踢脚线埋木砖等

2)对应项目相关问题答疑

(1)木地板如何分类?

木地板具有较强的质感,装饰地面会给人以温暖舒服的感觉。木地板表面花纹精美且花纹多样,增加了地面整体美。在装饰工程中使用的高级木地板有柚木地板、水曲柳地板、柞木地板、白桦木地板、枫木地板等。楼地面铺贴木地板装饰工程适用于体育馆、会议室、接待室、阅览室、办公室、游艺场、会客厅等。

木地板分类:

①普通木地板:普通木地板由龙骨、水平撑、地板等部分组成,具有一定的弹性和保温性。

②硬木地板:硬木地板一般有两层,下层为毛地板,上层为硬木地板。硬木地板多采用水曲柳、核桃木、柞木、樱桃木等制成,拼成各种花色图案。硬木地板施工较复杂,成本高,一般常用于高级住宅和室内运动场。

③拼木地板:拼木地板分高、中、低三个档次。高档产品适用于大型会场、星级宾馆、会议室内的地面装饰;中档产品适用于办公室、疗养院、托儿所、体育馆、舞厅等地面装饰;低档适用于一般住宅地面装饰。

④复合木地板:复合木地板是以中密度纤维板为基材和用特种耐磨塑料贴面板为面材的新型地面装饰材料。复合木地板具有耐烟头烫、耐化学试剂污染、易清扫、抗重压、耐磨等特点。适用于会议室、办公室、高洁净度实验室、中高档旅游饭店及民用住宅的地面装饰。

(2)如何使用木地板面层定额?

①木板条面层在木楞以下的基层、拼花板面层以下的基层,其所用工料在定额中均未包括,应按有关部分另行计算。

②木板条及拼花板面层的油漆打蜡,定额未加考虑,应另行列项套用相应部分定额。

③材质单位不同可以换算,但材料耗用量不予变动。

(3)如何确定复合木地板用量?

计算复合木地板用量,应先算出复合木地板铺设的地面面积。

复合木地板铺设的地面面积按房间的净面积计算,包括门口处面积。相通两房间如用不同地面材料,则以门扇下方为界。

根据复合木地板每块有效面积,按下式计算复合木地板用量:

$$复合木地板用量 = \frac{木地板铺设面积}{每块木地板有效面积} \times (1 + 复合木地板损耗率)$$

复合木地板损耗率为5%。

复合木地板用量计算结果应取整块数。铺设复合木地板的房间应配置复合踢脚板,踢脚板用量可按踢脚实际长度加5%损耗计算,也可按房间周边长度计算,不扣除门口所占长度,亦不增加损耗。踢脚板是定型产品,有一定规格长度,为此要计算出踢脚板所需块数。

$$踢脚板块数 = \frac{踢脚板所需长度}{每块踢脚板长度}$$

踢脚板块数应取整数。

铺设复合木地板所需衬布面积,可按地面面积加2%损耗计算。

门口处相邻两房间的复合木地板铺设方向相垂直时,应在交接处加设压条,相邻两房间如用不同地面材料,门口处亦应加压条。压条是1m长的制成品,购来后按门口净宽锯解压条,将其装设在门口的中间,压条以根数计算。

复合木地板、踢脚板均可拆包零售。

2.3.5 栏杆、扶手

在《全国统一建筑工程基础定额 土建》(GJD 101—1995)中,栏杆、扶手包含的项目有铝合金管扶手、不锈钢管扶手、硬木扶手、靠墙扶手等。

1.铝合金管扶手

1)铝合金管扶手定额项目说明见表2-40。

表2-40 铝合金管扶手定额项目说明

计量单位	10m(10个)
定额编号	8-141~8-144/8-145
工作内容	放样、下料、铆接、玻璃安装、打磨抛光

2)对应项目相关问题答疑

(1)栏杆、栏板、扶手项目适用于哪些范围?如何计算工程量?

定额中栏杆、栏板、扶手项目适用于楼梯、走廊、回廊及其他装饰性栏杆、栏板。其工程量按图示尺寸以延长米(包括弯头)计算。但扶手不包括弯头制安内容,应按弯头单项定额计算。

(2)楼地面装饰工程主要包括哪些工程项目?

楼地面装饰工程包括的主要项目有:

整体面层,块料面层,橡塑面层,其他材料面层,踢脚线,楼梯装饰、扶手、栏杆、栏板、台阶装饰及零星装饰。各装饰工程项目包括的详细内容如下:

整体面层{水泥砂浆楼地面、现浇水磨石楼地面、细石混凝土楼地面、菱苦土楼地面}

块料面层{石材楼地面、块料楼地面}

橡塑面层{橡胶板楼地面、橡胶卷材楼地面、塑料板楼地面、塑料卷材楼地面}

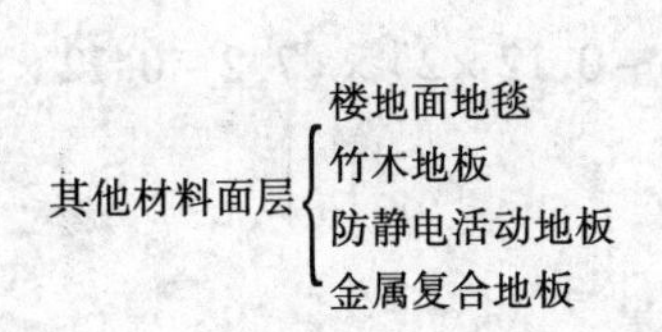

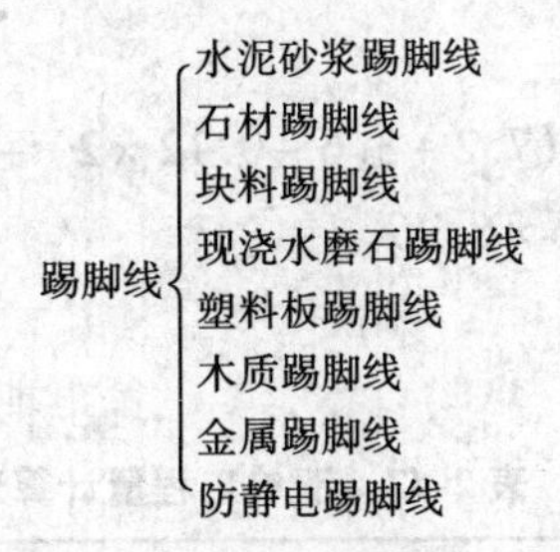

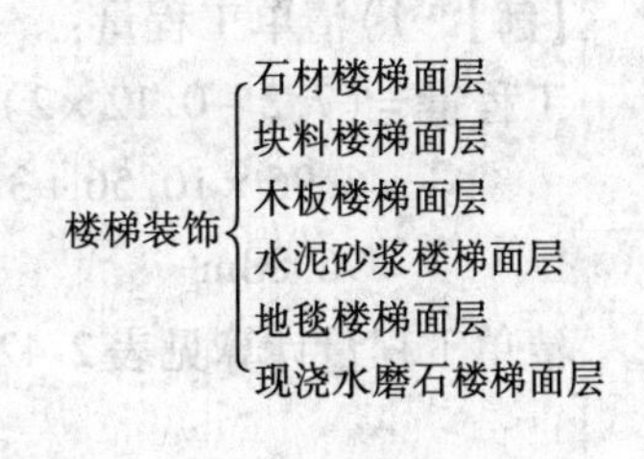

扶手、栏杆、栏板装饰
- 金属扶手带栏杆栏板
- 硬木扶手带栏杆栏板
- 塑料扶手带栏杆栏板
- 金属靠墙扶手
- 硬木靠墙扶手
- 塑料靠墙扶手

台阶装饰
- 石材台阶面
- 块料台阶面
- 水泥砂浆台阶面
- 现浇水磨石台阶面
- 剁假石台阶面

零星装饰项目
- 石材零星项目
- 拼碎石材零星项目
- 块料零星项目
- 水泥砂浆零星项目

2. 硬木扶手

1)硬木扶手定额项目说明见表2-41。

表2-41　硬木扶手定额项目说明

计量单位	10m(10个)
定额编号	8－155～8－156/8－157
工作内容	制作、安装

2)对应项目相关问题答疑

(1)什么是扶手？如何计算楼梯扶手工程量？

扶手是用在栏杆的上面，便于人们上下或前倾支撑，有铝合金管扶手、不锈钢管扶手、塑料扶手、钢管扶手、硬木扶手、靠墙扶手等。

装饰工程预算定额中的栏杆、栏板项目，是带扶手的综合项目。栏杆、栏板、扶手均按其中心线长度以延长米计算，不扣除弯头所占长度。

楼梯扶手的长度，可按扶手水平投影的总长度乘以系数1.15计算。

(2)木扶手应选择何种材料？

木扶手应选用顺直、少节的硬木好料。

2.4　经典实例剖析与总结

2.4.1　经典实例

项目编码：011101004　　项目名称：菱苦土楼地面

【例2-1】　如图2-32所示，求某会议室及休息室菱苦土整体面层工程量(做菱苦土面层厚20mm，毛石灌浆垫层厚150mm，素土夯实)。

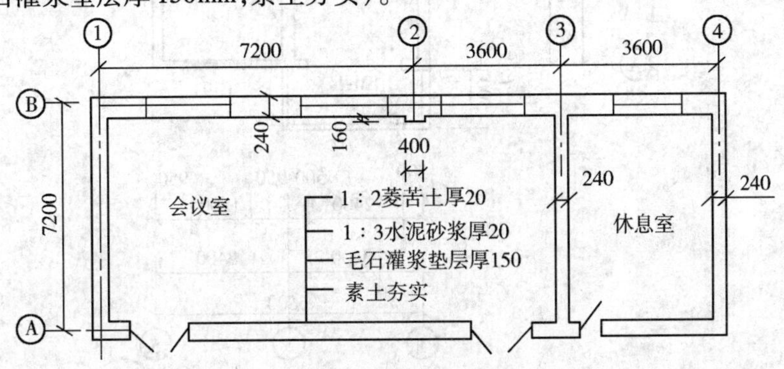

图2-32　某会议室和休息室平面示意图

【解】 1)清单工程量：

$$工程量 = (7.2-0.12\times2)\times(7.2+3.6-0.12\times2)+(3.6-0.12\times2)\times(7.2-0.12\times2)$$
$$=6.96\times10.56+3.36\times6.96$$
$$=96.88m^2$$

清单工程量计算见表2-42。

表2-42 清单工程量计算表

项目编码	项目名称	项目特征描述	计量单位	工程量
011101004001	菱苦土楼地面	毛石灌浆垫层厚150,1∶3水泥砂浆找平层厚20,1∶2菱苦土厚20	m^2	96.88

2)定额工程量同清单工程量。

套用基础定额8－45。

项目编码:011102003　　项目名称:块料楼地面

【例2-2】 试求如图2-33所示中套住宅内客厅铺贴大理石地面的工程量。大理石地面做法为:大理石板规格选为500mm×500mm,水泥砂浆铺贴。

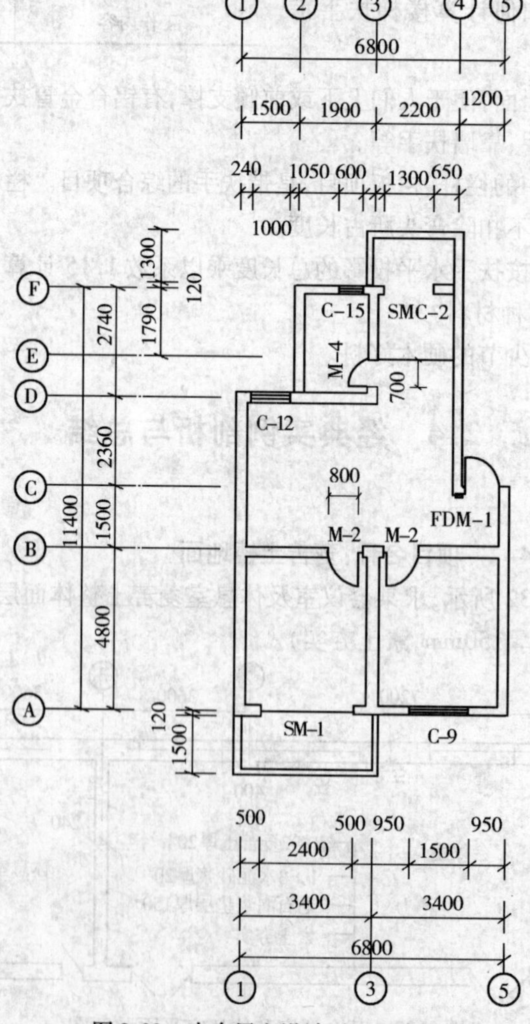

图2-33　中套居室设计平面示意图

【解】 1)清单工程量:

工程量 $=(6.8-1.2-0.24)\times(1.5+2.36-0.24)+1.2\times(1.5-0.24)+(2.74-1.79+0.12)\times(2.2-0.24)$

$=23.01\text{m}^2$

清单工程量计算见表 2-43。

表 2-43 清单工程量计算表

项目编码	项目名称	项目特征描述	计量单位	工程量
011102003001	块料楼地面	大理石板规格为 500mm×500mm	m^2	23.01

2)定额工程量:

本例客厅大理石面层工程量,按饰面层净面积计算。计算时包括净空面积和门洞开口部分面积之和,计算式如下:

$S=(6.8-1.2-0.24)\times(1.5+2.36-0.24)+1.2\times(1.5-0.24)+(2.74-1.79+0.12)\times(2.2-0.24)+(0.8\times0.24+0.7\times0.12+1.2\times0.12)$(门开口)

$=23.43\text{m}^2$

套用基础定额 8-50。

项目编码:011101002　　项目名称:现浇水磨石楼地面

项目编码:011105002　　项目名称:石材踢脚线

【例 2-3】 如图 2-34 所示,已知地面为水磨石面层,踢脚线为高 150mm 的水磨石,地面构造示意图如图 2-35 所示,试求水磨石地面及踢脚线工程量。

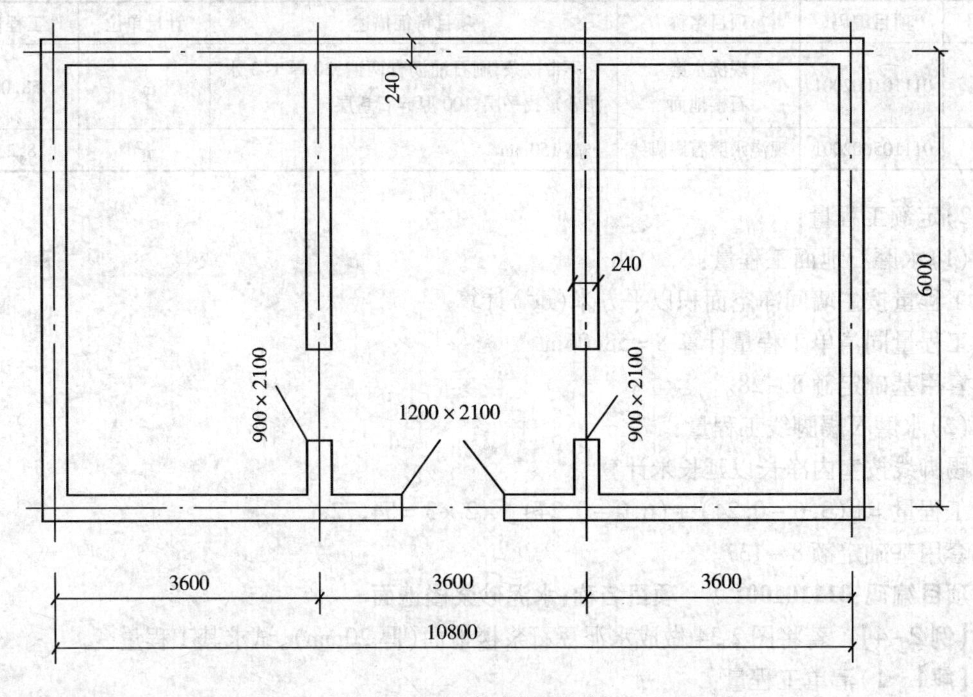

图 2-34 某房间平面图

【解】 1)清单工程量:

(1)水磨石地面工程量:

工程量 $=(3.6-0.24)\times(6.0-0.24)\times3=58.06\text{m}^2$

说明:工作内容包括:①基层清理;②抹找平层;③面层铺设;④嵌缝条安装;⑤磨光、酸洗、打蜡;⑥材料运输。

(2)水磨石踢脚线工程量:

工程量按设计图示长度乘以高度以面积计算

工程量 $=(3.6-0.24+6.0-0.24)\times2\times3\times0.15=8.21m^2$

说明:工作内容包括:①基层清理;②底层抹灰;③面层铺贴、磨边;④擦缝;⑤磨光、酸洗、打蜡;⑥刷防护材料;⑦材料运输。

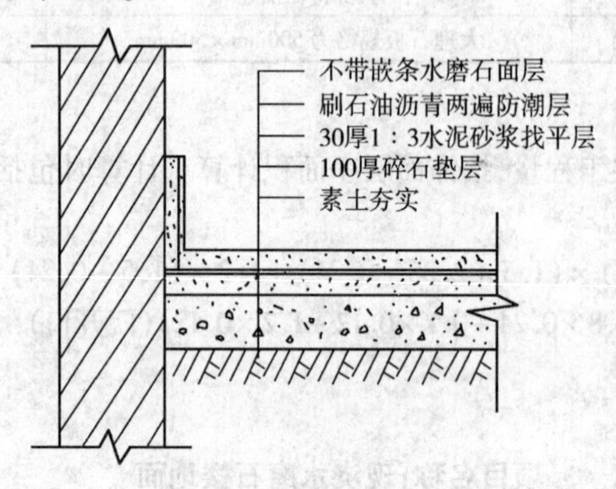

图 2-35　地面构造示意图

清单工程量计算见表 2-44。

表 2-44　清单工程量计算表

序号	项目编码	项目名称	项目特征描述	计量单位	工程量
1	011101002001	现浇水磨石楼地面	不带嵌条,刷石油沥青两遍,30 厚 1:3 水泥砂浆找平层,100 厚碎石垫层	m^2	58.06
2	011105002001	现浇水磨石踢脚线	高 150mm	m^2	8.21

2)定额工程量:

(1)水磨石地面工程量:

工程量按主墙间净空面积以平方米(m^2)计算

工程量同清单工程量计算 $S=58.06m^2$

套用基础定额 8-28。

(2)水磨石踢脚线工程量:

踢脚线按室内净长以延长米计算

工程量 $=[(3.6-0.24)+(6.0-0.24)]\times2\times3=54.72m$

套用基础定额 8-137。

项目编码:011101001　　项目名称:水泥砂浆楼地面

【例 2-4】 若将图 2-34 做成水泥豆石浆楼地面(厚 20mm),试求其工程量。

【解】 1)清单工程量:

工程量 $=(6.0-0.24)\times(10.8-0.24)\times3=60.83m^2$

【注释】 其工程量计算不扣除间壁墙和 $0.3m^2$ 以内的柱、垛、附墙烟囱及孔洞所占面积。

清单工程量计算见表 2-45。

表 2-45　清单工程量计算表

项目编码	项目名称	项目特征描述	计量单位	工程量
011101001001	水泥砂浆楼地面	厚 20mm	m^2	60.83

2）定额工程量同清单工程量。

工程量按主墙间净空面积计算。

套用基础定额 8－37、8－39。

项目编码：011104001　　项目名称：楼地面地毯

【例 2-5】 如图 2-36 所示，求活动式地毯地面的定额直接费。

【解】 1）清单工程量：

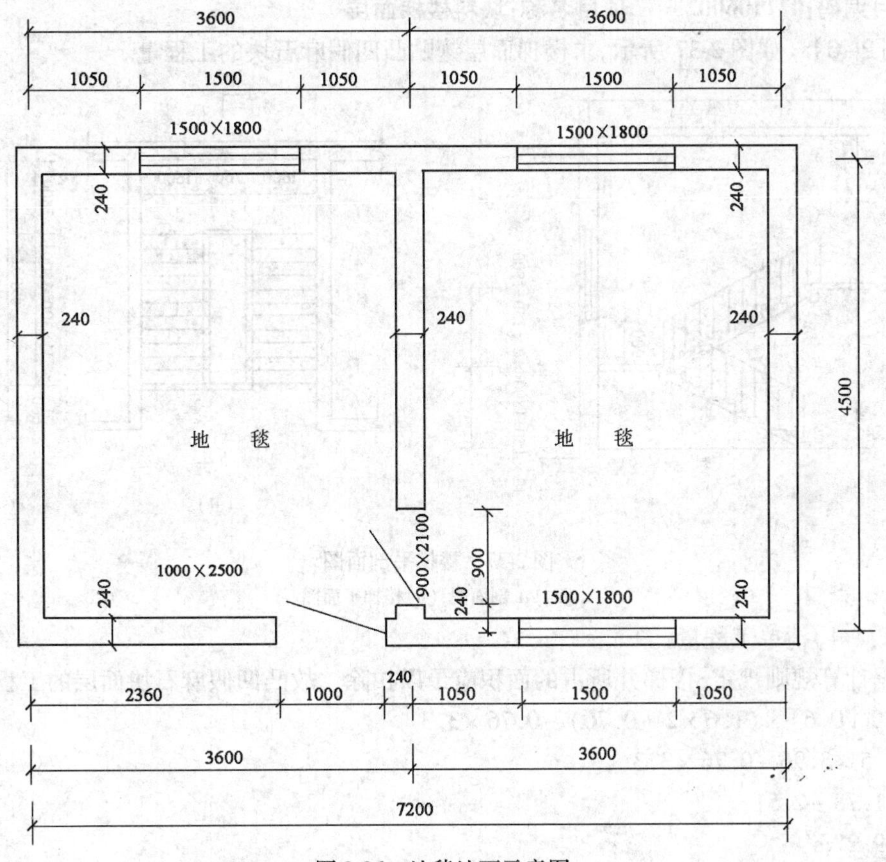

图 2-36　地毯地面示意图

地毯工程量：

$(3.6-0.24)\times(4.5-0.24)\times2+0.9\times0.24+1.0\times0.24=29.08m^2$

【注释】 地毯的工程量分为四个部分即两个相同房间的面积$(3.6-0.24)\times(4.5-0.24)\times2$和两个门洞占的面积$(0.9\times0.24+1.0\times0.24)$。其中 0.24 是墙厚，(3.6－0.24)是房间的净宽，(4.5－0.24)是房间的净长，2 是房间的个数。0.9 是内门的宽，1.0 是外门的宽。

清单工程量计算见表 2-46。

表 2-46　清单工程量计算表

项目编码	项目名称	项目特征描述	计量单位	工程量
011104001001	楼地面地毯	活动式地毯地面	m^2	29.08

2)定额工程量同清单工程量。

(1)地毯工程量:$S=29.08m^2$

套用基础定额 8-120

(2)套《河南省建筑工程预算定额(装饰分册)》(18-42)子目,不固定地毯楼地面。地毯定额直接费:

$0.29(100m^2)\times3906.37$(元/$100m^2$)$=1132.85$ 元

【注释】 3906.37 是每 $100m^2$ 地毯的价钱。

说明:1.地毯按实铺面积计算工程量。

2.增加门洞口所占面积。

项目编码:011106002　　项目名称:块料楼梯面层

【例 2-6】 如图 2-37 所示,求楼梯面层镶贴凸凹假麻石块的工程量。

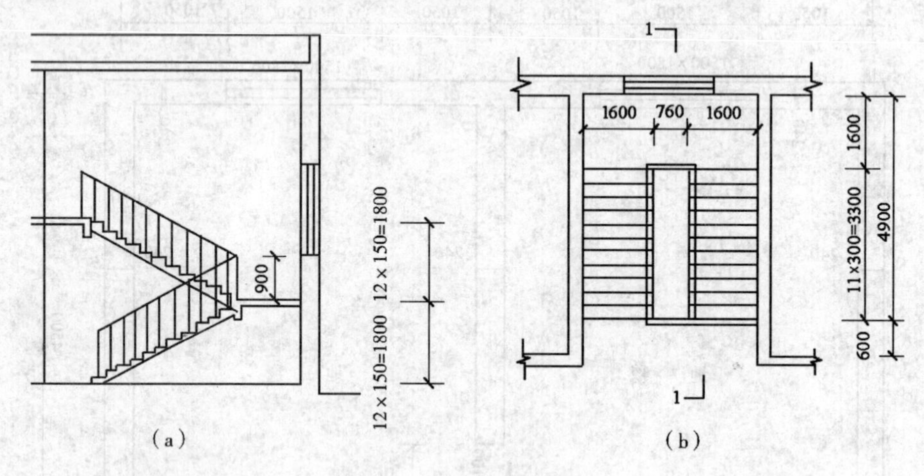

图 2-37 楼梯平剖面图

(a)1-1 剖面图;(b)楼梯平面图

【解】 1)清单工程量:

根据计算规则规定,楼梯井所占的面积应予以扣除。故凸凹假麻石块面层的工程量为:

$(4.9+0.6)\times(1.6\times2+0.76)-0.76\times3.3$

$=5.5\times3.96-0.76\times3.3$

$=21.78-2.51$

$=19.27m^2$

【注释】 $(4.9+0.6)$是凸凹假麻石块面层的长,$(1.6\times2+0.76)$是包括楼梯井在内的凸凹假麻石块面层的宽,1.6 是一侧楼梯的宽,0.76 是楼梯井宽。0.76×3.3 是楼梯井的面积,3.3 是楼梯井的长,0.76 是楼梯井的宽。

清单工程量计算见表 2-47。

表 2-47 清单工程量计算表

项目编码	项目名称	项目特征描述	计量单位	工程量
011106002001	块料楼梯面层	凸凹假麻石块	m^2	19.27

2)定额工程量同清单工程量。

套用基础定额 8-109。

项目编码:011103002　　项目名称:橡胶板卷材楼地面

【例2-7】 如图2-38所示,地面面层为橡胶板,计算其工程量。

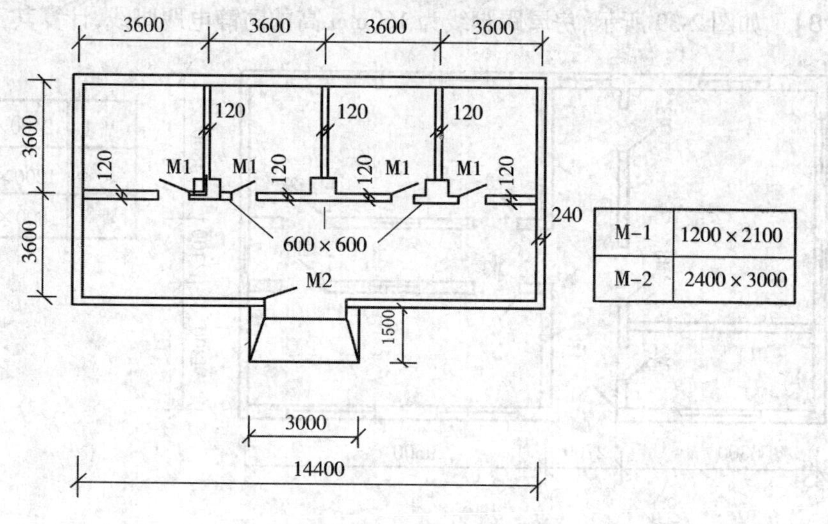

图2-38　房屋平面示意图

【解】 1)清单工程量:

$$工程量=室内面积+门洞面积$$

(1)室内地面面积 $=(14.4-0.24)\times(3.6-0.12-0.06)+(3.6-0.12-0.06)\times(3.6-0.12-0.06)\times2+(3.6-0.12)\times(3.6-0.12)\times2$

$=48.43+23.39+24.22$

$=96.04\text{m}^2$

(2)门洞面积 $=1.2\times0.12\times4+2.4\times0.24=1.15\text{m}^2$

工程量 $=96.04+1.15=97.19\text{m}^2$

【注释】 14.4为纵墙中心线长,3.6为两墙体中心线之间长度,0.24为外墙墙厚,0.06为内墙半墙厚。

清单工程量计算见表2-48。

表2-48　清单工程量计算表

项目编码	项目名称	项目特征描述	计量单位	工程量
011103002001	橡胶板卷材楼地面	橡胶板面层	m^2	97.19

2)定额工程量:

工程量=室内地面面积+门洞面积-柱所占面积

(1)室内地面面积 $=96.04\text{m}^2$

(2)门洞面积 $=1.15\text{m}^2$

(3)柱所占面积 $=(0.6-0.12)\times(0.6-0.12)\times3=0.23\times3=0.69\text{m}^2$

$(0.6-0.12)\times(0.3-0.06)=0.1152>0.1\text{m}^2$

工程量 $=96.04+1.15-0.69-0.1152=96.38\text{m}^2$

套用消耗量定额1-114。

【注释】 橡塑面层,清单工程量按设计图示尺寸以面积计,门洞空圈等开口部分并入相应的工程量内;定额工程量按饰面净面积计,包括门洞、空圈的面积,扣除大于 0.1m^2 的孔洞的面积。

项目编码:011105007　　项目名称:防静电踢脚线

【例2-8】 如图2-39所示,房屋踢脚线为160mm高的防静电踢脚线,计算其工程量。

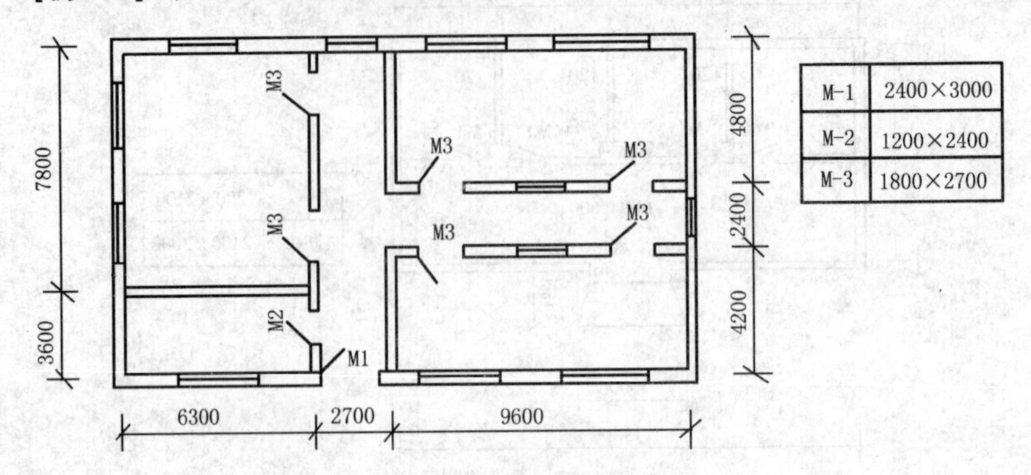

图2-39　房屋平面示意图

【解】 1)清单工程量:

工程量 = 设计长度×高度

$= [(7.8-0.24+6.3-0.24)\times2+(3.6-0.24+6.3-0.24)\times2+(4.8-0.24+9.6-0.24)\times2+(4.2-0.24+9.6-0.24)\times2+(11.4-0.24+2.7-0.24)\times2+9.6\times2-(2.4+1.2\times2+1.8\times6\times2)]\times0.16$

$=(27.24+18.84+27.84+26.64+27.24+19.2-26.4)\times0.16$

$=120.6\times0.16=19.30\text{m}^2$

【注释】 $(7.8-0.24+6.3-0.24)\times2$ 为左上 7800×6300 房间的周长,$(3.6-0.24+6.3-0.24)\times2$ 为左下 3600×6300 房间的周长,$(4.8-0.24+9.6-0.24)\times2$ 为右上 4800×9600 房间的周长,$(4.2-0.24+9.6-0.24)\times2$ 为右下 4200×9600 房间的周长,$(11.4-0.24+2.7-0.24)\times2$ 为中间 11400×2700 长形走道的周长,9.6×2 为右中走道的两个边长,2.4 为 M-1 的宽,1.2 为 M-2 的宽,2 是因为 M-2 为内门,0.24 为墙体,1.8 为 M-3 的宽,6 为其数量。

清单工程量计算见表2-49。

表2-49　清单工程量计算表

项目编码	项目名称	项目特征描述	计量单位	工程量
011105007001	防静电踢脚线	160mm高的防静电踢脚线	m^2	19.30

2)定额工程量:

工程量 = 设计长度(不扣除门洞尺寸)×高度

设计长度 = 147.0m

工程量 = $147.0\times0.16=23.52\text{m}^2$

套用消耗量定额 1-170。

【注释】 按设计图示尺寸以面积计算,不扣除门洞尺寸。

项目编码:011104002　　项目名称:竹木地板

【例2-9】 如图2-40所示,若室内地面采用木地板面层,试计算其工程量。

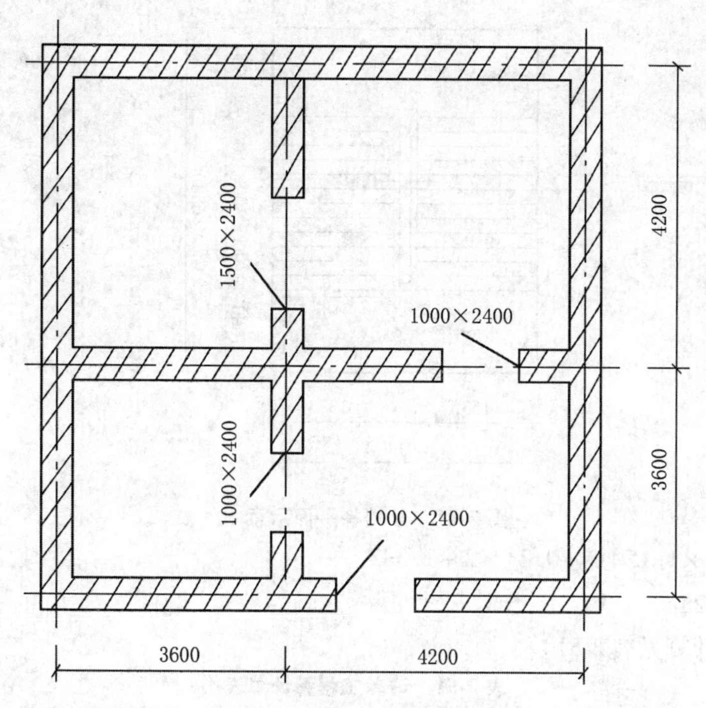

图 2-40　某建筑室内地面示意图

【解】　1)清单工程量：

块料面层工程量 = 主墙间净空面积 + 门洞开口面积

门洞开口面积 $=1.5\times0.24+1.0\times0.24\times3=1.08\text{m}^2$

【注释】　门洞包括 1 个 1500 宽的门洞和 3 个 1000 宽的门洞。

主墙间净空面积 $=(3.6-0.24)^2+(4.2-0.24)\times(3.6-0.24)\times2+(4.2-0.24)^2$

$=53.58\text{m}^2$

【注释】　$(3.6-0.24)^2$ 为左下角 3600×3600 房间净空面积，$(4.2-0.24)\times(3.6-0.24)\times2$ 为左上角和右下角 4200×3600 房间净空面积，$(4.2-0.24)^2$ 为右上角 4200×4200 房间净空面积。则木地板面层工程量 $=1.08+53.58=54.66\text{m}^2$

清单工程量计算见表 2-50。

表 2-50　清单工程量计算表

项目编码	项目名称	项目特征描述	计量单位	工程量
011104002001	竹木地板	木地板面层	m^2	54.66

说明：工作内容包括：①基层清理；②龙骨铺设；③基层铺设；④面层铺贴；⑤刷防护材料；⑥材料运输。

2)定额工程量同清单工程量。

套用基础定额 8－127。

项目编码：011503003　　项目名称：塑料扶手、栏杆、栏板

【**例 2－10**】　如图 2-41 所示为一楼梯，求塑料扶手型钢栏杆的工程量。

【解】　1)清单工程量：

楼梯扶手工程量包括弯头长度按延长米计算。

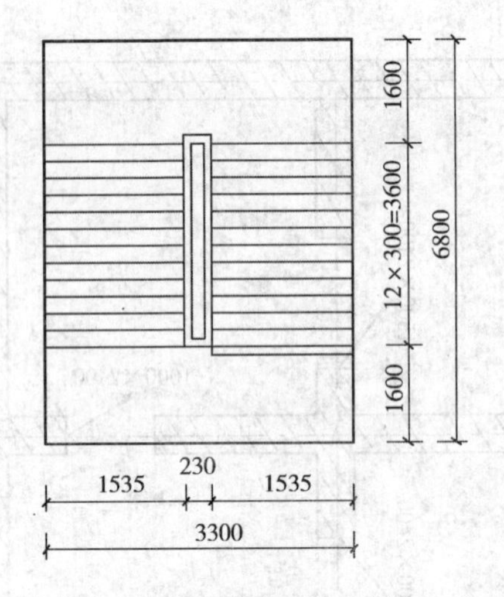

图 2-41　某楼梯平面示意图

工程量 $=3.6\times1.15\times2+0.23\times2+1.535$

$=10.28\text{m}$

清单工程量计算见表 2-51。

表 2-51　清单工程量计算表

项目编码	项目名称	项目特征描述	计量单位	工程量
011503003001	塑料扶手、栏杆、栏板	塑料扶手,型钢栏杆	m	10.28

说明:工作内容包括:①制作;②运输;③安装;④刷防护材料。

2)定额工程量同清单工程量。

套用基础定额 8－151。

2.4.2　剖析与总结

1. 地面垫层按室内主墙间净空面积乘以设计厚度以"m^3"计算。应扣除凸出地面的构筑物、设备基础、室内铁道、地沟等所占体积,不扣除柱、垛、间壁墙、附墙烟囱及面积在 $0.3m^2$ 以内孔洞所占体积。

2. 整体面层、找平层均按主墙间净空面积以"m^2"计算。应扣除凸出地面构筑物、设备基础、室内管道、地沟等所占面积,不扣除柱、垛、间壁墙、附墙烟囱及面积在 $0.3m^2$ 以内的孔洞所占面积,但门洞、空圈、暖气包槽、壁龛的开口部分亦不增加。

3. 块料面层,按图示尺寸实铺面积以"m^2"计算,门洞、空圈、暖气包槽和壁龛的开口部分的工程量并入相应的面层内计算。

4. 楼梯面层(包括踏步、平台、以及小于 500mm 宽的楼梯井)按水平投影面积计算。

5. 台阶面层(包括最上层踏步边沿加 300mm)按水平投影面积计算。

6. 其他:

(1)踢脚板按延长米计算,洞口、空圈长度不予扣除,洞口、空圈、垛、附墙烟囱等侧壁长度亦不增加。

(2)散水、防滑坡道按图示尺寸以"m^2"计算。

(3)栏杆、扶手包括弯头长度按"延长米"计算。

(4)防滑条按楼梯踏步两端距离减 300mm 以"延长米"计算。

(5)明沟按图示尺寸以"延长米"计算。

第3章 墙、柱面工程

3.1 墙、柱面造价基本知识

3.1.1 墙、柱面相关应用释义

墙面抹灰:抹灰又称粉刷,它是由水泥、石灰膏等胶结材料加入砂或石渣,再与水拌和成砂浆或石渣浆抹到墙面上的一种操作工艺,属湿作业范畴,是一种传统的墙面装饰方式。其主要优点在于材料来源广,施工操作简便,造价低廉。其缺点是饰面的耐久性低、易开裂、易变色,且多为手工操作、工效较低。抹灰工程是用灰浆涂抹在墙体表面,起到找平、装饰、保护墙面的作用。按建筑物要求装饰效果的不同,抹灰工程分为一般抹灰和装饰抹灰。

底层抹灰:是指在墙面上刷一道素水泥浆,将墙基上凹凸不平的地方填平,并增加抹灰层与基层的粘结。

挂镜线:又叫画镜线,指围绕墙壁装设的与窗顶或门顶平齐的水平条,用以挂镜框或图片、字画。上留模用以固定吊钩。可分为塑料挂镜线、金属挂镜线等。如图3-1、图3-2所示。

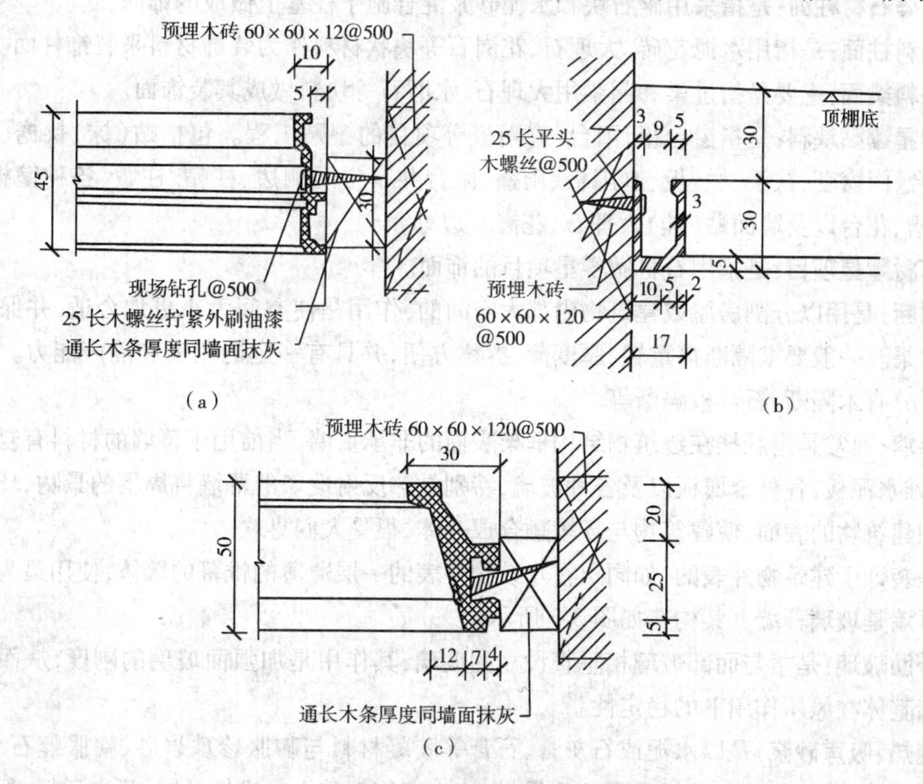

图3-1 挂镜线 (挂镜点) 构造示意图

(a)塑料挂镜线;(b)金属挂镜线;(c)金属挂镜点

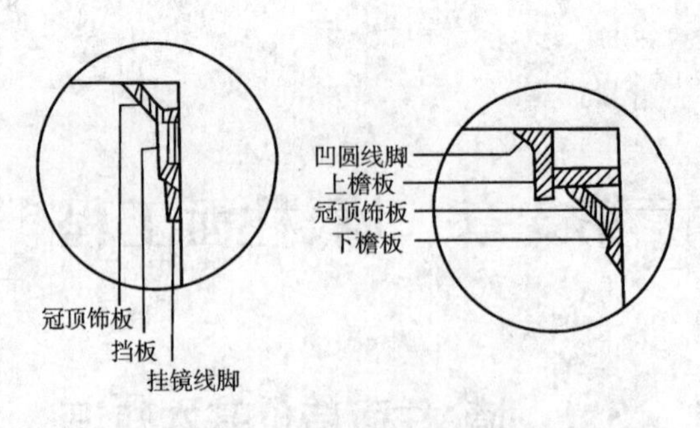

图 3-2　木线脚檐板及挂镜线

空心柱:是指柱身做成空心以达到节约材料并减轻重量的目的;若将双肢柱的两个肢柱做成空心板的形式,就成为空心板柱;若是用两根或一根空心管并成一个柱身来代替其双肢的话,就成为了空心管柱。

拼碎石材墙面:为了使墙面美观,能起到更好的装饰效果,采用碎石、水泥、胶结材料在墙体表面涂刷而成的。

块料墙面:指采用大理石、陶瓷锦砖、碎块大理石、水泥花砖等预制板块铺贴在墙表面,起装饰效果。

块料镶贴:是指各种装饰块材通过镶贴的方法装饰在建筑结构的表面,达到美化环境、保护结构和满足使用功能的作用。

拼碎石材柱面:是指采用碎石块和水泥砂浆混合施于柱基上做成的饰面。

块料柱面:是指用水泥花砖、大理石、花岗石等块状材料作为装饰材料来装饰柱面。

块料梁面:主要是指过梁和圈梁用大理石、水磨石等块料做成其装饰面。

零星镶贴块料:是指窗台板、阳台、遮阳板等项目的镶贴工程。包括贴(抹)挑檐、檐沟侧边、窗台、门窗套、扶手、栏、板、遮阳板、雨篷、阳台共享空间侧边、柱帽、柱墩、各种壁柜、过人洞、池槽、花台以及墙面贴(挂)大理石、花岗石边等。

石材零星项目:是指用石材做零星项目的饰面。

隔断:是用以分割房屋或建筑物内部大空间的,作用是使空间大小更加合适,并保持通风采光效果。一般要求隔断自重轻、厚度薄,拆移方便,并具有一定的刚度和隔声能力。按使用材料区分有木隔断、石膏板隔断等。

幕墙:通常是指悬挂在建筑物结构框架表面的非承重墙,当前用于幕墙的材料有复合材料板,纤维水泥板,各种金属板以及各种玻璃,特别是热反射玻璃的幕墙将周围的景物、环境等都反映到建筑物的表面,使建筑物与环境融合成一体,很受人们喜欢。

是装饰于建筑物外表的,如同罩在建筑物外表的一层薄薄的帷幕的墙体,使用最为普遍的一种幕墙是玻璃幕墙。其构造如图 3-3 所示。

带肋玻璃:是指与面部玻璃相垂直设立的玻璃,其作用是加强面玻璃的刚度,从而保证玻璃幕墙整体在风压作用下的稳定性。

绝热、吸声砂浆:是以水泥或石灰膏、石膏等胶凝材料与膨胀珍珠岩砂、膨胀蛭石、火山灰渣或浮石砂、陶粒砂等多孔轻质颗粒状材料,按一定比例配合制成的砂浆,具有质轻、保温绝热性能好、吸声性强等优点。

配合比:是指在拌制砂浆或混凝土时所用的水泥、石子、砂的比例,有质量比和体积比两种。

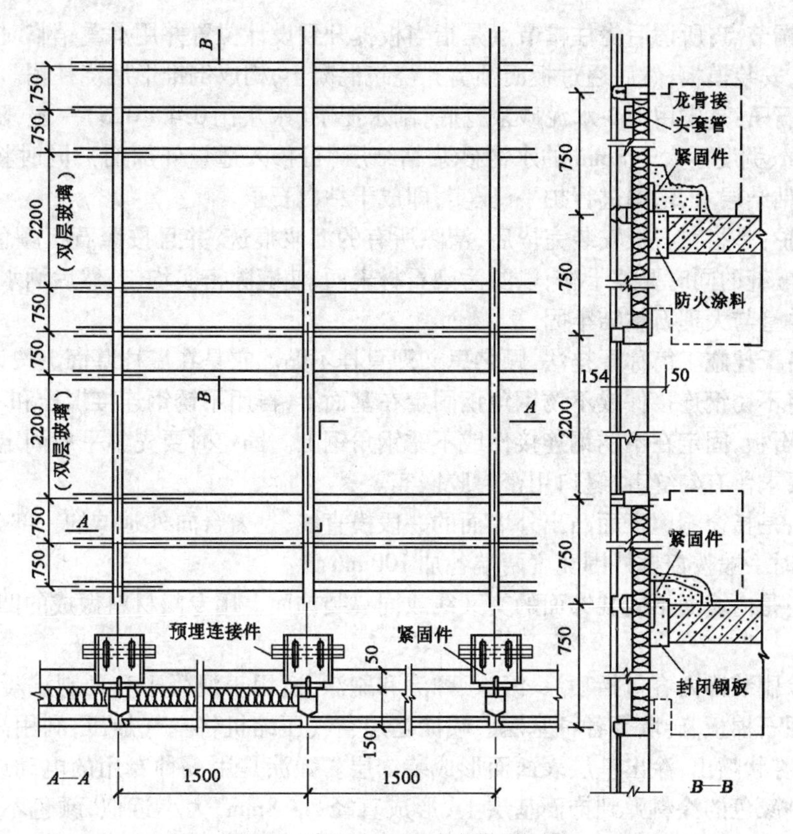

图 3-3 高层办公楼玻璃幕墙构造

水灰比:是指在拌制砂浆或混凝土时,所用的水和水泥的质量比,它是决定砂浆和混凝土强度的主要因素之一。

饰面材料:为了取得好的外观效果和保护效果,必须对建筑物的内外墙面、柱面、地面、顶棚等进行装饰处理,进行装饰处理所用的材料就是饰面材料。

型刚骨架体系:是以型钢做玻璃幕墙的骨架,玻璃镶嵌在铝合金框内,然后将铝合金框与型钢骨架固定。这种骨架的锚固固定间距较大,适用于比较宽敞的空间,可充分利用钢结构强度高,又比其他金属价格便宜的特点。

不露骨架体系:又叫隐蔽幕墙,是玻璃直接与骨架连接,外面不露骨架,也不见窗框,属隐蔽式装配结构,即骨架、窗框均隐蔽在玻璃内侧。其最大的特点在于立面不见骨架,使玻璃幕墙外表更加简洁、新颖,是一种比较新式的玻璃幕墙。这种幕墙体系简化了玻璃安装的程序,并且更加牢固。

吊顶轻钢龙骨:是以镀锌钢带、铝带、铝合金型材、薄壁冷轧退火卷带为原料,经冷弯或冲压而成的顶棚吊顶的骨架支承材料。

石膏龙骨:是以浇注石膏,适当配以纤维筋或用面石膏板复合、粘结、切割而成的石膏板隔墙骨架支承材料。

块料实贴面积:是指该墙体的块状材料贴了多少就应该按多少计算,凡是还未贴的部分就应予以扣除而不加以计算。

墙裙:在墙面抹灰中,当遇到人群活动比较频繁且常受到碰撞的墙或防潮、防水要求较高的墙体,为保护墙身,常对那些易受碰撞或易受潮的墙面作保护处理的部分,称为墙裙。其高度一般为 1.5m 左右。

后浇柱帽节点：所谓后浇柱帽节点是指当板提升到设计位置并用承重销临时固定后，在板下绑扎钢筋，安装模板，然后通过板面预留孔浇筑混凝土，构成倒锥形后浇柱帽。

干粘白石子：是先用1:3水泥砂浆打底，刮水泥浆（水灰比0.4~0.5）一遍，随即涂抹一层厚为4~6mm、稠度不大于8mm的水泥砂浆粘结层（可掺入适量外加剂），同时将中小八厘白石子甩粘在粘结层上，随即进行拍平、压实，即成干粘白石子。

擦缝养护：是指在石板安装完毕后，清除所有的灌浆痕迹，并且按照石板颜色调制水泥浆的嵌缝。在嵌缝的同时要擦干净，以防污染石材表面，使缝隙密实均匀，然后洒水养护，使砂浆充分硬化，并且与大理石粘结牢固。

干挂法：干挂施工简称干挂法，顾名思义即只挂不贴。它是在墙柱基面上按设计要求设置膨胀螺栓，将不锈钢连接件或不锈钢角钢固定在基面上，再用不锈钢连接螺栓和不锈钢插棍将钻有孔洞的石板，固定在不锈钢连接件或不锈钢角钢上。固定时要先整平后固定，要求面平缝实，若设计要求留有勾缝者，缝口用密封胶嵌实。

窗台线：是指窗洞门下面凸出外墙面的一段横直线，是窗台向外延伸的一部分。在计算其抹灰工程量时一般按窗框外围宽度两端各加100mm计。

装饰线：是内墙面不同装饰面的交叉线或同一装饰面上用专门材料做成的凹凸线，以增加美观效果。

涂刷：涂刷装饰内容包括喷涂、滚涂、弹涂和刷涂，适用于混凝土和预制混凝土板、水泥砂浆饰面、水泥石棉板、砖墙等各种基层。喷涂是用空气压缩机将空气加压，利用高压气的能源将涂料作为雾状喷出，涂出基层表面而形成装饰层。弹涂是用一种专用的电动或手动筒形弹力器，将各种颜色的涂料弹到饰面基层上，形成直径2~8mm，大小近似，颜色不同，互相交错的圆粒状色点，或深、浅色点相互衬托，形成一种彩色装饰面。这种饰面层粘结能力强，对基层的适应性较广，可以直接弹涂在底子灰上和基层较为平整的混凝土墙板、加气板、石膏板等墙面上。

3.1.2 经济技术资料

1. 外墙面抹灰工程量

外墙面抹灰面积＝外墙长×外墙高－门窗洞口空圈面积－外墙裙面积和大于$0.3m^2$孔洞面积＋垛、梁、柱侧面积。

2. 外墙面一般抹灰工程量

外墙抹灰工程量按外墙面的垂直投影面积以“m^2”计算。

$$S = ah - \sum_p$$

式中 S——外墙面抹灰垂直投影面积，m^2；

a——外墙面图示外边线的长度，m；

h——外墙面图示外边线的高度，m；

$\sum_p$——应减除的各项的面积之和，m^2

3. 外墙裙（勒脚）、内墙裙一般抹灰工程量

外墙裙抹灰工程量是外墙裙抹灰面积按其长度乘高度以“m^2”计算，其计算式为

$$S = (l + 2d)h$$

式中 S——外墙裙抹灰工程量，m^2；

l——外墙中心线长度，m；

d——外墙中心线以外的墙厚度，m；

h——外墙裙高度，m。

内墙裙抹灰面积按内墙净长乘高度以“m^2”计算，其计算式为

$$S=(l'-2d')h'$$

式中 S——内墙裙抹灰工程量，m^2；

l'——内墙中心线长度，m；

d'——内墙中心线以内的墙厚度，m；

h'——内墙裙高度，m。

4. 卷闸门工程量

卷闸门是由用铝合金或电镀金属板材制成的卷闸，安装于卷闸两侧的导轨固定卷帘，并由使卷帘自由升降的卷筒和置于卷筒上方的卷筒护罩组成。多用于车库、商场、仓库等建筑，卷闸门的工程量按洞口高度加600mm，乘以实际宽度以“m^2”计算。电动装置安装以套计算，小门安装以“个”计算。

$$S=a(h+0.6\text{m})$$

式中 S——卷闸门的工程量，m^2；

a——卷闸门实际宽度，m；

h——卷闸门洞口高度，m。

注：0.6m 为卷筒上的卷帘展开的面积，这部分面积是隐藏而又要发生的，应当加入计算。

5. 材料用量的计算

抹灰砂浆分为水泥砂浆、石灰砂浆、混合砂浆（水泥、石灰砂浆）。抹灰砂浆配合比，均以体积比计算。其材料用量按体积比计算，可用下式表示：

$$Q_s=\frac{S}{\sum f-SS_p} \qquad Q_c=\frac{Cr_c}{C}Q_s \qquad Q_d=\frac{d}{s}Q_s$$

式中 Q_s——砂子用量，m^3；

S——砂子比例数；

Q_c——水泥用量，kg；

C——水泥比例数；

Q_d——石灰膏用量，m^3；

d——石灰膏比例数；

$\sum f$——配合比的总比例数；

S_p——砂空隙率，%；

r_c——水泥容重，kg/m^3。

3.1.3 相关数据参考与查询

1. 水泥石灰混合砂浆参考配合比见表 3-1。

表 3-1 水泥石灰混合砂浆参考配合比

名称	单位	每立方米水泥砂浆中的数量					
32.5 级水泥	kg	361	282	397	261	195	121
生石灰	kg	56	74	208	136	140	190
石灰膏	m^3	0.09	0.12	0.33	0.22	0.16	0.30
天然砂	m^3	1.03	1.08	0.84	1.03	1.03	1.10
天然净砂	kg	1270	1331	1039	1275	1275	1362
水	kg	350	350	390	360	340	360
（体积比）配合比		1:0.3:3	1:0.5:4	1:1:2	1:1:4	1:1:6	1:3:9

2. 装饰抹灰面做法见表3-2。

表3-2　装饰抹灰面做法

抹灰名称	底层		面层		应用范围
	材料	厚度（mm）	材料	厚度（mm）	
拉毛饰面	1:0.5:4水泥石灰砂浆打底,待底子灰六七成干时,刷素水泥浆一道	13	1:0.5:1水泥石灰砂浆拉毛	视拉毛长度而定	用于对音响要求较高的建筑的内墙抹灰
甩毛饰面	1:3水泥砂浆	13~15	1:1水泥砂浆或混合砂浆		建筑的外墙面及对音响要求较高的内墙面抹灰
喷毛饰面	1:1:6混合砂浆	12	1:1:6水泥石灰膏混合砂浆,用喷枪喷两遍		一般用于公共建筑的外墙面
拉条抹灰	底层同一般抹灰		1:2.5:0.5的水泥细黄砂纸筋灰混合砂浆,用拉条模拉线条成型	<12	一般用于公共建筑门厅、影剧院观众厅墙面
扫毛抹灰	底层处理同一般抹灰		面层材料同拉条抹灰,用竹丝帚扫出条纹	10	一般用于公共建筑内墙抹灰或外墙的局部装饰
扒拉条	1:0.5:3:5混合砂浆或1:0.5:4水泥石灰砂浆	12	1:1水泥砂浆或1:0.3:4水泥石灰砂浆罩面	10~2	一般用于公共建筑外墙面
扒拉石	1:0.5:3:5混合砂浆或1:0.5:4水泥石灰砂浆		1:1水泥石渣浆	10~12	一般用于公共建筑外墙面
搓毛饰面	1:1:6水泥石灰砂浆	15	1:1:6水泥石灰砂浆	5	一般用于公共建筑外墙面
	1:3水泥砂浆	10	1:2水泥砂浆	5	
外墙彩色弹涂饰面	1:3水泥砂浆	8~10	喷刷底色浆（聚合物水泥色浆）一遍,弹涂色浆3遍,喷涂甲基硅树脂溶液或聚乙烯醇缩丁醛酒精液罩面	3~5	用于较高级的公共建筑的外墙面
假面砖饰面	1:0.3:3水泥石灰混合砂浆垫层	13	饰面色浆或饰面砂浆,配合比分别为:水泥:石灰:氧化铁黄:氧化铁红=5:1:(0.3~0.4):0.6,色浆:砂=1:1.5	3~4	适用于装配式墙板外墙饰面
	(1)1:3水泥砂浆打底 (2)1:1水泥砂浆垫层	12 3	水泥:石灰膏:氧化铁黄:氧化铁红:砂子=100:20:6~8:2:150（质量比）,用铁钩及铁梳做出砖样纹	3~4	一般用于民用建筑外墙面或内墙局部装饰

3. 几种原材料的密度参考见表3-3。

表 3-3 几种原材料的密度参考表

材料名称	密度	备注	材料名称	密度	备注
辉绿岩粉	2.5		水玻璃	1.38	稀胶泥用
石英粉	2.5		水玻璃	1.45	胶泥、砂浆用
石英砂	2.5		氟硅酸钠	2.75	
石灰石砂	2.5		过氯乙烯清漆	1.25	
67 耐酸水泥	3.0		滑石粉	2.6	
普通硅酸盐水泥	3.1		石油沥青	1.05	普通沥青砂浆用
砂子	2.65		石油沥青	1.1	耐酸沥青砂浆用
重晶石粉	4.3		煤沥青	1.2	
钢屑	4.08		煤焦油	1.1	
石灰膏	1.3				

4. 常见拉毛灰的做法见表 3-4。

表 3-4 常见拉毛灰的做法

名称	分层做法	厚度
纸筋灰罩面拉毛	①1:0.5:4 水泥石灰砂浆抹底层 ②1:0.5:4 水泥石灰砂浆抹中层 ③纸筋灰罩面随即拉毛	7 7 4~20
水泥、石灰砂浆拉毛	①1:3 水泥砂浆或 1:1:6 水泥石灰砂浆抹底层 ②1:3 水泥砂浆或 1:1:6 水泥石灰砂浆抹中层 ③1:0.5:1 水泥石灰砂浆罩面拉毛(拉粗毛掺 5% 石灰膏和石灰膏重 3% 纸筋;中等毛掺 10% ~20% 石灰膏和石灰膏重 3% 纸筋;拉细毛掺 25% ~30% 石灰膏和适量砂子)	7~8 7~8 4~5
条筋形拉毛	①1:1:6 水泥石灰砂浆抹底层 ②1:1:6 水泥石灰砂浆抹中层 ③1:0.5:1 水泥石灰砂浆罩面拉毛	7 7 4~6

5. 饰面板的接缝宽度见表 3-5。

表 3-5 饰面板的接缝宽度

项次	名称		接缝宽度(mm)
1	天然石	光面、镜面	1
2		粗磨面、麻面、条纹面	5
3		天然面	10
4	人造石	水磨石	3
5		水刷石	10

6. 抹灰等级、遍数、工序及外观质量对应关系见表 3-6。

表 3-6　抹灰等级、遍数、工序及外观质量对应关系

名称	普通抹灰	中级抹灰	高级抹灰
遍数	二遍	三遍	四遍
主要工序	分层找平、修整表面压光	阳台找方、设置标筋、分层找平、修整、表面压光	阳台找方、设置标筋、分层找平、修整、表面压光
外观质量	表面光滑、洁净、接槎平整	表面光滑、洁净、接槎平整、压线清晰、顺直	表面光滑、洁净、颜色均匀、无抹纹压线、平直方正、清晰美观

3.1.4　常用图例符号表示

常用图例符号见表 3-7。

表 3-7　常用图例符号

序号	名　称	图　例	备　注
1	之字条		用于泰柏板竖向及横向接缝处，还可连接成蝴蝶网或Ⅱ型桁条，做阴角加固或木门窗框安装之用
2	204mm 宽平联结网		14 号钢丝方格网，网格为 50.8mm × 50.8mm，用于泰柏板竖向及横向拼缝处，用方格网卷材现场剪制
3	102mm × 204mm 角网		材料与平联结网相同，做成 L 形，边长分别为 102mm 及 204mm，用于泰柏板阳角补强。用方格网卷材现场剪制
4	箍码		用于将平联结网、角网、U 码、之字条与泰柏板连接，以及泰柏板间拼接
5	U　码		与膨胀螺栓一起使用，用于泰柏板与基础、楼面、顶板、梁、金属门框以及其他结构等连接
6	组合 U 码		

3.2　清单计价规范对应项目介绍

3.2.1　墙面抹灰

在《房屋建筑与装饰工程工程量计算规范》(GB 50854—2013)中，墙面抹灰包含的项目有墙面一般抹灰、墙面装饰抹灰、墙面勾缝。

1. 墙面一般抹灰

1）墙面一般抹灰清单项目说明见表 3-8。

表 3-8　墙面一般抹灰清单项目说明

工程量计算规则	按设计图示尺寸以面积计算。扣除墙裙、门窗洞口及单个0.3m² 以外的孔洞面积,不扣除踢脚线、挂镜线和墙与构件交接处的面积,门窗洞口和孔洞的侧壁及顶面不增加面积。附墙柱、梁、垛、烟囱侧壁并入相应的墙面面积内 1. 外墙抹灰面积按外墙垂直投影面积计算 2. 外墙裙抹灰面积按其长度乘以高度计算 3. 内墙抹灰面积按主墙间的净长乘以高度计算 (1)无墙裙的,高度按室内楼地面至顶棚底面计算 (2)有墙裙的,高度按墙裙顶至顶棚底面计算 4. 内墙裙抹灰面按内墙净长乘以高度计算
计量单位	m^2
项目编码	011201
项目特征	墙体类型;底层厚度、砂浆配合比;面层厚度、砂浆配合比;装饰面材料种类;分格缝宽度、材料种类
工作内容	基层清理;砂浆制作、运输;底层抹灰;抹面层;抹装饰面;勾分格缝

2)对应项目相关内容介绍

墙面一般抹灰:用石灰砂浆、水泥砂浆、混合砂浆、麻刀灰、纸筋灰、石膏灰等抹在墙面上,起保护、美化墙的作用。

基层清理:清除墙基上的浮灰,将墙基表面磨平,以便下一工序的开展。

底层抹灰:是指在墙面上刷一道素水泥,将墙基上凹凸不平的地方填平,并增加抹灰层与基层的粘结。

抹面层:视找平层砂浆干湿程度酌情洒水,并刷一遍水泥素浆,随即抹水泥石子浆,在每一分格舱内从上往下抹,每抹完一个分格舱,应拍实抹平,石子浆不宜高出或低于分格条,拍实要先经后重,并把石子尖棱拍入浆内,拍后随用直尺检查平整度。

勾分格缝:喷刷面层露出石子后,就要起出分格条。起分格条时,用木抹子柄敲击木条,用小鸭嘴抹子扎入木条,上下活动,轻轻起动,用小溜子找平,用鸡腿刷子光理直缝角,并用素灰将分格缝修补平直颜色一致。

2. 墙面勾缝

1)墙面勾缝清单项目说明见表 3-9。

表 3-9　墙面勾缝清单项目说明

工程量计算规则	按设计图示尺寸以面积计算。扣除墙裙、门窗洞口及单个0.3m² 以外的孔洞面积,不扣除踢脚线、挂镜线和墙与构件交接处的面积,门窗洞口和孔洞的侧壁及顶面不增加面积。附墙柱、梁、垛、烟囱侧壁并入相应的墙面面积内 1. 外墙抹灰面积按外墙垂直投影面积计算 2. 外墙裙抹灰面积按其长度乘以高度计算 3. 内墙抹灰面积按主墙间的净长乘以高度计算 (1)无墙裙的,高度按室内楼地面至顶棚底面计算 (2)有墙裙的,高度按墙裙顶至顶棚底面计算 4. 内墙裙抹灰面按内墙净长乘以高度计算
计量单位	m^2

续表

项目编码	011201003
项目特征	勾缝类型;勾缝材料种类
工作内容	基层清理;砂浆制作、运输;勾缝

2)对应项目相关内容介绍

墙面勾缝:是指为了保持墙面的整体性,用密封胶勾满填实的墙面与墙面之间的小于10mm的缝口。

石墙勾缝形式有平缝、半圆凹缝、平凹缝、平凸缝、半圆凸缝、三角凸缝等,如图3-4所示。一般多采用平缝或凸缝。

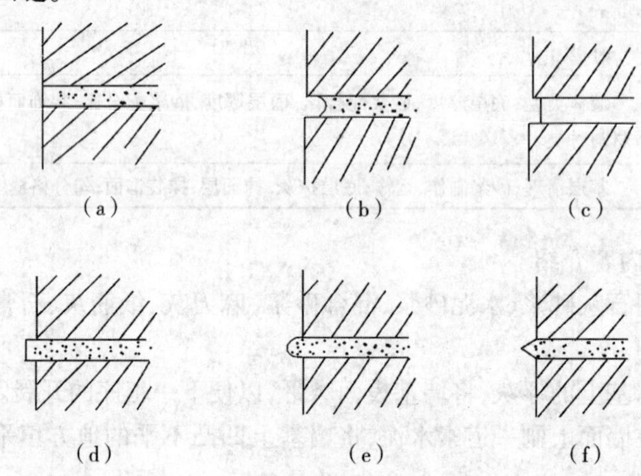

图3-4　石墙勾缝形式

(a)平缝;(b)半圆凹缝;(c)平凹缝;

(d)平凸缝;(e)半圆凸缝;(f)三角凸缝

石墙勾缝事先要剔缝,将灰浆刮深20~30mm。墙面要用水喷洒湿润。不整齐的地方应加以修整。

勾缝用1∶1的水泥砂浆,砂用细砂,也可以用青灰或石灰浆勾缝,但应掺入麻刀。勾缝的线条要均匀一致,深浅相同,十字,T形缝处搭接要平整。毛石墙的勾缝要保持砌合的自然缝。

3.2.2　柱面抹灰

在《房屋建筑与装饰工程工程量计算规范》(GB 50854—2013)中,柱面抹灰包含的项目有柱面一般抹灰、柱面装饰抹灰、柱面勾缝。

1.柱面装饰抹灰

1)柱面装饰抹灰清单项目说明见表3-10。

表3-10　柱(梁)面装饰抹灰清单项目说明

工程量计算规则	按设计图示柱断面周长乘以高度以面积计算
计量单位	m^2
项目编码	011202002
项目特征	柱体类型;底层厚度、砂浆配合比;面层厚度、砂浆配合比;装饰面材料种类;分格缝宽度、材料种类
工作内容	基层清理;砂浆制做、运输;底层抹灰;抹面层;勾分格缝

2)对应项目相关内容介绍

柱面装饰抹灰:利用普通材料模仿某种天然石花纹在柱体上抹成的具有艺术效果的抹灰。

装饰抹灰是能给建筑物以装饰效果的抹灰。主要包括拉条灰、甩毛灰、斩假石、水刷石、水磨石、干粘石、喷涂、弹涂、喷砂、滚涂等抹灰施工。装饰抹灰不仅有一般抹灰工程同样的功能,而且在材料、工艺、外观上更具有特殊的装饰效果。其特殊之处在于可使建筑物表面光滑、平整、清洁、美观,在满足人们审美需要的同时,还能给予建筑物以独特的装饰形式和色彩。

圆柱体的石板饰面:

(1)检查基层,确定板材规格。应检查圆柱体钢丝网抹灰基面的垂直度和圆度。必须保证圆柱的规矩,因为它涉及到饰面块的拼接切角问题,应该做到柱体外表面圆度和垂直度的精确,如超过允许偏差标准时须进行修整。根据柱体的圆度确定靠模的内径后,才可对石板块进行切角加工。其方法为:先在靠模圆形边内按贴面方向摆置几块石板,测量石板对缝所需切角的角度;然后按此角度在石材切割机上切割石板对缝对角;切角后的石板应再放入靠模检查,观察两石板间的对缝情况,如何对缝即依此角度做其他板块的切角加工。

(2)基层处理,弹线分格。对其水泥砂浆基层表面的油污、浮灰残渣等均清理干净,对其凹凸不平处进行必要修整和嵌补,并使其面层粗糙便于与粘结层砂浆结合。根据石板块规格尺寸进行分格弹线,必要时应对板块及分格进行编号。

(3)石板块开槽、浸水。用手提式电动无齿圆锯按前述方式方法在石板上开槽,开槽位置应考虑到与柱体上预设的铜丝或不锈钢丝相对应,以便于绑扎操作。开槽后的板块应进行浸水。

(4)石板安装。安装操作时应利用靠模来作为石板镶贴的圆弧面基准,如图3-5所示。首先将靠模对准位置后固定在柱体下面,然后从柱体的最下一层按顺时针方向逐层向上绑扎稳牢并做临时固定。

(5)灌浆。按前述大理石饰面灌浆方法以水泥砂浆进行分层灌注,应从同一层的几处分别向缝隙内同时灌注并注意不可碰动石板块,在灌浆过程中要随时检查板块是否因灌浆而有外移现象,如有外移应返工修正。灌浆前应有前述卡具及绳扎等稳板紧固措施,既可有利于稳固石板的临时定位,又可防止灌浆时的板材外移。圆柱石板饰面构造如图3-6所示。

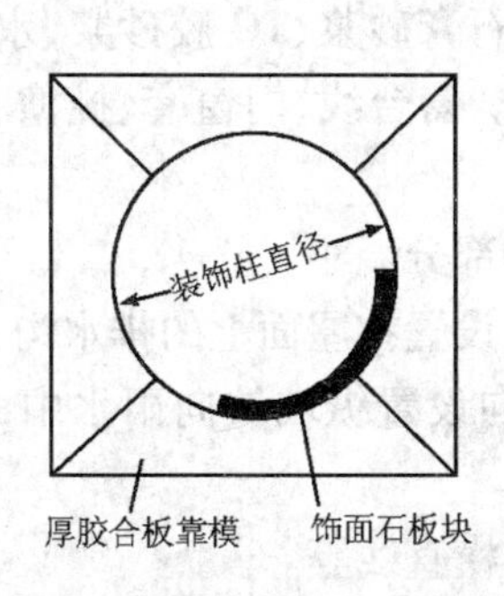

图3-5 靠模的形式及其使用示意

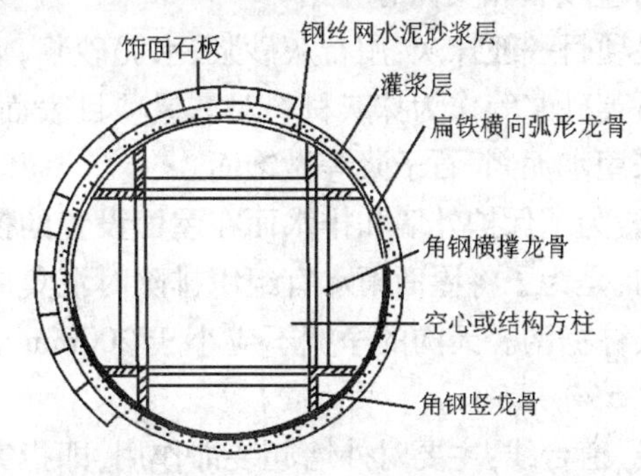

图3-6 圆柱石板饰面构造

(6)清理。灌浆完毕,待粘结砂浆初凝后,即可清理饰面上的余浆,并对柱面做全面擦洗。

2. 柱面勾缝

1)柱面勾缝清单项目说明见表3-11。

表 3-11　柱面勾缝清单项目说明

工程量计算规则	按设计图示柱断面周长乘以高度以面积计算
计量单位	m^2
项目编码	011202004
项目特征	勾缝类型、勾缝材料种类
工作内容	基层清理;砂浆制作、运输;勾缝

2)对应项目相关内容介绍

柱面勾缝:在柱面上贴完一个流水段后即可根据设计要求的缝宽进行勾缝。

勾缝用1:1的水泥砂浆,砂子应过窗纱筛。可勾成水平缝和垂直缝。

勾缝:应先勾水平缝,再勾竖缝,勾好后要求凹进面砖2~3mm,面砖缝子勾完后用布或棉丝擦干净。若竖缝为干挤缝或小于3mm者,应用水泥配颜料进行擦缝处理。

3.2.3　零星抹灰

在《房屋建筑与装饰工程工程量计算规范》(GB 50854—2013)中,零星抹灰包含的项目有零星项目一般抹灰、零星项目装饰抹灰。

1.零星项目一般抹灰

1)零星项目一般抹灰清单项目说明见表3-12。

表 3-12　零星项目一般抹灰清单项目说明

工程量计算规则	按设计图示尺寸以面积计算
计量单位	m^2
项目编码	011203001
项目特征	基层类型、部位;底层厚度、砂浆配合比;面层厚度、砂浆配合比;装饰面材料种类;分格缝宽度、材料种类
工作内容	基层清理;砂浆制作、运输;底层抹灰;抹面层;抹装饰面;勾分格缝

2)对应项目相关内容介绍

零星项目一般抹灰:用石灰砂浆、水泥砂浆,混合砂浆、石膏砂浆、TG胶砂浆、水泥珍珠岩砂浆或石英砂浆等作为抹灰材料对零星项目表面进行装饰。窗台线、门窗套、挑檐、腰线等零星项目采用水泥浆、石子浆等做饰面。

挑檐:为了保护外墙和排水而在屋面设置的挑出外墙的部分。

天沟:是为了将屋面雨水有组织排除时汇集屋面雨水而设置在屋面上的排水沟,位于檐口部位时又称檐沟。天沟的净宽不应小于200mm,沿长度方向设置纵坡坡向雨水中,坡度范围一般为0.5%~1%。

腰线、窗台线:主要对外墙起装饰作用,即指突出墙面的横直线等。

门窗套:装在门窗框的内圈墙上,也称为大头板或筒子板。

压顶:是为防止雨水进入墙身和保护墙身而设置的,指露天的墙顶上用混凝土、瓦或砖等筑成的覆盖层。

花台:是设置在阳台上,用来搁置花盆的设施,花台宽一般为240mm。

池槽:指供人们生活用的水池或坑槽,如大便槽、小便槽、洗衣池等。

楼梯边梁:指楼梯的斜梁。

宣传栏边框：即指宣传栏的四周边。宣传栏是指用来办宣传报，贴宣传画等的设施，它一般设置在建筑物的外墙上，或者建筑物出入大厅的墙上。

遮阳板：是指遮挡太阳的平板，它设置在窗口上沿部位的称为水平方向遮阳板，它设置在窗口两旁的称为垂直方向遮阳板，垂直方向遮阳板还包括与墙面垂直方向成斜向的遮阳板。

栏板、栏杆：是设置在楼梯梯段或阳台的周边的安全设施，位置可在阳台周边、梯段的一侧或两侧或者梯段中间，视楼梯宽度而定。总的要求是安全、坚固、舒适、构造简单、施工和维修方便。梯段是指休息平台与地面或楼面之间的部分，它是楼梯的主要组成部分，供人上下的。

扶手：是设置在栏板或栏杆上面，供人们上下时依扶用的。

雨篷板：是位于建筑物出入口的上方，用来遮挡雨雪，保护外门免受侵蚀，给人们提供一个从室外到室内的过渡空间。

壁柜、碗柜：是附在墙体内用来存放衣物、碗以及其他物件的孔洞。

2. 零星项目装饰抹灰

1）零星项目装饰抹灰清单项目说明见表 3-13。

表 3-13　零星项目装饰抹灰清单项目说明

工程量计算规则	按设计图示尺寸以面积计算
计量单位	m^2
项目编码	011203002
项目特征	基层类型、部位；底层厚度、砂浆配合比；面层厚度、砂浆配合比；装饰面材料种类；分格缝宽度、材料种类
工作内容	基层清理；砂浆制作、运输；底层抹灰；抹面层；抹装饰面；勾分格缝

2）对应项目相关内容介绍

零星项目装饰抹灰：指零星项目里所包含的构件的装饰抹灰，如挑檐、天沟、腰线、窗台线、门窗套、栏板、栏杆、遮阳板、雨篷、池槽、阳台等的装饰抹灰。分为砂浆装饰抹灰和石渣类装饰抹灰两类，具体同墙面装饰抹灰。

窗台：其作用是排除沿窗面流下的雨水，防止其渗入墙身，且沿窗缝渗入室内，同时避免雨水污染墙身。

（1）构造要点。

①一般抹灰类及清水砖墙之间窗台宜采用悬挑窗台，向外出挑 60mm；贴面类可不设挑窗台。

②窗台表面应设置流水坡度，尤其应注意抹灰与窗下槛的交接处理，防止雨水渗入墙体。

③悬挑窗台下做滴水槽或斜抹水泥浆成鹰咀，引导雨水垂直下落，使其不致污染窗下墙面。

（2）构造处理。

不同墙面装饰的窗台构造处理如图 3-7 所示。

装饰抹灰面层应利用不同的施工操作方法将其直接做成饰面层。如拉毛灰、拉条灰、洒毛灰、假面砖、仿石、水刷石、干粘石、水磨石以及喷砂、喷涂、弹涂、滚涂和彩色抹灰等多种抹灰装饰做法。其面层的厚度、色彩和图案形式，应符合设计要求，并应施于已经硬化和粗糙而平整的中层砂浆面上，操作之前应洒水湿润。当装饰抹灰面层有分格要求时，其分格条的宽窄厚薄必须一致，粘贴于中层砂浆面上应横平竖直，交接严密，饰面完工后适时取出。装饰抹灰面层的施工缝，应留在分格缝、墙阴角、水落管背后或独立装饰组成部分的边缘处。

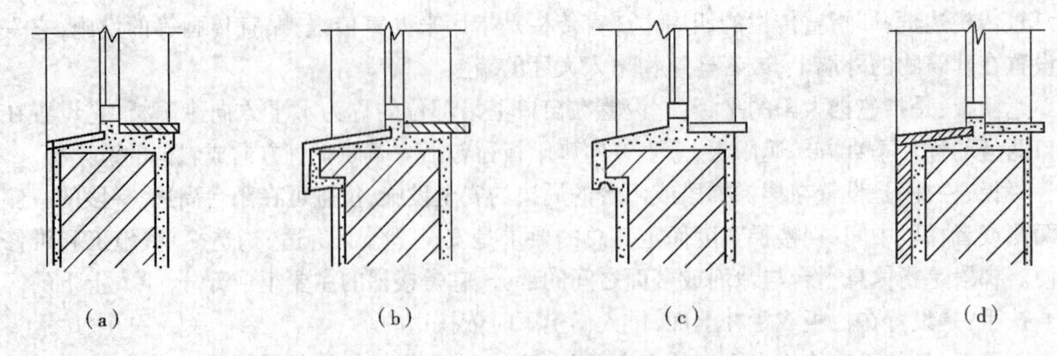

图3-7 窗台构造

(a)贴面砖不悬挑;(b)贴面砖悬挑;(c)水泥砂浆悬挑;(d)贴石材

3.2.4 墙面镶贴块料

在《房屋建筑与装饰工程工程量计算规范》(GB 50854—2013)中,墙面镶贴块料包含的项目有石材墙面、碎拼石材墙面、块料墙面、干挂石材钢骨架。

1.石材墙面

1)石材墙面清单项目说明见表3-14。

表3-14 石材墙面清单项目说明

工程量计算规则	按设计图示尺寸以镶贴表面积计算
计量单位	m^2
项目编码	011204001
项目特征	墙体类型;安装方式;面层材料品种、规格、颜色;缝宽、嵌缝材料种类;防护材料种类;磨光、酸洗、打蜡要求
工作内容	基层清理;砂浆制作、运输;粘结层铺贴;面层铺贴;面层安装;嵌缝;刷防护材料;磨光、酸洗、打蜡

2)对应项目相关内容介绍

石材墙面:采用大理石、花岗石、水磨石等石材做墙的饰面。

大理石饰面板是一种高级装饰面材,用于高级建筑物的装饰面。大理石色彩丰富,花纹多样,用大理石饰面的建筑显得光彩夺目,富丽堂皇。大理石板是用大理石荒料经锯切、研磨、抛光、切割而成。大理石质地均匀密实,硬度较小,易于加工和磨光。经过加工的光面大理石板材表面光洁如镜、棱角整齐、美观大方,富有装饰性。

大理石的色彩、花纹丰富多样、绚丽美观。常用的品种有汉白玉、雪花、斑绿、云灰、残雪、桃红等。大理石板材按表面加工特征分有光面和麻面两类。光面经研磨抛光处理,麻面则加工成麻面状,大理石主要用于建筑物的内墙、柱、地面、窗台、楼梯踏步等饰面,不宜用于室外饰面。

人造大理石板具有天然大理石的花纹和质感且强度高、容量小、厚度薄、抗污染、耐酸碱等。主要以不饱和聚酯树脂为胶粘剂,加入石粉、石渣及适量添加剂及调色料而制成的人造板材。其色彩和花纹均可根据设计意图制作,还可制作成弧形、曲面等天然大理石难以加工的几何形状。

人造大理石板价格较低,施工方便,是建筑装饰及家具等理想饰面的材料。规格一般为长

300 ~ 1000mm，宽 150 ~ 900mm 的长方形和方形，厚度为 6mm、8mm、10mm、15mm、20mm 等。

大理石饰面板是用大理石原料经切锯、研磨、抛光而成，主要用于建筑物室内饰面。大理石饰面板有多种安装方法：挂贴大理石、拼碎大理石、粘贴大理石、干挂大理石。

挂贴方式：挂贴法又称镶贴法，先在墙基层上预埋铁件，固定钢筋网，同时在石板的上下部位钻孔打眼，穿上铜丝与钢筋网扎结。用木楔调节石板与基面之间的缝隙宽度，待一排石板的石面调整平整并固定好后，用 1∶2 或 1∶2.5 水泥砂浆分层灌缝，待面层全部挂贴完成后，用白水泥浆嵌缝，最后洁面、打蜡、上光。

干挂方式：不用水泥砂浆，而是在基层墙面上按设计要求设置膨胀螺栓，将不锈钢角钢固定在基面上，然后用不锈钢连接螺栓和插棍将打有空洞的石板和角钢连接起来进行固定，整平面板后，洁面，嵌缝、抛光即成，这种方法多用于大型板材。

天然大理石是石灰岩经地壳内高温高压作用形成的变质岩，属中硬石材。质地组织细密，容重一般为 2500 ~ 2600kg/m^3，抗压性强，约为 700 ~ 1500kg/cm^2，大理石一般含有杂质，且其成分易受大气中 CO_2、SO_2、H_2O 的风化、浸蚀，使表面失去光泽，降低装饰效果，故不宜用于建筑物外墙，一般用于室内装饰。

天然大理石板材规格分为定型与非定型两类，定型板材为正方形或矩形，常用规格有：300mm × 300mm × 20mm，400mm × 400mm × 20mm，600mm × 300mm × 20mm，600mm × 600mm × 20mm，900mm × 600mm × 20mm，1200mm × 900mm × 20mm 等。

挂贴大理石构造：刷素水泥浆一道，50mm 厚 1∶2.5 水泥砂浆灌缝，墙面预埋 300mm 长 ϕ6 钢筋勾，钢筋勾与焊接双向钢筋网（双向 ϕ6 间距 500mm）连接，大理石板通过钢丝绑扎在双向钢筋网上。

饰面板材一般来说都比较厚，因此除少量的薄板以外，选择适当的拼缝形式，也就成为对装饰效果极其影响的一个重要因素。常见的拼缝方式有平接、对接、搭接、L 型错缝搭接和 45° 斜口对接等。

板材类饰面，尤其是采用凿琢表面效果的饰面板墙面，通常都留有较宽的灰缝，灰缝的形状可做成凸形、凹形、圆弧形等各种各样的形式，并且为了加强灰缝的效果，常将饰面板材、块材的周边凿琢成斜口或凹口等不同的形式。

干挂大理石饰面是指在基层墙面上埋进膨胀螺栓，再连接铝合金骨架网，将钻孔的石材板用不锈钢连接件与其结牢，最后再进行清面理缝或勾缝即可。

干挂大理石：墙面大理石规格取为 600mm × 600mm，柱面大理石块材规格取为 400mm × 600mm，每块大理石板钉膨胀螺栓 4 颗，麻丝快硬水泥涂膨胀螺栓 60mm × 60mm × 6mm，合金钢钻头每 80 颗膨胀螺栓用一个。

构造：直接在大理石板材上钻孔成槽，然后用不锈钢连接器与埋在墙体内的膨胀螺栓相连，大理石板与墙体间形成 80 ~ 90mm 宽的空气层。

粘贴大理石饰面是指在基层墙面找平的基础上，将计划分块好的石材板背面，均匀涂抹上粘结胶，平整地镶贴在墙面上，待牢固时再勾缝清理表面而成。

YJ-Ⅲ胶粘剂是一种建筑胶粘剂，用于多种基层贴面砖、大理石、花岗石等天然石材，马赛克、泡沫塑料等装饰材料。

YJ-302 胶粘剂是一种水泥砂浆粘结增加剂，用于新老混凝土连接，面砖、马赛克粘贴等工程。

2. 干挂石材钢骨架

1）干挂石材钢骨架清单项目说明见表3-15。

表3-15　干挂石材钢骨架清单项目说明

工程量计算规则	按设计图示尺寸以质量计算
计量单位	t
项目编码	011204004
项目特征	骨架种类、规格；防锈漆品种、遍数
工作内容	骨架制作、运输、安装；刷漆

2）对应项目相关内容介绍

干挂石材钢骨架：在墙体表面直接安装龙骨，龙骨可竖向布置、横竖向叠合布置和井格式布置。紧固件多用膨胀螺栓或射钉。龙骨可以采用型钢、不锈钢等。为了防潮应在安装龙骨前先铺一层油毡，用油毡将龙骨和墙隔开。

干挂施工：简称干挂法，顾名思义即只挂不贴。它是在墙柱基面上按设计要求设置膨胀螺栓，将不锈钢连接件或不锈钢固定在基面上，再用不锈钢连接螺栓和不锈钢插棍将钻有孔洞的石板，固定在不锈钢连接件或不锈钢角钢上，固定时要先整平后固定，要求面平缝实，若设计要求留有勾缝者，缝口用密封胶嵌实。

挂贴与干挂的最大区别是石板背里有否水泥砂浆粘贴材料，这在设计图纸上有明确说明。

3.2.5　柱面镶贴块料

在《房屋建筑与装饰工程工程量计算规范》（GB 50854—2013）中，柱面镶贴块料包含的项目有石材柱面、拼碎石材柱面、石材梁、块料梁面等。

1. 石材柱面

1）石材柱面清单项目说明见表3-16。

表3-16　石材柱面清单项目说明

工程量计算规则	按设计图示尺寸以镶贴表面积计算
计量单位	m^2
项目编码	011205001
项目特征	柱截面类型、尺寸；安装方式；面层材料品种、规格、颜色；缝宽、嵌缝材料种类；防护材料种类；磨光、酸洗、打蜡要求
工作内容	基层清理；砂浆制作、运输；粘结层铺贴；面层安装；嵌缝；刷防护材料；磨光、酸洗、打蜡

2）对应项目相关内容介绍

石材柱面：是指采用大理石、花岗石等石材作柱的装饰面。其比一般抹灰面要美观，光泽好。

挂贴施工简称挂贴法，顾名思义即将块料既勾挂又粘贴在墙基面上。先在墙柱面上预先埋入勾挂钢筋网的铁件，然后用 ϕ6 钢筋做成双向钢筋网（纵向钢筋间距一般为 300～500mm，横向钢筋间距应与块料尺寸相适应）固定在预埋铁件上，另将钻有孔眼的石板，穿上铜丝与钢筋网扎结吊挂起来，石板背面用木楔调节石板与基面之间的空隙宽度，使板面平整缝齐，最后用水泥砂浆分层灌缝捣实，待面层全部挂贴完成后，用白水泥浆嵌缝，洁面、打蜡上光。

饰面材料有：

人造石材：是人造大理石和人造花岗石的总称，本质上属于水泥混凝土或聚合物混凝土的范畴。人造石材具有天然石材的花纹和质感，其重量轻，相当于天然石材的一半，且强度高、耐酸碱、抗污染性能好；人造石材的色彩和花纹都可以按装饰设计意图制作，如仿花岗石、仿大理石、仿玉石等；人造石材在生产过程中还可以制成各种曲面、弧形等天然石材难以加工出来的几何形状，同天然石材相比，是一种比较经济实用的装饰石材。

（1）人造大理石。

①水泥型人造大理石：它是以水泥为胶凝材料，砂子为细骨料，大理石、花岗石碎粒为粗骨料，经配料、搅拌均匀、浇筑成型、蒸压养护，再经过锯切、磨光和抛光而制成的一种人造大理石板材。

②树脂型人造大理石：它是以不饱和聚酯树脂为胶结材料，掺入石英砂、大理石、方解石粉等经搅拌均匀、浇筑成型，经固化、烘干、研磨和抛光等工序加工而成。这种大理石的颜色、花纹和光泽等都可以仿制成天然大理石的装饰效果。

③复合型人造大理石：它是以水泥（普通硅酸盐水泥、白色硅酸盐水泥、快硬硅酸盐水泥或铝酸盐水泥）和树脂（苯乙烯、醋酸乙烯、甲基丙烯酸甲酯或二氯乙烯）作胶结材料，用水泥将填料胶结成型后，再将坯体浸渍在有机单体溶液中，使其产生聚合反应而成。也可以用水泥砂浆做基层，然后在表面敷树脂，以罩光和填加要求的色彩或图案。

（2）彩色水磨石：是以水泥作胶结材料，彩色大理石屑为骨料，经搅拌、成型、养护、研磨和抛光等工序而制成的一种人造石材。

2. 块料梁面

1）块料梁面清单项目说明见表3-17。

表3-17　块料梁面清单项目说明

工程量计算规则	按设计图示尺寸以镶贴表面积计算
计量单位	m^2
项目编码	011205005
项目特征	安装方式；面层材料品种、规格、品牌、颜色；缝宽、嵌缝材料种类；防护材料种类；磨光、酸洗、打蜡要求
工作内容	基层清理；砂浆制作、运输；粘结层铺贴；面层安装；嵌缝；刷防护材料；磨光、酸洗、打蜡

2）对应项目相关内容介绍

块料梁面：用大理石、水磨石等块料做成的梁的饰面，其装饰效果好。这里主要指过梁和圈梁。

基层清理：用于粘贴石板材的梁面应该平整无浮松物、无油污等污迹。通常要求用水泥砂浆批荡梁面，特别注意石灰梁面不可粘贴石板材。对于用钢架直粘的工艺来说，梁面只要能固定牢钢架结构即可。

弹线：根据石板材规格的大小和设计布局，弹出安装位置，包括纵向线和横向线。

按弹出的安装位置线，将石板上梁就位，根据通长水平线用水平尺校平、校直，同时用橡胶手锤或手掌拍击涂胶的粘贴点位，使胶液与墙面粘合。当石板完全校平、校直后，可马上将快干胶在石板的两个上角和侧边压抹入石板背面。石板定位后应对粘合点情况做检查，如有的点与墙面没有粘贴好，就需加胶用抹子压入石板背面。

3.2.6　零星镶贴块料

在《房屋建筑与装饰工程工程量计算规范》（GB 50854—2013）中，零星镶贴块料包含的项目有石材零星项目、拼碎块零星项目、块料零星项目。

1. 拼碎块零星项目

1）拼碎块零星项目清单项目说明见表3-18。

表3-18　拼碎块零星项目清单项目说明

工程量计算规则	按设计图示尺寸以镶贴表面积计算
计量单位	m^2
项目编码	011206003
项目特征	基层类型、部位；安装方式；面层材料品种、规格、颜色；缝宽、嵌缝材料种类；防护材料种类；磨光、酸洗、打蜡要求
工作内容	基层清理；砂浆制作、运输；面层安装；嵌缝；刷防护材料；磨光、酸洗、打蜡

2）对应项目相关内容介绍

碎拼石材零星项目：是指采用大理石厂生产光面和镜面大理石时，裁割的边角废料，稍经加工后，用以装饰踢脚板、勒脚及窗台板等。

碎拼石材有矩形块料、冰裂状块料、毛边碎块料等各种形体的拼贴组合，都会给人以乱中有序、自然优美的感觉。主要是采用不同的拼法和嵌缝处理，来求得一定的饰面效果。

（1）矩形块料。对于锯割整齐而大小不等的正方体、立方体等大理石边角块料，以大小搭配的形式镶拼在墙面上，缝隙间距1～1.5mm，镶贴后用同色水泥色浆嵌缝，可嵌平缝，也可嵌凸缝，擦净后上蜡打光。

（2）冰裂状块料。将锯割整齐的各种多边形大理石板碎料，可大可小搭配成各种图案。缝隙可做成凹凸缝，也可做成平缝，用同色水泥色浆嵌抹，擦净后上蜡打光。平缝的间隙可以稍小，凹凸缝的间隙可在10～12mm，凹凸约3～4mm。

（3）毛边碎块料。选取不规则的毛边碎块，因不能密切吻合，故镶拼的接缝比以上两种块料大，应注意大小搭配，乱中有序，生动自然。

2. 块料零星项目

1）块料零星项目清单项目说明见表3-19。

表3-19　块料零星项目清单项目说明

工程量计算规则	按设计图示尺寸以面积计算
计量单位	m^2
项目编码	011108003
项目特征	工程部位找平层厚度、砂浆配合比；贴结合层厚度、材料种类；面层材料品种、规格、颜色；勾缝材料种类；防护材料种类；酸洗、打蜡要求
工作内容	基层清理；抹找平层；面层铺贴、磨边；勾缝；刷防护材料；酸洗、打蜡

2）对应项目相关内容介绍

块料零星项目：用大理石、花岗石、水泥花砖等块材装饰窗台板、勒脚等。

饰面材料可采用大理石、花岗石、青石板、预制水磨石饰面板、合成石饰面板等。

饰面材料采用青石板时，粘结砂浆应采用聚合物水泥砂浆，即1∶2水泥砂浆，掺入水泥用量10%～15%的108胶。粘结砂浆不宜过厚，如果板面较平整，粘结砂浆的厚度可控制在4～5mm，板面平整度较差的，应不少于5mm。

若采用合成饰面板，粘结所用砂浆当板厚10mm以下，宜用聚合物水泥素浆，即掺入水泥用量10%的108胶。粘结砂浆厚度不大于3mm；板厚大于10mm时，可用1∶2水泥砂浆（掺入5%～10%的108胶）粘贴。粘结砂浆厚度系根据板面平整程度决定，一般均不小于5mm。但规格尺寸较大的合成饰面板，采用粘贴法容易脱落，应采取前述大理石安装新工艺，即钻孔后用U形钉固定，然后灌水泥砂浆。

安装窗台板时，先校正窗台的水平，确定窗台的找平层厚度，在窗口两边按图纸要求的尺寸在墙上剔槽。多窗口的房屋剔槽时要拉通线，并将窗台抄平。

清除窗台上的垃圾杂物，洒水润湿。用1∶3干硬性水泥砂浆或细石混凝土抹找平层，用刮尺刮平，均匀地撒上干水泥面，待干水泥充分吸水呈水泥浆状态，再将湿润后的板材平稳地放上，以木棰轻轻敲击，使其平整并与找平层有良好的粘结。在窗口两侧墙上的剔槽处要先浇水润湿，板材伸入墙面的尺寸（进深与左右）要相等。板材放稳后，应用水泥砂浆或细石混凝土将嵌入墙的部分塞密堵严。窗台板接槎处注意平整，并与窗下槛同一水平。

若有暗炉片槽，且窗台板长向由几块拼成，在横向挑出墙面尺寸较大时，应先在窗台板下预埋角铁，要求角铁埋置的高度、进出尺寸一致，其表面应平整，并用较高标号的细石混凝土灌注，过一周后再安装窗台板。

3.2.7 墙饰面

1）墙面装饰板清单项目说明见表3-20。

表3-20 墙面装饰板清单项目说明

工程量计算规则	按设计图示墙净长乘以净高以面积计算。扣除门窗洞口及单个0.3m² 以上的孔洞所占面积
计量单位	m²
项目编码	011207001
项目特征	龙骨材料种类、规格、中距；隔离层材料种类、规格；基层材料种类、规格；面层材料品种、规格、颜色；压条材料种类、规格
工作内容	基层清理；龙骨制作、运输、安装；钉隔离层；基层铺钉；面层铺贴

2）对应项目相关内容介绍

面层装饰板的种类很多，常用的有：

（1）埃特板、水泥压力板。属一般的装饰材料，可做基层板，也可做面层板。其安装方法是先在板上按预定位置打眼，如安装在木龙骨上和轻钢龙骨上时，可用自攻螺钉固定；如安装在型钢龙骨上时用沉头机螺钉固定；如安装在墙面上时用电锤打眼、下木楔，用木螺钉固定。

（2）宝丽板。又称华丽板，是以三夹板为基料，贴以各种花纹纸面，涂覆不饱和树脂后，表面再压合一层塑料薄保护层，属中档装饰材料。宝丽板分普通板和坑板两种。所谓坑板就是在宝丽板表面再按一定距离加工出一条宽3mm、深1mm左右的坑槽，以增加其装饰性。普通板、坑板常用的规格为1800mm×915mm、2440mm×1220mm两种。

（3）装饰防火胶板。分无机和有机两种。无机轻质板由水玻璃、珍珠岩粉和一定比例的填充剂混合后压制成型，也可按要求加工成特殊规格，用胶合板、橡皮、塑料、紫铜皮、铅皮等贴面。

3.2.8 柱（梁）饰面

1）柱（梁）面装饰清单项目说明见表3-21。

表 3-21　柱(梁)面装饰清单项目说明

工程量计算规则	按设计图示饰面外围尺寸以面积计算。柱帽、柱墩并入相应柱饰面工程量内
计量单位	m^2
项目编码	011208001
项目特征	龙骨材料种类、规格、中距;隔离层材料种类;基层材料种类、规格;面层材料品种、规格、品种、颜色;压条材料种类、规格
工作内容	清理基层;龙骨制作、运输、安装;钉隔离层;基层铺钉;面层铺贴

2)对应项目相关内容介绍

柱面装饰:柱面装饰构造是建筑物空间垂直面装饰的一个重要部分,一般是指独立柱的垂直面的装饰。附着在墙上的柱面装饰与墙面装饰完全相同。

柱面装饰按柱体所在的位置进行分类,可分为室外柱面装饰、室内柱面装饰等;按其形状分为圆形柱面装饰、方形柱面装饰、椭圆形柱面装饰、造型柱面装饰等;按其受力情况分为结构柱面装饰、非承重柱面装饰、功能柱面装饰等;按柱体结构分为木结构、钢木混合结构以及钢架铺钢丝网水泥结构等;按柱面装饰施工工艺分为抹灰类饰面、裱糊类饰面、贴面类饰面等,按柱基体材料可分为混凝土柱体饰面装饰、砖柱体饰面装饰等;按柱体饰面装饰采用的材料可分为石材饰面装饰、玻璃镜饰面装饰、木质油漆饰面装饰、铝合金饰面装饰、不锈钢饰面装饰等。

3.2.9　隔断

1)隔断清单项目说明见表 3-22。

表 3-22　隔断清单项目说明

工程量计算规则	按设计图示框外围尺寸以面积计算。扣除单个 $0.3m^2$ 以上的孔洞所占面积;浴厕门的材质与隔断相同时,门的面积并入隔断面积内
计量单位	m^2
项目编码	011210001
项目特征	骨架、边框材料种类、规格;隔板材料品种、规格、品牌、颜色;嵌缝、塞口材料品种;压条材料种类;防护材料种类;油漆品种、刷漆遍数
工作内容	骨架及边框制作、运输、安装;隔板制作、运输、安装;嵌缝、塞口;装钉压条;刷防护材料、油漆

2)对应项目相关内容介绍

压条:是指饰面的平接面、相交面、对接面等衔接口所用的板条。

装饰线:是指门窗套、挑檐、腰线、压顶、遮阳板、楼梯边梁、宣传栏边框等凸出墙面的竖横线条。

木隔断墙的结构形式:木隔断墙分为全封隔断墙、有门窗隔断墙和半高隔断墙三种,其结构形式不尽相同。

(1)大木方构架。这种结构的木隔断墙,通常用 50mm × 80mm 或 50mm × 100mm 的大木方制作主框架,框体的规格为 a500 的木夹方框架或 500mm × 800mm 左右的长方框架,再用 4 ~ 5mm 厚板作为基面板。该结构多用于墙面较高较宽的隔断墙,如图 3-8(a)所示。

(2)小木方双层构架。为了使木隔断墙有一定的厚度,常用 25mm × 30mm 的带凹槽木方作成两片骨架的框体,每片规格为 a300 或 a400 的框架,再将两个框架用木方横杆相连接,其墙厚度通常为 150mm 左右,如图 3-8(b)所示。

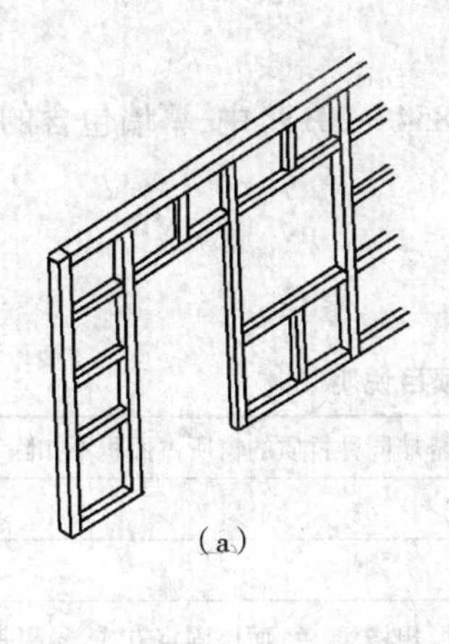
(a)

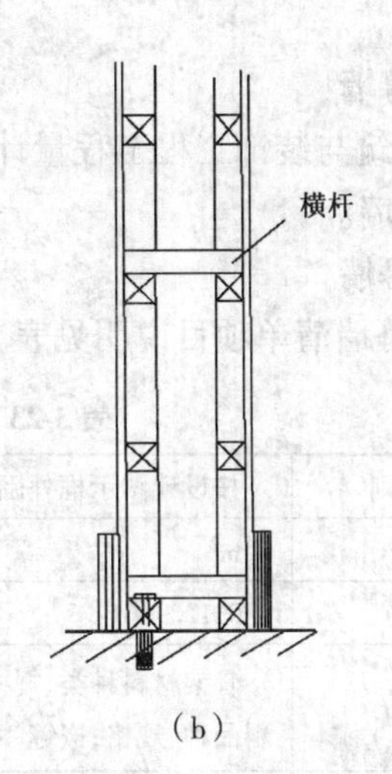

(b)

图 3-8　木隔断墙结构形式

(a)大木方构架;(b)小木方双层构架

(3)单层小木方构架。玻璃隔断的固定框通常有木框、铝合金框、金属框(如角铁、槽钢等)或木框外包金属装饰板等。固定框的形式有四周均有档子组成的封闭框,或只有上下档子的固定框(常用于无框玻璃门的玻璃隔断中)。固定框与楼(地)面、两端墙体的固定,按设计要求先弹出隔断位置线,固定方法与轻钢龙骨、木龙骨相同。固定框的顶框,通常在吊平顶下,而无法与楼板顶(或梁)的下面直接固定。因此顶框的固定须按设计施工详图处理。固定框与连接基体的结合部应用弹性密封材料封闭。

空心玻璃砖隔断固定框可为铝合金或槽钢。用于 80mm 厚的空心玻璃砖金属型材框,最小截面应为 90mm × 50mm × 3. 0mm;100mm 厚的空心玻璃砖的金属型材框,最小截面应为 108mm ×50mm ×3. 0mm。金属型材框的固定用镀锌膨胀螺栓,直径不得小于 8mm,间距不得大于 500mm。型材框应与结构连接牢固。型材框与建筑物基体结合部应用弹性密封料封闭。

这种结构常用 25mm ×30mm 的带凹槽木方组装。框体为 a300mm,与墙身木骨架,吊顶木骨架相同。该结构木隔断墙多用于高度 3m 以下的全封隔断或普通半高矮隔断。

泰柏墙板:以 14 号钢丝焊接板块状网笼为骨架,中间填充具有阻燃性能的聚苯乙烯泡沫塑料芯材,两侧涂抹水泥砂浆,表面可涂刷或镶贴各种装饰面层,其构造如图 3-9 所示。

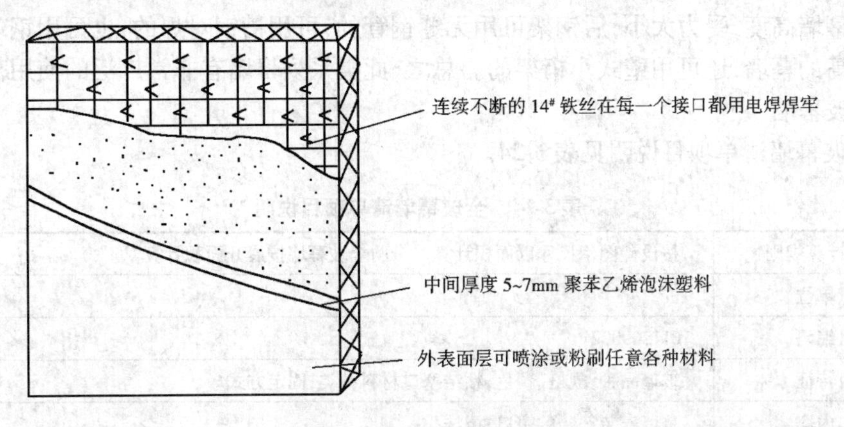

图 3-9　泰柏墙板构造示意

3.2.10 幕墙

在《房屋建筑与装饰工程工程量计算规范》(GB 50854—2013)中,幕墙包含的项目有带骨架幕墙、全玻幕墙。

1. 带骨架幕墙

1)带骨架幕墙清单项目说明见表3-23。

表3-23 带骨架幕墙清单项目说明

工程量计算规则	按设计图示框外围尺寸以面积计算。与幕墙同种材质的窗所占面积不扣除
计量单位	m^2
项目编码	011209001
项目特征	骨架材料种类、规格、中距;面层材料品种、规格、颜色;面层固定方式、隔离带、框边封闭材料品种、规格;嵌缝、塞口材料种类
工作内容	骨架制作、运输、安装;面层安装;隔离带、框边封闭;嵌缝、塞口;清洗

2)对应项目相关内容介绍

用于建筑墙面装饰的玻璃有:

(1)热反射镀膜玻璃:为了提高玻璃对太阳入射光和能量的控制能力和阻挡太阳热量的能力,在无色透明平板玻璃上,镀一层金属氧化物或金属及有机物薄膜,就将这种玻璃叫镀膜玻璃。

(2)镜面玻璃:为了使物像透过逼真不变形,色彩艳丽,立体感强,表面平整光滑有光泽等特点,将普通平板玻璃单面抛光或双面抛光,也称为白片玻璃或磨面玻璃。

(3)镭射玻璃,是镭射光学玻璃、彩虹光栅玻璃、镭射光栅二次反光玻璃、光栅玻璃、压铸全息光栅彩色玻璃、镭射工艺美术玻璃、激光玻璃、透明光栅玻璃等系列玻璃产品的统称。

带钢构件的全玻幕墙的特点:是把玻璃重量通过钢扣件传递给后面的钢架。这种型式做法简单。施工时先将钢架安好,然后放线,一块块玻璃用胶安装,由于玻璃分块小,安装工人的工作强度小,安装危险性小,因而安装质量也易保证。

这类幕墙根据艺术要求可分成方形、菱形、矩形等块形,钢扣件可用圆形、方形或其他几何形状。玻璃的分格尺寸可按其生产尺寸来设计,以使玻璃损耗率达到最低。

根据幕墙高度,受力大小,后钢架可用无缝钢管的,可用槽钢对焊的,也可用钢球节点网架的。若更高的幕墙,还可用壁式小桁架的。总之,此类系列幕墙有非常广泛的使用范围。

2. 全玻幕墙

1)全玻幕墙清单项目说明见表3-24。

表3-24 全玻幕墙清单项目说明

工程量计算规则	按设计图示尺寸以面积计算。带肋全玻幕墙按展开面积计算
计量单位	m^2
项目编码	011209002
项目特征	玻璃品种、规格、颜色;粘结塞口材料种类;固定方式
工作内容	幕墙安装;嵌缝、塞口;清洗

2)对应项目相关内容介绍

全玻幕墙:是指玻璃本身既是饰面构件,又为承受自身质量荷载和风荷载的承力构件,整个玻璃幕墙采用通长的大块玻璃的玻璃幕墙体系。这种幕墙通透感强,立面简洁,视线宽阔,适宜在首层较开阔的部位采用,不宜在高层使用。

幕墙材料:玻璃幕墙所用的饰面材料,其品种有热反射玻璃、双层玻璃、中空玻璃、浮法透明玻璃、新型防热片——窗用遮阳绝热薄膜等。不同幕墙类型的保温、隔热、防噪声特性见表3-25。

表3-25 不同幕墙类型的保温、隔热、防噪声特性

幕墙类型	间隔宽度(mm)	K值[W/(h·m^2)]	降低噪声(dB)
单层玻璃(6mm厚)	—	5.9	30
普通双层玻璃	1.2	3.0	39~44
普通双层玻璃加一涂层	1.2	1.9	—
热反射中空玻璃	—	1.6	—
混凝土墙	厚150	3.3	48
砖墙	厚240	2.8	50

玻璃幕墙的设计具有以下要点:

(1)结构的完整性。幕墙结构的完整性和可靠性,是幕墙设计的首要任务。幕墙的自重可使横框构件产生垂直挠曲,全部元件都会沿着风荷载作用方向产生水平挠曲,而挠度的大小,决定着幕墙的正常功能和接缝的密封性能,过大的挠度会导致玻璃的破裂。

(2)活动量的考虑。幕墙设计时要考虑构件之间的相对活动和附加于墙和建筑框架之间的相对活动。这种活动不仅是由于风力作用,而且也是由于重力的作用而产生的。由于这些活动而导致了建筑框架变形或移位,因此在设计中不能轻视这些活动量。温度变化产生的膨胀和收缩是产生活动量的重要因素,由于幕墙边框为铝合金材料,膨胀系数比较大,故设计幕墙时,必须考虑接缝的活动量。

(3)防风雨。幕墙艺术的最新发展是采用“等压原理”结构来防止雨水渗透。简言之,就是要有一个通气孔,使外墙表面与内墙表面之间形成一个空气腔,腔内压力与墙外压力保持相等,而空气腔与室内墙表面密封隔绝,防止空气通过,这种结构大大提高了防风雨渗漏的能力。

(4)隔热。幕墙构造的主要特点之一,是采用主效隔热措施,嵌入金属框架内的隔热材料是至关重要的,如采用隔热性能良好的中空玻璃或热反射镀膜玻璃作为镶嵌隔热材料的透明部分,不透明部分多数是用低密度、多孔洞、抗压强度很低的保温隔热材料。因此,需进行密封处理和内外两面施加防护措施。

(5)隔声。幕墙建筑外部的噪声一般是通过幕墙结构的缝隙而传递到室内的,应通过幕墙的精心设计与施工组装处理好幕墙结构之间的缝隙,避免噪声传入。

(6)结露。在幕墙设计中,必须考虑将框架型腔内的冷凝水排出,同时还要考虑防止墙壁内部产生的水凝结,否则会降低幕墙的保温性能,并产生锈蚀,影响使用寿命。

(7)安装。安装时必须对垂直、水平、前后三个方向进行调整。

此外,还需考虑防火、避雷等其他措施。

玻璃幕墙所用的玻璃是按不同用途生产出的不同性质的玻璃,目前生产的玻璃有中空玻璃、透明浮法玻璃、彩色玻璃、防阳光玻璃、钢化玻璃、镜面反射玻璃等。玻璃色彩有无色、茶色、蓝色、灰色、灰绿色等,一般多采用茶色反光玻璃(采光和不采光)。如北京国际宾馆的玻璃幕墙采用了双层中空玻采光窗,外层为茶色反射玻璃,厚8mm,内层为8mm平板玻璃,中空层 12mm，如图 3-10 所示。采光部分（窗间墙）为单层茶色反射玻璃，厚 6mm，为满足热工要求，内有镀锌钢板，上贴矿棉保温（防火）层，如图 3-11 所示。

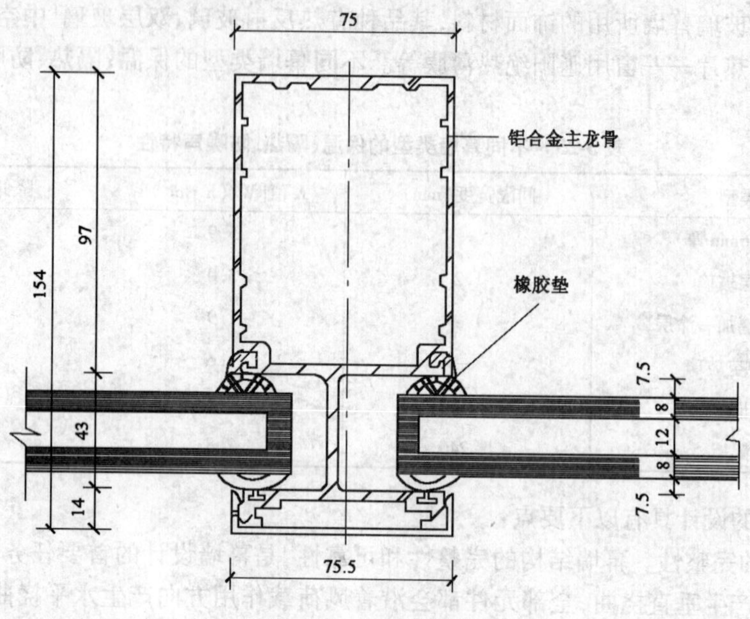

图 3-10　采光窗构造

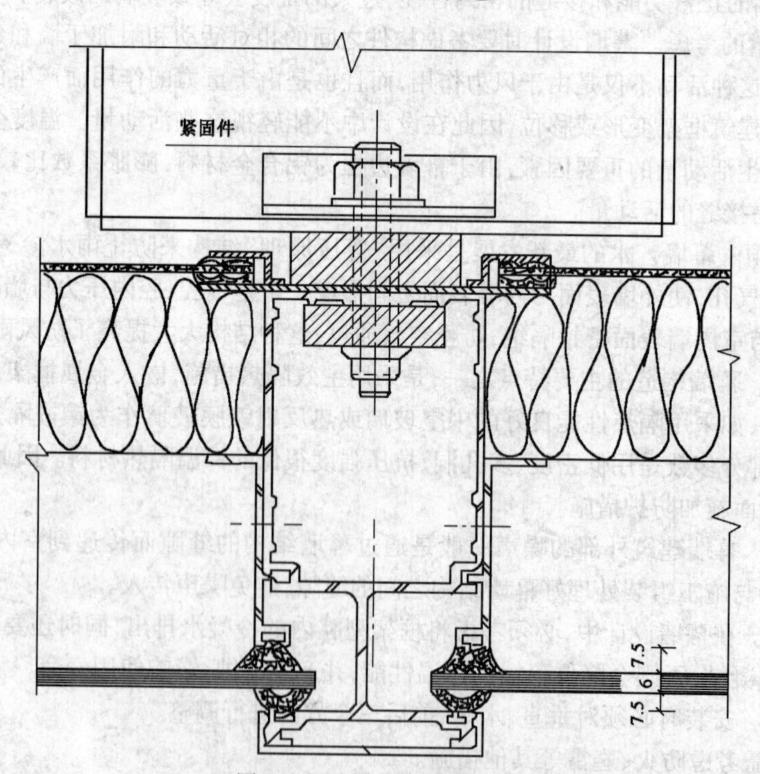

图 3-11　非采光窗（窗间墙）

幕墙在双层采光窗部分，为使冷凝水能排出，有留孔及管道装置，如图 3-12 所示。

为使保温单层窗部分通风、排气，将下面橡胶垫于 1/4 处切断留孔，并在次龙骨上也要留有通气孔，如图 3-13 所示。

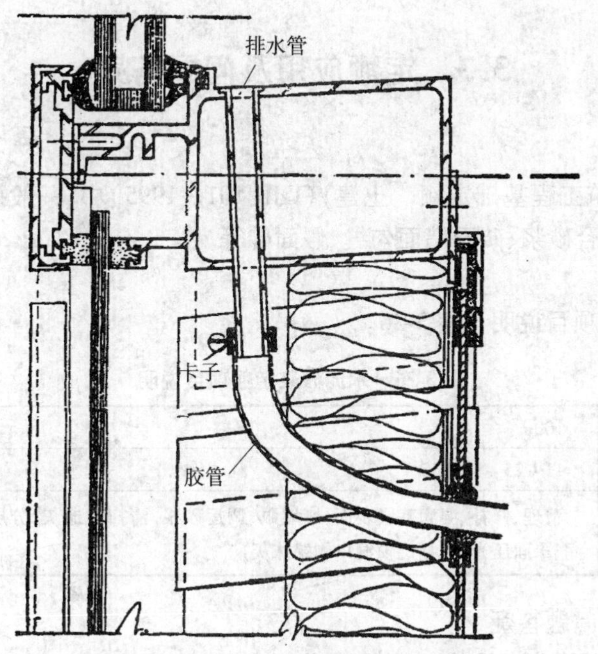

图 3-12　双层采光窗冷凝水排水构造

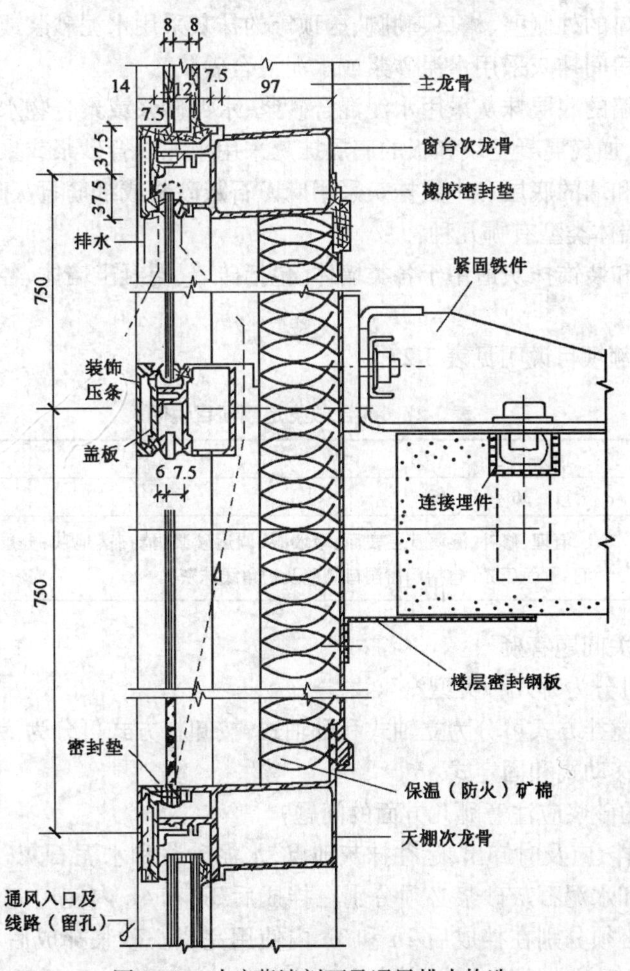

图 3-13　玻璃幕墙剖面及通风排水构造

3.3 定额应用及问题答疑

3.3.1 一般抹灰

在《全国统一建筑工程基础定额 土建》(GJD 101—1995)中,一般抹灰包含的项目有石灰砂浆、水泥砂浆、混合砂浆、砖石墙面勾缝、假面砖等。

1. 水泥砂浆

1)水泥砂浆定额项目说明见表3-26。

表3-26 水泥砂浆定额项目说明

计量单位	$100m^2$
定额编号	11-25~11-35
工作内容	清理、修补、湿润基层表面、堵墙眼、调运砂浆、清扫落地灰;分层抹灰找平、刷浆、洒水湿润、罩面压光(包括门窗洞口侧壁抹灰)

2)对应项目相关问题答疑

(1)抹灰工程采用的砂浆品种,应符合哪些规定?

①外墙门窗洞口的外侧壁、檐口、勒脚、压顶等的抹灰采用水泥砂浆或水泥混合砂浆。

②湿度较大的房间抹灰采用水泥砂浆或水泥混合砂浆。

③混凝土板和墙的底层抹灰采用水泥混合砂浆、水泥砂浆或聚合物水泥砂浆。

④硅酸盐砌块、加气混凝土块和板的底层抹灰采用水泥混合砂浆或聚合物水泥砂浆。

⑤金属网顶棚和墙的底层和中层抹灰采用麻刀石灰砂浆或纸筋石灰砂浆。

(2)抹灰适用墙体类型有哪几种?

墙面一般抹灰和装饰抹灰适用于各类墙体,包括砖墙、混凝土墙体、各类砌块墙体等。

2. 混合砂浆

1)混合砂浆定额项目说明见表3-27。

表3-27 混合砂浆定额项目说明

计量单位	$100m^2$
定额编号	11-36~11-46
工作内容	清理、修补、湿润基层表面、堵墙眼、调运砂浆、清扫落地灰;分层抹灰找平、刷浆、洒水湿润、罩面压光(包括门窗洞口侧壁及护角线抹灰)

2)对应项目相关问题答疑

(1)砂浆搅拌机分为哪几种类型?

砂浆搅拌机按搅拌方式可分为立轴式和卧轴式;按卸料方式可分为活门卸料和倾斜卸料,按移动方式可分为移动式和固定式。

(2)已拌合好的砂浆应注意哪几方面的问题?

不宜再继续搅拌,应及时卸出,运往抹灰地点,水泥砂浆和水泥石灰砂浆机拌时间不得少于2min,水泥砂浆和水泥石灰砂浆必须分别在拌成后3h和4h内使用完毕;当抹灰期间最高气温超过38℃时,必须分别在拌成后2h和3h内使用完毕。砂浆拌成后和使用时,均应盛入贮灰器中,如砂浆出现泌水现象,应在抹灰前再次拌合。石膏灰应在石膏初凝前用完。

3.3.2 装饰抹灰

在《全国统一建筑工程基础定额　土建》(GJD 101—1995)中,装饰抹灰包含的项目有水刷石、干粘石、斩假石、水磨石、拉条灰、甩毛灰等。

1. 水刷石

1)水刷石定额项目说明见表3-28。

表3-28　水刷石定额项目说明

计量单位	$100m^2$
定额编号	11－68～11－79
工作内容	清理、修补、湿润墙面、堵墙眼、调运砂浆、清扫落地灰、翻移脚手板;分层抹灰、刷浆、找平、起线拍平、压实、刷面(包括门窗侧壁抹灰)

2)对应项目相关问题答疑

(1)水刷石面层定额的使用要求是什么?

①水刷石面层定额中,凡未注明抹灰厚度的,一律按定额执行,不得换算。

②水刷石面层定额中,凡注明有抹灰厚度和配合比的,若实际设计与此不同时,均可换算和调整,配合比相同,设计厚度不同时,可直接套用定额的相应项目。当配合比不同而厚度相同时,应调整砂浆的单价。当配合比和厚度均不相同时可按上述要求分别计算,但人工、机械台班不变。

③柱面水刷石,无论何种形状,不分砖面和混凝土面,均执行同一定额,除水刷石配合比不同时可以换算外,其他均不变。

④圆弧形、锯齿形和复杂形水刷石墙面,按其面积计算,将人工乘以系数1.15。基层墙面不分砖面和混凝土面,均执行同一定额。

⑤水刷石零星项目适用于挑檐、天沟、腰线、窗台线、门窗套、压顶、栏杆、栏板、扶手、阳台和雨篷周边等。

(2)装饰抹灰应达到什么样质量要求?

装饰抹灰的质量应达到如下的要求:

①所用材料的品种、标号、规格、配合比等应符合设计要求。面层的颜色及花纹等应符合设计样板的要求。

②面层不得有爆灰和裂缝,各抹灰层之间及抹灰层与基体之间应粘结牢固,不得有脱层、空鼓等缺陷。

③抹灰分格缝的宽度和深度应均匀一致,表面光滑、无砂眼,不得有错缝、缺棱掉角。

④抹灰面层的外观质量:

a. 水刷石:石粒清晰,分布均匀,紧密平整,色泽一致,不得有掉粒和接槎痕迹。

b. 水磨石:表面应平整、光滑、石子显露均匀,不得有砂眼、磨纹和漏磨处。分格条应位置准确,全部露出。

c. 斩假石:剁纹均匀顺直,深浅一致,不得有漏剁处。阳角处横剁和露出不剁的边角,应宽窄一致,棱角不得有损坏。

d. 干粘石:石粒粘结牢固,分布均匀,颜色一致,不露浆,不漏粘,阳角处不得有明显黑边。

e. 假面砖:表面应平整,沟纹清晰,留缝整齐,色泽均匀,不得有掉角、脱皮,起砂等缺陷。

f. 拉条灰:拉条清晰顺直,深浅一致,表面光滑洁净,上下端头齐平。

g. 拉毛灰、洒毛头:花纹、斑点分布均匀,不显接槎。

h. 喷砂:表面应平整,砂粒应粘结牢固、均匀、密实。

i. 喷涂、滚涂、弹涂:颜色一致,花纹大小均匀,不显接槎。

j. 仿石、彩色抹灰:表面应密实,线条清晰。仿石的纹理应顺直;彩色抹灰的颜色应一致。

⑤装饰抹灰的质量应不超过表 3-29 所示的允许偏差限值。

表 3-29 装饰抹灰质量的允许偏差 (单位:mm)

装饰种类 / 项目	水刷石	水磨石	斩假石	干粘石	假面砖	拉条灰	拉毛灰	洒毛灰	喷砂	喷涂	滚涂	弹涂	仿石彩色抹灰
表面平整	3	2	3	5	4	4	4	4	5	4	4	4	3
阴、阳角垂直	4	2	3	4	—	4	4	4	4	4	4	4	3
立面垂直	5	3	4	5	5	5	5	5	5	5	5	5	4
阴、阳角方正	3	2	3	4	4	4	4	4	3	4	4	4	3
墙裙上口平直	3	3	3	—	—	—	—	—	—	—	—	—	3
分格条(缝)平直	2	2	3	3	3	—	—	—	3	3	3	3	3

2. 拉条灰、甩毛灰

1)拉条灰、甩毛灰定额项目说明见表 3-30。

表 3-30 拉条灰、甩毛灰定额项目说明

计量单位	$100m^2$
定额编号	11－100～11－103
工作内容	清理、修补、湿润基层表面、堵墙眼、调运砂浆、清扫落地灰;分层抹灰、刷浆、找平、罩面、分格、甩毛、拉条(包括门窗洞口侧壁抹灰)

2)对应项目相关问题答疑

(1)什么是拉毛?条筋拉毛的做法是怎样的?

拉毛是指将底层抹灰用水润透后,再抹上 1:(0.05～0.3):(0.5～1)(质量比)的水泥石灰面层砂浆,随即用棕刷蘸上砂浆往墙上连续垂直拍拉,或者用铁抹子贴在墙面立即抽回,如此往复拉抽,就可在表面拉出像山峰形的水泥毛刺。

条筋拉毛,类似树皮做法:

①先用 1:1:6 水泥石灰砂浆打底,厚约 13mm,并弹垂直线,间距为 40cm 左右。

②再用 1:0.5:1 水泥石灰砂浆罩面拉细毛雨,厚约 3～4mm。

③用特制的毛刷蘸 1:1 水泥石灰浆刷出条筋,条筋宽为 2cm,间距为 3cm,凸出拉毛面2～3mm。刷时宽窄错落略带毛边,稍干后用铁抹子轻压一遍即可。

(2)一般抹灰与装饰抹灰的区别是什么?

一般抹灰是指用水泥砂浆、石灰砂浆、水泥混合砂浆、聚合物水泥砂浆,膨胀珍珠岩水泥砂浆和麻刀石灰、纸筋石灰、石膏灰等材料对建筑物进行找平抹灰。

装饰抹灰一般是指采用水泥、石灰砂浆等抹灰的基本材料,除对墙面作一般抹灰外,利用不同的施工操作方法将其直接做成饰面层,如拉毛灰、拉条灰、洒毛灰、假面砖、仿石、水刷石、干粘石、水磨石、以及喷砂、喷涂、弹涂、滚涂和彩色抹灰等多种抹灰装饰做法。

一般抹灰定额是建筑工程预算定额的组成内容之一,但为了与现代化装饰工程相配套,单独列入装饰工程定额内。如果此部分内容与建筑工程定额有重复的地方，均以装饰工程部分的规定和要求为准。

3.3.3 镶贴块料面层

在《全国统一建筑工程基础定额　土建》（GJD 101—1995）中，镶贴块料面层包含的项目有大理石、花岗石、汉白玉、预制水磨石、凸凹假麻石、陶瓷锦砖等。

1. 大理石

1）大理石定额项目说明见表3-31。

表3-31　大理石定额项目说明

计量单位	$100m^2$
定额编号	11-111~11-125
工作内容	清理修补基层表面、刷浆、预埋铁件、制作安装钢筋网、电焊固定；选料湿水、钻水成槽、镶钻面层及阴阳角、穿丝固定；调运砂浆、磨光打蜡、擦缝、养护；清理基层、打底刷浆；镶贴块料面层、砂浆勾缝（灌缝）；刷胶粘剂、切割面料；清洗大理石、钻孔成槽、安铁件（螺栓）、挂大理石、刷胶、打蜡、清洁面层

2）对应项目相关问题答疑

（1）大理石饰面板有哪些安装方法？

挂贴大理石、拼碎大理石、粘贴大理石、干挂大理石。

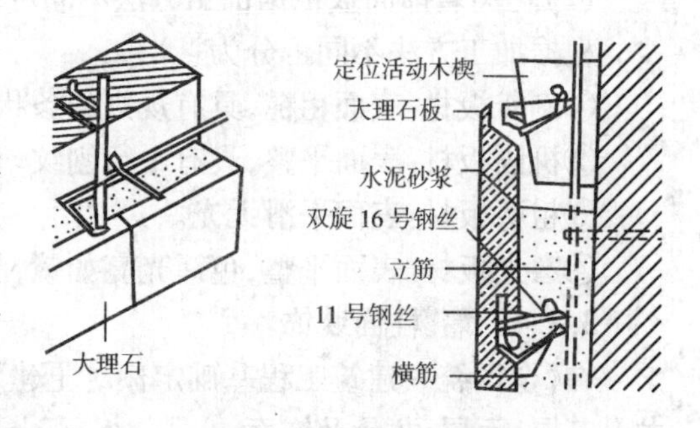

图3-14　大理石板贴面做法

挂贴方式：挂贴法又称镶贴法，先在墙基层上预埋铁件，固定钢筋网，同时在石板的上下部位钻孔打眼，穿上铜丝与钢筋网扎结。用木楔调节石板与基面之间的缝隙宽度，待一排石板的石面调整平整并固定好后，用1∶2或1∶2.5水泥砂浆分层灌缝，待面层全部挂贴完成后，用白水泥浆嵌缝，量后洁面、打蜡、上光。如图3-14所示。

干挂方式：不用水泥砂浆，而是在基层墙面上按设计要求设置膨胀螺栓，将不锈钢角钢固定在基面上，然后用不锈钢连接螺栓和插棍将打有空洞的石板和角钢连接起来进行固定，整平面板后，洁面，嵌缝、抛光即成，这种方法多用于大型板材。

（2）大理石板怎样挂贴、粘贴和干挂？

挂贴大理石饰面板法也称水泥砂浆固定法，基层（多为混凝土）挂钢筋网应预先剁毛以增加粘结力，再用冲击电钻在基层上打ϕ6.5~ϕ8.5、深度60mm以上的孔，打入ϕ6~ϕ8的短钢筋，外露5mm以上并带弯钩，在同一标高的短钢筋上设置水平钢筋，弯转或点焊固定。

板材上用ϕ4~ϕ6的合金钢冲击电钻钻孔，钻孔位置视铺贴方式而定，孔的数量取决于板材大小。在钻孔上穿双股16#铜丝并绑扎在钢筋网上。板材安装的垂直度、平整度满足要求后，用1∶1.5~2.0的水泥砂浆灌浆。最后擦洗表面，并用与板材颜色相近的水泥浆勾缝，再清洗。

粘贴大理石饰面板材有两种方法。聚酯砂浆固定法和树脂胶连接法。施工方法是在基层墙面找平的基础上，弹出与大理石饰面板块大小一致的粘贴线，然后在计划分块好的板材背面均匀地涂抹上水泥砂浆或粘结胶，平整地镶贴在粘贴线方格内，待牢固后勾缝清面即可。

干挂大理石也称螺栓或金属卡具固定法。在需铺设板材部位预留木砖、金属卡具等，板材安装后用螺栓或金属卡具固定，最后进行勾缝处理。亦可在基层内打入膨胀螺栓，用以固定饰面板。

2. 花岗岩

1)花岗岩定额项目说明见表3-32。

表3-32 花岗岩定额项目说明

计量单位	$100m^2$
定额编号	11-126~11-137
工作内容	清理、修补基层表面、刷浆、预埋铁件、制作安装钢筋网、电焊固定;选料湿水、钻孔成槽、镶贴面层及阴阳角、穿丝固定;调运砂浆、磨光、打蜡、擦缝、养护;清理基层、清洗花岗岩、安铁件(螺栓)、挂花岗岩;刷胶、打蜡、清洁面层;打底刷浆;镶贴块料面层、刷胶粘剂、砂浆勾缝

2)对应项目相关问题答疑

(1)干挂大理石、花岗岩板外墙面的勾缝与密缝有什么不同?

勾缝是指大理石板与大理石板之间专门留的10mm以内的缝隙,这些缝隙用密封胶勾满填实,以保持墙面的整体性及平整美观。

密缝是指干挂大理石、花岗岩板间的接缝,它要求缝口紧密严实,平整光滑。

(2)花岗岩饰面板根据加工方法不同可分为哪几种?

根据加工方法不同可分为:

①剁斧板材:表面粗糙,具有规则的条状斧纹。

②机刨板材:表面平整,具有平行刨纹。

③粗磨板材:表面平滑无光。

④磨光板材:表面平整,色泽光亮如镜,晶粒显露匀称。

3.3.4 墙、柱面装饰

在《全国统一建筑工程基础定额 土建》(GJD 101—1995)中,墙、柱面装饰包含的项目有龙骨基层、面层、龙骨及饰面。

1. 龙骨基层

1)龙骨基层定额项目说明见表3-33。

表3-33 龙骨基层定额项目说明

计量单位	$100m^2$
定额编号	11-198~11-219
工作内容	定位下料、打眼剔洞、埋木砖、安装龙骨、刷防腐油等;定位、弹线

2)对应项目相关问题答疑

装饰工程中有哪些常用壁纸?

装饰工程中常用的壁纸有塑料壁纸、玻璃纤维贴墙布、无纺贴墙布、麻草墙纸、装饰墙布、化纤装饰贴墙布等。

2. 面层

1)面层定额项目说明见表3-34。

表3-34 面层定额项目说明

计量单位	$100m^2$
定额编号	11-220~11-246
工作内容	安装玻璃面层、玻璃磨砂打边、钉压条;贴或钉面层、清理等全部换作过程;人造革、胶合板包括做踢脚线;铺钉面层;硬木板条包括踢脚线部分

2）对应项目相关问题答疑

（1）铝合金装饰板有哪些种类？

铝合金装饰板是经特定机械加工而成的铝合金板。一般有以下几种：

①铝合金花纹板：一般由防锈铝合金等坯料用特制的花纹轧辊机轧制而成。花纹图案美观大方，不易磨损，具有防滑及防腐蚀性能好等特点，多用于内墙及楼梯踏步的装饰。

②铝合金波纹板：它是用铝合金平板压制波浪形或其波谷峰为折线形平面的一种装饰板。它具有比平板更高的强度，银白色的还具有很强的反射能力，且耐久性好，多用于墙面及屋面的装饰。

③铝合金压型板：它是将铝合金平板压制成带有凸棱的一种波纹装饰板。为了安装方便，制成9种板型，其中1、3、5型分别为3波、5波、7波通用型拼接板，其横向连接借用6型单波板进行扣接。2、4型分别为4波、6波搭接型拼接板，其横向连接为相互搭接。7型用于转角部位。8型用于窗台及檐口部位。9型专用于屋面排水。

④铝合金冲孔板：它是将铝合金平板进行机械冲孔而成的一种平板。它除具有自重轻、耐腐蚀、防火性能好等特点外，还具有良好的消声效果，因此广泛用于需要消声的墙面和顶棚。

⑤铝合金条板：也称铝合金扣板，它是轧制成窄条状，两个宽边做成扣接形式的铝合金板。

（2）墙体施工的顺序是什么？

墙体施工的基本顺序为：施工表面（楼地面或踢台面，楼板或梁底面、墙面或柱面）的清理和平整→定位放线→安装沿地、沿顶龙骨→安装竖龙骨→安装通贯横承龙骨→安装支撑卡→安装门窗洞口的横梁龙骨→各洞口的龙骨加固及设备、管线的吊挂件与固定件附加龙骨安装→整体检查骨架安装质量及进行调整与校正→安装墙体一侧的第一层纸面石膏板→安装墙体内的设备管线→铺置填充材料→安装墙体另一侧的纸面石膏板→处理缝隙→安装墙体两侧的第二层纸面石膏板→嵌条及镶边→处理板缝及墙角。

3.4 经典实例剖析与总结

3.4.1 经典实例

项目编码：011201001　　项目名称：墙面一般抹灰

【例3-1】 求如图3-15所示小型住宅的外墙抹灰工程量。设计外墙抹灰要求：20mm厚1:1:6混合砂浆打底及面层，室内外高差为0.3m，层高2.9m。

【解】 1）清单工程量：

（1）计算应扣除面积：

门M-1：$1.0\times2\times2=4m^2$

【注释】 由图知，规格是M-1的门有两个。

窗C：$(1.8\times2+1.1\times2+1.5\times6)\times1.5=22.2m^2$

【注释】 由图知，不同规格的窗户共有十个。$(1.8\times2+1.1\times2+1.5\times6)$是所有窗户的总长，1.8是窗C-3的宽，2是个数；1.1是窗C-1的宽，2是个数；1.5是窗C-2的宽，6是个数。1.5是其高。

（2）外墙长$=[(14.4+0.24)+(4.8+0.24)]\times2=39.36m$

【注释】 0.24是墙厚，$(14.4+0.24)$是外墙的长，$(4.8+0.24)$是外墙的宽。

抹灰高度$=2.9+0.3=3.2m$

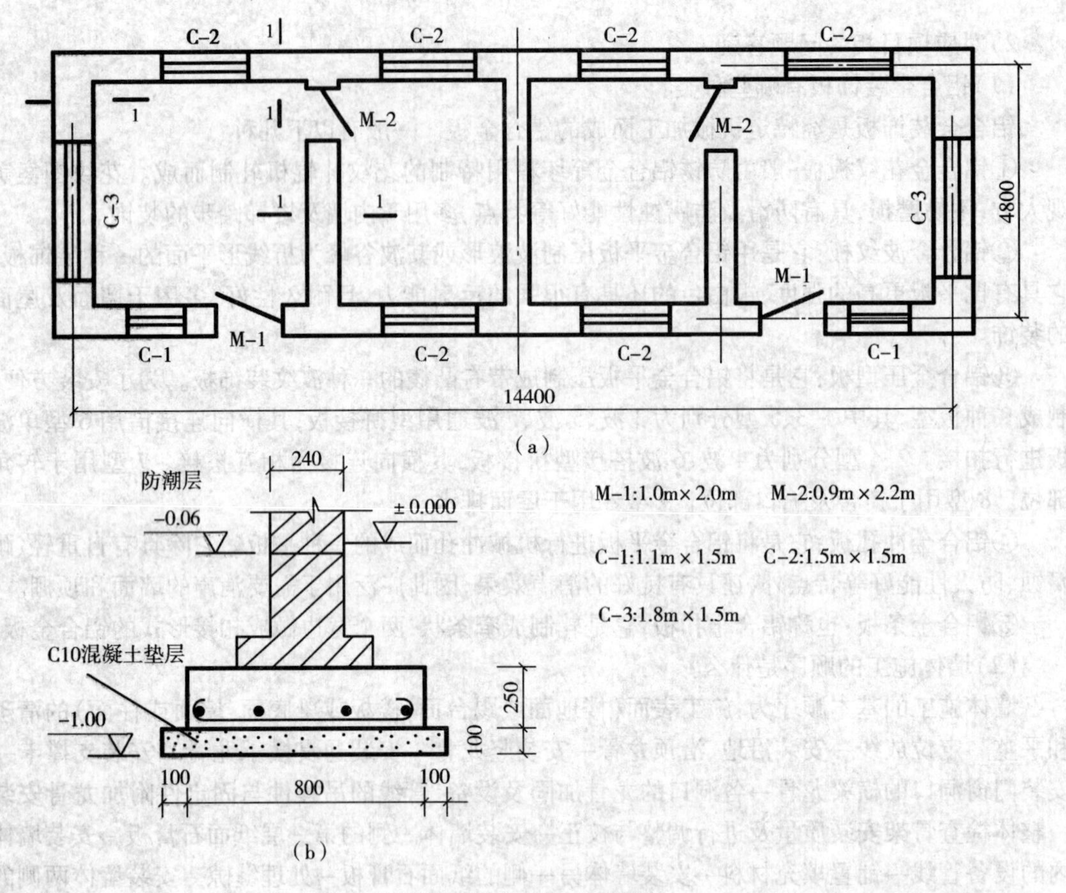

图3-15　小型住宅示意图

(a)平面图;(b)剖面图

【注释】　2.9是楼层高,0.3是室内外高差。

(3)外墙抹灰面积:

$39.36\times3.2-4-22.2=99.75\mathrm{m}^2$

【注释】　外墙抹灰面积应用外墙的总面积39.36×3.2减去门的面积4再减去窗的面积22.2。

清单工程量计算见表3-35。

表3-35　清单工程量计算表

项目编码	项目名称	项目特征描述	计量单位	工程量
011201001001	墙面一般抹灰	20mm厚1:1:6混合砂浆,外墙	m^2	99.75

2)定额工程量同清单工程量。

套用基础定额11-37。

注:1.外墙抹灰面积按外墙垂直投影面积计算。

2.外墙裙抹灰面积按其长度乘以高度计算。

3.内墙抹灰面积按主墙间的净长乘以高度计算。

(1)无墙裙的,高度按室内楼地面至天棚底面计算。

(2)有墙裙的,高度按墙裙顶至天棚底面计算。

4.内墙裙抹面按内墙净长乘以高度计算。

项目编码:011202002　　项目名称:柱面装饰抹灰

项目编码:011205001　　项目名称:石材柱面

【例 3-2】 如图 3-16 所示钢丝网水泥砂浆饰面的半径是 400mm,大理石饰面的半径是 450mm,求圆柱高为 4m 时的钢丝网水泥砂浆和大理石饰面的工程量。

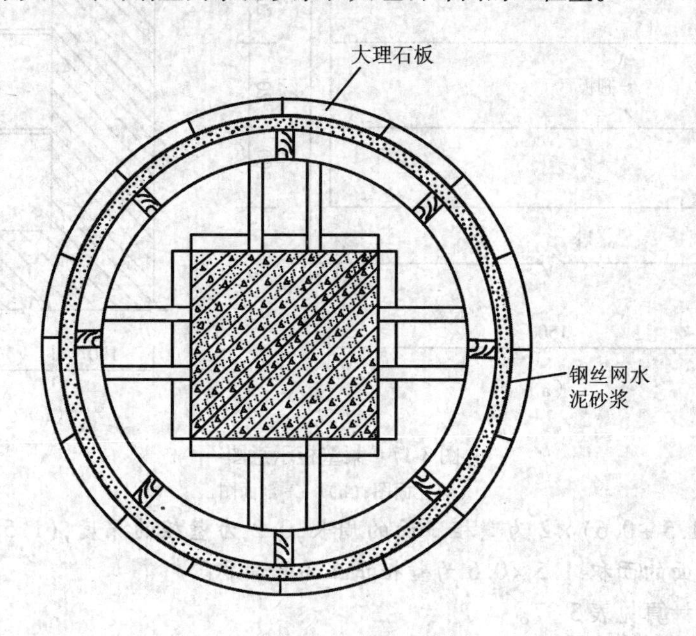

图 3-16　镶贴石材饰面板的圆柱构造

【解】 1)清单工程量:

(1)钢丝网水泥砂浆面积:

$0.40 \times 2 \times 3.1416 \times 4 = 10.05m^2$

【注释】 钢丝网水泥砂浆饰面展开后是一个矩形,圆柱底面的周长相当于矩形的宽即 $2\pi r(r=0.4, \pi=3.1416)$,圆柱高即是矩形的长 4。所求的面积长乘以宽即可。

(2)圆柱大理石饰面面积:

$0.45 \times 2 \times 3.1416 \times 4 = 11.31m^2$

【注释】 圆柱大理石饰面展开后是一个矩形,圆柱底面的周长相当于矩形的宽即 $2\pi r(r=0.45, \pi=3.1416)$,圆柱高即是矩形的长 4。

清单工程量计算见表 3-36。

表 3-36　清单工程量计算表

序号	项目编码	项目名称	项目特征描述	计量单位	工程量
1	011202002001	柱面装饰抹灰	钢丝网水泥砂浆饰柱面	m^2	10.05
2	011205001001	石材柱面	大理石饰柱面	m^2	11.31

2)定额工程量同清单工程量。

项目编码:011203001　　项目名称:零星项目一般抹灰

【例 3-3】 某壁柜如图 3-17 所示,壁柜内表面采用一般抹灰,试求壁柜抹灰的工程量。

【解】 1)清单工程量:

$(1.5+0.6) \times 2 \times 0.2 + 1.5 \times 0.6 = 1.74m^2$

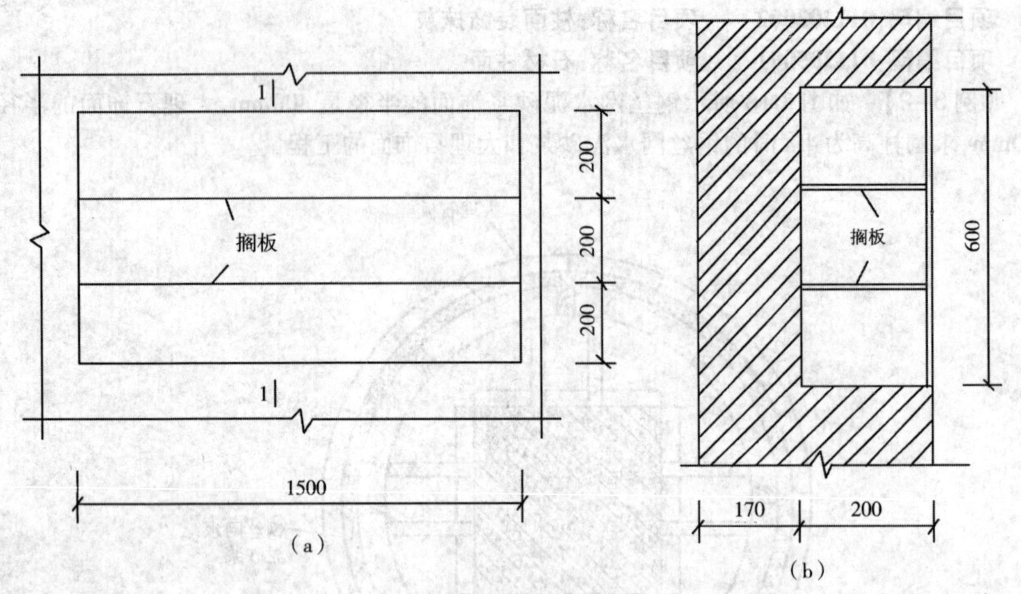

图 3-17　某壁柜示意图

(a)立面图;(b)1-1 剖面图

【注释】　(1.5+0.6)×2 为壁柜正面的周长,0.2 为壁柜的深度,(1.5+0.6)×2×0.2 为壁柜顶面和侧面的面积,1.5×0.6 为壁柜正立面的面积。

清单工程量计算见表 3-37。

表 3-37　清单工程量计算表

项目编码	项目名称	项目特征描述	计量单位	工程量
011203001001	零星项目一般抹灰	壁柜内表面采用一般抹灰	m^2	1.74

2)定额工程量同清单工程量。

(1)壁柜抹石灰砂浆套用基础定额 11-23。

(2)壁柜抹水泥砂浆套用基础定额 11-30。

(3)壁柜抹混合砂浆套用基础定额 11-41。

(4)壁柜抹石膏砂浆套用基础定额 11-49。

项目编码 011204002　　项目名称　碎拼石材墙面

【例 3-4】　某住宅楼如图 3-18 所示,住宅外墙表面采用碎拼石材装饰,试求该住宅楼外墙面装饰工程的工程量。

【解】　1)清单工程量:

工程量=[(3.9+0.15+4.2)×(11.74×2+12.84)+1.0×3.9×2+(12.6-0.24)×3.9-1.8×1.8×9-1.5×1.8×4-1.5×2.4]+0.24×4.05×2+12.84×4.2
=367.96m^2

【注释】　(3.9+0.15+4.2)为楼的高度,(11.74×2+12.84)为楼的两侧面和背面外墙长度(11.74=1.12+5.4+3.6+1.5+0.12),1.0×3.9×2 为挑檐下廊的两侧面墙的面积(1.0=1.12-0.12),(12.6-0.24)×3.9 为一楼正面外墙的面积。1.8×1.8×9 为 9 个 C-1 窗的面积(一楼 4 个,二楼 5 个),1.5×1.8×4 为 4 个 C-2 窗的面积(一楼 2 个,二楼 2 个),1.5×2.4 为一楼 M-1 门的面积,0.24×4.05×2 为正立面图中走廊侧壁的面积,12.84×4.2 为二楼正面外墙的面积。

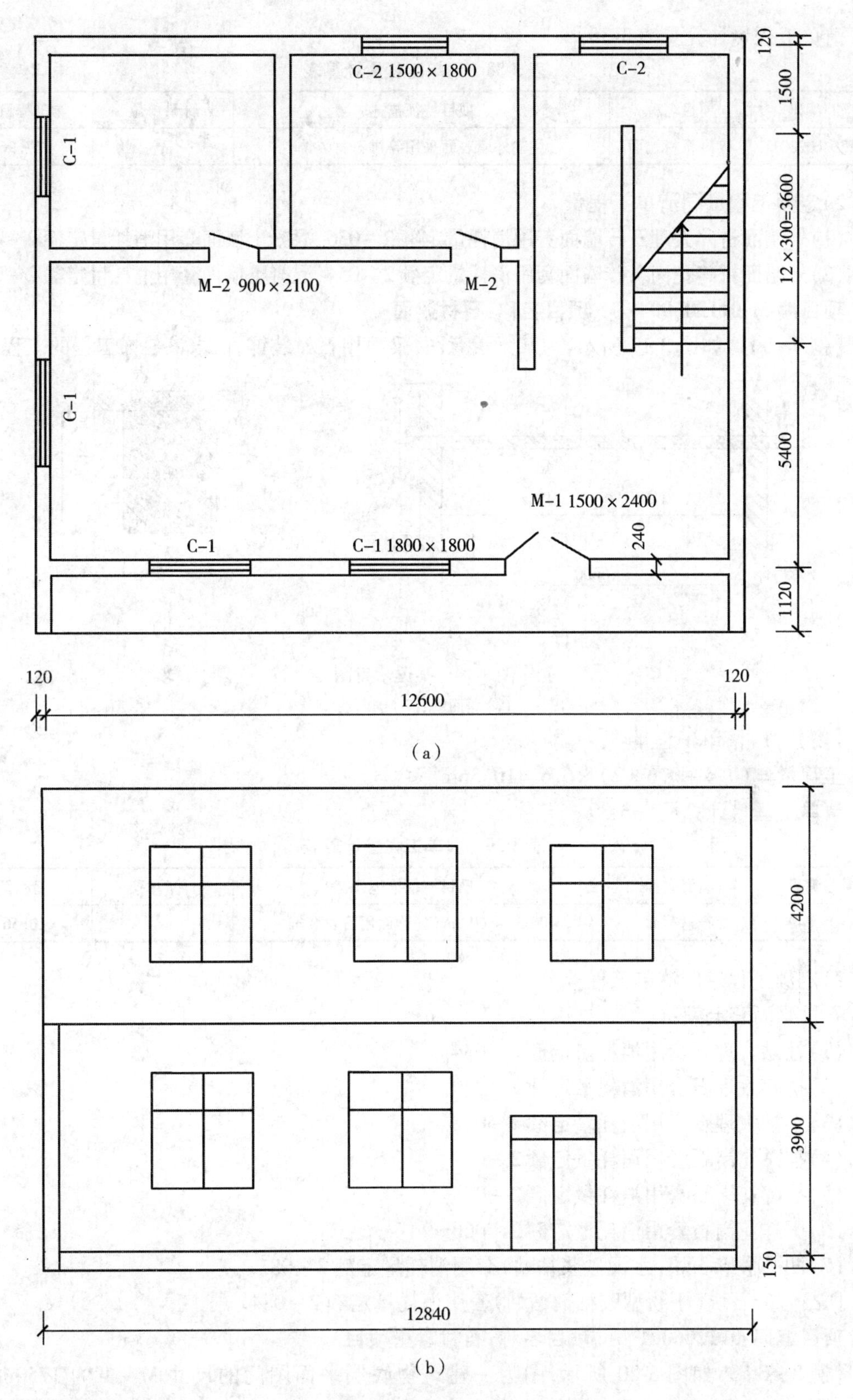

图 3-18　某住宅示意图

(a)平面图;(b)正立面图

清单工程量计算见表 3-38。

表 3-38 清单工程量计算表

项目编码	项目名称	项目特征描述	计量单位	工程量
011204002001	碎拼石材墙面	住宅外墙表面采用碎拼石材装饰	m^2	367.96

2)定额工程量同清单工程量。

(1)外墙面拼碎大理石砖墙面套用消耗量定额 2-036,混凝土墙面套用消耗量定额 2-037。

(2)外墙面拼碎花岗岩砖墙面套用消耗量定额 2-054,混凝土墙面套用消耗量定额 2-055。

项目编码:011205004　　项目名称:石材梁面

【例 3-5】 如图 3-19 所示,为某梁示意图,梁面用石材装饰,试求该装饰工程的工程量。

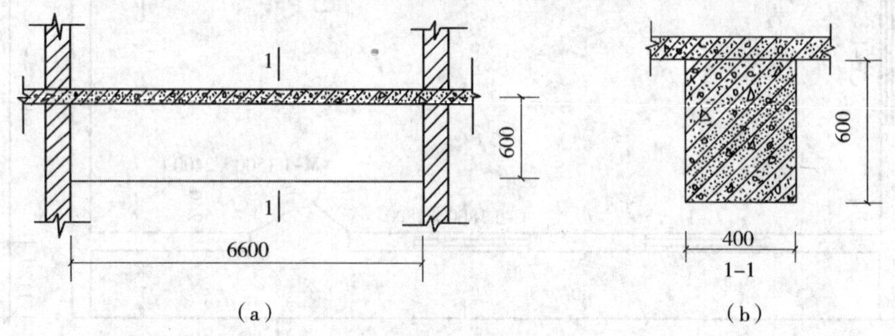

图 3-19　某梁示意图

(a)立面图;(b)剖面图

【解】 1)清单工程量:

工程量 $=(0.4+0.6\times2)\times6.6=10.56m^2$

清单工程量计算见表 3-39。

表 3-39 清单工程量计算表

项目编码	项目名称	项目特征描述	计量单位	工程量
011205004001	石材梁面	400mm×600mm 的梁面用石材装饰	m^2	10.56

2)定额工程量同清单工程量。

石材梁面套定额:

(1)挂贴大理石套用消耗量定额 2-034。

(2)拼碎大理石套用消耗量定额 2-039。

(3)干挂大理石套用消耗量定额 2-048。

(4)挂贴花岗石套用消耗量定额 2-052。

(5)拼碎花岗石套用消耗量定额 2-057。

(6)干挂花岗石套用消耗量定额 2-066。

(7)凹凸假麻石块(水泥砂浆粘贴)套用消耗量定额 2-081。

凹凸假麻石块(干粉型胶粘剂粘贴)套用消耗量定额 2-084。

项目编码:011206001　　项目名称:石材零星项目

【例 3-6】 如图 3-20 所示,图为一建筑物底层平面图门的尺寸 M-1 为 1750mm×2075mm,M-2 为 1000mm×2400mm,该建筑物自地面到 1.2m 处镶贴大理石墙裙,求大理石镶贴的工程量(墙厚为 240mm)。

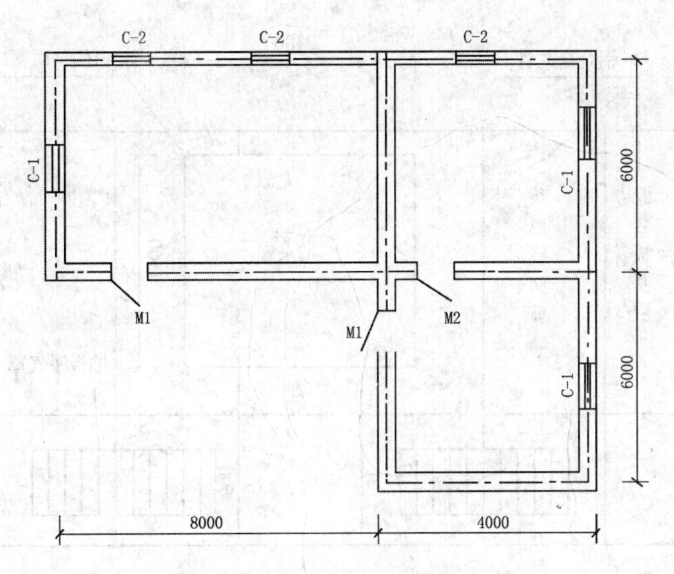

图 3-20　某建筑物底层平面图

【解】　1)清单工程量:

大理石墙裙的工程量为设计图示尺寸以面积计算。墙裙面积为:

$(8+4+0.24+6+6+0.24)\times 2\times 1.2-1.75\times 2\times 1.2=58.752-4.2=54.55\text{m}^2$

清单工程量计算见表 3-40。

表 3-40　清单工程量计算表

项目编码	项目名称	项目特征描述	计量单位	工程量
011206001001	石材零星项目	墙裙镶贴大理石面层	m^2	54.55

2)定额工程量同清单工程量。

套用消耗量定额 2－035。

项目编码:011207001　　项目名称:墙面装饰板

【例 3-7】　如图 3-21 所示为某建筑面墙面装饰示意图,试求墙面装饰的工程量。

【解】　1)清单工程量:

(1)铝合金龙骨:

$$\begin{aligned}\text{工程量}&=8.4\times(2.4+1.2)-1.5\times 2.1+(1.5+2.1)\times 2\times 0.12-1.5\times 0.6\times 2\\&=30.24-3.15+0.864-1.8\\&=26.15\text{m}^2\end{aligned}$$

【注释】　8.4×(2.4+1.2)为墙面立面面积,1.5×2.1为窗面积,(1.5+2.1)×2为窗周长,(1.5+2.1)×2×0.12为窗侧贴面面积,1.5×0.6×2为柚木板暖气罩面积,2为个数。

(2)龙骨上钉胶合板基层:

$$\begin{aligned}\text{工程量}&=8.4\times 2.4-1.5\times 2.1+(2.1+1.5)\times 2\times 0.12\\&=20.16-3.15+0.864\\&=17.87\text{m}^2\end{aligned}$$

(3)茶色镜面玻璃同胶合板基层:

工程量 $=17.87\text{m}^2$

(4)硬木板条墙裙:

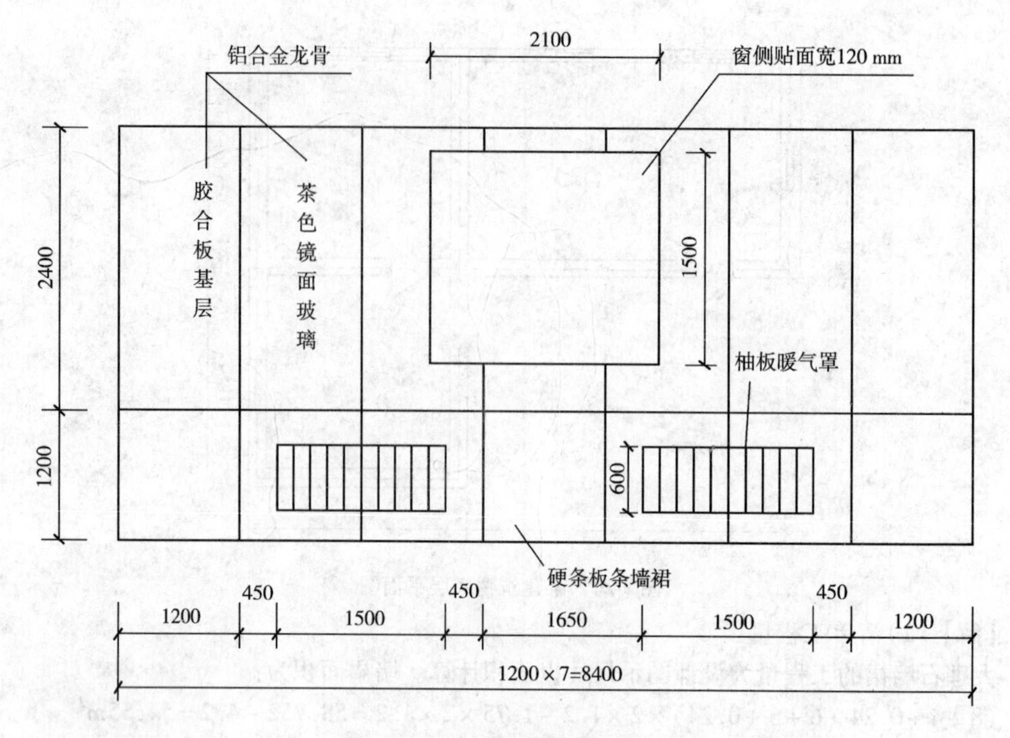

图 3-21　某建筑墙面装饰示意图

工程量 $=8.4\times1.2-1.5\times0.6\times2=8.28\text{m}^2$

(5)柚木板暖气罩：

工程量 $=1.5\times0.6\times2=1.80\text{m}^2$

清单工程量计算见表 3-41。

表 3-41　清单工程量计算表

序号	项目编码	项目名称	项目特征描述	计量单位	工程量
1	011207001001	墙面装饰板	铝合金龙骨，胶合板基础层，茶色镜面玻璃面层	m^2	17.87
2	011207001002	装饰板墙裙	硬木板条墙裙	m^2	8.28

2)定额工程量同清单工程量。

(1)铝合金龙骨的工程量 $=26.15\text{m}^2$

套用基础定额 11－256。

(2)茶色镜面玻璃同胶合板基层工程量 $=17.87\text{m}^2$

套用基础定额 11－252。

(3)硬木板条墙裙 $=8.28\text{m}^2$

套用基础定额 11－234。

项目编码：011210001　　项目名称：隔断

【例 3－8】　如图 3-22 所示，试求卫生间木隔断工程量。

【解】　1)清单工程量：

卫生间木隔断：

工程量 $=1.35\times(0.90\times2+1.05)+(1.35+0.15)\times(0.30\times3+0.18+1.18\times3)$

$=3.85+6.93=10.78m^2$

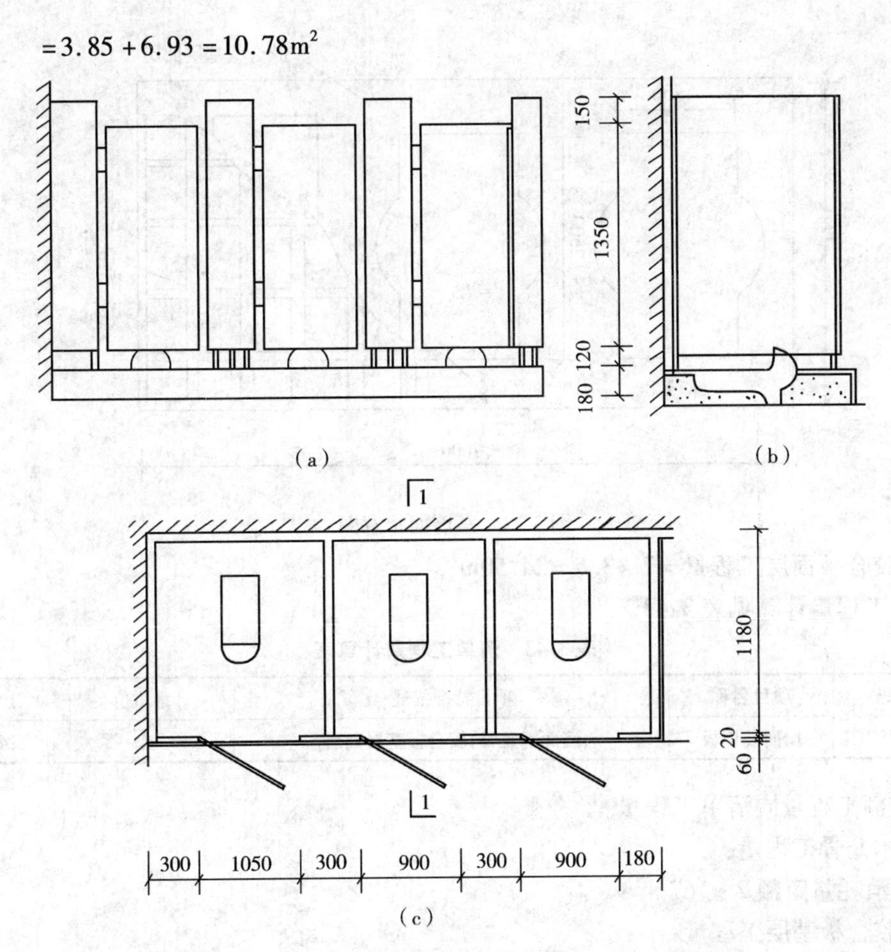

图 3-22　厕所木隔断

(a)立面图;(b)1-1 剖面图;(c)平面图

【注释】 1.35 为卫生间门高度,0.9、1.05 均为卫生间门宽度,$1.35\times(0.9\times2+1.05)$为卫生间门所占面积,$(1.35+0.15)\times(0.30\times3+0.18+1.18\times3)$为卫生间正立面除门以外面积。

清单工程量计算见表 3-42。

表 3-42　清单工程量计算表

项目编码	项目名称	项目特征描述	计量单位	工程量
011210001001	隔断	卫生间木隔断	m^2	10.78

2)定额工程量同清单工程量。

工程量 $=10.78m^2$

套用基础定额 11－258。

项目编码:011207001　　项目名称:装饰板墙面

【例 3-9】 如图 3-23 所示,试求墙面铺龙骨,胶合板基层面层工程量。

【解】 1)清单工程量:

(1)木龙骨工程量 $=7\times3.5=24.50m^2$

(2)胶合板基层工程量 $=7\times3.5=24.50m^2$

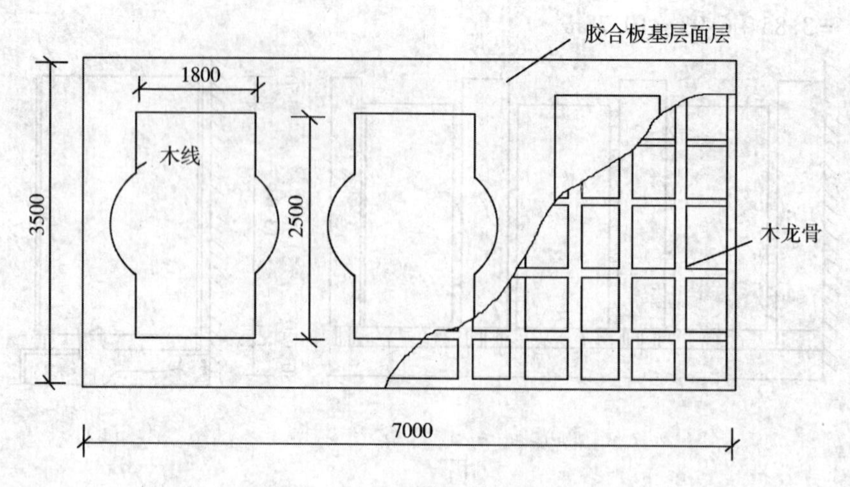

图 3-23　某墙面示意图

(3)胶合板面层工程量 $=7\times3.5=24.50\text{m}^2$

清单工程量计算见表 3-43。

表 3-43　清单工程量计算表

项目编码	项目名称	项目特征描述	计量单位	工程量
011207001001	墙面装饰板	墙面铺龙骨,胶合板基层面层	m^2	24.50

2)定额工程量同清单工程量。

(1)木龙骨工程量:

套用消耗量定额 2 - 167。

(2)胶合板基层工程量:

套用消耗量定额 2 - 188。

(3)胶合板面层工程量:

套用消耗量定额 2 - 209。

项目编码:011208001　　项目名称:柱(梁)面装饰

【例 3-10】 如图 3-24 中方柱详图所示,试求其工程量。

【解】 1)清单工程量:

(1)方柱米黄大理石所需工程量:

$(0.4+0.015\times2)\times4\times(4.2-0.2\times2-0.3-0.2)\times2=11.352\text{m}^2$

(2)方柱面啡网花岗岩工程量:

$(0.4+0.015\times2)\times4\times0.2\times2\times2=1.376\text{m}^2$

(3)柱墩工程量:

$(0.4+0.015\times2)\times2\times4\times0.3=1.032\text{m}$

清单工程量计算见表 3-44。

表 3-44　清单工程量计算表

序号	项目编码	项目名称	项目特征描述	计量单位	工程量
1	011208001001	柱(梁)面装饰	方柱米黄大理石	m^2	11.35
2	011208001002	柱(梁)面装饰	方柱面咖网花岗岩	m^2	1.38

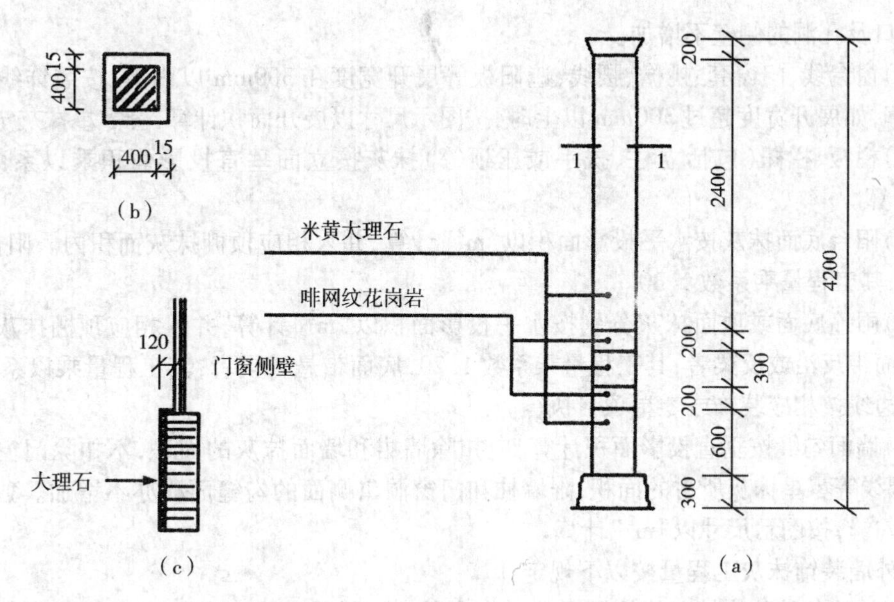

图 3-24　某办公楼门厅内一方桩示意图

(a)门厅内方柱立面图;(b)1－1 剖面图;(c)1 详图

2)定额工程量同清单工程量。

(1)方柱米黄大理石所需工程量:

套用消耗量定额 2－034。

(2)方柱面啡网纹花岗岩工程量:

套用消耗量定额 2－052。

(3)柱墩工程量:

套用消耗量定额 2－078。

3.4.2　剖析与总结

1.内墙抹灰工程量按以下规定计算:

(1)内墙抹灰面积,应扣除门窗洞口和空圈所占的面积,不扣除踢脚板、挂镜线,0.3m² 以内的孔洞和墙与构件交接处的面积,洞口侧壁和顶面亦不增加。墙垛和附墙烟囱侧壁面积与内墙抹灰工程量合并计算。

(2)内墙面抹灰的长度,以主墙间的图示净长尺寸计算。其高度确定如下:

①无墙裙的,其高度按室内地面或楼面至天棚底面之间距离计算。

②有墙裙的,其高度按墙裙顶至天棚底面之间距离计算。

③钉板条顶棚的内墙面抹灰,其高度按室内地面或楼面至顶棚底面另加 100mm 计算。

(3)内墙裙抹灰面积按内墙净长乘以高度计算。应扣除门窗洞口和空圈所占的面积,门窗洞口和空圈的侧壁面积不另增加,墙垛、附墙烟囱侧壁面积并入墙裙抹灰面积内计算。

2.外墙抹灰工程量按以下规定计算:

(1)外墙抹灰面积,按外墙面的垂直投影面积以"m²"计算。应扣除门窗洞口,外墙裙和大于 0.3m² 孔洞所占面积,洞口侧壁面积不另增加。附墙垛、梁、柱侧面抹灰面积并入外墙面抹灰工程量内计算。栏板、栏杆、窗台线、门窗套、扶手、压顶、挑檐、遮阳板、突出墙外的腰线等,另按相应规定计算。

(2)外墙裙抹灰面积按其长度乘高度计算,扣除门窗洞口和大于 0.3m² 孔洞所占的面积,门窗洞口及孔洞的侧壁不增加。

(3)窗台线、门窗套、挑檐、腰线、遮阳板等展开宽度在300mm以内者,按装饰线以"延长米"计算,如展开宽度超过300mm以上时,按图示尺寸以展开面积计算,套零星抹灰定额项目。

(4)栏板、栏杆(包括立柱、扶手或压顶等)抹灰按立面垂直投影面积乘以系数2.2以"m^2"计算。

(5)阳台底面抹灰按水平投影面积以"m^2"计算,并入相应顶棚抹灰面积内。阳台如带悬臂梁者,其工程量乘系数1.30。

(6)雨篷底面或顶面抹灰分别按水平投影面积以"m^2"计算,并入相应顶棚抹灰面积内。雨篷顶面带反沿或反梁者,其工程量乘系数1.20,底面带悬臂梁者,其工程量乘以系数1.20。雨篷外边线按相应装饰或零星项目执行。

(7)墙面勾缝按垂直投影面积计算,应扣除墙裙和墙面抹灰的面积,不扣除门窗洞口、门窗套、腰线等零星抹灰所占的面积,附墙柱和门窗洞口侧面的勾缝面积亦不增加。独立柱、房上烟囱勾缝,按图示尺寸以"m^2"计算。

3. 外墙装饰抹灰工程量按以下规定计算:

(1)外墙各种装饰抹灰均按图示尺寸以实抹面积计算。应扣除门窗洞口空圈的面积,其侧壁面积不另增加。

(2)挑檐、天沟、腰线、栏杆、栏板、门窗套、窗台线、压顶等均按图示尺寸展开面积以"m^2"计算,并入相应的外墙面积内。

4. 块料面层工程量按以下规定计算:

(1)墙面贴块料面层均按图示尺寸以实贴面积计算。

(2)墙裙以高度在1500mm以内为准,超过1500mm时按墙面计算,高度低于300mm以内时,按踢脚板计算。

5. 木隔墙、墙裙、护壁板,均按图示尺寸长度乘以高度按实铺面积以"m^2"计算。

6. 玻璃隔墙按上横档顶面至下横档底面之间高度乘以宽度(两边立梃外边线之间)以"m^2"计算。

7. 浴厕木隔断,按下横档底面至上横档顶面高度乘以图示长度以"m^2"计算,门扇面积并入隔断面积内计算。

8. 铝合金、轻钢隔墙、幕墙,按四周框外围面积计算。

9. 独立柱:

(1)一般抹灰、装饰抹灰、镶贴块料按结构断面周长乘以柱的高度以"m^2"计算。

(2)柱面装饰按柱外围饰面尺寸乘以柱的高以"m^2"计算。

10. 各种"零星项目"均按图示尺寸以展开面积计算。

第4章 顶棚工程

4.1 顶棚造价基本知识

4.1.1 顶棚相关应用释义

顶棚抹灰:是指在楼板底部抹一般水泥砂浆和混合砂浆。其抹灰面积指顶棚抹灰面积,相对顶棚装饰面积,所指的范围小一些,装饰面积还包括在顶棚上粘贴装饰材料。

直接抹灰顶棚:是指在楼板底面直接喷浆和抹灰或直接喷浆而不抹灰而形成的顶棚。

钢筋混凝土楼板顶棚抹灰前应用清水润湿,并刷108胶水泥浆或界面处理剂一道,还应在四周墙上弹出控制抹灰厚度的水平线,先抹四周后抹中间,分批找平。

顶棚基层:由次龙骨(或称平顶筋)用木材、型钢及轻金属等材料制成,其布置方式以及间距要根据面层所用材料而定,一般次龙骨间距不大于600mm。

隐蔽式吊顶:隐蔽式吊顶实际上与活动式吊顶属于同一类型,不过用以特指吊顶龙骨的底面不外露,吊顶表面装饰面板呈整体效果的吊顶,面板与龙骨的固定有三种方式:螺钉连接、胶粘剂连接和企口饰面板与龙骨的连接,如图4-1所示。

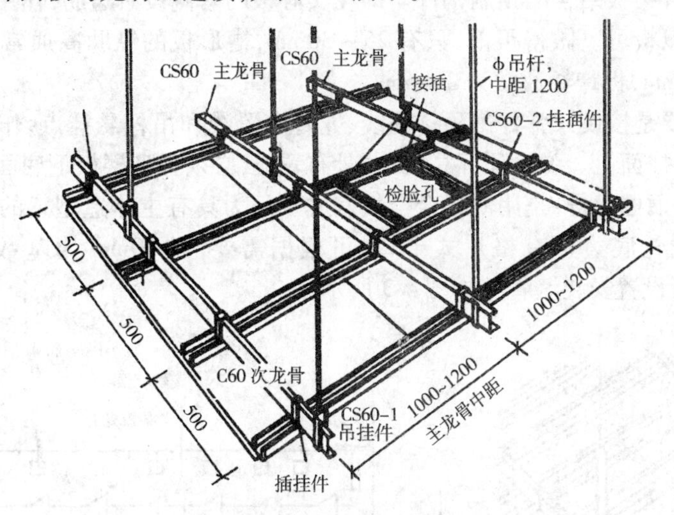

图4-1 隐蔽式吊顶构造

搁栅吊顶:是指采用搁栅式单体构件做成的顶棚,也称开敞式吊顶。它是在藻井式顶棚的基础上,发展形成的一种独立的吊顶体系。

吊筒吊顶:圆筒系以A_3板加工而成,表面喷塑,有多种颜色,该顶棚具有新颖别致、艺术性好、稳定性强、可以任意组合等特点。吊筒吊顶适用于木(竹)质吊筒、金属吊筒、塑料吊筒以及圆形、矩形、扁钟形吊筒等。如图4-2所示。

网架吊顶:是指采用不锈钢管、铜合金管等材料制作的成空间网架结构状的吊顶。这类吊顶具有造型简洁新颖、结构韵律美、通透感强等特点。若在网架的顶部铺设镜面玻璃,并于网架内部布置灯具,则可丰富顶棚的装饰效果。装饰网架顶棚造价较高,一般用于门厅、门廊、舞厅等需要重点装饰的部位。

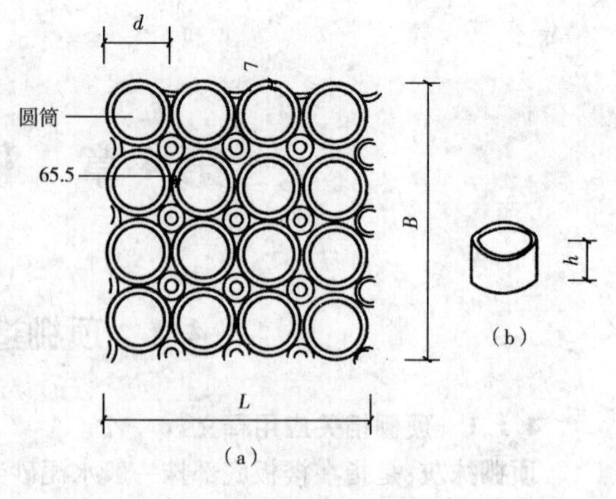

图 4-2 筒形顶棚示意图

(a)平面图;(b)立面图

送风口:是指空调管道中间向室内输送空气的管口。

回风口:又称吸风口、排风口,是空调管道中间向室外输送空气的管口。

矿渣棉:又称矿棉,是利用工业废料(高炉、平炉)矿渣为主要原料,经熔化、高速离心法或喷吹法等工序制成的的一种棉丝状的具有保温、隔热、吸声、防振等性能的无机纤维材料。

矿棉装饰吸声板:是以矿渣棉为原料,加入适量胶粘剂、防潮剂、防腐剂,经加压、烘干、饰面形成的一种新型顶棚材料。矿棉板具有质量轻、吸声、防火、保温隔热、美观、施工方便等特点,适用于各类公共建筑的顶棚。

检查口:是指用砖或预制混凝土井筒砌成的井,设置在沟道断面、方向、坡度的变更处或沟道相交处,或通长的直线管道上,供检修人员检查管道的状况,也可称检查井。

管道口:是指建筑物中为节省空间及施工方便、美观的需要将许多管道集中安装在某一部分的空间通道。

槽形板:是一种梁板结合的预制构件。即在实心板的两侧设有边肋,作用在板上的荷载都由边肋来承担,所以板可以做得很薄,只有 25 ~ 30mm,槽形板的纵肋高通常为 150 ~ 300mm,板宽为 500 ~ 1200mm,板跨长通常为 3 ~ 6m。

吊顶放线:主要是按设计弹好吊顶标高线、龙骨布置线和吊杆悬挂点,作为施工基准。一般是弹到墙面或者柱面上。弹吊顶标高线、龙骨布置线,必须弹到楼板下底面上。

铝合金格片式顶棚龙骨:是用薄铝合金板剁成专门为具有主体造型感的铝合金格片而制做的顶棚龙骨。龙骨底边开有格片式卡口,可根据需要,以 50mm 为基数,50mm、100mm、150mm 等间距进行设置安装。骨架如图 4-3 所示。

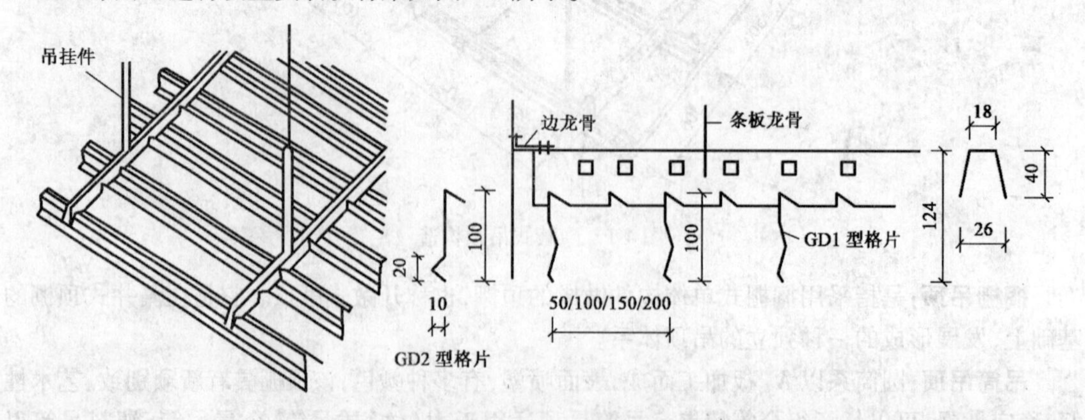

图 4-3 格片式顶棚龙骨及布置示意图

平口式装饰石膏板:是以建筑石膏为主要原料,掺入适量纤维增强材料和外加剂,与水一起搅拌成均匀的料浆,经浇注成形、干燥而成,不带护面纸。其规格有 500mm × 500mm × 9mm

和 600mm × 600mm × 11mm 两种。

薄板顶棚:是指在龙骨下面满铺刨光拼缝之后再按一定间距抽刻直线条装饰的一等杉木薄板所成的顶棚。上面可按需要涂刷油漆。

埃特板:是国内采用引进比利时"埃特尼特"公司的流浆法生产线生产的纤维增强水泥板制品。

埃特板是以水泥为主要原料,以石棉纤维为增强材料,并加入适量的纤维素和纤维分散剂,经打浆后,送至流浆法抄取机经真空脱水、堆垛、蒸汽养护、空气养护而制成的人造板材。

钢板网:即指铁制网格状构件,常埋设在抹灰层中,可防止抹灰层开裂脱落等,为难燃烧体,防火性能较好,适用于要求较高的建筑。钢板网 0.8 表示钢板网厚度为 0.8mm。

钢板网饰面是以钢板网为基层,是粉刷砂浆面层顶棚的配套部分。钢板网的丝梗厚度为 0.5mm、0.6mm、0.7mm、0.8mm 和 1mm 几种,孔眼宽度为 9mm,它是用低碳钢板冲制而成的。

镜面不锈钢板:是用不锈钢薄板(定额采用 0.8mm 厚),经特殊抛光处理而成的,其表面光亮如镜,反射率、变形率均与高级镜面近似。

镜面不锈钢板常用规格有 500mm × 500mm,600mm × 600mm,1200mm × 600mm 和 2400mm × 1220mm 等,其厚度在 0.3 ~ 1mm 规格不同时可以换算。

软质顶棚:是指用绢纱、布幔等织物或充气薄膜装饰室内空间的顶部。这类顶棚可以自由地改变顶棚的形状,别具一格,可以营造多种环境气氛,有丰富的装饰效果。例如:在卧室上空悬挂的帐幔顶棚能增加静谧感,催人入睡;在娱乐场所上空悬挂的彩带布幔作顶棚能增添活泼热烈的气氛,在临时的、流动的展览馆用布幔做成顶棚,可以有效地改善室内的视觉环境,并起到调整空间尺度、限定界面等作用。

轻金属吊顶龙骨:轻金属龙骨,是以镀锌钢带、铝带、铝合金型材、薄壁冷轧退火卷带为原料,经冷弯或冲压而成的顶棚吊顶的骨架支承材料,轻金属龙骨的特点是自重轻、刚度大、防火与防振性能好、加工和安装方便等。轻金属龙骨的品种有轻钢龙骨和铝合金龙骨。

纸蜂窝板:是用浸渍纸以树脂粘贴成纸芯,再经张拉、浸渍酚醛树脂、烘干固化等工序制成的。

胶合板:是用松木、杨木、桦木、水曲柳、椴木及进口原木等,蒸、煮后,刨切或施切成薄片单板,烘干后整理涂胶,将相同规格的单板叠合起来,每一层的木纹方向相互垂直,达到规定层数后再加热而制成的一种人造板材。胶合板的层数都是奇数,有三合板、五合板、七合板、九合板等,十一层以上的板称为多层板。

眼珠线:即所抹出的灰线条,因形似眼珠样,故名为眼珠线。

压光压线:系指抹水泥地面,用铁抹子压光,并根据要求做出一定间距的接缝。

墙皮线:指在墙面上用色油划的装饰线条。

装饰线接角:是指顶棚装饰线交叉处的接角。

护角线:亦称水泥护角线,是在门窗口墙柱容易碰撞部位的阴角抹的水泥砂浆保护角层。与墙面抹灰厚度相同的叫暗护角,凸出墙面抹灰叫明护角。其工程量不单独计算,已综合在墙面抹灰工程量内。

宝丽板:又称华丽板,是以三合板为基材,在其上贴特种花纹纸,之后再涂抹不饱和树脂,最后在表面压合一层塑料薄膜以保护板面。这种板具有表面光亮美观,图案花纹多样,色彩丰富、耐热、耐烫、易清洗等特点,是室内墙面、柱面、装饰面的一种良好的装饰材料。

矿棉板:是以矿棉为主要原料,加入适量的胶粘剂、防潮剂和防腐剂、经加压、烘干饰面而成的一种新型的吊顶装饰材料。

加气混凝土条板:是由水泥、石灰、砂、矿渣、粉煤灰等,加发气剂铝粉,经过原料处理、配料、浇筑、切割及蒸压养护等工序制成的多孔轻质墙板。

4.1.2 经济技术资料

1. 吊顶轻钢龙骨工程量计算

吊顶轻钢龙骨材料包括龙骨、辅件材料(吊件、挂件、接插件、连接件)和其他材料(油漆、松节油、棉纱)。核算时,根据施工图上的吊顶架结构与尺寸,分别算出每间室内的吊顶主龙骨和副龙骨的米数,然后将各室所需主、副龙骨的米数量相加得出总米数,再加上施工中的损耗量3%就可得出实际所需的总米数。其计算公式为

$$M_{总} = (M_{主} + M_{副})(1 + 3\%)$$

式中 $M_{总}$——实际需用龙骨总数量,m;

$M_{主}$——主龙骨总数量,m;

$M_{副}$——副龙骨总数量,m。

辅件和其他材料的计算可应用以下的经验数据和公式。

1)主龙骨吊件。

(1)上人主龙骨吊杆用 $\phi8$ 钢条,每米 1~1.5 件。

(2)不上人主龙骨吊杆用 10 号镀锌铁丝,每米 0.6~1 件。

2)副龙骨挂件。

$$挂件数量 = \frac{副龙骨总数}{2} \times 1.3$$

3)接插件。

$$接插件数量 = \frac{副龙骨总数量(m)}{吊顶框架分格边长}$$

4)油漆。作为吊件、吊杆的防锈材料,按每公斤涂刷 $100m^2$ 计,每千克防锈漆需配 0.5kg 松节油和 0.25kg 棉纱。

墙裙木龙骨所需木方条总长度:

墙裙总面积×每平方米墙裙所需木条长度。

辅助材料用量的核算方法与壁面木龙骨相同。

2. 顶棚面层工程量

顶棚面层应按不同材料、拼缝形式、面层安装方法,分别计算其工程量,计算单位为平方米(m^2)。

顶棚面层工程量按主墙间的净面积计算,表达式如下:

$$S = L \times W \pm K$$

式中 L——每间顶棚主墙间净长度,m;

W——每间顶棚主墙间净宽度,m;

K——应扣除面积:包括独立柱、$0.3m^2$ 以上的灯饰面积(石膏板、夹板顶棚面层的灯饰面积不扣除)、与顶棚相连接的窗帘盒面积。

不扣除面积:间壁墙、检修孔、附墙烟囱、柱垛和管道所占面积。

4.1.3 相关数据参考与查询

1. U 型龙骨主要规格类型见表 4-1。

表 4-1　U 型龙骨主要规格类型

龙　骨		吊挂件	连接件	边龙骨及支托
承载龙骨（大龙骨）	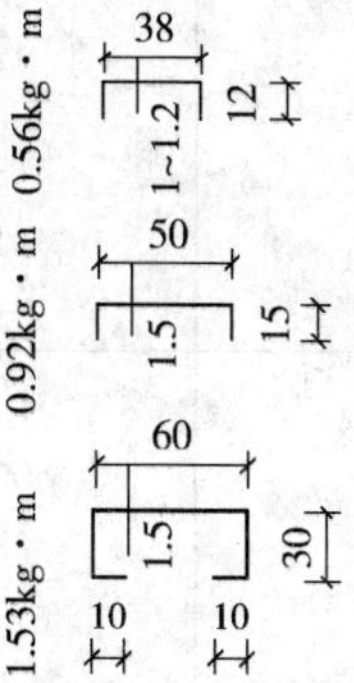 38　12　1~1.2　0.56kg·m 50　15　1.5　0.92kg·m 60　30　1.5　10　10　1.53kg·m	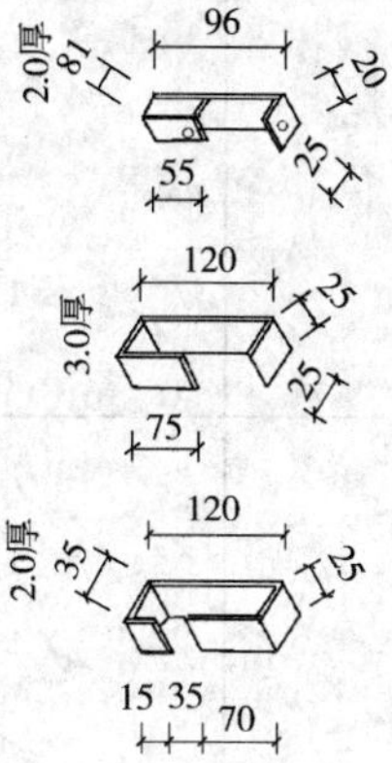 2.0厚　81　96　20　55　25 120　25　3.0厚　25　75 2.0厚　35　120　25　15　35　70	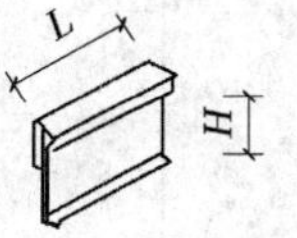 L　H L = 82　H = 35 L = 100　H = 465 L = 100　H = 56	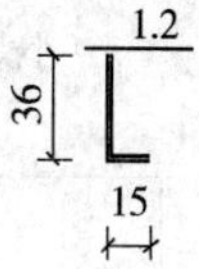 1.2　36　15
覆面龙骨（中龙骨）	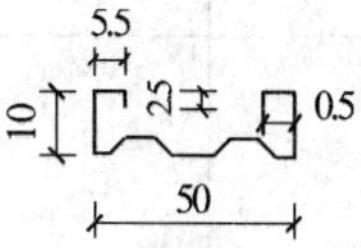 5.5　10　25　0.5　50	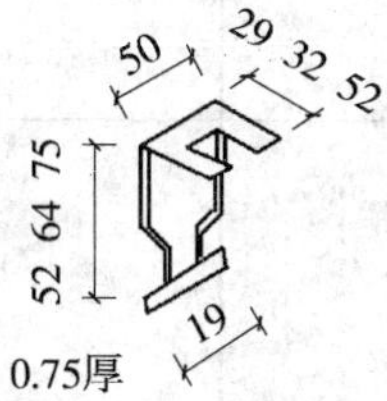 50　29　32　52　52　64　75　19　0.75厚	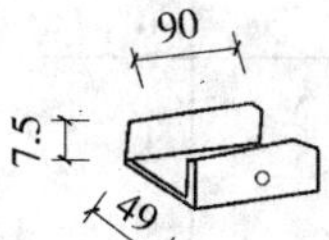 90　7.5　49	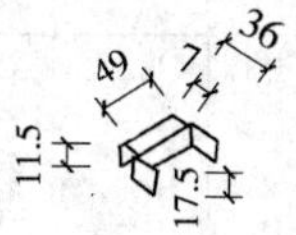 49　7　36　11.5　17.5
覆面龙骨（小龙骨）	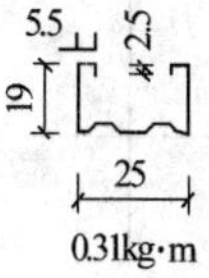 5.5　19　2.5　25　0.31kg·m	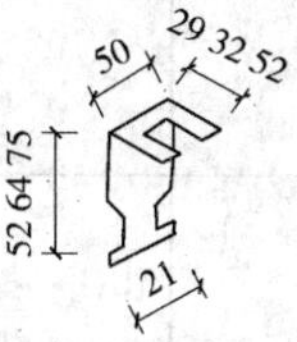 50　29　32　52　52　64　75　21	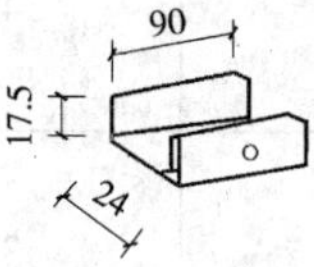 90　17.5　24	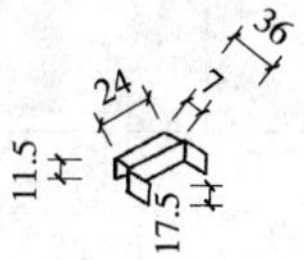 24　7　36　11.5　17.5

2. 几种常用 T 型、LT 型铝合金龙骨参考质量见表 4-2。

表 4-2　几种常用 T 型、LT 型铝合金龙骨参考质量表

名　称		形状及规格	厚度(mm)	质量(kg/m)
大龙骨	轻型	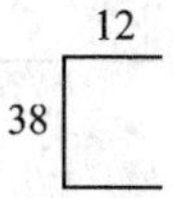 12　38	1.2	0.56
	中型	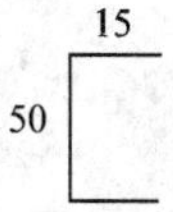 15　50	1.50	0.92
	重型	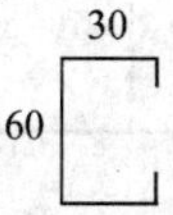 30　60	1.50	1.52

续表

名　称		形状及规格	厚度(mm)	质量(kg/m)
中龙骨		32; 23	1.20	0.20
小龙骨		23; 23	1.20	0.14
边龙骨	LT 型	32; 18	1.20	0.18
	LT 型	32; 18; 20	1.20	0.25
大龙骨	轻　型	12; 30	1.20	0.45
	中　型	15; 45	1.20	0.67
中 龙 骨		35; 1.0; 1.5; 22	1.0~1.50	0.49
小 龙 骨		22; 1.0; 1.5	1.0~1.50	0.32
边龙骨	L　型	22; 35; 11	0.75	0.26
	异　型	22; 35	0.75	0.45

3. LT 型铝合金龙骨规格类型见表 4-3。

表 4-3　LT 型铝合金龙骨规格类型

铝合金龙骨(1mm 厚)	吊挂件	连接件
LT—23 中龙骨 LT—16 32 23 16 0.2kg/m 0.12kg/m	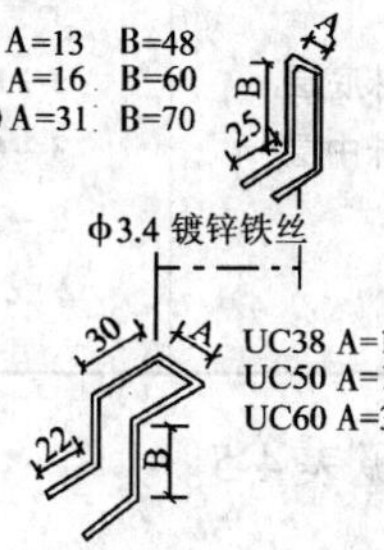 UC38 A=13 B=48 UC50 A=16 B=60 UC60 A=31 B=70 25 B A ϕ3.4 镀锌铁丝 30 A UC38 A=13 B=55 UC50 A=16 B=65 UC60 A=31 B=75 22 B	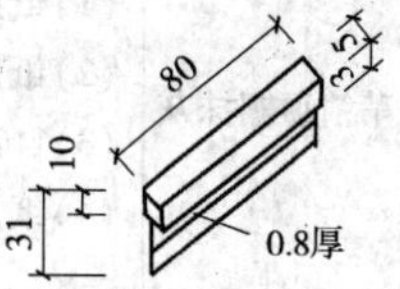 80 3.5 10 31 0.8厚
LT—异型　0.2kg/m 0.12kg/m LT－异型 32 0.25kg/m 20 18		
LT—23　横撑龙骨 LT—16 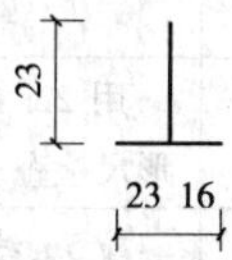 23 23 16 0.14kg/m　0.09kg/m		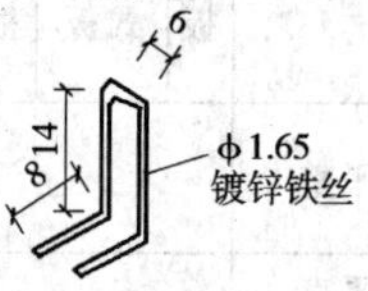 6 14 8 ϕ1.65 镀锌铁丝
LT—边龙骨 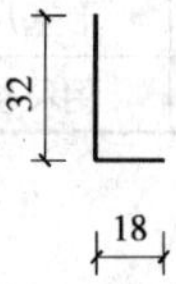 32 18 0.15kg/m	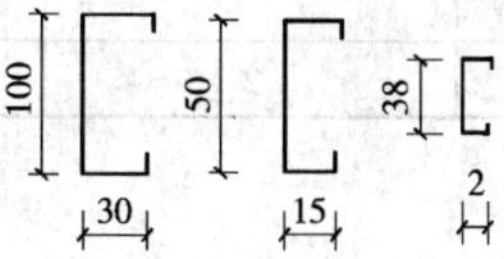 100 30 50 15 38 2	

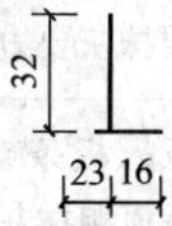

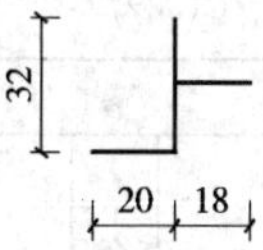

4. 顶棚抹灰常见做法见表 4-4。

表 4-4　顶棚抹灰常见做法

名　　称	分层做法	厚度(mm)	施工要点
现浇钢筋混凝土楼板顶棚抹灰	(1)1:0.5:1 水泥石灰砂浆抹底层 (2)1:3:9 水泥石灰砂浆抹底层 (3)纸筋灰或麻刀灰罩面	2～3 6～9 2	抹头道灰时必须与模板木纹的方向垂直,用钢皮抹子用力抹实,越薄越好,底层抹完后,紧跟抹中层,待 6～7 成干时罩面
	(1)1:0.2:4 水泥纸筋灰砂浆抹底层 (2)1:0.2:4 水泥纸筋灰砂浆抹中层 (3)纸筋灰罩面	2～3 10 2	

续表

名　　称	分层做法	厚度(mm)	施工要点
预制混凝土楼板顶棚抹灰	(1)1:0.5:1水泥石灰砂浆抹底层 (2)1:3:9水泥石灰砂浆抹中层 (3)纸筋灰或麻刀灰罩面	3 6 2~3	(1)预制混凝土楼板缝要用细石混凝土灌实 (2)底层与中层抹灰要边续操作
板条、苇箔顶棚抹灰	(1)纸筋石灰或麻刀石灰砂浆抹底层 (2)纸筋石灰或麻刀石灰砂浆抹中层 (3)1:2:2.5石灰砂浆找平 (4)纸筋灰或麻刀灰罩面	3~6 3~6 2~3 2或3	底层砂浆应压入板条或苇箔缝隙中,较大面积板条顶棚抹灰时,要加麻丁,即抹灰前用250mm长的麻丝拴在钉子上,钉在吊顶的小龙骨上,抹层时将麻丁分开成燕尾抹入

5.吊顶罩面板工程质量的允许偏差见表4-5。

表4-5　吊顶罩面板工程质量允许偏差　　(单位:mm)

<table>
<tr><th rowspan="3">项目</th><th colspan="11">允许偏差</th><th rowspan="3">检验方法</th></tr>
<tr><th colspan="3">石膏板</th><th colspan="2">无机纤维板</th><th colspan="2">木质板</th><th colspan="2">塑料板</th><th rowspan="2">纤维水泥加压板</th><th rowspan="2">金属装饰板</th></tr>
<tr><th>装饰石膏板</th><th>深浮雕嵌式装饰石膏板</th><th>纸面石膏板</th><th>矿棉装饰吸声板</th><th>超细玻璃棉板</th><th>胶合板</th><th>纤维板</th><th>钙塑装饰板</th><th>聚氯乙烯装饰板</th></tr>
<tr><td>表面平整</td><td colspan="3">3</td><td colspan="2">2</td><td>2</td><td>3</td><td>3</td><td>2</td><td colspan="2">2</td><td>用2m靠尺和楔形尺检查观感平整</td></tr>
<tr><td>接缝平直</td><td>3</td><td></td><td>3</td><td colspan="2">3</td><td colspan="2">3</td><td>4</td><td>3</td><td colspan="2"><1.5</td><td>拉5m线</td></tr>
<tr><td>压条平直</td><td colspan="3">3</td><td colspan="2">3</td><td colspan="2">3</td><td colspan="2">3</td><td>3</td><td>3</td><td>检查不足5m拉通线检查</td></tr>
<tr><td>接缝高低</td><td colspan="3">1</td><td colspan="2">1</td><td colspan="2">0.5</td><td colspan="2">1</td><td>1</td><td>1</td><td>用直尺和楔形塞尺检查</td></tr>
<tr><td>压条间距</td><td colspan="3">2</td><td colspan="2">2</td><td colspan="2">2</td><td>2</td><td>2</td><td colspan="2">2</td><td>用尺检查</td></tr>
</table>

4.2　清单计价规范对应项目介绍

4.2.1　顶棚抹灰

1)顶棚抹灰清单项目说明见表4-6。

表4-6　顶棚抹灰清单项目说明

工程量计算规则	按设计图示尺寸以水平投影面积计算。不扣除间壁墙、垛、柱、附墙烟囱、检查口和管道所占的面积,带梁顶棚、梁两侧抹灰面积并入顶棚面积内,板式楼梯底面抹灰按斜面积计算,锯齿形楼梯底板抹灰按展开面积计算
计量单位	m^2
项目编码	011301001
项目特征	基层类型;抹灰厚度、材料种类;砂浆配合比
工作内容	基层清理;底层抹灰;抹面层

2）对应项目相关内容介绍

顶棚基层：由次龙骨（或称平顶筋）用木材、型钢及轻金属等材料制成，其布置方式以及间距要根据面层所用材料而定，一般次龙骨间距不大于600mm。基层的作用是承受面层的质量并把它传递给支承部分。基层类型是指混凝土现浇板、预制混凝土板、木板条等。

装饰线：在顶棚底面与四周墙面交叉处所做的抹灰凸出线条叫顶棚装饰线。俗称为线脚。有些房间的吊灯周围也做有装饰线。装饰线的道数是以凸出的棱角为标准计算的，有一个凸出棱角者为一道线，有两个凸出棱角的为二道线，依此类推。

抹灰线：在设计实际部位现场制作的装饰线或装饰圈叫抹灰线。抹灰线是由粘结层、垫灰层、出线层和罩面层四道工序制作而成。抹灰线按其出线条数多少可分为简单灰线和多线灰线。

木质线材：也叫木线。木线由木材经定型加工而成，其正面具有各种条纹图案。木线按其条纹和尺寸等不同可分为多种规格和型号，使用时可根据具体情况选用。

石膏线材：由石膏为主的材料经定型加工而成，其正面具有各种花纹图案。石膏线材按其花纹、尺寸及形状不同可分为多种规格和型号，使用时可根据具体情况选用。

塑料线材：由塑料原材经定型加工制作而成，其色彩、形状、花纹、尺寸等种类繁多，使用时可根据具体情况选用。

金属线材：由铝合金、不锈钢等金属材料经定型加工制作而成，其形状、尺寸种类繁多，使用时可根据具体情况使用。

无吊顶顶棚：指在楼板或屋面板的下表面直接进行抹面、裱糊或涂饰的装饰工程，称为无吊顶顶棚装饰工程。根据其结构形式、使用材料和施工工艺不同，可分为：

（1）光面顶棚装饰工程，结构层上可抹灰，也可不抹灰，表面上涂刷白水泥浆、色浆、油漆、涂料等用来装饰顶棚。

（2）裱糊壁纸顶棚装饰工程，顶棚用各种壁纸、高级织物或锦缎等装饰。

（3）铺贴装饰板顶棚装饰工程，在顶棚粘贴石膏板、钙塑板等来装饰。

（4）毛面顶棚装饰工程，在顶棚喷彩砂、涂料、膨胀珍珠岩等来装饰。

板条顶棚面层：指顶棚面板部分用宽30mm、厚8mm的木板条，按间距7～12mm用铁钉钉铺在小龙骨底面上而成。它是与板条石灰砂浆顶棚相配套的一个组成部分。一般板条规格为1000mm×30mm×8mm。

钢板网饰面：是以钢板网为基层，是粉刷砂浆面层顶棚的配套部分。钢板网的丝梗厚度有0.5mm、0.6mm、0.7mm、0.8mm和1mm几种，孔眼宽度均为9mm，它是用低碳钢板冲制而成的。

4.2.2 顶棚吊顶

在《房屋建筑与装饰工程工程量计算规范》（GB 50854—2013）中，顶棚吊顶包含的项目有顶棚吊顶、搁栅吊顶、吊筒吊顶、织物软雕吊顶、网架（装饰）吊顶等。

1. 顶棚吊顶

1）顶棚吊顶清单项目说明见表4-7。

表4-7 顶棚吊顶清单项目说明

工程量计算规则	按设计图示尺寸以水平投影面积计算。顶棚面中的灯槽及跌级、锯齿形、吊挂式、藻井式顶棚面积不展开计算。不扣除间壁墙、检查口、附墙烟囱、柱垛和管道所占面积，扣除单个0.3m²以外的孔洞、独立柱及与顶棚相连的窗帘盒所占的面积

续表

计量单位	m^2
项目编码	011302001
项目特征	吊顶形式、吊顶规格、高度;龙骨材料种类、规格、中距;基层材料种类、规格;面层材料品种、规格;压条材料种类、规格;嵌缝材料种类;防护材料种类
工作内容	基层清理、吊杆安装;龙骨安装;基层板铺贴;面层铺贴;嵌缝;刷防护材料

2)对应项目相关内容介绍

基层材料:指底板或面层背后的加强材料。

顶棚骨架是一个包括由主龙骨、次龙骨、小龙骨(或称为主搁栅、次搁栅)所形成的网络骨架体系,其作用主要是承受顶棚的荷载,并由它将这一荷载通过吊筋传递给楼盖或屋顶的承重结构。

顶棚面层的作用是装饰室内空间,而且,常常还要具有一些特定的功能,如吸声、反射等。顶棚面层一般分为抹灰类、板材类及搁栅类。

吊筋(或吊杆)主要用于连接龙骨与楼板(或屋面板)的承重结构,所用形式与楼板的结构、龙骨的规格,材料及吊顶质量有关。常见的施工安装形式有三种(如图4-4所示)。

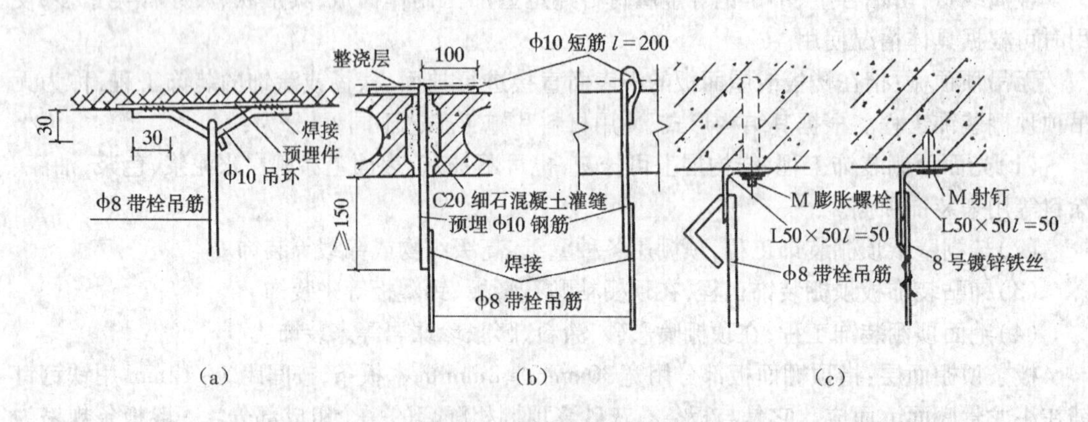

图4-4　吊顶吊筋连接构造

楼板或梁上有预留或预埋件,吊件直接焊在预埋件上,或用螺栓固定在预埋件上。

在预制板缝浇灌细石混凝土或砂浆灌缝时,沿板缝设置通长钢筋(ϕ6～ϕ10);将吊杆一端打弯,勾于板缝中通长钢筋上,另一端从板缝中抽出,抽出长度依需要而定。若在此吊筋上再焊接螺栓吊筋或绑扎钢筋,可用ϕ12钢筋伸出板肋式板底100mm。如此吊杆与龙骨直接焊接,一般用钢筋(ϕ6或ϕ8)其长度为板底到龙骨的高度再加上绑扎尺寸。

龙骨的安装程序为:在墙上弹出标高线→在预留结构上固定吊杆→在吊杆上安装大龙骨→按标高线调整大龙骨→大龙骨底边弹线→固定中、小龙骨→固定异形龙骨→安装横撑龙骨。

施工前的准备:吊顶施工前,应认真检查结构尺寸,校核空间结构尺寸,以及需要处理的质量问题。检查设备安装情况,吊顶施工前,要详细检查管道设备安装情况,有无交叉施工等。

龙骨中距:指相邻龙骨中线之间的距离。

顶棚面层材料品种:石膏板(包括装饰石膏板、纸面石膏板、吸声穿孔石膏板、嵌装式装饰石膏板等)、埃特板、装饰吸声罩面板(包括矿棉装饰吸声板、贴塑矿(岩)棉吸声板、膨胀珍珠岩石装饰吸声制品、玻璃棉装饰吸声板等)、塑料装饰罩面板(钙塑泡沫装饰吸声板、聚苯乙烯泡沫塑料装饰吸声板、聚氯乙烯塑料天花板等)、纤维水泥加压板(包括穿孔吸声石棉水泥板、轻质硅酸钙吊顶板等)、金属装饰板(包括铝合金罩面板、金属微孔吸声板、铝合金单体构件等)、木质饰板(胶合板、薄板、板条、水泥木丝板、刨花板等)、玻璃饰面(包括镜面玻璃、辐射玻璃等)。

龙骨:吊顶中起连接作用的构件,它与吊杆连接,为吊杆饰面层提供安装节点。常见的不上人吊顶一般用铝合金龙骨、木龙骨和轻钢龙骨;上人吊顶的龙骨,其作用是为使用过程中,上人检查线路、管道、喷淋等设备,需承载较大质量,要用型钢轻钢承载龙骨或大断面木龙骨,因此要在龙骨上做人行通道,在吊顶上安装管道以及大型设备的龙骨,必须注意承重结构设计,以保证安全。

顶棚龙骨是一个由主龙骨、次龙骨、小龙骨(或称为主搁栅、次搁栅)所形成的网络骨架体系。其作用主要是承受顶棚的荷载,并由它将这一荷载通过吊筋传递给楼盖或屋顶的承重结构。

纸面石膏板拼接缝的嵌缝材料主要有两种,一是嵌缝石膏粉;二是穿孔纸带。嵌缝石膏粉的主要成分是半水石膏粉加入缓凝剂等,嵌缝及填嵌钉孔等所用的石膏腻子,由嵌缝石膏粉加入适量清水(嵌缝石膏粉与水的比例为1:0.6),静置5~6min后经人工或机械调制而成,调制后应放置30min再使用。注意石膏腻子不可过稠,调制时的水温不可低于5℃,若在低温下调制应使用温水;调制后不可再加石膏粉,避免腻子中出现结块和渣球。穿孔纸带即是打有小孔的牛皮纸带,纸带上的小孔在嵌缝时可保证石膏腻子多余部分的挤出。纸带宽度为50mm。使用时应先将其置于清水中浸湿,这样做有利于纸带与石膏腻子的粘合。此外,另有与穿孔纸带起着相同作用的玻璃纤维网格胶带,其成品已浸过胶液,具有一定的梃度,并在一面涂有不干胶。它有着较牛皮纸带更优异的拉结作用,在石膏板板缝处有更理想的嵌缝效果,故在一些重要部位可采用它以取代穿孔牛皮纸带,以防止板缝开裂的可能性。玻纤网格胶带的宽度一般为50mm,价格高于穿孔纸带。

整个吊顶面的纸面石膏板铺钉完成后,应进行检查,并将所在的自攻螺钉的钉头涂刷防锈涂料,然后用石膏腻子嵌平。

此后进行板缝的嵌填处理,其程序如下:

(1)清扫板缝。用小刮刀将嵌缝石膏腻子均匀饱满地嵌入板缝,并在板缝处刮涂约60mm宽、1mm厚的腻子。随即贴上穿孔纸带(或玻璃纤维网格胶带),使用宽约60mm的腻子刮刀顺穿孔纸带(或玻纤网格胶带)方向压刮,将多余的腻子挤出并刮平、刮实,不可留有气泡。

(2)用宽约150mm的刮刀将石膏腻子填满宽约150mm的板缝处带状部分。

(3)用宽约300mm的刮刀再补一遍石膏腻子,其厚度不得超出2mm。

(4)待腻子完全干燥后(约12h),用2号砂布或砂纸将嵌缝石膏腻子打磨平滑,其中间部分可略微凸起但要向两边平滑过渡。

龙骨安装:

(1)弹线定位。根据吊顶的设计标高在四周墙面弹线,弹线应清楚,位置应准确,其水平允许偏差为±5mm。承载龙骨点间距,应按设计推荐系列选择。

(2)安装吊杆。根据吊顶系列规定的吊点间距、吊杆种类及其吊点紧固方式,采用与预埋件焊接或通过连接件用金属膨胀螺栓固定;吊杆应通直并有足够的承载力,当预埋的钢筋吊杆需要接长时,必须搭接焊牢,焊缝应均匀饱满。

(3)安装承载龙骨。承载龙骨通过吊件连接已安装牢固的吊杆,并用吊件调节龙骨的水平度。承载龙骨基本定位后,应及时调节吊件并抄平下皮,吊顶面中间部分应有适量的起拱,金属龙骨起拱高度应不小于房间短向跨度的1/200。

(4)安装覆面龙骨。双层骨架构造的覆面龙骨,应紧贴承载龙骨安装,通过覆面龙骨挂件与承载龙骨联结,挂搭式的挂件需用钳夹紧,防止松紧不一而造成局部应力集中使吊顶骨架产生变形甚至破坏。

(5)安装边龙骨。当吊顶骨架采用L型边龙骨时,也应按设计要求的标高弹线,采用设计规定的固定方式将其固定在四周墙面。

(6)骨架的全面校正。对安装到位的吊顶龙骨骨架进行全面检查校正,其主次龙骨的结构位置及水平度等合格后,将所有的吊挂件及连接件拧紧和夹牢固,使整件骨架做到稳定可靠。

2. 搁栅吊顶

1)搁栅吊顶清单项目说明见表4-8。

表4-8 搁栅吊顶清单项目说明

工程量计算规则	按设计图示尺寸以水平投影面积计算
计量单位	m^2
项目编码	011302002
项目特征	龙骨材料种类、规格、中距;基层材料种类、规格;面层材料品种、规格;防护材料种类
工作内容	基层清理;安装龙骨;基层板铺贴;面层铺贴;刷防护材料

2)对应项目相关内容介绍

顶棚龙骨:一种承担顶棚质量的主要构件。根据材料的不同可分为轻钢龙骨、木龙骨和铝合金龙骨三类,每一类又因断面形式的不同可分为若干个型号。

圆木顶棚龙骨:将圆木从中间剖开后作为主龙骨,然后将小方木作为次龙骨钉固其下而成的一种承担顶棚质量的构件。

顶棚楞木:指在顶棚的木基层,又称平顶筋或平棚龙骨,分主楞木和次楞木,也有单层楞木、双层楞木、圆木楞、方木楞。有的吊在屋架下弦上,有的搁在砖墙上,还有的吊在混凝土板下。主次楞木的断面和间距,根据不同的顶棚面层材料设置。

顶棚对剖圆木楞:指用锯子将圆木楞对剖成断面为圆形的木楞作为顶棚的龙骨。

顶棚基层即指顶棚龙骨,也常称骨架层,是一个由大龙骨、中龙骨和小龙骨所形成的骨架体系,用以承受顶棚的荷载。常用的顶棚基层有木基层和金属基层两大类。顶棚基层用木材料、型钢及轻金属等材料制成,其布置方式以及间距要根据面层所用材料而定,一般次龙骨间距不大于600mm。

有吊顶顶棚:指以楼板、屋面板或屋架下弦为支承点,用吊杆连接大、小龙骨再镶贴各种饰面板的顶棚装饰工程。

吊顶棚面层固定的构造做法:

(1)抹灰面层。先将板条、板条钢板网、钢板网等钉于龙骨底面,然后,在其底面抹纸筋灰或麻刀灰做面层后粉刷。

(2)板材面层。

①钉。用铁钉或螺钉将面板固定于龙骨上。木龙骨一般用铁钉固定面板,铁钉最好转脚;型钢龙骨用螺钉固定面层,钉距视面板材料而异。适用于钉接的板材有植物板材、矿物板材、铝板等。

②粘。用胶粘剂将板材粘于龙骨底面上。矿棉吸声板可用 1∶1 水泥石膏加适量 108 胶，随调随用，成团状粘贴；钙塑板可用 401 胶粘贴在石膏板基层上。若采用粘、钉结合的方式，则连接更为牢固。

③搁。将面板直接搁于龙骨翼缘上，适用于薄壁轻钢龙骨、铝合金龙骨等。

④卡。用龙骨本身或另用卡具将板材卡在龙骨上，这种做法常用于轻钢、型钢龙骨，板材为金属板材、石棉水泥板等。

⑤挂。利用金属挂钩龙骨将板材挂于其下，板材多为金属板。

3. 吊筒吊顶

1) 吊筒吊顶清单项目说明见表 4-9。

表 4-9　吊筒吊顶清单项目说明

工程量计算规则	按设计图示尺寸以水平投影面积计算
计量单位	m^2
项目编码	011302003
项目特征	吊筒形状、规格；吊筒材料种类；防护材料种类
工作内容	基层清理；吊筒制作安装；刷防护材料

2) 对应项目相关内容介绍

圆筒规格为：直径 $d = 150 \sim 200$mm，高 $h = 60 \sim 100$mm，筒壁厚 $r = 0.5$mm，此种顶棚如图 4-5 所示。

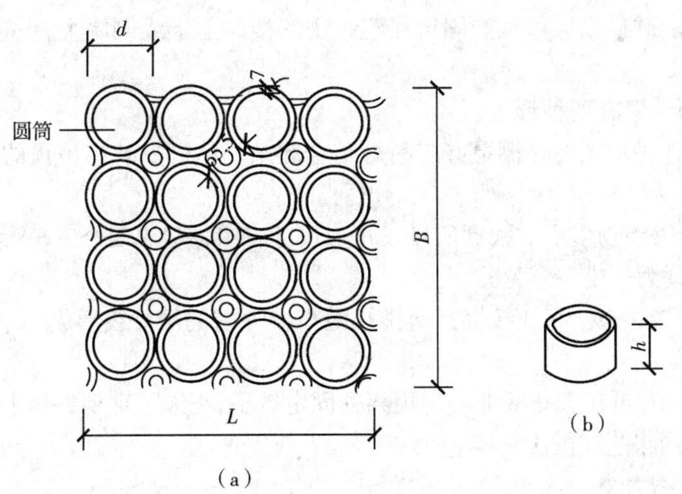

图 4-5　筒形顶棚示意图

(a) 平面图；(b) 立面图

吊件的制作应根据上人或不上人吊顶来加工。上人吊件通常采用与龙骨配套的标准配件。吊件固定有三种形式：

(1) 楼板或梁上有预留或预埋件，吊件直接焊在预埋件上。

(2) 在吊点的位置，用 φ10 的膨胀螺栓固定铁件。

(3) 用射钉固定铁件，每个铁件应用两个射钉来固定。

4. 织物软雕吊顶

1)织物软雕吊顶清单项目说明见表4-10。

表4-10　织物软雕吊顶清单项目说明

工程量计算规则	按设计图示尺寸以水平投影面积计算
计量单位	m^2
项目编码	011302005
项目特征	骨架材料种类、规格;面层材料品种、规格
工作内容	基层清理;龙骨安装;铺贴面层

2)对应项目相关内容介绍

织物软雕吊顶:指用绢纱、布幔等织物或充气薄膜装饰室内空间的顶部。这类顶棚可以自由地改变顶棚的形状,别具装饰风格,可以营造多种环境气氛,有丰富的装饰效果。例如:在卧室上空悬挂的帐幔顶棚能增加静谧感,催人入睡;在娱乐场所上空悬挂彩带布幔作顶棚能增添活泼热烈的气氛,在临时的、流动的展览馆用布幔做成顶棚,可以有效地改善室内的视觉环境,并起到调整空间尺度、限定界面等作用,但软质织物一般易燃烧,设计时宜选用阻燃织物。

软质顶棚的主要构造要点是:

(1)顶棚造型的控制。软质顶棚造型的设计应以自然流线形为主体。由于织物柔软,对于需要固定造型的控制较困难。因此,必要时应采用钢丝、钢管等材料加以衬托。

(2)织物或薄膜的选用。织物或薄膜一般应选用具有耐腐蚀、防火、较高强度的织物或薄膜,必要时应做有关技术处理。

(3)悬挂固定。软质顶棚可悬挂固定在建筑物的楼屋盖下或侧墙上,设置活动夹具,以便拆装织物。

织物软雕吊顶一般有两种形式:

(1)帐篷式。这种形式的顶棚最好与吊灯结合起来。吊灯安装在吊顶的中心位置。其制作方法是:

①量度顶棚所需织物多少。根据所量三角形尺寸将织物剪成四个三角形。如果三角形太大,可以将它再一分为二或一分为三。

②将各布块缝接起来。每块接缝打两排相距6cm左右的平行线形成一个"鞘",使绳子能穿过去。

③将绳穿入鞘中,再在天花板上一定距离处固定钩子,将绳子穿到铁钩上。

(2)皱褶式。同帐篷式做法一样。

①度量所需织物大小。

②根据所量尺寸剪四个三角形纸模型,将该三角形对剪开,然后再剪块长方形,粘好。根据这一尺寸剪裁布料,并将布料底边卷一寸宽形成"鞘",以穿细木棍。

③用一圆形胶合板,包贴上同样布料。

④将四块梯形布料顶边缝在包有布料的圆形胶合板上,然后将胶合板固定于天花板中心。

⑤将细木棍穿入"鞘"中,并固定于天花板与墙面交接处,布料自然打褶。

5. 网架(装饰)吊顶

1)网架(装饰)吊顶清单项目说明见表4-11。

表 4-11　网架(装饰)吊顶清单项目说明

工程量计算规则	按设计图示尺寸以水平投影面积计算
计量单位	m^2
项目编码	011302006
项目特征	网架材料品种、规格
工作内容	基层清理;网架制作安装

2)对应项目相关内容介绍

顶棚骨架:利用楼板或屋架等结构为支承点,吊挂各种龙骨,在龙骨上镶铺装饰面板或装饰面而形成的装饰顶棚。

钢板网抹灰吊顶:采用钢板网来代替木板条,其耐久性、防裂性、防火性都较木板条要好。钢板网抹灰吊顶一般采用型钢龙骨,钢板网固定在钢筋网上,具体构造做法如图 4-6 所示。选用槽钢为主龙骨,角钢为次龙骨,中距 400mm,其型号可按结构计算确定。先在次龙骨下加一道中距为 200mm 的 ϕ6 双向钢筋网,绑扎稳妥后,再铺钢板网,钢板网应在次龙骨上绷紧,相互间搭接间距不得小于 200mm。搭口下面的钢板网应与次龙骨绑牢,不得空悬。

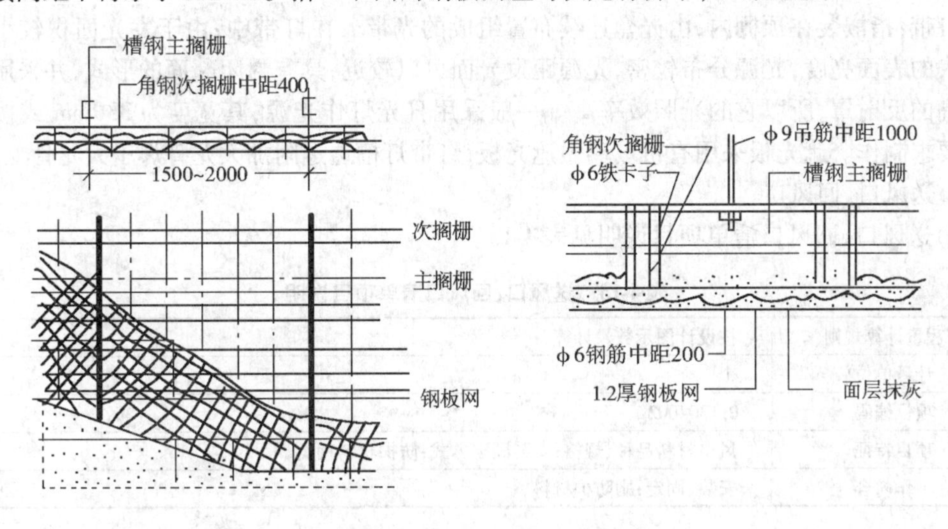

图 4-6　钢板网抹灰吊顶构造

钢板网的抹灰:

(1)钢板网抹灰时,底层与面层最好采用相同砂浆,使用混合砂浆时要控制水泥用量,并及时养护。

(2)顶棚吊筋必须牢固,钢板网搭接 3 ~ 5cm,用 22 号铁丝绑扎在钢筋上,增加钢板网的刚度。

(3)较大面积的钢板网顶棚应采用先挂抹麻丝束的办法,增加粘结力。

(4)若能封闭门窗口,则可使抹灰层在潮湿空气中养护,效果更好。

装饰网架顶棚的构造做法是:利用与网架杆件相同的短小杆件为吊杆与主体结构连接,连接的做法多是与结构上预埋的钢板焊接,装饰网架一般不承重,所以其杆件的组合形式可不受传力合理性的约束,可自由地根据装饰效果的要求来设计布置。杆件之间的连接可采用类似于结构网架的球结点连接,也可以焊接,然后再用与杆件材质相同的薄板包裹覆盖焊点。

在以网架结构作为屋面承重结构构件的情况下,若有意识地从美学角度考虑杆件截面尺寸,球节点尺寸及杆件组合形式,使网架结构的美感充分发挥,就可以不再吊顶棚,直接让暴露的网架形成顶部装饰效果。

4.2.3 顶棚其他装饰

在《房屋建筑与装饰工程工程量计算规范》(GB 50854—2013)中,顶棚其他装饰包含的项目有灯带、送风口、回风口。

1.灯带

1)灯带清单项目说明见表4-12。

表4-12 灯带清单项目说明

工程量计算规则	按设计图示尺寸以框外围面积计算
计量单位	m^2
项目编码	011304001
项目特征	灯带型式、尺寸;搁栅片材料品种、规格;安装固定方式
工作内容	安装、固定

2)对应项目相关内容介绍

灯带:指嵌装在顶棚内,由光盒连续布置组成的光带。在灯带中,由于发光面积较小和考虑较大的表面亮度,光源分布较密,光源距发光面可以较近,具有封闭断面的形式,并采用反射系数高的反射罩,所以它的光照效率高。一般采用日光灯作光源,其宽度为330mm或按工程设计要求制作。遮光板采用有机玻璃做遮光板,灯带灯槽透过附加大龙骨焊于大龙骨上。

2.送风口、回风口

1)送风口、回风口清单项目说明见表4-13。

表4-13 送风口、回风口清单项目说明

工程量计算规则	按设计图示数量计算
计量单位	个
项目编码	011304002
项目特征	风口材料品种、规格;安装固定方式;防护材料种类
工作内容	安装、固定;刷防护材料

2)对应项目相关内容介绍

在民用建筑中常采用的送风口为活动百叶风口,如图4-7所示。这种送风口是由固定的拦护风格、垂直的活动叶片和小框组成,把手是专门用来改变活动叶片的位置,以便调节通过百叶格的风量。当采用布置在横墙或暗装的通风管道送风时,通常采用这种送风口,安装时把它直接嵌在墙面上。在民用建筑中,除活动百叶风口外,还有单层百叶风口、双层百叶风口、三层百叶风口、连动百叶风口等。百叶送风口也用于排风系统的回风口。

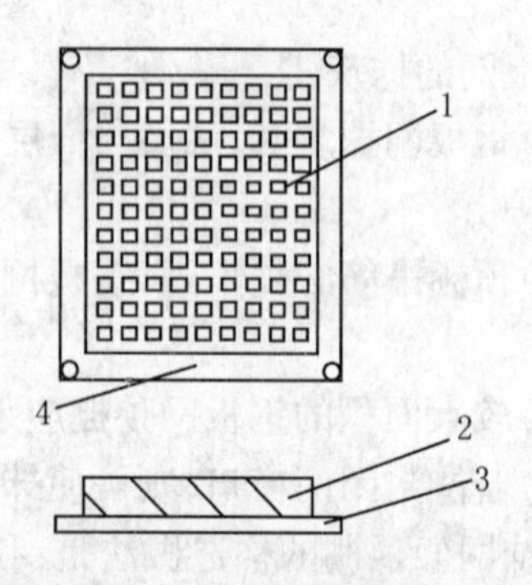

图4-7 活动百叶风口

1—拦护风格;2—活动叶片;3—小框;4—把手

在工业厂房中,一般通风量比较大,而且风道大都采用明装,因此采用空气分布器作为风口。空气分布器的形式很多,如图 4-8 所示。

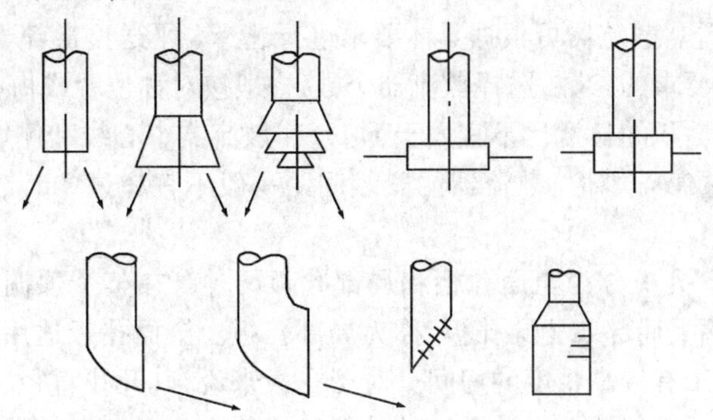

图 4-8　空气分布器

用于水平风道口的送风口采用如图 4-9 所示的形式,都是直接开在通风管道上。为了使气流均匀还常常装有导风板。

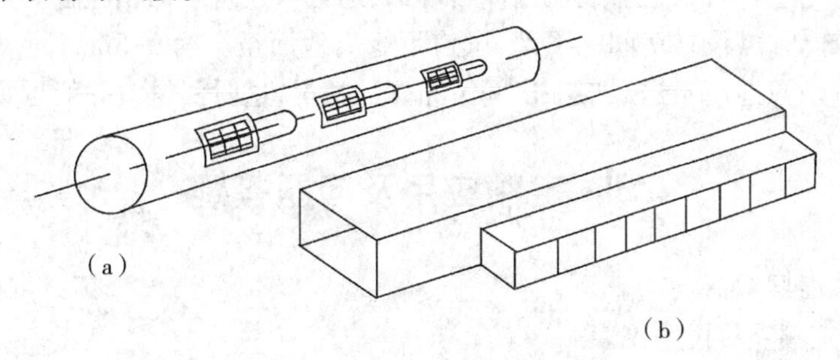

图 4-9　水平风管上的风口

(a)圆风管;(b)矩形风管

送、回风口是通风空调工程的重要部件。送风口、回风口适用于金属、塑料、木质风口。它们的作用是按照一定的流速,将一定数量的空气送到用气的场所,或从排气点排出。为了保证良好的通风效果,对室内送、回风口应满足以下要求:

(1)送、回风口的空气流速不宜过大,使人不致有吹风的感觉,但流速也不能过小,流速过小会降低通风效果,同时使部件尺寸加大。

(2)送、回风口的阻力要小,以免造成较大的动力消耗。

(3)在非工业建筑中,送、回风口的构造形式尽量与建筑的美观相配合。

(4)送、回风口的尺寸应尽量小些。

灯带搁栅有不锈钢搁栅、铝合金搁栅、玻璃搁栅等。

送、回风口位置位于顶棚上的有以下两种:

(1)散流器。安装在顶棚上的送风口,气流有平送和下送两种。散流器的型式很多,有盘式散流器,气流呈辐射状送出,且为贴附射流;有片式散流器,设有多层可调散流片,使送风或呈辐射状,或呈锥形扩散;也有将送、回风口结合在一起的送、吸式散流器,这些散流器的气流是平送;另外还有适用于净化空调的流线形散流器,气流为下送。

(2)孔板送风口。空气经过开有若干小孔的孔板进入房间,这种风口型式叫孔板送风口。孔板送风口的最大特点是送风均匀,气流速度衰减快。因此适用于工作区气流均匀、区域温差较小的房间。

送风口的布置：

(1)散流器的布置。散流器可根据具体要求进行选择。平送型散流器的布置可根据空调房间的大小和室内所要求的参数，选择散流器个数，一般按对称位置或梅花形布置。圆形或方形散流器相应的送风面积的长宽比不宜大于1:1.5。散流器中心线和侧墙的距离一般不小于1m，采用顶棚密集布置散流器时，散流器的安装间距一般不宜超过3m，散流器中心线离墙距离不宜超过1m。

(2)孔板的布置。孔板分为全面孔板和局部孔板两种。在整个顶棚上全面布置穿孔板，称为全面孔板；在顶棚上局部布置穿孔板，称为局部孔板。全面孔板适用于高洁度房间，不稳定型的局部孔板适用于有较高精度的房间。对于孔板来说，其开孔直径、孔的中心间距、孔的数量等参数可参照有关空气调节设计手册的计算公式算出。对于局部孔板的排列，可将总孔数分成若干块孔板，根据需要布置成带形、梅花形或棋盘形。

回风口的布置：由于回风口的汇流对房间气流组织影响较小，因此它的形式也比较简单，有的只在孔口加一金属网格，也有装搁栅和百叶的，通常与建筑装饰相配合。回风口布置一般在房间一侧集中布置，常设在房间的下部，风口下缘离地面至少为0.5m。回风口在房间上部或顶棚布置时，一般只适用于送风口在房间下布置的情况，这时回风口一般也集中布置。

4.3 定额应用及问题答疑

4.3.1 抹灰面层

1)抹灰面层定额项目说明见表4-14。

表4-14 抹灰面层定额项目说明

计量单位	$100m^2$(100m)
定额编号	11-286～11-303/11-304～11-305
工作内容	清理修补基层表面、堵眼、调运砂浆、清扫落地灰；抹灰找平、罩面及压光、包括小圆角抹光

2)对应项目相关问题答疑

(1)结构面顶棚抹灰面层的砂浆有哪些种类？

各种结构面顶棚抹灰面层的砂浆种类如下：

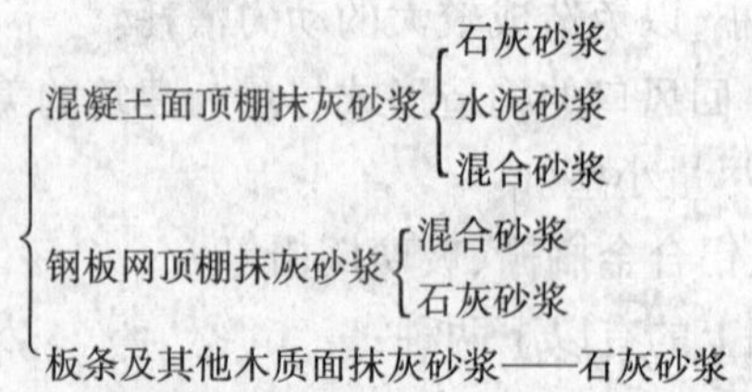

(2)顶棚抹灰面层设计规定砂浆与定额规定不同时可否调整？

如与设计不同时，可以按设计规定调整。

(3)直接抹灰顶棚可以分为哪两种？

当楼板底面不够平整或室内装修要求较高，可在板底进行抹灰装修(如图4-10所示)，直接抹灰分水泥砂浆抹灰和纸筋灰抹灰两种。

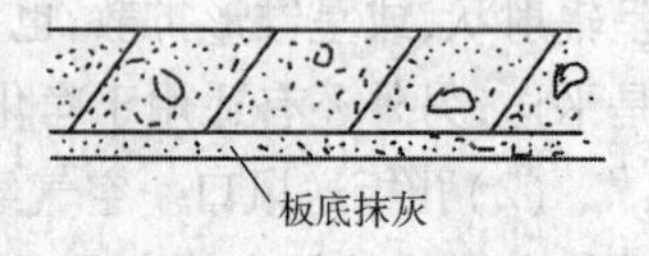

图4-10 抹灰装修

水泥砂浆抹灰系将板底清洗干净，打毛或刷素水泥浆一道后，抹5mm厚1:3水泥砂浆打底，用5mm厚1:2.5水泥砂浆粉面，再喷刷涂料。

纸筋灰抹灰系先以6mm厚混合砂浆打底，再以3mm厚纸筋灰粉面，然后喷、刷涂料。

(4)顶棚装饰工程有哪些作用?

顶棚装饰工程的作用主要有以下两点:

①提供或改善室内的使用功能。有此房间对声、光、风、防火等有特殊的要求，通过设置吊顶可以满足或完善这些要求，墙强房屋的使用功能。

②改善和美化房间的环境。顶棚可以隐藏设备管线，增强视觉效果，不同的顶棚形式会给人以不同的感受。

4.3.2 顶棚龙骨

在《全国统一建筑工程基础定额　土建》(GJD 101—1995)中，顶棚龙骨包含的项目有顶棚对剖圆木楞、顶棚方木楞、顶棚轻钢龙骨、顶棚铝合金龙骨。

1. 顶棚对剖圆木楞

1)顶棚对剖圆木楞定额项目说明见表4-15。

表4-15　顶棚对剖圆木楞定额项目说明

计量单位	$100m^2$
定额编号	11-306~11-309
工作内容	定位、弹线、选料、下料、制安、吊装及刷防腐油等

2)对应项目相关问题答疑

(1)圆木顶棚龙骨定额有哪些应用?

①顶棚龙骨工程量计算:顶棚龙骨的耗材量已在定额中给出，因此计算工程量时，仍按顶棚的展开面积计算，以“$100m^2$”为计量单位，与顶棚面层的面积相同。

②圆木顶棚的材积一般不予换算，只要是在限定跨度内，均按定额执行。但顶棚面层采用灰板条、钢板网和木丝板时，应扣除龙骨中的一等杉方，并减少铁钉4.3kg。

若跨度超过4m时，材积耗用量可按上述方法换算，但人工及机械台班不变。

③定额对木骨架只考虑了靠砖墙面的防腐油处理，若需进行防火处理时，应套用“油漆涂料部分”的相应项目另行计算。

(2)龙骨材料的品种规格对工程造价有何影响?

在顶棚装饰工程中，常用的龙骨材料有木质方材、薄壁金属型材、铝合金型材等。这部分材料由于价格较高，型号较多，对工程造价影响很大。所以，在现行装饰定额中都允许按实调整。例如，轻钢龙骨有38系列、45系列、50系列、60系列;轻钢龙骨有C形和U形。T形铝合金龙骨有38系列、45系列、50系列、60系列。在现行装饰定额中，只列出45系列U形轻钢龙骨和45系列T形铝合金龙骨。如果设计与定额不符，可以换算。

(3)顶棚装饰工程定额主要有哪些内容?

顶棚抹灰、顶棚龙骨、面层、龙骨及饰面、送(回)风口、龙骨架保温。其中，顶棚龙骨按材料分为顶棚木龙骨、顶棚轻钢龙骨、顶棚铝合金龙骨;按结构形式分为上人型和不上人型;按顶棚面层的标高分为一级、二级或三级;按面层的规格分为450mm×450mm以内、600mm×

600mm 以内、600mm×600mm 以上。面层按基层材料分为有三合板基层和无三合板基层的面层;按面层材料分为木质面层、铝合金板面层、不锈钢板面层、塑料板面层、复合板面层等。龙骨架保温按所用材料分为玻璃纤维棉、岩棉、矿棉、聚苯乙烯泡沫板等。在使用定额时,必须注意以上方面才能保证工程造价的准确性。

(4)龙骨有几种类型?

①轻钢龙骨。是采用薄壁带钢,经冷弯机滚轧冲压成型的骨架支承材料。

这种龙骨的规格类型,按照承受荷载的要求,主要分为 U 型和 T 型两种,其中 U 型有上人和不上人两种,T 型一般为不上人龙骨。根据承载力不同,龙骨的高度有 38mm、50mm 和 60mm 等主要规格;按照吊顶龙骨的用途,又分为大龙骨、中龙骨、小龙骨、边龙骨及连接件等配件。其中大龙骨即主龙骨,中、小龙骨即次龙骨。按照国家标准《建筑用轻钢龙骨》(GB/T 11981—2008)规定,主龙骨称为承载龙骨,次龙风称为覆面龙骨。

以 U 型龙骨为例,主要规格为 UC38、UC50 和 UC60。其中 UC38 安装时,顶棚吊点距离为 900~1200mm,不上人;UC50 吊点距离同 UC38,可承重 800N 的检修荷载,UC60 吊点距离 1500mm,可承重 1000N 检修荷载。几种常用 U 型顶棚轻钢龙骨的主要规格类型见表 4-1。

②型钢龙骨。即用型钢作为主龙骨,再用角钢、T 型钢或方管钢作次龙骨。型钢主龙骨的间距为 1500~2000mm,常用槽钢、角钢,其型号应根据荷载的大小确定。次龙骨间距为 500~700mm,或根据面板尺寸确定,可选用角钢、T 型钢或型铝,其型号依设计而定。连接方法:型钢边龙骨与吊杆常采用螺栓连接;主、次龙骨之间采用铁卡子、弯钩、螺栓或焊接。

③铝合金龙骨。是以铝带、铝合金型材经冷弯或冲压而成的吊顶骨架,或以轻钢为内骨,外套铝合金的骨架支承材料。其优点是自重轻、刚度大、防火、抗震性能好、加工方便、安装简单等,见表 4-2。

2. 顶棚轻钢龙骨

1)顶棚轻钢龙骨定额项目说明见表 4-16。

表 4-16　顶棚轻钢龙骨定额项目说明

计量单位	$100m^2$
定额编号	11-315~11-330
工作内容	吊件加工、安装;定位、弹线、射钉;选料、下料、定位杆控制高度、平整、安装龙骨及横撑附件、孔洞预留等;临时加固、调整、校正;灯箱风口封边、龙骨设置;预留位置、整体调整

2)对应项目相关问题答疑

(1)顶棚骨架的一、二级和单双层有何区别?

顶棚骨架的级数多用于顶棚空间造型的情况下,以便与全平顶顶棚相区别。

凡顶棚面层在同一水平高度者,称为一级顶棚;当顶棚面层的高差为 200mm 以上时,称为二级或三级顶棚,此时计算顶棚饰面时,定额人工及人工费应增加 30%(即乘以 1.3)系数。

单层骨架顶棚是指大龙骨(有称主楞木或主搁栅)和中龙骨(有称次楞木或次搁栅)的底面处在同一水平面上的一种结构形式。一般两层结构能承重,可以上人。定额中凡未注明者均为双层骨架,如使用单层结构时,材料用量应扣除定额中的小龙骨、小接件,小龙骨垂直吊挂件及小龙骨平面连接件。

(2)轻钢龙骨吊顶由哪些部分组成？

轻钢龙骨吊顶由吊杆、龙骨、配件及罩面板等部分组成的。龙骨分为大龙骨、中龙骨和小龙骨。大龙骨断面呈U形，中、小龙骨断面有U形、T形两种。配件有垂直吊挂件、纵向连接件和平面连接件。罩面板可采用纸面石膏板、装饰石膏板、钙塑板、矿棉板、石棉水泥板。

(3)什么是装配式U形和T形铝合金龙骨上人型、不上人型顶棚？

装配式U形和T形铝合金龙骨是一种标准生产的能够在现场组装的轻便型顶棚骨架，要据断面形式分为U形和T形，两种样式均各有一套配件和连接件。

上人型顶棚是指能够承受1000N左右的集中荷载的顶棚龙骨，对于只能承受自然与饰面板重的顶棚龙骨称为不上人型 。

单层龙骨一般均为不上人型。龙骨间距能够适应规格为300mm、450mm、600mm及600mm以上见方的几种定型规格的面层饰板，这些定型规格一般不得换算。

4.3.3　面层

1)面层定额项目说明见表4-17。

表4-17　面层定额项目说明

计量单位	$100m^2$
定额编号	11－366～11－397
工作内容	安装顶棚面层；玻璃磨砂打边

2)对应项目相关问题答疑

(1)钙塑板顶棚面层子目中，是否含压花或压条？

不包括压条或压花，设计有压条时，按延长米另列项目计算，套相应定额。压花以个计算，按定额缺项办理。

(2)石膏板顶棚面层有什么特点？

顶棚用装饰石膏板具有质轻、艺术性强、防火、吸声、美观大方等特点。

(3)顶棚面层材料对工程造价有何影响？

顶棚装饰工程的面层材料有板材、玻璃、地毯、人造革、丝绒等。常见的板材有：人造木质板材、矿物板材、不锈钢板材、铝合金板材、塑料板材、复合板材等。在每一类板材中，又有许多品种规格。在不同类别和品种之中，又有许多规格相同或相近的材料。在安装中大部分板材都可钉、可螺、可粘。金属板材还可铆、可焊。因此，在现行装饰定额中不可能也没必要将每一类不同规格的板材都列出相应的子目。因此，在使用定额时必须对照定额弄清设计图纸。凡二者不符时，只要固定板材的施工工艺相同，板材取定价可以直接换算。

(4)面层的作用是什么？有哪些常用材料？

面层的作用是装饰室内空间，而且，常常还要具有一些特定的功能，如吸声、反射等等。此外，面层的构造设计还要结合灯具、风口布置等一起进行。

顶棚面层一般分为抹灰类、板材类及搁栅类，最常用的是各类板材。

①纸面石膏板、纸面石膏装饰吸声板、石膏装饰吸声板。石膏板具有质量轻、强度高、阻燃防火、保温隔热等特点，其加工性能好，可锯、钉、刨、粘贴，施工方便。

②矿棉装饰吸声板。矿棉板具有质量轻、吸声、防火、保温隔热、美观、施工方便等特点,适用于各类公共建筑的顶棚。

③珍珠岩装饰吸声板。珍珠岩板具有重量轻、装饰效果好、防火、防潮、防蛀、耐酸、可锯、可割、施工方便等特点,多用于公共建筑的顶棚。

④钙塑泡沫装饰吸声板。钙塑板具有质量轻、吸声、隔热、耐水及施工方便等特点,适用于公共建筑的顶棚。

⑤金属微穿孔吸声板。金属微穿孔吸声板是利用各种不同穿孔率的金属板来达到降低噪声的目的。选用材料有不锈钢、防锈铝合金板、彩色镀锌钢板等。这类板材具有质量轻、强度高、耐高温、耐压、耐腐蚀、防火、防潮、化学稳定性好、组装方便等特点,适用于各类公共建筑的顶棚。

⑥穿孔吸声石棉水泥板。这种板材的图案种类很多,还可根据要求进行板面设计。其质量稍大,但防火、耐腐蚀、吸声效果好。适用于地下建筑、需要降低噪声的公共建筑和工业厂房的顶棚。

⑦玻璃棉装饰吸声板。这类板材具有质量轻、吸声、防火、保温隔热、美观大方、施工方便等特点,适用于各类公共建筑的顶棚。

4.3.4 龙骨及饰面

1)龙骨及饰面定额项目说明见表4-18。

表4-18 龙骨及饰面定额项目说明

计量单位	$100m^2$
定额编号	11－398～11－403
工作内容	定位、弹线、选料、下料、安装龙骨、拼装或安装面层、放胶垫、装玻璃、上螺栓

2)对应项目相关问题答疑

(1)顶棚面装饰工程量计算有哪些规定?

①顶棚装饰面积,按主墙间实铺面积以“m^2”计算,不扣除间壁墙、检查口、附墙烟囱、附墙垛和管道所占面积,应扣除独立柱及与顶棚相连的窗帘盒所占的面积。顶棚面层应扣除$0.3m^2$以上的灯饰面积。

②顶棚中的折线、迭落等圆弧线、拱形、高低灯槽及其他艺术形式顶棚面层,均按展开面积计算。

顶棚的面层中的假梁按展开面积计算,合并在顶棚饰面中计算。

(2)顶棚装饰工程防火工序如何调整?

在顶棚装饰工程中,所用的木龙骨、木板材等易燃材料,有的有防火要求,也有的没有防火要求,具体情况应视设计而定。在现行装饰定额中,顶棚工程分部没有列出防火工序和材料。因此,在使用定额时,对有防火要求的木龙骨、木板材等易燃材料,除按本分部的规定套用子目外,应到油漆、涂料、裱糊部分去找相应定额子目进行调整。

4.3.5 送(回)风口

1)送(回)风口定额项目说明见表4-19。

表 4-19　送(回)风口定额项目说明

计量单位	10 个($100m^2$)
定额编号	11-404~11-408
工作内容	对口、号眼、安装木框条、过滤网及风口校正、上螺钉、固定等;截料、弹线、拼装搁栅、钉铁钉、安装铁钩及不锈钢管等

2)对应项目相关问题答疑

(1)送风口、回风口有什么区别?

送风口:为了使顶棚层内通风通气而在某一角设置的洞口。

回风口:为使送入顶棚层内的风和气能够排出而在顶棚的另一角设置的洞口。

有了送风口和回风口,顶棚层内的空气就能流通与对流。送(回)风口工程量以个计算,区分不同材质套用定额。

(2)送风口、回风口工程量如何计算?

按设计图示数量以"个"计算。

4.4　经典实例剖析与总结

4.4.1　经典实例

项目编码:011301001　　项目名称:顶棚抹灰

【例 4-1】　求如图 4-11 所示,井字梁、顶棚(现浇混凝土面)抹石灰砂浆的工程量。

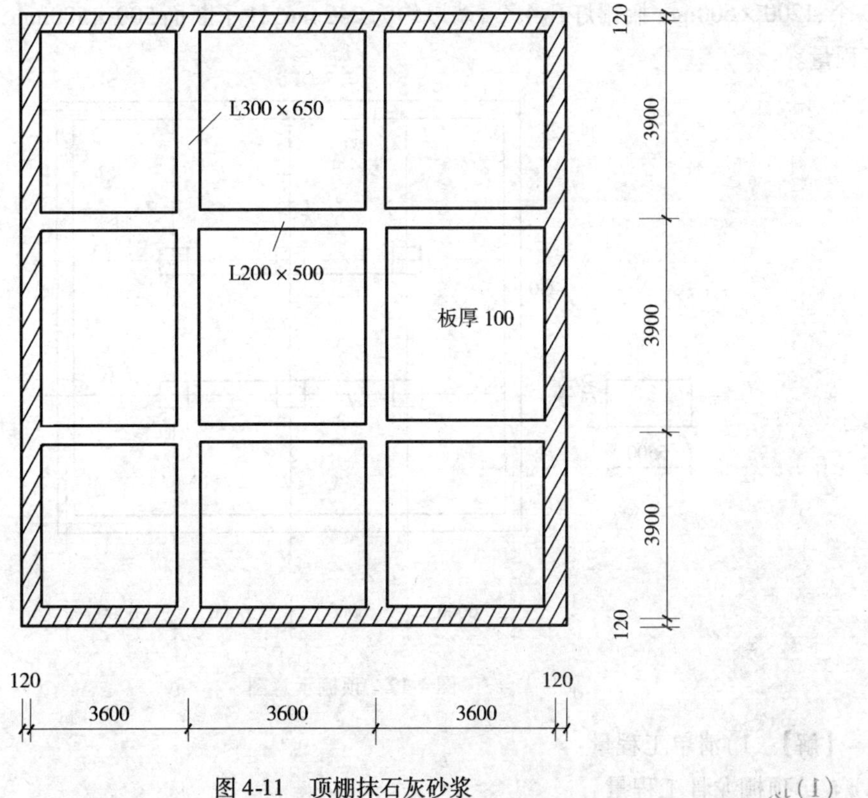

图 4-11　顶棚抹石灰砂浆

【解】 1)清单工程量:

主墙间水平投影面积 $=(10.8-0.24)\times(11.7-0.24)=121.02\text{m}^2$

主梁侧面展开面积 $=(11.7-0.24-0.2\times2)\times(0.65-0.1)\times2\times2$

$=11.06\times0.55\times4=24.33\text{m}^2$

【注释】 0.2×2 为 2 个次梁的宽度,(11.7-0.24-0.2×2)为主梁净长度,0.65 为主梁高度,0.1 为板厚,(0.65-0.1)为主梁净高,第一个 2 为两个侧面,第二个 2 为主梁根数。

次梁侧面展开面积 $=(10.8-0.24-0.3\times2)\times(0.5-0.1)\times2\times2=15.94\text{m}^2$

【注释】 0.3×2 为两根主梁的宽度,(10.8-0.24-0.3×2)为次梁净长度,0.1 为板厚,0.5 为次梁高度,(0.5-0.1)为次梁净高,第一个 2 为两个侧面,第二个 2 为次梁根数。

合计:$121.02+24.33+15.94=161.29\text{m}^2$

清单工程量计算见表 4-20。

表 4-20 清单工程量计算表

项目编码	项目名称	项目特征描述	计量单位	工程量
011301001001	顶棚抹灰	井字梁、顶棚抹石灰砂浆、如图 4-11 所示	m^2	161.29

2)定额工程量同清单工程量。

套用基础定额 11-286。

项目编码:020302001　　项目名称:顶棚吊顶

【例 4-2】 某二级顶棚尺寸如图 4-12 所示,龙骨为不上人装配式 U 形轻钢龙骨,间距 600×600mm 双层结构,吊筋用射钉固定,面层为矿棉板搁在龙骨上,顶棚上开 φ100 筒式灯孔 10 个,1200×600mm 搁栅灯孔 4 个,墙厚均为 240mm,柱子断面 500×500mm,试计算相关项目工程量。

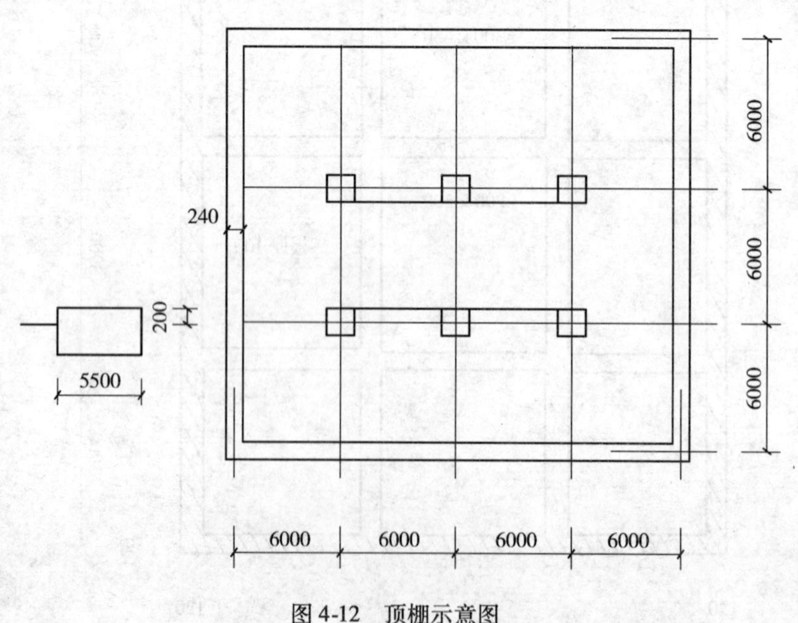

图 4-12 顶棚示意图

【解】 1)清单工程量:

(1)顶棚龙骨工程量

$(24-0.24)\times(18-0.24)=421.98m^2$

(2)顶棚面层工程量

$(24-0.24)\times(18-0.24)+(11.5+5.5)\times2\times0.2-0.5\times0.5\times6-1.2\times0.6\times4$

$=424.4m^2$

【注释】 (24-0.24)×(18-0.24)为顶棚龙骨工程量,11.5、5.5为柱到柱距离即6×2-0.25×2、6-0.25×2(柱子断面500×500mm),(11.5+5.5)×2为柱子所围内部周长,0.5×0.5为柱子断面面积,6为个数,1.2×0.6为搁栅灯孔单个所占面积,4为个数。

(3)搁栅式灯孔工程量 4个

(4)筒灯孔工程量 10个

清单工程量计算见表4-21。

表4-21 清单工程量计算表

项目编码	项目名称	项目特征描述	计量单位	工程量
011302001001	吊顶顶棚	不上人装配式U型轻钢龙骨,间距600mm×600mm,双层结构,面层为砂棉板,顶棚上开φ100筒式灯孔10个,1200mm×600mm搁栅灯孔4个,柱子断面500mm×500mm	m^2	424.4

2)定额工程量同清单工程量。

顶棚龙骨套用消耗量定额3-025。

顶棚面层套用消耗量定额3-094。

项目编码:011304002　　项目名称:送风口、回风口

【例4-3】 如图4-13为安装风口的示意图,设计要求做铝合金送风口和回风口各3个,如图4-14所示为KTV包房的顶棚图,试求风口的工程量。

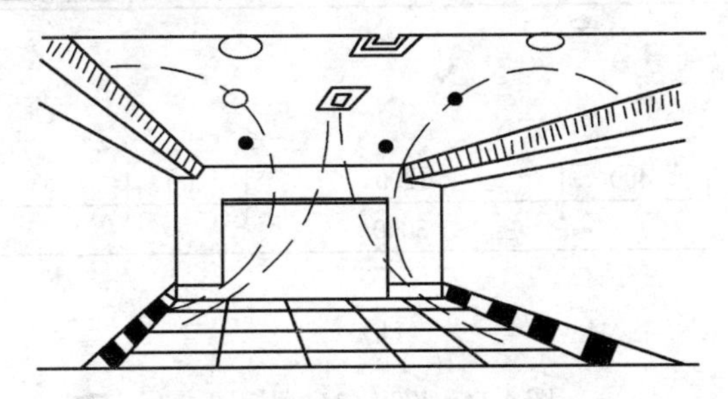

图4-13 送、回风口示意图

(顶部及上部周边混合送风、下部回风)

【解】 1)清单工程量:

风口工程量按设计图示数量计算,送风口3个,回风口3个。

清单工程量计算见表4-22。

表4-22 清单工程量计算表

项目编码	项目名称	项目特征描述	计量单位	工程量
011304002001	送风口、回风口	铝合金	个	6

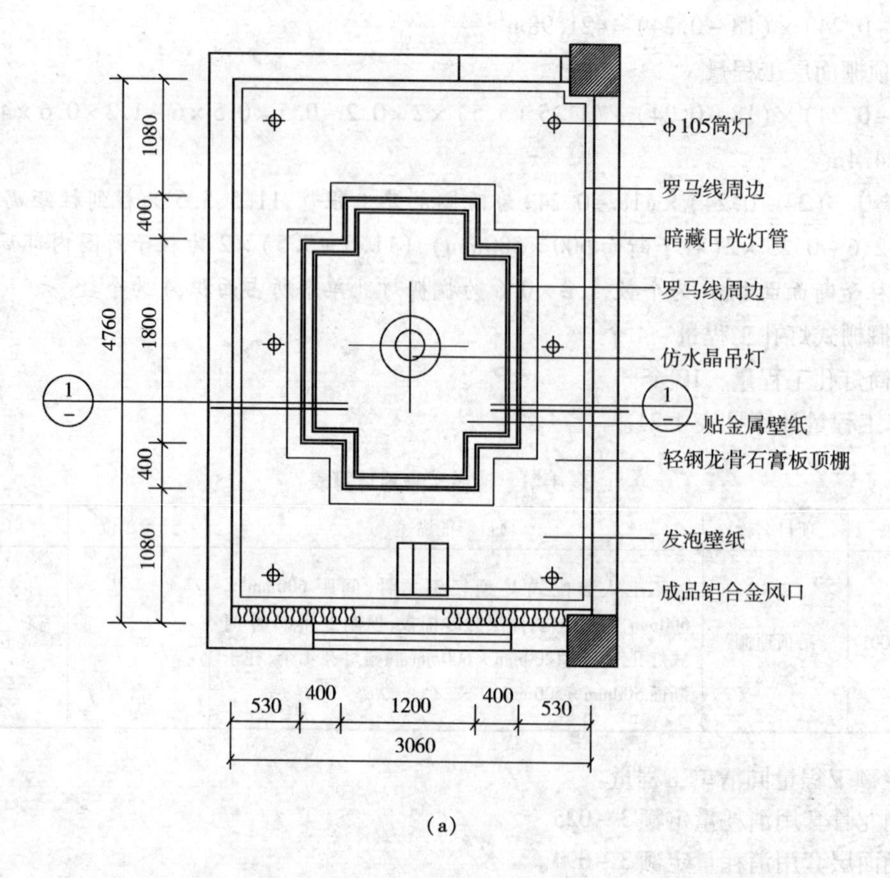

（a）

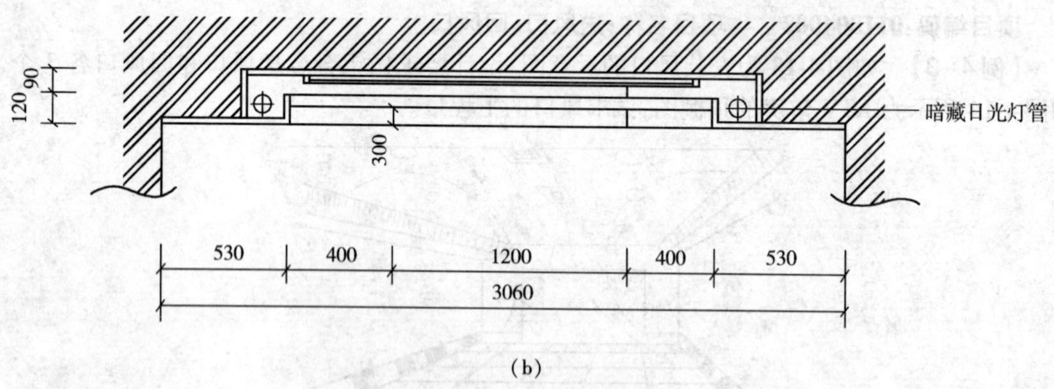

（b）

图 4-14　KTV 包房顶棚图

（a）平面图；（b）1-1 剖面图

2）定额工程量同清单工程量。

套用基础定额 11－406、11－407。

项目编码：011302002　　项目名称：搁栅吊顶

【例 4-4】　某办公室采用木搁栅吊顶，规格为 150mm × 150mm × 80mm，如图 4-15 所示，试求其工程量。

【解】　1）清单工程量：

工程量 $= 5.6 \times 4.8 = 26.88\text{m}^2$

清单工程量计算见表4-23。

表4-23 清单工程量计算表

项目编码	项目名称	项目特征描述	计量单位	工程量
011302002001	搁栅吊顶	办公室采用木搁栅吊顶，规格为150mm×150mm×80mm	m^2	26.88

2)定额工程量同清单工程量。

套用消耗量定额3－250。

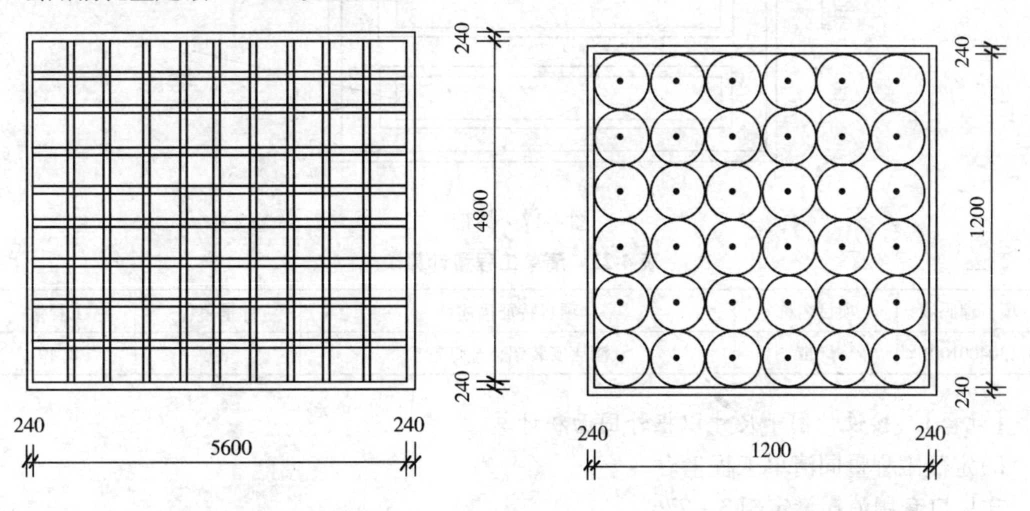

图4-15 搁栅吊顶　　　　图4-16 筒形吊顶示意图

项目编码:011302003　　项目名称:吊筒吊顶

【例4-5】 某超市顶棚采用筒形吊顶如图4-16所示，圆筒系以钢板加工而成，表面喷塑，试求其工程量。

【解】 1)清单工程量：

工程量 $=1.2\times1.2=1.44m^2$

清单工程量计算见表4-24。

表4-24 清单工程量计算表

项目编码	项目名称	项目特征描述	计量单位	工程量
011302003001	吊筒吊顶	超市顶棚采用筒形吊顶，圆筒系以钢板加工而成，表面喷塑	m^2	1.44

2)定额工程量同清单工程量。

套用消耗量定额3－236。

项目编码:011304001　　项目名称:灯带

【例4-6】 某酒店为庆祝一宴会，安装铝合金灯带，如图4-17所示，求其工程量。

【解】 1)清单工程量：

工程量 $=0.6\times3.5=2.10m^2$

则总的清单工程量：$2.1\times4=8.40m^2$

清单工程量计算见表4-25。

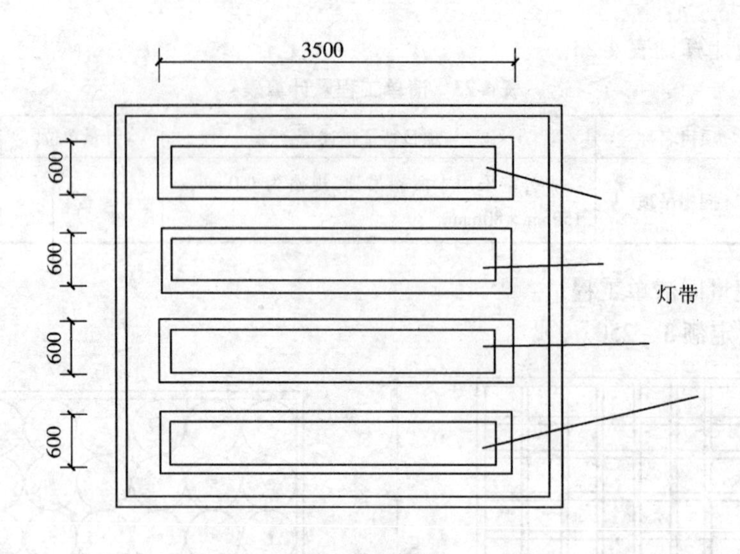

图 4-17　灯带

表 4-25　清单工程量计算表

项目编码	项目名称	项目特征描述	计量单位	工程量
011304001001	灯带	酒店安装铝合金灯带	m^2	8.40

【注释】　按设计图示尺寸以框外围面积计算。

2)定额工程量同清单工程量。

送风口套用消耗量定额 3－276。

回风口套用消耗量定额 3－277。

项目编码:011302001　　项目名称:顶棚吊顶

【例 4-7】　某顶棚吊顶尺寸如图 4-18 所示,龙骨为装配式 V 型轻钢龙骨(不上人型),龙骨的间距为 600×600mm,龙骨吊筋固定见图示,面层为柚木夹板,粘贴在三合板基面上,表面刷酚醛清漆四遍,磨退出色(油色),椭圆槽的阴阳角处用 $25\times25mm^2$,不锈钢压角线钉固,面层开灯孔 8 个 φ15,试计算面层工程量。

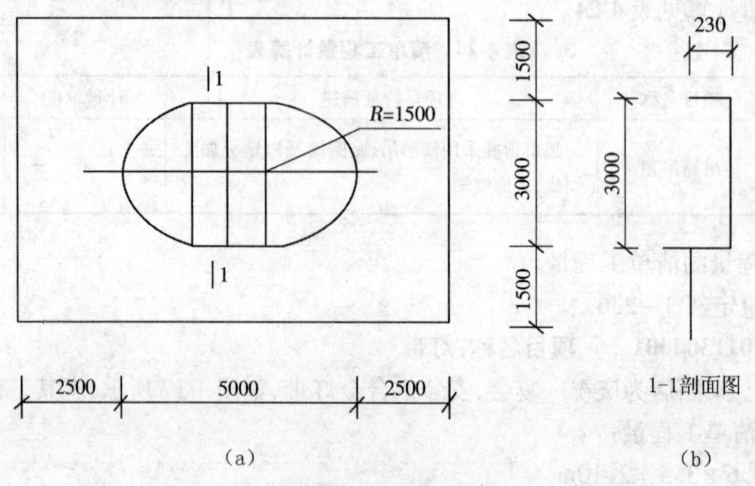

图 4-18　某顶棚吊顶尺寸图

(a)平面图;(b)剖面图

【解】 1)清单工程量：

工程量 $=(2.5+5.0+2.5)\times(1.5+3.0+1.5)=60m^2$

【注释】 $(2.5+5.0+2.5)\times(1.5+3.0+1.5)$为吊顶水平面积，按清单规则，吊顶跌级槽不计算展开面积。

清单工程量计算见表4-26。

表4-26 清单工程量计算表

项目编码	项目名称	项目特征描述	计量单位	工程量
011302001001	吊顶顶棚	龙骨为装配式V型轻钢龙骨（不上人型），龙骨间距为600×600mm，面层为抽木夹板，粘贴在三合板基面上	m^2	60.00

2)定额工程量：

工程量 $=(2.5+5.0+2.5)\times(1.5+3.0+1.5)+(2\times2+3.14\times3)\times0.23$

$=60+3.09=63.09m^2$

套用消耗量定额3-026。

【注释】 $(2.5+5.0+2.5)\times(1.5+3.0+1.5)$为吊顶水平面积，$(2\times2+3.14\times3)\times0.23$为椭圆槽侧面展开面积，将椭圆看做两个半圆和一个矩形，3.14×3为圆形的周长，2×2为矩形的两条边长$(2=5-1.5\times2)$，$(2\times2+3.14\times3)$即为椭圆槽的周长，0.23为槽的深度。

项目编码:011302004 项目名称:藤条造型悬挂吊顶

【例4-8】 某宾馆有如图4-19所示单间客房15间，断面如图4-20所示，试计算铝合金顶棚工程量。

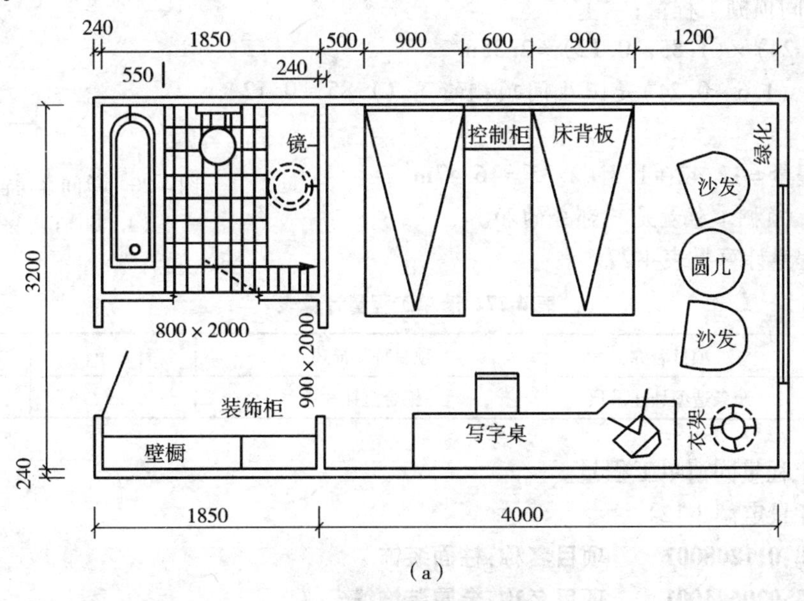

图4-19 单间客房顶棚图

(a)单间客房平面图

【解】 1)清单工程量：

由于客房各部位顶棚做法不同，应分别计算。

(1)房间顶棚工程量：

$(4-0.12)\times 3.2=12.42\text{m}^2$

【注释】 根据图示,(4-0.12)是房间顶棚的长,0.12是左侧一半墙的厚度。3.2是墙宽。

(2)走道顶棚工程量:

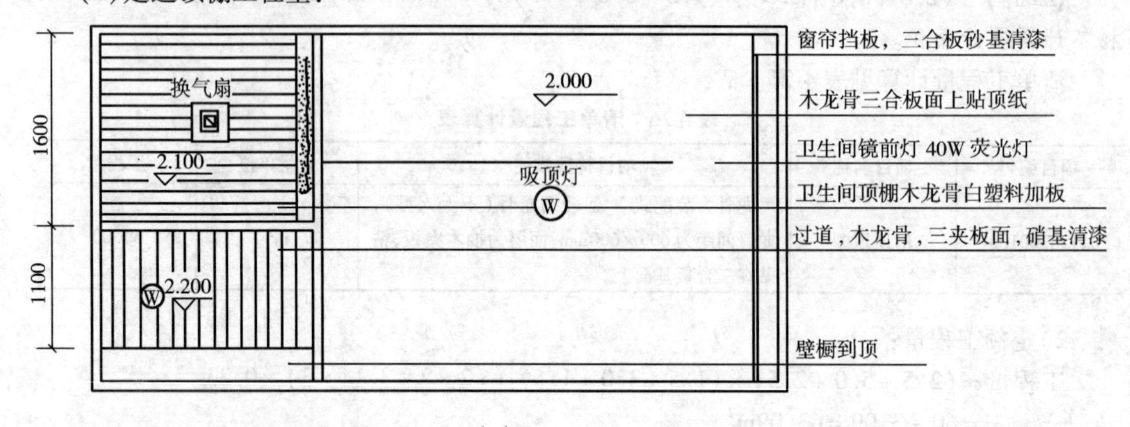

(b)

图4-19 单间客房顶棚图(续)

(b)单间客房顶棚图

$(1.85-0.12)\times(1.1-0.12)=1.70\text{m}^2$

【注释】 根据图(a)、(b)所示,(1.85-0.12)是走道顶棚的长,(1.1-0.12)是宽,其中0.24是墙厚,0.12是一半的墙厚。

(3)卫生间顶棚工程量:

$(1.6-0.24)\times(1.85-0.12)=2.35\text{m}^2$

【注释】 (1.6-0.24)是卫生间顶棚的宽,(1.85-0.12)是长。

顶棚工程量$=12.42+1.7+2.35=16.47\text{m}^2$

【注释】 顶棚工程量是三部分的和。

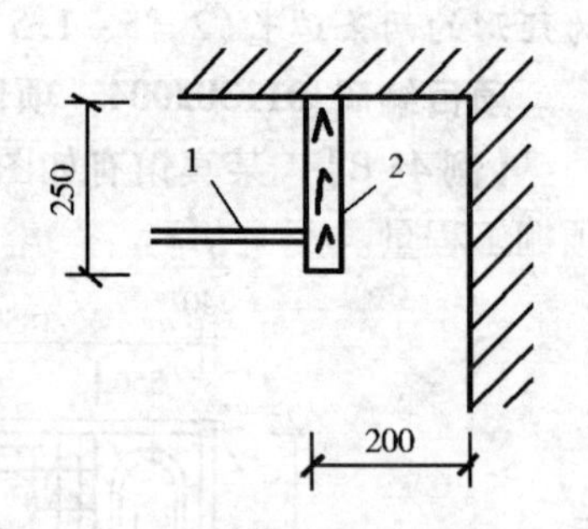

图4-20 单间客房窗帘盒断面

1—顶棚;2—窗帘盒

清单工程量计算见表4-27。

表4-27 清单工程量计算表

项目编码	项目名称	项目特征描述	计量单位	工程量
011302004001	藤条造型悬挂吊顶	铝合金挂片	m^2	16.47

2)定额工程量同清单工程量。

套用消耗量定额3-124。

项目编码:011208001　　项目名称:柱面装饰

项目编码:020604001　　项目名称:金属装饰线

【例4-9】 某现有工程二次装修中,将4个方柱包装成圆柱,柱高4.8m,直径1.0m,做法为膨胀螺栓固定木龙骨,三合板基层,1mm厚镜面不锈钢面层,柱顶、底用120mm宽不锈钢装饰压条封口,木龙骨刷防腐漆两遍,试求其相应工程量。

【解】 1)清单工程量:

(1)方柱包圆柱镜面不锈钢板:

$1.0 \times 3.14 \times 4.8 \times 4 = 60.29m^2$

(2)柱顶、柱脚装饰线：

$1.0 \times 3.14 \times 8 = 25.12m$

清单工程量计算见表4-28。

表4-28　清单工程量计算表

序号	项目编码	项目名称	项目特征描述	计量单位	工程量
1	011208001001	柱面装饰	圆柱，柱高4.8m，直径1m，膨胀螺栓固定木龙骨，三合板基层，1mm厚镜面不锈钢面层	m^2	60.29
2	011502001001	金属装饰线	120mm宽不锈钢装饰压条	m	25.12

2)定额工程量：

(1)方柱包圆柱镜面不锈钢板：

套用消耗量定额2-202。

(2)柱顶、柱脚装饰线：

套用消耗量定额6-066。

项目编码:011302001　项目名称:顶棚吊顶

项目编码:011507003　项目名称:灯箱

【例4-10】 某顶棚吊顶如图4-21所示，用U型轻钢龙骨吊顶，采用矿棉板在龙骨面层上，顶棚上有φ100筒式灯孔10个，1200mm×600mm搁栅灯孔4个，墙厚为240mm，试求其相关项目工程量。

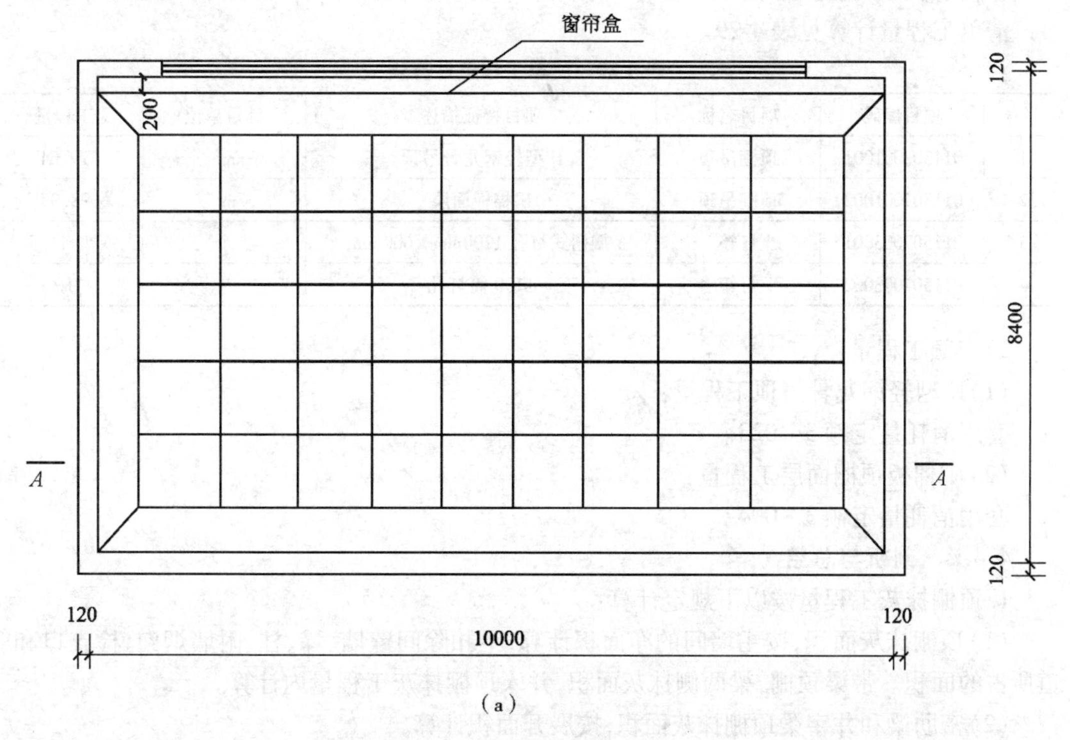

图4-21　某顶棚吊顶示意图

(a)平面图

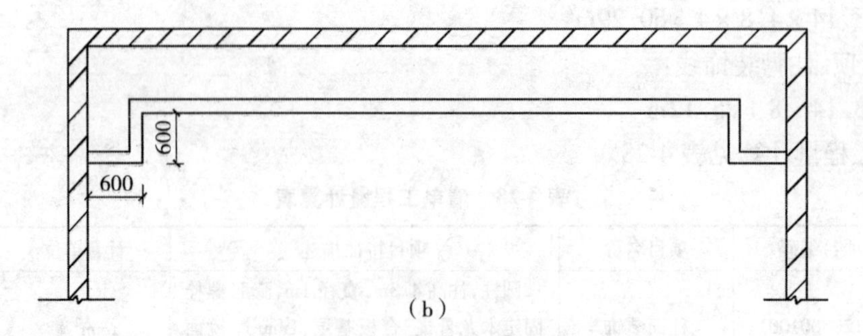

图 4-21 某顶棚吊顶示意图(续)

(b)A—A 剖面

1)清单工程量:

【解】 (1)U 型轻钢龙骨吊顶工程量:

$(10-0.24)\times(8.4-0.24)=9.76\times8.16=79.64m^2$

(2)矿棉板顶棚面层工程量:

$(10-0.24)\times(8.4-0.24)+(8.4-0.24-0.2)\times0.6\times2+(10-0.24)\times0.6\times2-(10-0.24)\times0.2$

$=9.76\times8.16+7.96\times0.6\times2+9.76\times0.6\times2-9.76\times0.2$

$=79.64+9.552+11.712-1.952$

$=98.95m^2$

(3)搁栅式灯孔工程量:4 个

(4)筒灯孔工程量:10 个

清单工程量计算见表 4-29。

表 4-29 清单工程量计算表

序号	项目编码	项目名称	项目特征描述	计量单位	工程量
1	011302001001	顶棚吊顶	U 型轻钢龙骨吊顶	m^2	79.64
2	011302001002	顶棚吊顶	矿棉板面层	m^2	98.95
3	011507003001	灯箱	搁栅式灯孔 1200mm×600mm	个	4
4	011507003002	灯箱	ϕ100 筒灯孔	个	10

2)定额工程量:

(1)U 型轻钢龙骨吊顶工程量:

套用消耗量定额 3-023。

(2)矿棉板顶棚面层工程量:

套用消耗量定额 3-094。

4.4.2 剖析与总结

1. 顶棚抹灰工程量按以下规定计算:

(1)顶棚抹灰面积,按主墙间的净面积计算,不扣除间壁墙、垛、柱、附墙烟囱、检查口和管道所占的面积。带梁顶棚,梁两侧抹灰面积,并入顶棚抹灰工程量内计算。

(2)密肋梁和井字梁顶棚抹灰面积,按展开面积计算。

(3)顶棚抹灰如带有装饰线时,区别按三道线以内或五道线以内按延长米计算,线角的道数以一个突出的棱角为一道线。

(4)檐口顶棚的抹灰面积,并入相同的顶棚抹灰工程量内计算。

(5)顶棚中的折线、灯槽线、圆弧形线、拱形线等艺术形式的抹灰,按展开面积计算。

2. 各种吊顶顶棚龙骨按主墙间净空面积计算,不扣除间壁墙、检查口、附墙烟囱、柱、垛和管道所占面积。但顶棚中的折线、迭落等圆弧形,高低吊灯槽等面积也不展开计算。

3. 顶棚面装饰工程量按以下规定计算:

(1)顶棚装饰面积,按主墙间实铺面积以平方米计算,不扣除间壁墙、检查口、附墙烟囱、附墙垛和管道所占面积,应扣除独立柱及与顶棚相连的窗帘盒所占的面积。

(2)顶棚中的折线、迭落等圆弧形、拱形、高低灯槽及其他艺术形式顶棚面层均按展开面积计算。

第5章 门窗工程

5.1 门窗造价基本知识

5.1.1 门窗相关应用释义

推拉门:亦称扯门,在上下轨道上左右滑行。推拉门可有单扇或双扇,可以藏在夹墙内或贴在墙面外,占用面积较少。推拉门构造较为复杂,一般用于两个空间需扩大联系的门。在人流众多的地方,还可以采用光电管或触动式设施使推拉门自动启闭。

转门:为三或四扇门连成风车形,在两个固定弧形门套内旋转的门。对防止内外空气的对流有一定的作用,可作为公共建筑及有空气调节房屋的外门。一般在转门的两旁另设平开或弹簧门,以作为不需空气调节的季节或大量人流疏散之用。

镶板门:指门扇由边梃、上帽头、中帽头、下帽头等组成的骨架框,在框内镶嵌门芯板而成,如图5-1(a)所示。

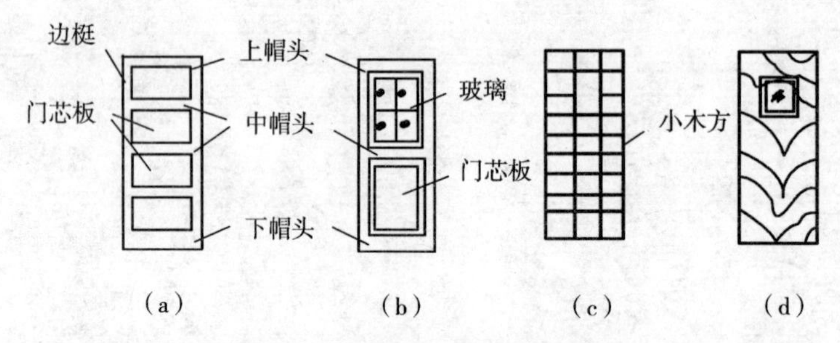

图5-1 胶合板门门构造示意图

(a)镶板门;(b)半截玻璃门;(c)胶合板门管架;(d)胶合板门

带纱镶板门:双扇带亮的门扇由两层组成,其一是镶板门扇,即门扇由边梃、上冒头、中冒头、下冒头组成的骨架框,在框内镶嵌门芯板而成;其二是有一层防止虫蝇进入室内,又可通风采光的纱门。带亮是指门扇的上部有便于采光与通风的亮窗。

带纱镶板门单扇无亮木门是常见的一种普通木门,由一扇门组成,并且木门的门扇由两层组成,第一层是由边梃、上冒头、中冒头、下冒头等组成的骨架框,在框内镶嵌门芯板而成,第二层是防止虫蝇进入室内的纱门组成。无亮指只有门扇而无亮窗。

带纱镶板门双扇无亮木门是普通木门的一种,大门由两扇门扇组成,并且有两层。第一层是由边梃、上冒头、中冒头、下冒头等组成的骨架框,在框内镶嵌门芯板而成,第二层是防止虫蝇进入室内的纱门组成。无亮是指只有门扇而无亮窗。

无纱镶板门单扇带亮木门亦是普通木门的一种,指木门由一扇门扇组成,门扇只有一层镶板门扇,即门扇是由边梃、上冒头、中冒头、下冒头等组成骨架框,在框外镶嵌门芯板而成,并且在门扇的上部有便于通风、透气、采光用的亮窗。

无纱镶板门双扇带亮是普通木门的一种,指双扇门扇由边梃、上冒头、中冒头、下冒头等组成骨架框,在框内镶嵌门芯板而成,并且门的上部做有亮窗,外部无纱门。

无纱镶板门单扇无亮木门是指木门的门扇是由边梃、上冒头、中冒头、下冒头等组成的骨架框,在框内镶嵌门芯板而成,并且单扇门的上部无亮窗,木门外部无纱门。

无纱镶板门双扇无亮木门是指门的双扇由边梃、上冒头、中冒头、下冒头等组成的骨架框,在框外镶嵌门芯板而成,并且门的上部无亮窗,外部无纱门。

镶板门带一块百叶单扇带亮木门是指单扇由边梃、上冒头、中冒头、下冒头等组成的骨架框,在框内镶嵌门芯板而成,并且木门带一百叶,门上部有亮窗。百叶门扇是用许多横板条制成,横板条之间有空隙,用以遮光挡雨,也可以通风透气。

镶板门带一块百叶单扇无亮木门是指单门扇由边梃、上冒头、中冒头、下冒头等组成的骨架框,在框内镶嵌门芯板而成,而且只有门扇而无亮窗。百叶是由许多横板条制成,横板条之间有空隙,用以遮光挡雨,也可以通风透气。

自由门:是全玻门的一种类型。门扇无中冒头或玻璃棂,全部装玻璃的为"全玻璃门扇",可以内外开启。预算定额中分半玻自由门(采用双面弹簧铰链)和全玻自由门(采用门底地弹簧)。

铝合金门:指门的外框采用铝合金材料,在铝合金内镶嵌各色玻璃而成。

单扇地弹门:指一个门框内安装一扇门扇。有普通铰链或弹簧铰链,一般普通门是将铰链安装在门扇的侧边;弹簧铰链,适用于能自动关闭的门,如浴厕卫生间一般采用单面弹簧铰链,使门扇只能向一个方向自动关闭,而一般办公楼房的门厅,多用双面弹簧,地弹簧安装在门扇边梃的地面内。

铝合金卷闸门:由铝合金为原料加工而成的卷闸门。如图 5-2、图 5-3 所示。

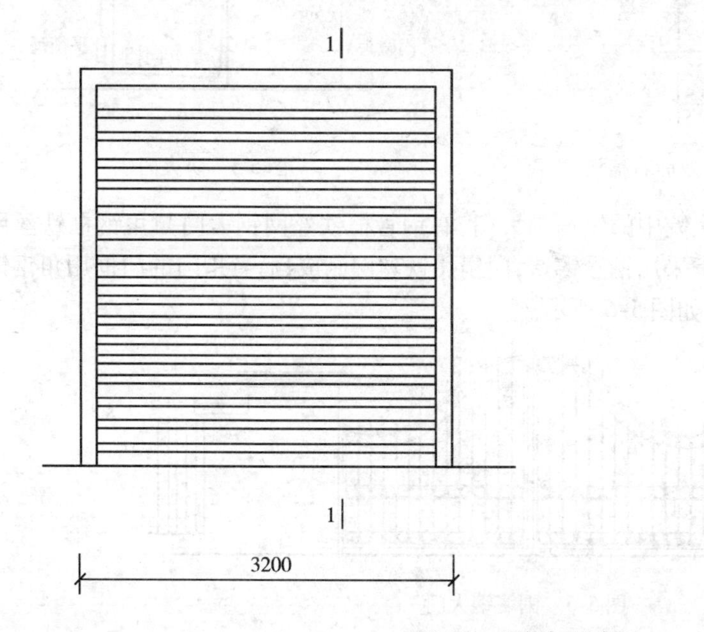

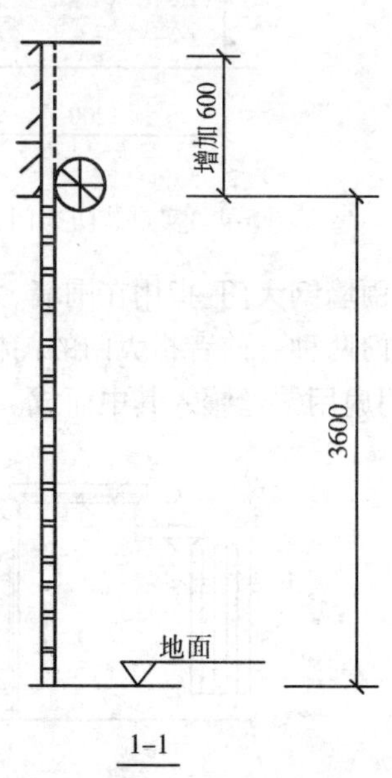

图 5-2　卷闸门示意图

彩板门:是采用 0.7 ~ 1mm 厚的彩色涂层钢板在液压自动轧机上轧制而成的型材,组角后形成各种型号的钢门,有着良好的隔声保温性能。

防火门:用于加工易燃品的车间或仓库,根据车间对防水等级的要求,门扇可以采用钢板、木板外贴石棉板再包以镀锌铁皮或木板外直接包镀锌皮等构造措施。如图 5-4、图 5-5 所示。

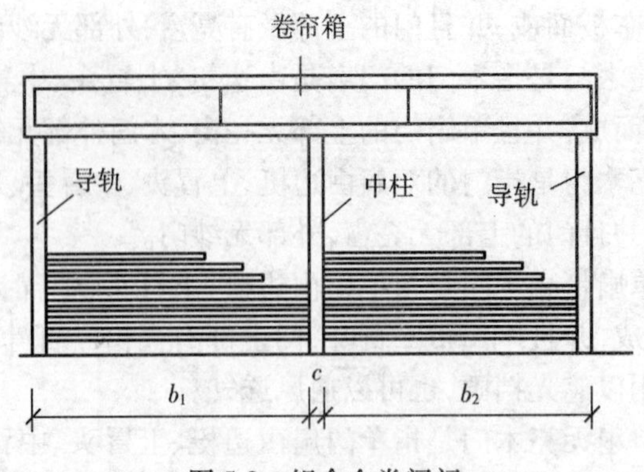

图 5-3　铝合金卷闸门

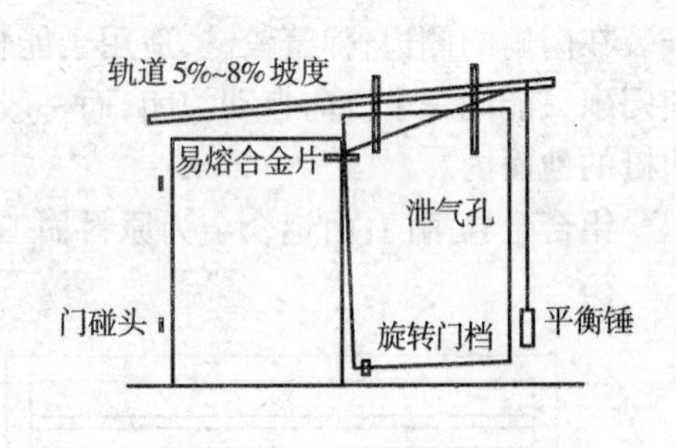

图 5-4　实拼式防火门(双面石棉板)　　图 5-5　防火门

围墙钢大门:指用在围墙、大院中的钢框制大门,有钢管框铁丝网钢大门与角钢框铁丝网钢大门两种。前者指大门的门框采用钢管铸造,门扇用铁丝网制成;后者指门的门框用角钢铸造,门扇用铁丝镶入其中而成。如图 5-6 所示。

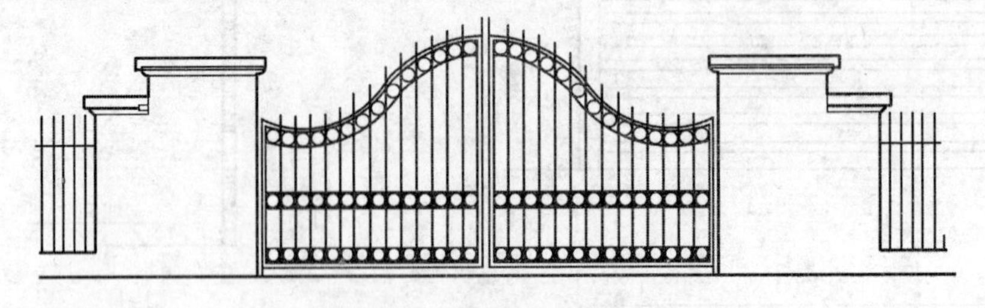

图 5-6　围墙钢大门

窗:指在建筑物或构筑物的墙壁、屋顶上设置的通风、排气、采光的建筑构件。

木组合窗:指将同类型规格的木窗组合连成整体的窗。如图 5-7 所示。

窗扇小气窗:(如图 5-8 所示)指为通风排气在窗上做的小活扇。

中悬窗:指采用中轴旋转铰链装在窗扇边梃中央,在窗框外缘的上半部,内缘的下半部设铲口,开启时上向内、下向外翻转,起挡雨、通风作用的窗。

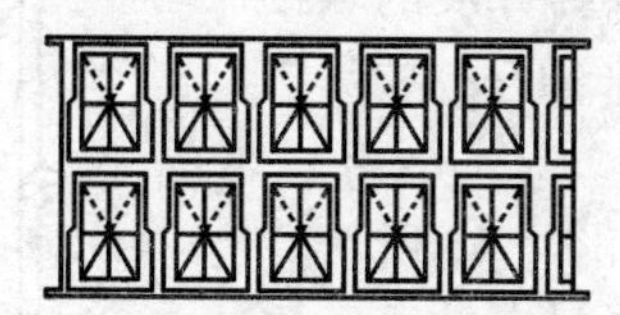

图 5-7　木组合窗

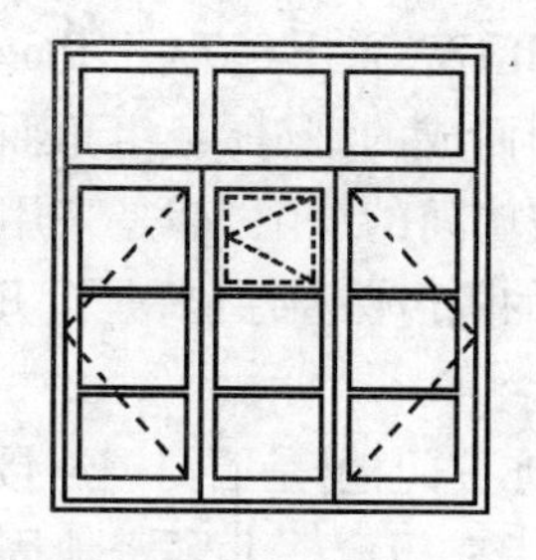

图 5-8　窗扇小气窗

门连窗:指为采光需要,将门框一侧作为窗框,将窗扇安装在门框上的联合体。如图 5-9 所示。

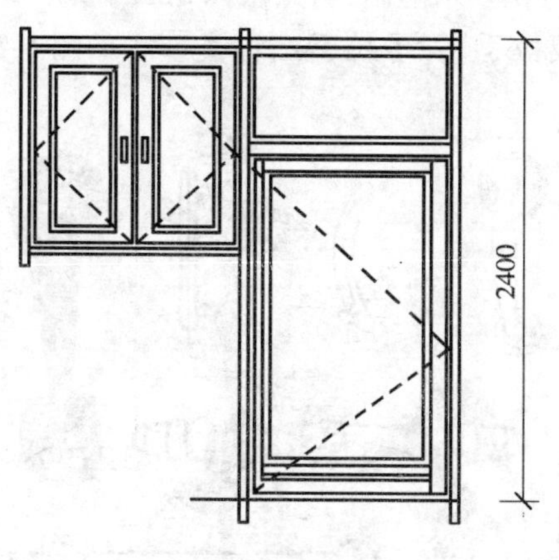

图 5-9　门连窗

推拉窗:是按开闭方式而命名的,将窗扇做成上下或左右推拉的窗子就叫推拉窗。

木天窗:指设置在屋顶上,自然采光和自然通风排气的木制窗。如图 5-10 所示。

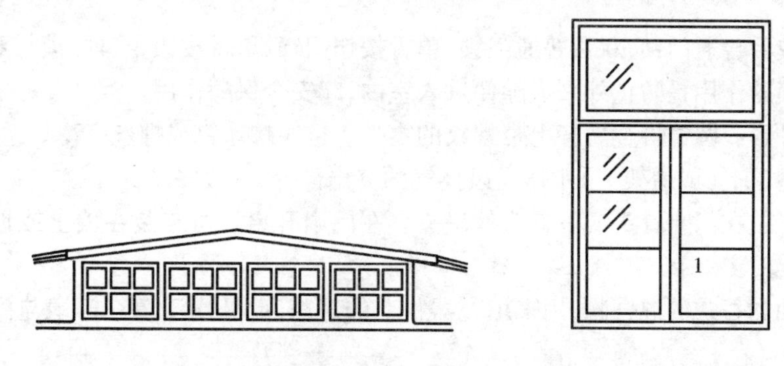

图 5-10　木天窗

图 5-11　钢门窗

钢窗:指用型钢和薄壁空腹型钢材经加工制作而成的。如图 5-11 所示。

铝合金窗:指用合金元素铜、硅、镁、锰、铁、钛等用热处理时硬化的方法加工成实腹和空腹型材制作而成的门窗、橱窗、橱柜、货架、较普窗。

百叶窗:也叫百叶窗,它的窗扇用许多横板条制成,用以遮光挡雨,横板条之间有空隙,可以通风透气。一般有固定式和活动式两种。

固定式百叶窗的页片(即横板条)是按一定倾斜角度固定不动,活动式百叶窗的叶片则可以根据需要调节叶片的角度,如图 5-12 所示。

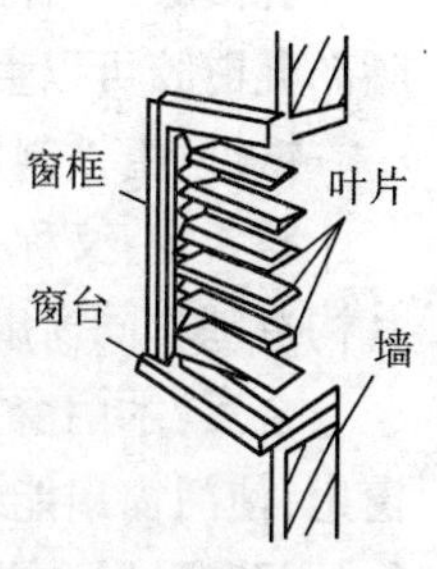

图 5-12　百叶窗

彩板组角钢门窗:采用0.7~1.0mm 厚的彩色涂层钢板在液压自动轧机上轧制而成的型材,经组角而成的各种规格型号的钢门窗。在框、扇、玻璃间的缝隙,都是采用特制的胶条为介质的软接触层,有着很好的隔声保温性能,是近几年发展起来的一种中高档钢质门窗。

门框:门框亦称门樘,是墙与门连接的构件。如图 5-13 所示。

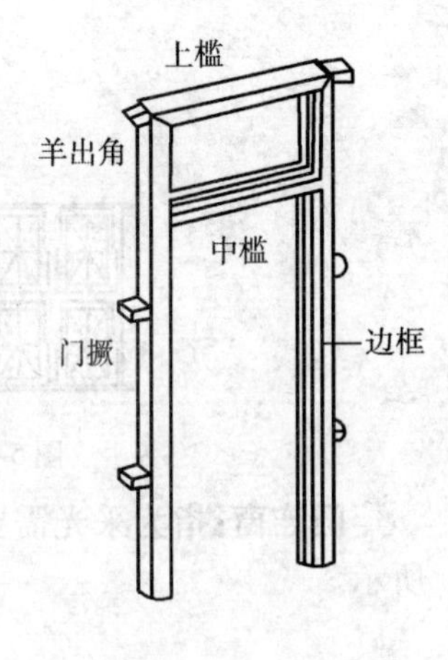

图 5-13 门框

门窗贴脸:指在门窗框上紧密地固定贴脸板。门窗贴脸所用的材料为木方和钉子,贴脸板紧密地固定在门窗框上,贴脸板用的木方先刨大面,后刨小面,然后顺纹起线,线条清秀,深浅一致,刨光面平直光滑,装钉的钉子钉帽要求砸扁,钉入板内 3mm。

拉手:有弓型拉手、底板拉手、管子拉手三种类型。如图 5-14 所示。

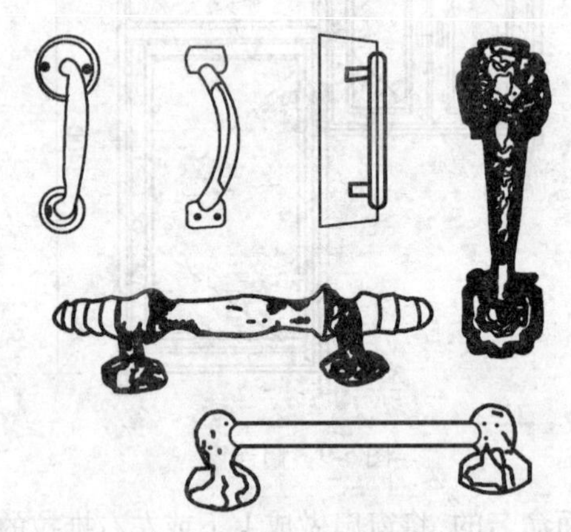

图 5-14 拉手的形式

门锁:有单舌普通门锁、双舌普通门锁、单舌按钮门锁、单舌按钮企口门锁与双舌企口门锁五种类型,门锁的作用是防止外来人随便进入室内,起安全保障作用。

螺钉:圆柱形或圆锥形金属杆上带螺纹的零件。也叫螺丝钉或螺丝。

气楼:指屋顶上(或屋架上)用作通风换气的突出部分,一般安设百叶窗。

门碰头:指装在门上冒头或下冒头的碰头。在门扇开启后可与装在墙上或地面上的铁卡子扣住,以固定门窗。

油灰:桐油和石灰的混合物,用来填充器物上的缝隙,此处用于填充门扇与门框及门扇之间的缝隙。

乳白胶:一种胶合强度较高的乳白色液体。用于木板的粘合,主要成分是聚酯酸乙烯树脂。乳白胶可以直接使用或者加入少量的水进行调制。

铁纱:由铁制成的多孔物件,一般镶嵌在门及窗上防止蚊蝇的入侵。

腰头窗:又称亮子,在门的上方,供通风和辅助采光用,有固定、平开及上、中、下旋等方式,其构造基本同窗扇。

合页:木门窗上安装的一种小五金。通常有 100mm、63mm 等规格,用来连接门窗框与门窗扇,使门窗扇能绕轴自由旋转。如图 5-15 所示。

门窗贴脸和盖口条:当门窗框与内墙面齐平时框与墙总有一条明显缝口,在门窗使用筒子

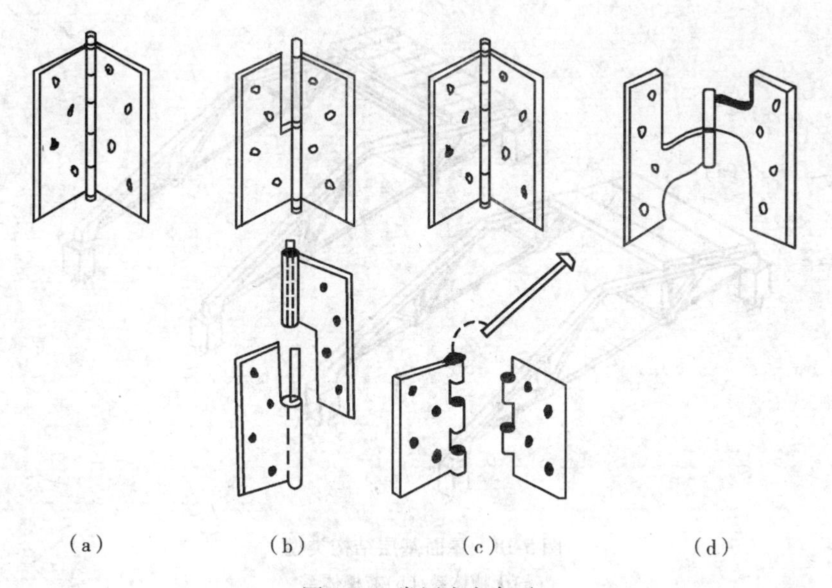

图 5-15　常用木窗合页

(a)普通合页;(b)双袖合页;(c)抽芯合页;(d)长脚合页

板时,也与墙面存有缝口,为了遮盖此种缝口而装钉的木板盖缝条叫做贴脸,它的作用是整洁、阻止通风,一般用于高级装修。

门窗套:在门窗洞口的两个立边垂直面,过去一般不做抹灰的清水墙面,此面可以凸出外墙形成边框,也可以与外墙齐平,既要立边垂直平整,又要墙缝大小一致、粘接牢固,同时还要满足外墙面平整要求,故此处质量要求较高,只要将门窗洞口两边做好了,就等于在窗外罩上一个正规的套子,故此人们习惯称之为门窗套。

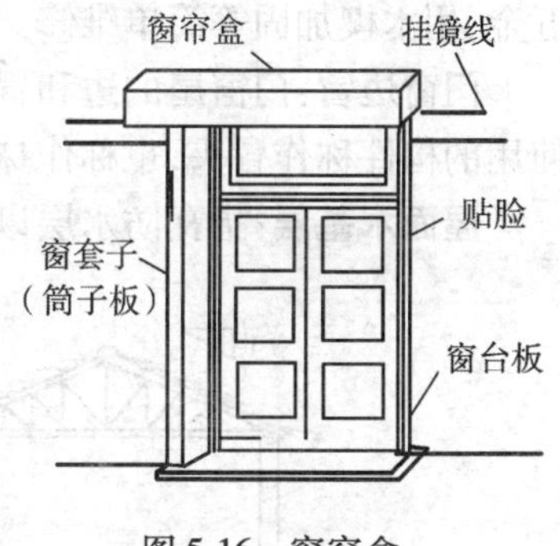

图 5-16　窗帘盒

窗帘棍:窗子为了遮挡阳光和视线,用来悬挂窗帘布的横杆,可用圆木棍、钢筋、钢管等做成。

窗帘盒:为了装饰整洁,用来安装窗帘棍、滑轮、拉线的木盒子。如图 5-16 所示。

帆布水龙带:用在折叠门中起放松或紧系门扇的控制作用,强度高,是一种软质可以卷起来的水管,能承受较高的水压。有时在其内壁涂上橡胶,可以防止渗漏,常用于消防、灌溉和施工。

软填料:它是一种软化点高、韧性较好的玛琋脂,有三种:(1)纤维填充料,如6#石棉;(2)粉末填充料,如滑石粉、石英粉等;(3)纤维粉末混合填充料,就是纤维填充料和粉末填充料两者混合而成的填充料,如配制沥青胶泥。

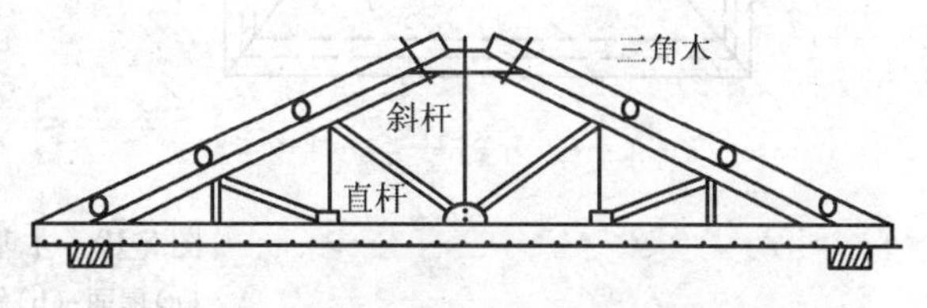

图 5-17　木屋架

木屋架:指受拉杆件和受压杆件均采用方木或圆木组成的屋架,且是三角形(配式),由上弦、斜杆和下弦、竖杆等杆材组成。如图 5-17 所示。

无檩体系:是在屋架上弦(或屋面架上翼缘)直接铺设大型屋面板。如图 5-18 所示。

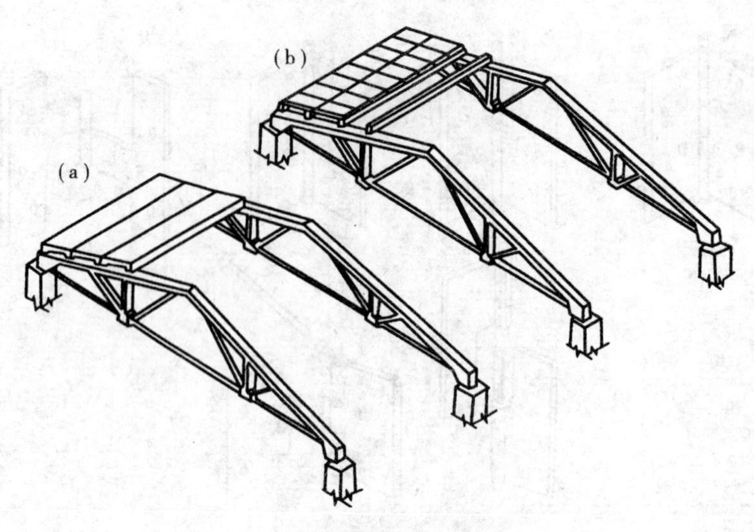

图 5-18　屋面基层结构类型

(a)无檩体系;(b)有檩体系

屋盖(架)支撑:在两榀屋架间垂直设置的剪刀撑,用以提高屋架的侧向稳定性和抗水平力的能力,可用型钢或木枋制成。

门窗检修:对房屋进行综合维修的工程项目之一,即对门窗进行检查和刮刨口缝、紧固小五金、用木楔加固等简单维修。

门窗边冒:门窗扇的边和冒头的统称,门窗扇的外框架中位于两侧的竖向构件为边,横向使用的构件称作冒头,也称作抹头。

屋面木基层:指瓦防水层以下的层次,包括木屋面板、挂瓦条、椽子等内容,如图5-19所示。

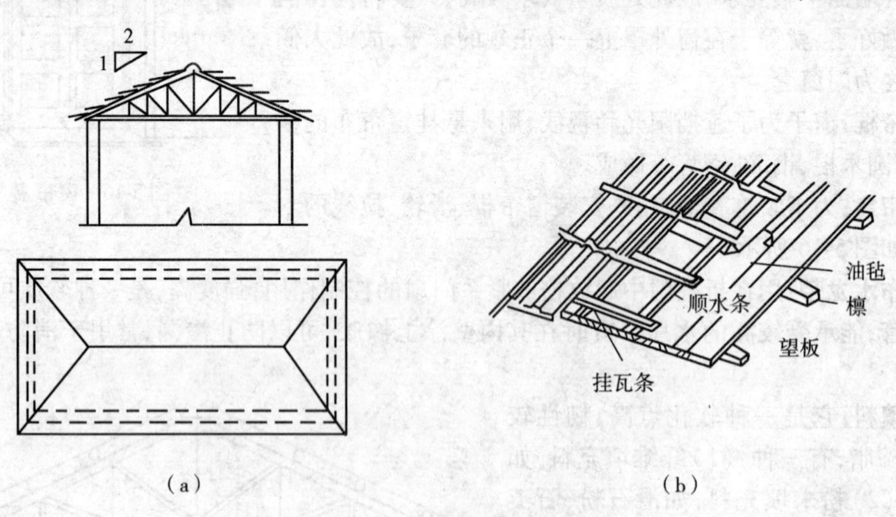

图 5-19　木基层

(a)屋面;(b)斜面

木窗台板:在窗下槛内侧面装设的木板,板两端伸出窗头线少许,挑出墙面 20 ~ 40mm,板厚一般为 30mm 左右,板下可设窗肚板(封口板)或钉各种线条,如图 5-20 所示。

挂镜线:亦称画镜线,指围绕墙壁装设与窗顶或门顶平齐的平条,用以挂镜框和图片、字画用的,上留槽,用以固定吊钩。如图 5-21 所示。

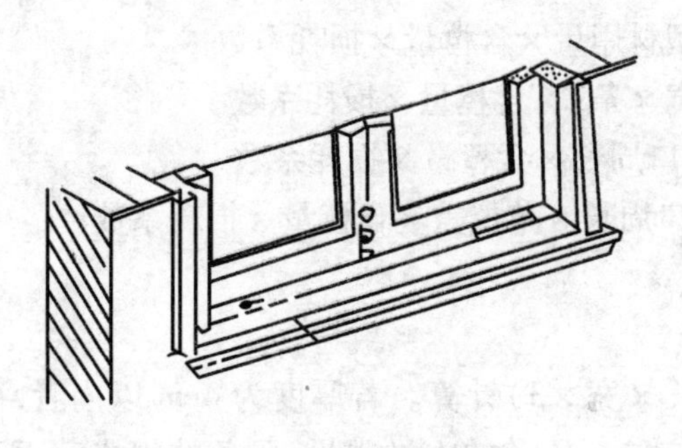

图 5-20　木窗台板

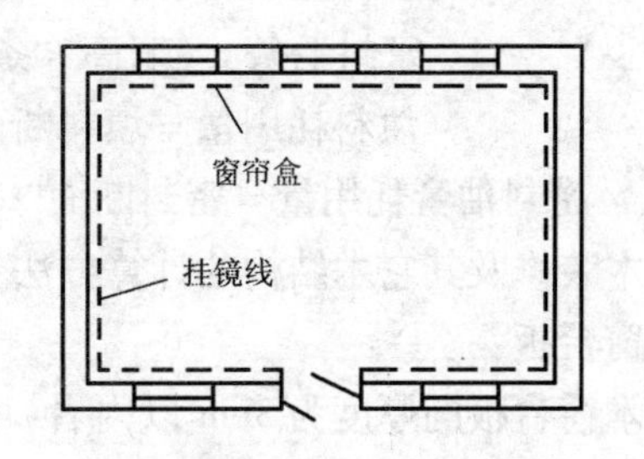

图 5-21　挂镜线、窗帘盒、平面示意图

5.1.2　经济技术资料

1. 如图 5-22 所示，门窗之上带有半圆形玻璃窗的工程量公式：

半圆窗面积 = 0.393 × 窗宽^2

矩形窗面积 = 窗宽 × 矩形高

则带有半圆形玻璃窗的工程量 = 半圆窗面积 + 矩形窗面积

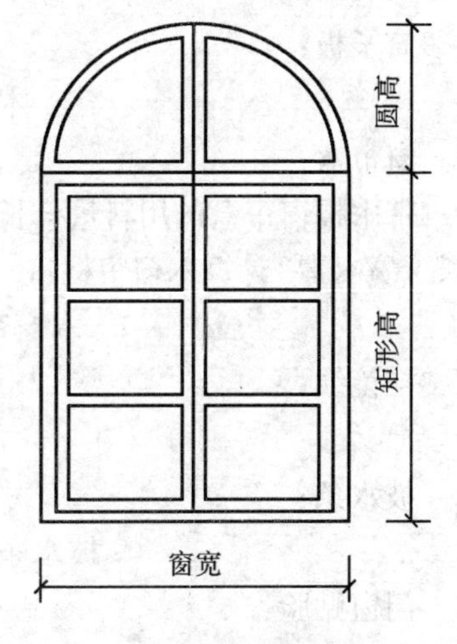

图 5-22　带有半圆形玻璃窗示意图

2. 木门框扇断面与定额取定不一致的有两种情况：一是各地区门窗标准图与基础定额取定的标准图不一致；二是设计与定额取定的不一致，这两种情况都可以按下公式进行调整。按公式换算定额材积。

加刨损耗断面 = 一面刨光 × 二面刨光

$$换算后材积 = \frac{设计断面(加刨光损耗)}{定额断面} \times 定额材积$$

3. 为保证在两边的门框料与门扇边之间的密封性，在门扇边料上装有密封毛条（一般门扇边料外侧留有装密封毛条的槽口）。它们的定额含量计算如下：

实用门扇铝合金型材：2 × 扇边料长 × 型材单位重 + 扇上横料长 × 型材单位重 + 扇下横料长 × 型材单位重 + 压条长 × 型材单位重

上式中　　扇上横料长 = 扇下横料长 = 门扇宽 − 2 × 扇边料宽

玻璃压条长 = 所有装玻璃内框净长 × 2

4. 铝合金型材计算：

外框扁管型材用量 = (窗框宽 + 窗框高) × 2 × 单位重

中框型材用量 = (窗框宽 − 边框) × 单位重

上滑型材用量 = (窗框宽 − 边宽) × 单位重

下滑型材用量 = (窗框宽 − 边框) × 单位重

边柱型材用量 = (窗扇高 − 中下框) × 边 × 单位重

扇上方型材用量 = (窗框宽 − 边框 − 光勾企) × 单位重

扇下方型材用量 = (窗框宽 − 边框 − 光勾企) × 单位重

扇光型材用量 = (窗扇高 − 中下框) × 扇 × 单位重

扇勾企型材用量 = (窗扇高 − 中下框) × 扇 × 单位重

玻璃压条用量 = [(窗框宽 − 边框) + (窗亮高 − 上中框)] × 条 × 单位重

$$铝合金型材耗用量 = \sum 各料型材用量 \times 含樘量 \times 损耗系数$$

$$密封毛条 = (扇高 \times 条 + 扇宽 \times 条) \times 含樘量 \times 损耗系数$$

$$填料耗用量 = 填料断面 \times 洞口周长 \times 含樘量 \times 损耗系数$$

$$密封油膏耗用量 = 密封断面 \times 2 \times 洞口周长 \times 单位重 \times 含樘量 \times 损耗系数$$

5. 木装修及其它木结构的计算方法：

木窗台板：

若木窗台板的厚度为3cm以内者，可按(长×宽×3)计算。若厚度为4cm以内者，可按(长×宽×4)计算。计算窗台、板的用料量时应包括压条的木材用量，压条的规格截面可按3cm×3cm计算。

筒子板：

$$木筒子板的用料量 = 洞高 \times 洞宽$$

窗帘盒：

带木棍窗帘盒的用料量=长×宽×高，且每个窗帘盒应计算设置有三个三角形铁件，可按(长×宽×厚)计算木窗帘棍：

$$木窗帘棍的托架材料用量 = 长 \times 宽 \times 厚$$

挂镜线：

$$木挂镜线的断面面积 = 宽 \times 厚$$

披水条：

$$披水条断面面积 = 窗框料凸出长度 \times 厚度$$

门窗贴脸：

$$贴脸断面面积 = 宽 \times 厚$$

木门的贴脸应按带木墩子计算：

$$木墩子的材料用量 = 高 \times 宽 \times 厚$$

木搁板：

$$木搁板的断面面积 = 宽 \times 厚$$

6. 玻璃用量计算

$$玻璃高 = 门扇高 - [门扇冒宽(不扣减玻璃棂) + 门扇玻璃裁口宽] \times 2$$

$$玻璃宽 = 门窗宽 - [门扇梃宽(不扣减玻璃棂) + 门扇玻璃裁口宽] \times 2$$

$$玻璃用量 = 玻璃高 \times 玻璃宽 \times 玻璃块数 \times 含樘量/100m^2$$

7. 卷闸门按驱动方式的不同，有手动和电动两种。手动式卷闸门安装包括卷筒和导轨，其工程量按面积计算。计算方法如下：

$$S = (H + 0.6)B$$

式中 S——手动卷闸门安装工程量，m^2；

H——手动卷闸门洞口高度，m；

0.6——规定应增加高度，m；

B——手动闸门实际宽度，m。

电动式卷闸门除计算面积外，还要按“套”计算电动装置的安装。

8. 油灰用量计算

每$100m^2$洞口面积工作量油灰用量=玻璃面积×$1.36kg/m^2$(安装面积)×1.02(损耗系数)

5.1.3　相关数据参考与查询

1. 普通钢门窗五金零件综合用量见表5-1。

表5-1　普通钢门窗五金零件综合用量表

零件名称	规　格	单　位	数　量
铆钉	ϕ5×14	百只	23.52
上撑	275mm(套眼撑)	件	52.00
定位脚	直桩	件	52.00
搁脚		件	52.00
平开下撑	235mm(套眼撑)	件	158.00
定位搁脚	弯桩	件	158.00
执手		件	158.00
轧头		件	158.00
沉头螺钉	镀锌自攻螺丝 M5×8,M5×10	百只	12.69

2. 木结构及门窗工程附项含量见表5-2。

表5-2　木结构及门窗工程附项含量表

序号	项　目		单位	附项	
				油漆	叠堆损耗
				$100m^2$	m^2
1	木门	木隔声门,木保温门,防射线门,不带纱半玻门,不带纱镶板门,不带纱纤维板门,不带纱胶合板门,浴厕门,隔断门,硬木折叠门,混凝土框镶板、胶合板及纤维板门,半玻自由门	$100m^2$ 框外围面积	1.00	
2	木门	全玻带纱门		1.23	
3	木门	全玻不带纱门、全玻自由门		0.80	
4	木门	半玻带纱门,带纱镶板门,带纱胶合板门		1.43	
5	木窗	单层普通窗、各种形状玻璃百叶窗、木框工业组合窗,框上安装玻璃、混凝土框木窗扇、混凝土框矩形玻璃百叶窗		1.00	
6	木窗	双裁口一玻一纱窗		1.43	
7	木窗	木百叶各种形状百叶窗、花格窗		1.29	
8		钢筋混凝土门窗框制作(包括混凝土百叶窗框)			0.5
9	金属门窗	厂库房钢大门安装	t	0.5	
10	金属门窗	普通铁门安装		0.73	
11	金属门窗	折叠钢门安装		0.87	
12	金属门窗	百叶钢门安装		1.08	
13	金属门窗	钢管镀锌钢丝网大门安装		1.00	
14	金属门窗	半封钢大门安装		2.00	
15	金属门窗	全封钢大门安装		2.50	
16	金属门窗	钢窗玻纹窗花制安		0.40	
17	金属门窗	不带纱钢窗,单玻、双玻钢天窗,组合钢窗安装		1.50	
18	金属门窗	带纱钢窗、钢门安装		2.00	

续表

序号	项目		单位	附项	
				油漆	叠堆损耗
				$100m^2$	m^2
19	特种门	木防火门	$100m^2$ 框外围面积	金属面 2.2	
20		冷藏门		金属面 0.11 木材面 1.0	

3. 普通木门窗框增加走头材积计算参考见表 5-3。

表 5-3　普通木门窗框增加走头材积计算参考表　（单位：每 $100m^2$ 框外围面积）

项目名称	增加一等中方(框料)m^3			定额综合每 $100m^2$ 的门窗樘
	单层门窗	双层窗	带纱扇门窗	
普通木窗无亮单扇	0.536	0.710	0.655	215
普通木窗无亮双扇	0.247	0.327	0.302	99.1
普通木窗无亮三扇	0.160	0.212	0.196	64.2
普通木窗无亮四扇	0.101	0.133	0.123	40.4
普通木窗有亮单扇	0.309	0.408	0.378	123.7
普通木窗有亮双扇	0.152	0.201	0.186	60.9
普通木窗有亮三扇	0.101	0.134	0.123	40.3
普通木窗有亮四扇	0.050	0.067	0.061	20
普通木门无亮单扇	0.076		0.091	55
普通木门无亮双扇	0.045		0.054	32.4
普通木门有亮单扇	0.061		0.073	43.9
普通木门有亮双扇	0.035		0.042	25.3

注：表中走头材积已综合包括在定额门窗框料材积内。

4. 普通木窗框用量定额取定权数计算参考见表 5-4。

表 5-4　普通木窗框用量定额取定权数计算参考表

木窗型式		每樘窗规格			取定权数(%)
		高度(m)	宽度(m)	每樘面积(m^2)	
单扇窗	无亮子	0.5	0.55	0.275	10
		0.9	0.55	0.495	70
		1.2	0.55	0.66	20
	有亮子	1.5	0.55	0.825	100
双扇窗	无亮子	0.9	1.2	1.03	50
		1.2	1.0	1.2	40
		1.2	1.2	1.44	10
	有亮子	1.5	1.0	1.5	45
		1.5	1.2	1.8	45
		1.8	1.2	2.16	10

续表

木窗型式		每樘窗规格			取定权数(%)
		高度(m)	宽度(m)	每樘面积(m^2)	
三扇窗	无亮子	0.9	1.5	1.35	40
		1.2	1.5	1.8	50
		1.2	1.8	2.16	10
	有亮子	1.5	1.5	2.25	40
		1.5	1.8	2.7	50
		1.8	1.8	3.24	10
四扇及四扇以上窗	无亮子	1.2	2.1	2.52	100
	有亮子	1.5	2.1	3.15	20
		2.1	2.4	5.04	20
		2.1	3.0	6.3	60

注:定额中普通木窗框、梃断面(毛料):

1. 框料断面:单层窗 $6\times9cm^2=54cm^2$;双层窗 $6\times12cm^2=72cm^2$;一玻一纱窗 $6\times11cm^2=66cm^2$。

2. 梃料断面:玻璃扇 $4.5\times6cm^2=27cm^2$;纱窗扇 $3.5\times6cm^2=21cm^2$。

5. 各种木门框扇料定额取定断面参考见表5-5。

表5-5 各种木门框扇料定额取定断面参考表

序号	项目名称	毛料断面积(cm^2)				
		门框	扇立梃	亮子立梃	纱扇立梃	纱亮立梃
1	镶板门不带纱门	6×10=60	4.7×10.7=50	4.5×6=27	4×7.5=30	3.5×6=21
2	镶板门带纱门	6×12=72	4.7×10.7=50	4.5×6=27		
3	胶合板门不带纱门	6×10=60	4×5.5=22	4.5×6=27		
4	胶合板门带纱门	6×12=72	4×5.5=22	4.5×6=27	4×7.5=30	3.5×6=21
5	半截玻璃门不带纱门	5.8×11=64	大5.7×11=63 小5.7×7.5=43	4.5×6=27		
6	半截玻璃门带纱门	5.8×12.5=72.5	大5.7×11=63 小5.7×7.6=43	4.5×6=27	4×7.5=30	3.5×6=21
7	全玻璃门不带纱门	5.8×11=64	大5.7×11=63 小5.7×7.5=43	4.5×6=27		
8	全玻璃门带纱门	5.8×12.5=72.5	大5.7×11=63 小5.7×7.5=43	4.5×6=27		
9	拼板门	5.8×11=64	5.7×11=63	4.5×6=27	4×7.5=30	3.5×6=21
10	自由门	6.8×13.1=89	5.7×13=74	4.7×5.5=25.9		
11	百叶门	6×10=60	4.7×10.7=50	4.5×6=27		
12	砖框上安门窗		4.7×10.7=60	4.5×6=27		

注:木纤维板门的框扇毛断面与上表中胶合板门相同。

6. 普通木门名称及 100m² 含樘量见表 5-6。

表 5-6　普通木门名称及 100m² 含樘量表

预算定额序号	门编号	普通木门名称	选型门号	门洞高（m）	门洞宽（m）	门洞面积（m²）	含樘数/100m²（樘）
7－1～5	M1	带纱镶板门单扇带亮	SM12－0927	2.70	0.90	2.43	41.15
7－6～10	M2	带纱镶板门双扇带亮	SM12－1527	2.70	1.50	4.03	24.69
7－11～15	M3	带纱镶板门单扇无亮	SM11－0821	2.10	0.80	1.68	59.52
7－16～20	M4	带纱镶板门双扇无亮	SM11－1521	2.10	1.50	3.15	31.75
7－21～25	M5	无纱镶板门单扇带亮	M12－0927	2.70	0.90	2.43	41.15
7－26～30	M6	无纱镶板门双扇带亮	M12－1527	2.70	1.50	4.05	24.69
7－31～35	M7	无纱镶板门单扇无亮	M11－0821	2.10	0.80	1.68	59.52
7－36～40	M8	无纱镶板门双扇无亮	M11－1521	2.10	1.50	3.15	31.75
7－41～45	M29	镶板门带一块百叶单扇带亮	M16－0827	2.70	0.80	2.16	46.30
7－46～50	M30	镶板门带一块百叶单扇无亮	M15－0821	2.10	0.80	1.68	59.52

7. 杉木出材率见表 5-7。

表 5-7　杉木出材率表

产品名称	混合出材率（%）	其中							耗料倍数	
		工程用材（%）	其中			毛边板材	薪材	锯末	整材（倍）	工程用材（倍）
			整材	小瓦条	灰条					
薄板	66.71	60.53	49.40	7.30	3.83	6.18	15.13	18.16	2.02	1.65
中板	77.42	69.72	58.60	7.05	3.62	8.15	10.26	12.32	1.70	1.44
厚板	83.84	71.67	55.65	8.07	7.95	12.17	7.30	8.85	1.80	1.39
特厚板	80.80	69.05	56.63	3.25	9.17	11.75	8.73	10.47	1.76	1.45
小方	73.48	66.01	50.76	7.11	8.14	7.47	12.17	13.45	1.97	1.51
中方	78.40	71.13	53.24	8.27	9.62	7.27	9.82	11.78	1.88	1.40
大方	78.98	76.63	58.29	16.34	2.00	2.35	9.58	11.44	1.71	1.30
特大方	84.41	67.80	55.30	3.50	9.00	16.61	7.08	8.51	1.80	1.47
平均数	78.00	69.01	54.73	7.61	6.67	8.99	10.00	12.00	1.83	1.45

8. 常用不同规格钢窗平方米质量参考见表 5-8。

表 5-8　常用不同规格钢窗平方米质量参考表

名　称	技 术 性 能	用　途	单位	重量/kg
1. 固定窗	按国家建标	用于工业厂房、宾馆、招待所、办公楼、学校、宿舍等	m²	
固定窗	宽 600～1500mm　高 600～1200mm			17
固定窗	900mm×500mm			11
固定窗	图样选用国标 J736（一）　J647（一）风荷载小于等于			
实腹固定窗	700N/m²　冶标 32mm 热轧材			
实腹固定窗	G 型宽 600～6000 高 900～4800 材料为 32mm 实腹钢料			12

续表

名　称	技　术　性　能	用　途	单位	重量/kg
空腹固定窗	1000mm×1000mm	用于民用工业厂房、学校、宿舍等建筑物，在风力70kg/m²条件下钢窗不产生变形，但不适于空气湿度过大地区和风沙特大温度特低的寒冷地区钢窗全部无密闭条	m²	6
空腹固定窗	1000mm×1500mm			5.5
空腹固定窗	1200mm×1500mm			4.98
空腹固定窗	1800mm×1200mm			4.02
空腹固定窗	2000mm×1500mm（组合）			6
空腹固定窗	1500mm×2000mm（组合）			5.5
2. 平开窗				
平开窗	600~600mm×900~4800mm　32mm钢窗料			25
平开窗	600~1200mm×600~1500mm			25
平开窗	（单层）GC_3型J736（一）中各规格			255
实腹平开窗	（双层）GC_4型J736（一）中各规格			43
空腹平开窗	1000mm×1500mm	见空腹固定窗		12
空腹平开窗	1200mm×1500mm			11
空腹平开窗	1500mm×1500mm			9.8
空腹平开窗	1500mm×1800mm			9.6
3. 中悬窗	600~6000mm×900~4800mm，32mm钢窗料			22
中悬窗				
中悬窗	900~2100mm×600~1800mm			
实腹中悬窗	GC_2型J736（一）中各种规格			21.1
实腹中悬窗	1000mm×1000mm			9.94
实腹中悬窗	1000mm×1200mm			9.94
实腹中悬窗	3000mm×2000mm（组合）			9.97
实腹中悬窗	2000mm×2000mm（组合）			9.9
实腹中悬窗	2000mm×3000mm（组合）			9.9
4. 立转窗 立转窗	560~900mm×2100~2400mm，材料为32mm实腹钢窗料			30
5. 百叶窗 百叶窗	6000~2100mm×600~1800mm			35

9. 每10m² 木窗台板用量参考见表5-9。

表5-9　每10m² 木窗台板用量参考表

材料名称	规格（mm）	单位	墙厚（mm）			240mm墙时	
			240	370	490	推拉窗	提拉窗
木板	厚25（毛料）	m³	0.046	0.066	0.119	0.079	0.111
压条	25×25	m³				0.0166	
压条	20×45	m³				0.0238	
压条	20×25	m³					0.0121

10. 窗帘杆每樘用量参考见表5-10。

表 5-10 窗帘杆每樘用量参考表

钢筋窗帘杆				铅丝窗帘杆			
材料名称	规格(mm)	单位	数量	材料名称	规格(mm)	单位	数量
钢筋	φ8	kg	0.71	铅丝	14	kg	0.06
垫圈	φ20 $\delta=1.5$	个	2	长钠钉	$L=108$	个	2
铁板	$\delta=4$	kg	0.4	垫圈	φ25 $\delta=1.5$	个	1
蝶形螺丝	φ8	个	2	套钠	φ6 $L=100$	个	1
木螺丝	φ4 $L=35$	个	8	蝶形螺丝	φ6	个	1
木砖		m^3	0.002	木砖		m^3	0.002

5.1.4 常用图例符号表示

表 5-11 常用图例符号

序号	名称	图例	备注
1	转门	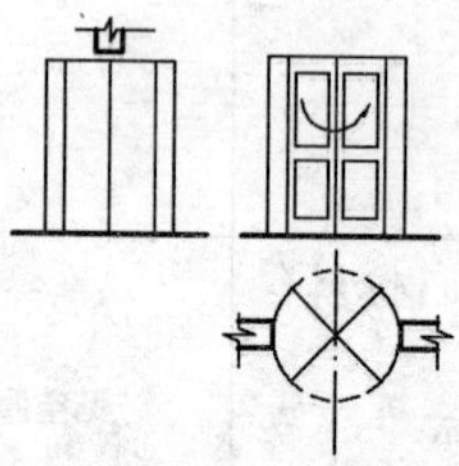	1. 门的名称代号用 M 2. 图例中剖面图左为外、右为内，平面图下为外、上为内 3. 平面图上门线应 90°或 45°开启，开启弧线宜绘出 4. 立面图上的开启线在一般设计图中可不表示，在详图及室内设计图上应表示 5. 立面形式应按实际情况绘制
2	自动门	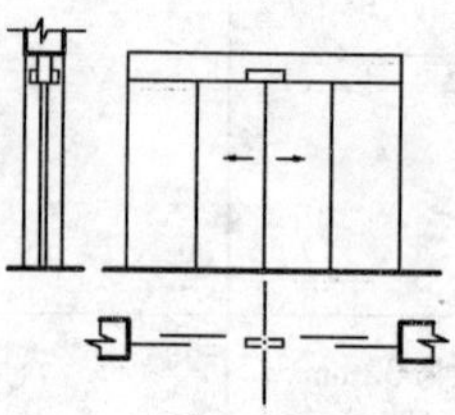	1. 门的名称代号用 M 2. 图例中剖面图左为外、右为内，平面图下为外、上为内 3. 立面形式应按实际情况绘制
3	折叠上翻门	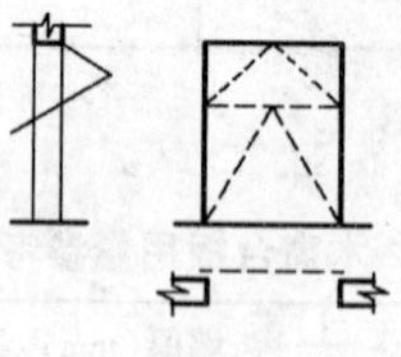	1. 门的名称代号用 M 2. 图例中剖面图左为外、右为内，平面图下为外、上为内 3. 立面图上开启方向线交角的一侧为安装合页(铰链)的一侧，实线为外开，虚线为内开 4. 立面形式应按实际情况绘制 5. 立面图上的开启线设计图中应表示
4	横向卷帘门	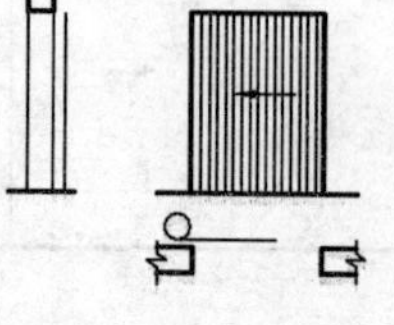	1. 门的名称代号用 M 2. 图例中剖面图左为外、右为内，平面图下为外、上为内 3. 立面形式应按实际情况绘制

<table>
<tr><th>序号</th><th>名称</th><th>图例</th><th>备注</th></tr>
<tr><td>5</td><td>竖向卷帘门</td><td>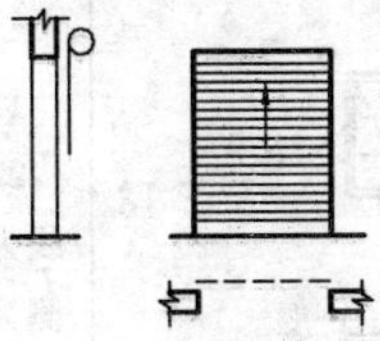</td><td rowspan="2">1. 门的名称代号用 M
2. 图例中剖面图左为外、右为内，平面图下为外、上为内
3. 立面形式应按实际情况绘制</td></tr>
<tr><td>6</td><td>提升门</td><td>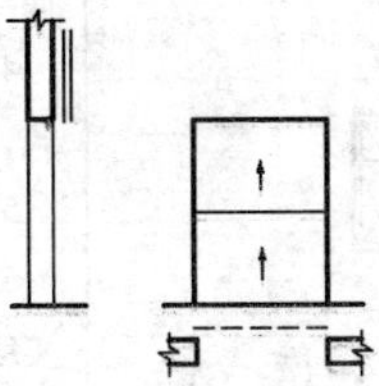</td></tr>
<tr><td>7</td><td>单层固定窗</td><td>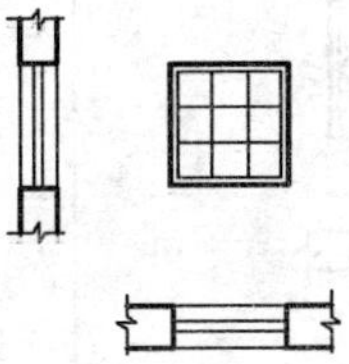</td><td>1. 窗的名称代号用 C 表示
2. 立面图中的斜线表示窗的开启方向，实线为外开，虚线为内开；开启方向线交角的一侧为安装合页的一侧，一般设计图中可不表示
3. 图例中，剖面图所示左为外，右为内，平面图所示下为外，上为内
4. 平面图和剖面图上的虚线仅说明开关方式，在设计图中不需表示
5. 窗的立面形式应按实际绘制
6. 小比例绘图时平、剖面的窗线可用单粗实线表示</td></tr>
<tr><td>8</td><td>单层外开
上悬窗</td><td>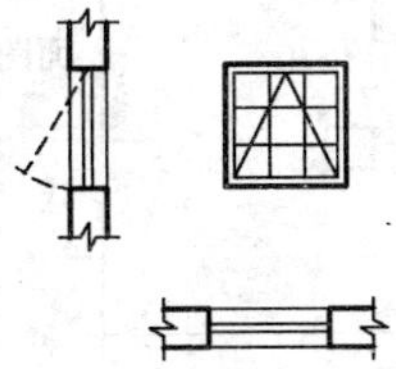</td><td rowspan="2">1. 窗的名称代号用 C 表示
2. 立面图中的斜线表示窗的开启方向，实线为外开，虚线为内开；开启方向线交角的一侧为安装合页的一侧，一般设计图中可不表示
3. 图例中，剖面图所示左为外，右为内，平面图所示下为外，上为内
4. 平面图和剖面图上的虚线仅说明开关方式，在设计图中不需表示
5. 窗的立面形式应按实际绘制
6. 小比例绘图时平、剖面的窗线可用单粗实线表示</td></tr>
<tr><td>9</td><td>单层中悬窗</td><td>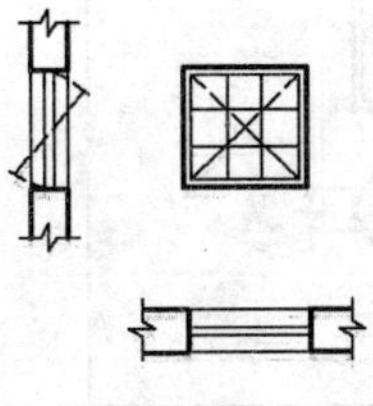</td></tr>
</table>

续表

序号	名称	图例	备注
10	单层内开下悬窗	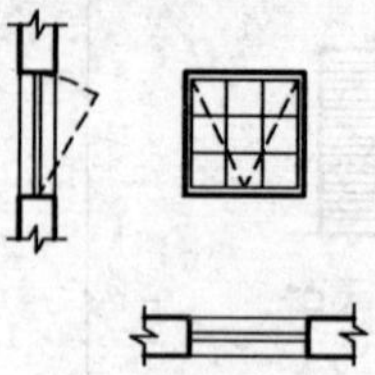	1. 窗的名称代号用 C 表示 2. 立面图中的斜线表示窗的开启方向，实线为外开，虚线为内开；开启方向线交角的一侧为安装合页的一侧，一般设计图中可不表示 3. 图例中，剖面图所示左为外，右为内，平面图所示下为外，上为内 4. 平面图和剖面图上的虚线仅说明开关方式，在设计图中不需表示 5. 窗的立面形式应按实际绘制 6. 小比例绘图时平、剖面的窗线可用单粗实线表示
11	立转窗	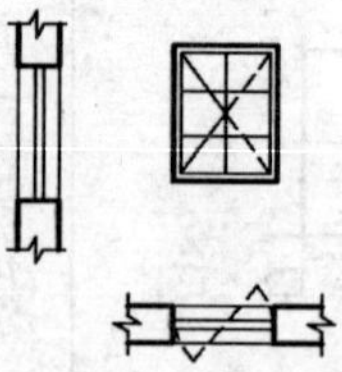	
12	单层外开平开窗	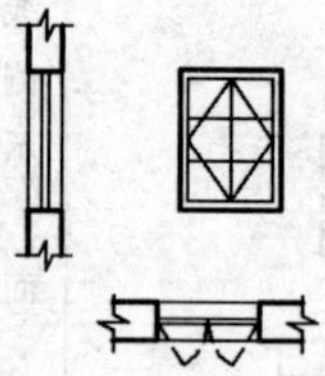	1. 窗的名称代号用 C 表示 2. 立面图中的斜线表示窗的开启方向，实线为外开，虚线为内开；开启方向线交角的一侧为安装合页的一侧，一般设计图中可不表示 3. 图例中，剖面图所示左为外，右为内，平面图所示下为外，上为内 4. 平面图和剖面图上的虚线仅说明开关方式，在设计图中不需表示 5. 窗的立面形式应按实际绘制 6. 小比例绘图时平、剖面的窗线可用单粗实线表示
13	单层内开平开窗	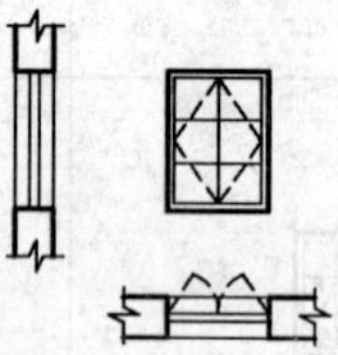	
14	双层内外开平开窗	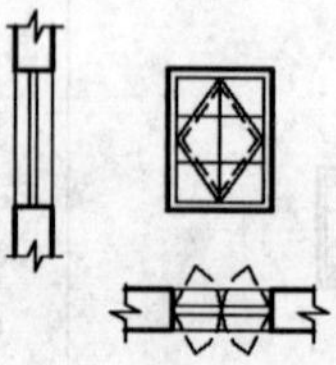	

续表

序号	名称	图例	备注
15	推拉窗		1. 窗的名称代号用 C 表示 2. 图例中,剖面图所示左为外,右为内,平面图所示下为外,上为内 3. 窗的立面形式应按实际绘制 4. 小比例绘图时平、剖面的窗线可用单粗实线表示
16	上推窗		1. 窗的名称代号用 C 表示 2. 图例中,剖面图所示左为外,右为内,平面图所示下为外,上为内 3. 窗的立面形式应按实际绘制 4. 小比例绘图时平、剖面的窗线可用单粗实线表示

5.2 清单计价规范对应项目介绍

5.2.1 木门

在《房屋建筑与装饰工程工程量计算规范》(GB 50854—2013)中,木门包含的项目有镶板木门、企口木板门、实木装饰门、木质防火门、木纱门、连窗门等。

1. 木质门

1)木质门清单项目说明见表 5-12。

表 5-12 木质门清单项目说明

工程量计算规则	1. 以樘计量,按设计图示数量计算;2. 以平方米计量,按设计图示洞口尺寸以面积计算
计量单位	樘(m^2)
项目编码	010801001
项目特征	1. 门代号及洞口尺寸 2. 镶嵌玻璃品种、厚度
工作内容	门安装、玻璃安装、五金安装

2)对应项目相关内容介绍

镶板式木门的样式:主要有全木式和木质与玻璃结合式两类。

框截面尺寸(或面积)指边立梃截面尺寸或面积。

木门框:或称门樘,是由冒头(横档)、框梃(框柱)组成。有亮子时,在门扇与上亮子之间设中贯横档。门框架各连接部位都是用榫眼连接固定的。框梃与冒头的连接,是在冒头上打眼,框梃上做榫;梃与中贯档的连接,是在框梃上打眼,中贯横档两端做榫。

冒头:木门窗扇主架横向加固与整体连结的横档木。

镶板门扇:这是常用的一种门扇,门扇由边梃、上冒头、中冒头、下冒头构成骨架,内镶门芯板。门芯板可为木板、胶合板、硬质纤维板、玻璃、百叶等。

木门芯板一般用 10 ~ 15mm 厚木板拼成整块,拼缝要严密,以防止木材干缩露缝。

门扇边梃和上冒头断面尺寸约(40～50)mm×(100～200)mm,上冒头加大至(40～50)mm×(170～200)mm,以减少门扇变形,随门芯板材料不同,门扇骨架断面应按照具体情况调整。

门扇距楼、地面应有5mm的空隙,便于门扇的开启。

亮子:指在门的上端做有亮窗,以便于采光。

安装纱门窗的目的:是防止虫蝇进入。安装纱亮子是既防虫蝇入室又可采光。

刷防腐油的目的:是防止木材腐蚀。防腐油又称“柏油”、“臭油”,是一种具有强烈臭气,稀释如水一样的黑色液体,遇水不流失,药效持久。

门窗小五金:指铁三角和铁T角、普通铰链与弹簧铰链和风钩、拉手、门锁、执手锁、闭门器等。

特殊五金名称是指拉手、门锁、窗锁等,用途是指具体使用的门或窗。

执手锁又称暗锁,两面有执手。

蝴蝶合页:系指带有弹簧,两外侧呈蝴蝶曲边形的合页,如纱门窗安装蝴蝶合页,纱门开启后可自行关闭。

暗插锁是嵌在门扇侧面的插销,能保护侧表面平齐。

窗扇竖芯子是指窗玻璃芯子全为竖向装置。玻璃芯子又称玻璃菱。

2. 木质防火门

1)木质防火门清单项目说明见表5-13。

表5-13 木质防火门清单项目说明

工程量计算规则	1. 以樘计量,按设计图示数量计算;2. 以平方米计量,按设计图示洞口尺寸以面积计算
计量单位	樘(m^2)
项目编码	010801004
项目特征	门代号及洞口尺寸;镶嵌玻璃品种、厚度
工作内容	门安装、玻璃安装、五金安装

2)对应项目相关内容介绍

木质防火门的制作:

(1)普通实木防火门的两层相互垂直的木板应用钉钉牢,钉子长度要超过木板全厚,以便钉牢。门扇外包镀锌铁皮均采用26号(≈0.5mm厚)外包铁皮应视门扇大小可用整张铁皮包的做法,铁皮搭接擢缝用单咬口拼接法。石棉板应采用一级品,抗拉强度纵向>1.4MPa,横向>0.7MPa,含水率<3%,质量1mm厚不大于1.3kg/m^2。

(2)外包镀锌铁皮实木防火门必须设泄气孔。泄气孔是为防止门被火烧,木材炭化放出大量气体而设置的。当防火门的一面可能被火烧时,在这一面设泄气孔;当其两面都可能被火烧时,则两面都设泄气孔,位置错开。

(3)门框及厚度大于50mm的门扇应采用双榫连接。框、扇拼装时,榫槽应严密嵌合,并用胶料胶接,用胶楔加紧。

(4)制作胶合板门时,边框与横楞必须在同一平面上,面层及边框、横楞应加压胶接。应在横楞和上、下冒头各钻两个以上的透气孔,以防受潮脱胶或起鼓。

(5)木质防火门的门框与门扇搭接的裁口处宜设密封槽,且镶填不燃性材料制成的密封条。

(6)门的制作质量应符合下列规定:

①表面应净光或磨砂,并不得有刨痕、毛刺和锤印。

②框、扇的线型应符合设计要求,割角、拼缝应严实、平整。

③小料和短料胶合门及胶合板的门扇不允许脱胶。胶合板不允许刨透表层单板和戗槎。

④门制作的允许偏差符合规定。

防火门的安装:

(1)门扇安装入门框裁口内时,应先将扇与框间的缝隙调整好,使门扇保持平直。上下门轴必须在同一垂线上,当与门框预埋件焊牢时,应防止位移变形。

(2)当条件具备时,宜将门扇与框装配成套,装好全部小五金,然后成套安装。在一般情况下,则应先安装门框,然后安装门扇。

(3)防火门的门框安装,应保证与墙体结成一体。

(4)在安装时,门框一般埋入±0.000面以下20mm,需保证框口上下尺寸相同,允许误差小于1.5mm,对角线允许误差小于2mm,再将框与预埋件焊牢。然后在框两上角墙上开洞,向框内灌注100号素水泥浆,待其凝固后方可装配门扇。

(5)安装后的防火门,要求门框与上扇配合部位内侧宽度尺寸偏差不大于2mm,高度尺寸偏差不大于2mm,两对角线长度之差小于3mm。门扇关闭后,其配合间隙须小于3mm。门扇与门框表面要平整,无明显凹凸现象,焊点牢固,门体表面喷漆无喷花、斑点等。门扇启闭自如,无阻滞、反弹等现象。

(6)冬期施工应注意防寒,素水泥浆浇筑后的养护期为21d。

(7)为保证消防安全,应采用防火门锁,该类门锁在927℃高温下仍可照常开启。其构造和应用等情况如图5-23所示和见表5-14。

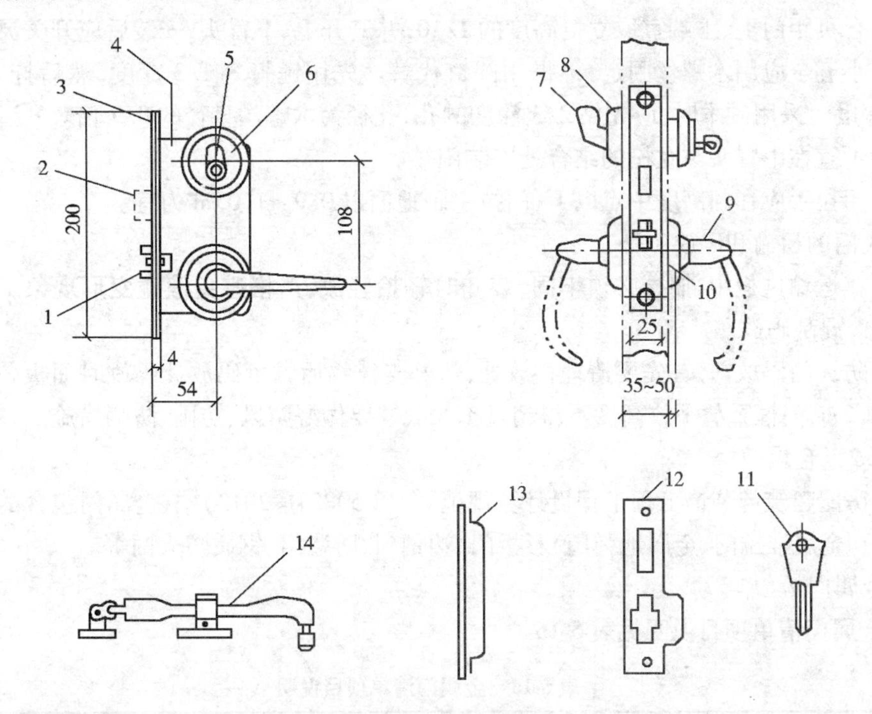

图5-23　防火门锁

1—斜舌;2—方舌;3—锁舌面板;4—锁体;5—锁头;6—锁头面板;7—小执手;8—小执手面板;9—执手;10—执手面板;11—钥匙;12—锁扣板;13—装饰盒;14—风钩

表 5-14 防火门锁的材质和结构特点及生产单位

型 号	材 质	结构特点	应 用	生产单位
CB—S¹A 型	大部分零件采用耐高温不锈钢和铜合金，可在927℃高温下照常开启。具有较强耐腐蚀性能	双舌，单锁头，斜舌可正反装，应用2级和3级组合原理，配有总钥匙、分总钥匙和个体钥匙	35~50mm 厚的各级防火门	无锡锁厂(1983年获国家经委颁发的“金龙奖”)

防火门：按防火规定设置，要求具有一定的耐火极限，关闭紧密，开启方便，常见的方法是在钢板或木板门扇和门框外包5mm厚的石棉板或26号镀锌铁皮，门扇铁皮及石棉板门扇的两侧设泄气孔，泄气孔用低熔点焊料焊牢，以防火灾时木材碳化释放大量的气体使门扇胀破而失去防火作用。

石棉板5mm：指厚度为5mm的石棉板。石棉板是用石棉制成的板状物件。石棉是一种矿物，成分是镁、铁等的硅酸盐，纤维状，多为白色、灰色或浅绿色。纤维柔软、耐高温、耐酸碱，是热和电的绝缘体。

木炭：指木材在隔绝空气的条件下加热得到的无定形炭，黑色、质硬、有很多细孔。用作燃料，也用来过滤液体和气体，还可做黑火药，此处用来过滤火灾时产生的烟气。

盐酸：也称为氢氯酸，系无机化合物，化学式为 HCl，是氯化氢的水溶液，无色透明，含杂质时为淡黄色，有刺激性气味，是一种强酸，广泛应用于化学、冶金、石油、印染等工业。

沥青矿棉毡50mm：厚度50mm的沥青矿棉毡，是一种良好的绝热防火材料。

门小五金的安装，应符合下列规定：

(1)小五金应安装齐全，位置适宜，固定可靠。

(2)合页距门上、下端宜取立梃高度的1/10，并避开上、下冒头，安装后应开关灵活。

(3)小五金应用木螺丝固定，不得用圆钉代替。先用锤打入1/3深度，然后拧入，严禁打入全部深度。采用硬木时，应先钻2/3深度的孔，孔径为木螺丝直径的0.9倍。

(4)不宜在中冒头与立梃的结合处安装门锁。

(5)门拉手应在门高度中点以下，门拉手距地面以0.9~1.05m为宜。

防火门的运输和码放：

(1)在运输过程中，捆拴必须牢固，装卸时轻抬轻放，严格避免磕碰变形现象。凡门有编号者，严禁混乱码放。

(2)防火门码放前，首先要清理存放处，垫好支撑物后方可码放。码放时面板叠放高度不得超过1.2m，门框重叠平放高度不得超过1.5m，并要做好防风、防雨、防晒措施。

5.2.2 金属门

在《房屋建筑与装饰工程工程量计算规范》(GB 50854—2013)中，金属门包含的项目有金属平开门、金属推拉门、金属地弹门、彩板门、塑钢门、防盗门、钢质防火门等。

1. 金属门

1)金属门清单项目说明见表5-15。

表 5-15 金属门清单项目说明

工程量计算规则	以樘计量(按设计图示数量计算)或以平方米计量(按设计图 示洞口尺寸以面积计算)
计量单位	樘(m^2)
项目编码	010802001

续表

项目特征	门代号及洞口尺寸;门框或扇外围尺寸;门框、扇材质;玻璃品种、厚度
工作内容	门安装、五金安装、玻璃安装

2)对应项目相关内容介绍

金属平开门:包括平开钢门、铝合金平开门等,分为单扇平开门(带上亮或不带上亮)、双扇平开门(带上亮或不带上亮或带顶窗)几种形式。如图 5-24 所示。

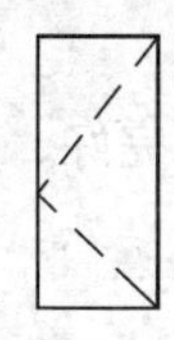
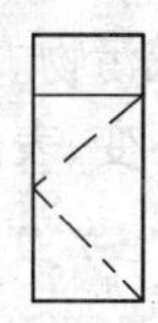
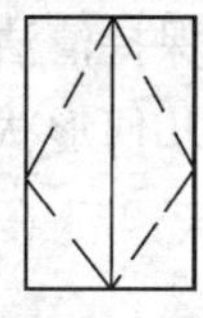
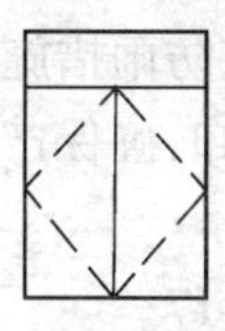
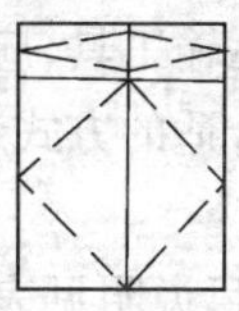

图 5-24　金属平开门

平开门:指一种靠平开方式关闭或开启的铝合金门。

单扇平开门:指门是由一扇门扇所组成的,采用平开的方式。

双扇平开门:指由两扇门所组成的平开方式。

单扇平开门的类型:可分为无上亮、带上亮和带顶窗三种。

平开门优点:在开启及关闭时的噪声小,可以不占用门洞两侧的墙面,使用周期长而且保温、防尘性能都比较好,适合各种高、中、低档装饰的门。但平门的开启方向需要占用以门板宽度为半径的 1/4 圆柱形空间,对于狭小的房间,内开门比较占地方,另外对薄形隔断来说,平开门在开关时对隔断的振动比较大。

平开门所需型材的配套品种见表 5-16。

表 5-16　平开门所需型材的配套品种

型材品种			门框	外门扇(门包边)	窗梃窗棂	玻璃单玻	压条双玻	双玻隔条	门板	门板压条	面侧	面叶支撑	纱门窗
门型	无上亮平开外门	单玻	✓	✓	×	✓			✓	✓	×	×	○
		双玻					✓	✓					
	带上亮平开外门	单玻	✓	✓	×	✓			✓	✓	×	×	○
		双玻					✓	✓					
门型	无上亮平开内门	单玻	✓	✓	×	×			✓		×	×	
		双玻											
	带上亮平开内门	单玻	✓	(✓)	×	×			✓		×	×	
		双玻			✓	✓							

表中外门扇用于平开外门,门包边用于平开内门。平开内门扇局部需装玻璃时须用窗棂先制作玻璃框,再在门板上开洞,将玻璃框嵌入洞中,用门板压条固定玻璃框,再用单玻压条将玻璃固定在玻璃框中。

单扇平开门(制作)五金配件:

(1)门锁。有单舌普通门锁、双舌普通门锁、单舌按钮门锁、单舌按钮企口门锁与双舌企口门锁五种类型,门锁的作用是防止外来人随便进入室内,起安全保障作用。

(2)铝合金拉手。是以铝合金为材料制成的拉手,有弓形拉手、底板拉手、管子拉手三种。

(3)门插。有普通型与封闭型两种,起固定门以免门被风吹开的作用。

(4)门铰。用来连接门的两部分的装置或零件,所连接的两个部分或其中的一部分能绕着铰链的轴自由转动。

(5)螺钉。圆柱形或圆锥形金属杆上带螺纹的零件,也叫螺丝钉或螺丝。

制作:型材矫正、放样下料、切割断料、钻孔组装、制作搬运。

安装:现场搬运、安装、校正框扇、裁安玻璃、五金配件、周边塞口、清扫等。

平开铝合金门的运输:

(1)装运产品的运输工具,应有防雨措施并保持清洁无污物。

(2)产品应采用合适的方式装卸,确保产品几何形状不变、表面完好。

2. 防盗门

1)防盗门清单项目说明见表5-17。

表5-17　防盗门清单项目说明

工程量计算规则	以樘计量(按设计图示数量计算)或以平方米计量(按设计图示洞口尺寸以面积计算)
计量单位	樘(m^2)
项目编码	010802004
项目特征	门代号及洞口尺寸;门框或扇外围尺寸;门框、扇材质
工作内容	门安装;五金安装

2)对应项目相关内容介绍

防盗门类型:防盗门市场上品种很多,款式各异,材料主要有钢、铝合金两种。防盗门的产品质量必须符合公安部《防盗安全门通用技术条件》(GA 25—1992)标准。按安装构造不同,目前有两种类型,即带副框和不带副框的防盗门。

钢防盗门:为了防止外人随便进入室内,常用钢防盗门。钢防盗门是指用钢材为主要原料铸成的门。

玻璃4mm:指厚度为4mm的玻璃。玻璃是一种质地硬而脆的透明物体,一般用石英砂、石灰石、纯碱等混合后,在高温下熔化、成型、冷却制成。其主要成分是二氧化硅、氧化钠和氧化钙。玻璃是建筑中常用的采光材料。

清油:又称鱼油、熟油。清油是用干性植物油或干性植物油再加部分干性油,经熬炼并加入催干剂而成的,多用于打底涂料。

角钢横撑:指用角钢制成的横撑物件,用在钢天窗的支撑中。

电焊条:焊接用焊条根据钢筋级别和接头形式选用。常用的有E43x、W45x,第1、2位数表示焊缝金属抗拉强度,第3位数指药皮类型,x指没有规定焊药类型,酸性、碱性均可以。但对重要结构用的钢筋焊接接头,宜用低氢型碱性焊条。

交流电焊机40kV · A:指电压强度为40kV · A的交流电焊机,包括交流点焊机、交流对焊机、交流电弧焊机。

防盗门安装:

(1)弹线。依据施工图纸要求,在门洞口内弹出防盗门的安装位置线。

(2)立框。将门框搬入洞内,放到安装位置线上,用木楔临时固紧。

(3)找正。先用水平尺把门框调平,再用托线板将门框找直,然后调整进出距离。在校正过程中,应用对角线尺测量框内口对角线差,并使周边缝隙均匀。当对角线长度在小于2.0m、

2.0～3.5m和大于3.5m时，两对角线差的允许限值分别为≤3.0mm、≤4.0mm和≤5.0mm。各个方向调正符合要求后，即用木楔塞固。

(4)固定。防盗门框的连接点是均匀布在门框两侧，其数量不得少于6个点。通常是采用焊接将门框与预埋铁件固定，每个固定点的强度应能承受1000N的剪力。

(5)填缝。先拔掉木楔，再用M10水泥砂浆将门框与墙体之间的空隙填实抹平，待嵌缝砂浆凝固后，即可做洞口的面层粉刷。

(6)装扇。待洞口粉刷干燥后，接着安装门扇，平开式是通过铰链将框与扇连为一体。安装门扇，要求扇与框配合活动间隙不大于4.0mm，扇与框铰链边贴合面间隙不大于2.0mm，门的开启边在关闭状态下，与框的贴合面间隙不大于3.0mm，门扇与地面或下槛的间隙不大于5.0mm。门扇安装应在49N拉力作用下，启闭灵活自如；折叠门应可收缩或开启，其整体动作一致。折叠后其相邻两扇面(或根)的高低差值应不大于2.0mm。

(7)镶配五金。

①门铰链：门在开启90°过程中，门体不应产生倾斜，铰链轴线不应产生>1mm的位移。镶配锁链应转动灵活，在49N拉力作用下，门体能灵活转动90°。

②门锁：防盗门锁的互开率应不大于0.03%，密钥量应不小于6000，弹子级差不小于0.5mm。

③防暴装置：门框与门扇间应安装防抢劫装置。如门锁带防暴链(保安链)等，以阻止室外歹人强行闯入室内。

(8)装报警器。报警装置可按照《产品使用说明书》安装，并应达到相应的使用效果。

(9)检查、清理。

①检查：检查门樘在安装中有无划伤、碰损漆层，并将焊接处打掉焊渣，补涂防锈漆和面层。

②清理：安装完毕后，应对门樘及洞口进行清擦，做到活完环境清。

5.2.3 金属卷帘门

在《房屋建筑与装饰工程工程量计算规范》(GB 50854—2013)中，金属卷帘门包含的项目有金属卷闸门、金属搁栅门、防火卷帘门。

1.金属卷帘门

1)金属卷帘门清单项目说明见表5-18。

表5-18 金属卷帘门清单项目说明

工程量计算规则	以樘计量(按设计图示数量计算)或以平方米计量(按设计图示洞口尺寸以面积计算)
计量单位	樘(m^2)
项目编码	010803001
项目特征	门代号及洞口尺寸；门材质；启动装置品种、规格
工作内容	门运输、安装；启动装置、活动小门、五金安装

2)对应项目相关内容介绍

卷闸门：一种能向上卷起或向下展开的门，是用铝合金加工成的，分为着色电化铝合金卷闸门、铝合金卷闸门、电化铝合金卷闸门三种。常用于饭店等场所。

金属卷闸门：由帘板、导轨及传动装置组成。开启时不占室内外面积，且适用非频繁开启的高大洞口，宽度要与帘板刚度相适应，加工制作及安装要求较高。帘板的形式主要有页板式和空格式两种，其中以页板式用得较多。页板式帘板是用镀锌钢板或铝合金板轧制而成。页板之间用铆钉连接。为了加强卷帘门的刚度和便于安装门锁，在页板的下部采用钢板和角钢，页板的上部与卷筒连接,开启时,页板沿门洞两侧的导轨上开,卷在卷筒上。

卷闸门的传动装置安装在门洞的上部,这种装置分为手动式、链条式、摇杆式及电动式四种。手动式卷闸门的传动装置由卷筒、托架、弹簧轴承等组成。手动式卷闸门利用弹簧轴承来平衡门扇自重,故这种门不宜过大,底部加强板两端装插销插入侧导轨,使门固定 。链条式卷帘门是利用链条及几个不同直径齿轮传动,减轻启闭重量。摇杆式卷帘门是利用摇杆及伞状齿轮变换传动方向,开关方便,常用于开关空格式卷闸门,比电动式经济。电动式卷闸门的电机多数装于上部,明露或设于墙内,减速器可与电机分设或设计成一个整体部件。电动式卷闸门的传动装置由卷筒、托轮、电动机、减速器等组成,减速器应设置手动装置,以备停电时备用。

卷闸门按其材质分为两种:一种是铝合金卷闸门,另一种是钢质卷闸门,是近年来在商业建筑领域广泛应用的一种门。其特点是:

(1)选材设计的较为美观。

(2)开关方便、密封性好。

(3)强度高、结实耐用。

(4)防火、防盗、防风尘。

(5)操作简便。

铝合金卷闸门窗是由曲面闸片型材或平面闸片型材、锁连片、卷闸底片、导轨等四种材料及闸锁、转轴和转轴座组成。两种铝型,见表 5-19。

表 5-19　卷闸用材

序号	型材名称	外形截面尺寸长×宽(mm×mm)	单位质量(kg/m)
1	曲面闸片	59×10	0.54
2	平面闸片	82.6×15	0.41

铝合金卷闸门窗防盗性强,不占用地方,隐蔽性好,开合使用方便。多适用商场、银行等建筑的一层要求有防盗性能的门窗。

铝合金卷闸门:由铝合金为原料加工而成的卷闸门。铝合金是铝元素跟其他金属或非金属元素熔合而成的,具有铝金属特性的物质,熔点比组成它的各金属低,而硬度比组成它的金属要高许多。

电化铝合金卷闸门:指经过电化加工后的铝合金卷闸门。

着色电化铝合金卷闸门:指在电化铝合金卷闸门的外表面着一层色,或喷漆而成。

连接固定件:指一种将卷闸门与上方墙洞口连接固定起来的小五金。

卷闸门电动装置:一种控制卷闸门上卷或向下展开的电动装置。

铝合金活动小门:在铝合金卷闸门的中下部位安装一个便于进出的小门。

2. 防火卷帘门

1)防火卷帘门清单项目说明见表 5-20。

表 5-20　防火卷帘门清单项目说明

工程量计算规则	以樘计量(按设计图示数量计算)或以平方米计量(按设计图示洞口尺寸以面积计算)
计量单位	樘(m^2)
项目编码	010803002
项目特征	门代号及洞口尺寸;门材质;启动装置品种、规格
工作内容	门运输、安装;启动装置、活动小门、五金安装

2)对应项目相关内容介绍

防火卷帘门:由板条、导轨、卷轴、手动和电动启闭系统等组成,板条选用钢制C型重叠组合结构,具有结构紧凑、体积小、不占使用面积、造型新颖、刚性强、密封性好等优点。这种门还可以配置温感、烟感、光感报警系统、水幕喷淋系统,遇有火情会自动报警、自动喷淋、门体自动下降,定点延时关闭,使受灾人员得以疏散,防火综合效能比较明显,北京市生产的防火卷帘门,其耐火极限为1.30~2.50h,各类产品均达到甲级防火门的耐火标准。其强度为1.2kN/m²,升降速度均为3~9m/min,电源电压为380V,频率为50Hz。这种卷帘门一般安装在洞口整体的局部后砌墙体的预埋铁件上。如图5-25所示。

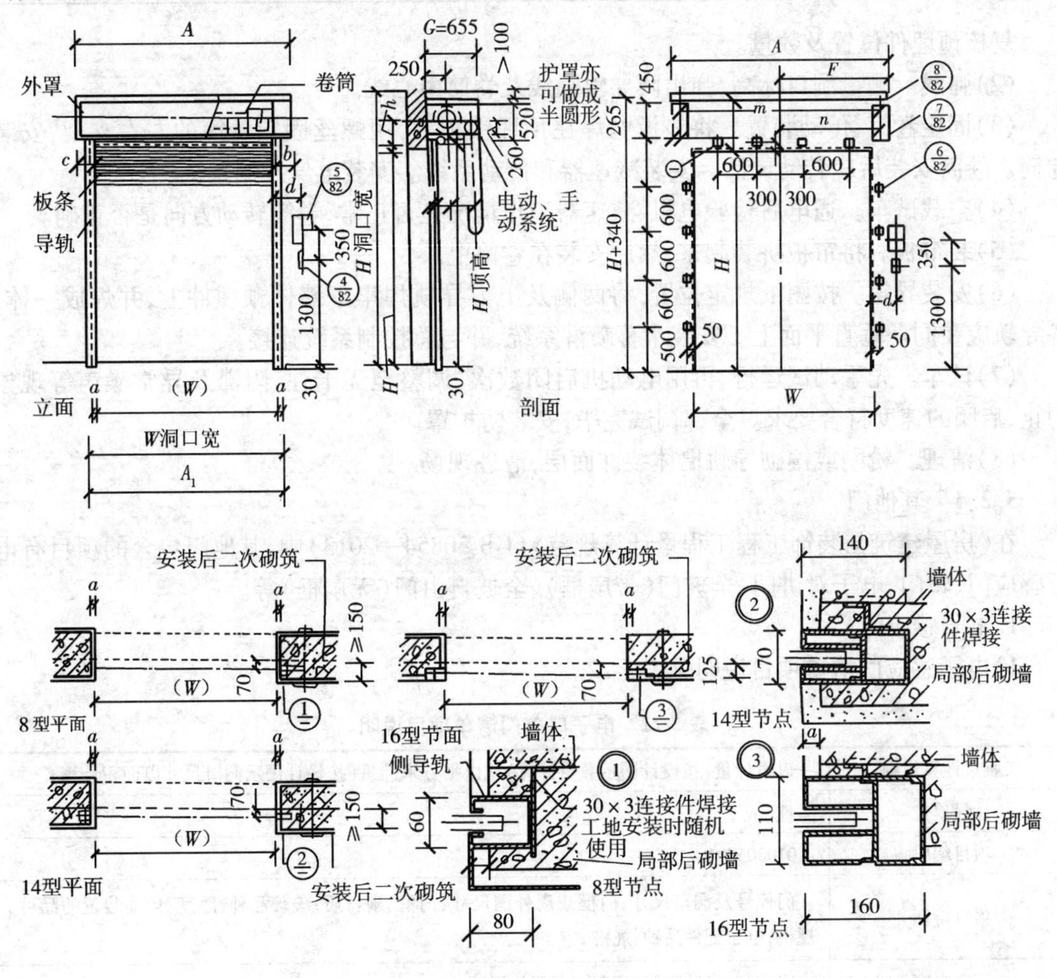

图5-25 卷帘门的构造

这种卷帘门主要为隔烟性能,其空气渗透量为0.24m³/min·m²,耐风压可达1.2kN/m²,噪声不大于70dB,技术性能接近先进国家的同类水平。

普通卷帘门的安装方式与防火卷帘门相同,但防火卷帘门的安装要求高于普通卷帘门。因为防火卷帘门一般采用冷轧带钢制成,必须配备温感、烟感报警系统、配备加密水喷淋系统保护后共同作用,一旦发生火情,通过自动报警系统将信号反馈给消防中心,由消防中心发出指令将卷帘门自控下降,定点延时关闭(距地1.5~1.8m),水喷淋动作,喷水降温保护卷帘,使人员能及时疏散。

防火卷帘门安装：

(1)洞口处理。复核洞口尺寸与产品尺寸是否相等。防火卷帘门的洞口尺寸，可根据3m模制选定。一般洞口宽度不宜大于5m，洞口高度也不宜大于5m。各部件尺寸见表5-21。

表5-21 防火卷帘门各部件尺寸 （单位：mm）

洞口宽 *W*	洞口高 *H*	最大外形宽 *A*	顶高 *H′*	最大外形厚 *B*	*a*	*b*	*c*	*d*
<5000	<5000	*W*+305	*H*+80	630	140	220	140	200

复核预埋件位置及数量。

(2)弹线。测量洞口标高，弹出两导轨垂线及卷筒中心线。

(3)固定卷筒、传动装置。将垫板电焊在预埋铁板上，用螺丝固定卷筒的左右支架，安装卷筒。卷筒安装后应转动灵活。安装减速器和传动系统。安装电气控制系统。

(4)空载试车。通电后检验电机、减速器工作情况是否正常，卷筒转动方向是否正确。

(5)装帘板。将帘板拼装起来，然后安装在卷筒上。

(6)安装导轨。按图纸规定位置，将两侧及上方导轨焊牢于墙体预埋件上，并焊成一体，各导轨应在同一垂直平面上。安装水幕喷淋系统，并与总控制系统连接。

(7)试车。先手动试运行，再用电动机启闭数次，调整至无卡住、阻滞及异常噪声等现象为止，启闭的速度符合要求。全部调试完毕，安装防护罩。

(8)清理。粉刷或镶砌导轨墙体装饰面层，清理现场。

5.2.4 其他门

在《房屋建筑与装饰工程工程量计算规范》(GB 50854—2013)中，其他门包含的项目有电子感应门、转门、电子对讲门、全玻门(带扇框)、全玻自由门(无扇框)等。

1. 电子感应门

1)电子感应门清单项目说明见表5-22。

表5-22 电子感应门清单项目说明

工程量计算规则	以樘计量(按设计图示数量计算)或以平方米计量(按设计图示洞口尺寸以面积计算)
计量单位	樘(m^2)
项目编码	010805001
项目特征	门代号及洞口尺寸；门框或扇外围尺寸；门框、扇材质；玻璃品种、厚度；启动装置的品种、规格；电子配件品种、规格
工作内容	门安装、启动装置、五金电子配件安装

2)对应项目相关内容介绍

电子感应门：利用电子感应原理来控制门的开闭及旋转的门称电子感应门。

感应式自动门是以铝合金型材制作而成。其感应系统采用电磁感应的方式。

(1)特点。具有外观新颖、结构精巧、运行噪声小、损耗低、启动灵活、可靠、节能等特点。

(2)用途。适用于高级宾馆、饭店、医院、候机楼、车站、贸易楼、办公大楼的自动门。

自动感应门：按不同的开启形式，分为七种：自动单扇推拉门、自动双扇推拉门、自动重型推拉门、自动双层同向推拉门、自动折叠门、自动圆柱形门、自动双层掩门。

自动感应门的感应器有：垫型自动感应器、脚踏型自动感应器、拉线型自动感应器、触摸型自动感应器、超声波型自动感应器、红外线型自动感应器、电子垫型自动感应器、无源红外线型自动感应器。

电子感应门的分类：

(1)按门体材料分类。有铝合金门、无框全玻璃门和异型薄壁钢管门。

(2)按组合扇型分类。有两扇型、四扇型和大扇型等。

(3)按滑动扇安排分类。有单扇滑动式和双扇滑动式。

(4)按开启方式分类。有滑动式和平开式。

(5)按结构形式分类。有带框式的普通门和无框式的全玻门。

(6)按探测传感器分类。有微波探头、红外线探头、遥控探测器、超声波传感器、毯式传感器、开关传感器及拉线开关式传感器、手动按钮式传感器等。

自动感应门制作、安装的技术要求较高，一般由专业厂家进行制作安装。它除具有铝合金地弹平开门和不锈钢地弹平开门的优点外，更加豪华富丽，多用于高级宾馆、饭店、商场、银行等人员出入频繁的建筑一层正门。

2. 全玻自由门

1)全玻自由门清单项目说明见表5-23。

表5-23　全玻自由门清单项目说明

工程量计算规则	以樘计量(按设计图示数量计算)或以平方米计量(按设计图示洞口尺寸以面积计算)
计量单位	樘(m^2)
项目编码	010805005
项目特征	门代号及洞口尺寸;框或扇外围尺寸、材质;玻璃品种、厚度
工作内容	门安装;五金安装

2)对应项目相关内容介绍

全玻门(带扇框)：指门扇芯全部安装玻璃制作的门。若为木质全玻门，其门框比一般门的门框要宽且厚，且应用硬杂木制成。一般采用铝合金作外框，这种门一般为中分式，其控制方法是采用信号系统控制机械系统(电动、全动、油压)，开启形式有推拉、平开、转动、上翻等多种形式。铝合金全玻门、框扇均用铝型材制作。全玻门常用于办公楼、宾馆、公共建筑的大门。

玻璃品种：

(1)普通玻璃。未经研磨加工的平板玻璃。主要用于建筑门窗，起着透光、遮风和保温的作用。

(2)磨光玻璃。用平板玻璃经过抛光后而得的玻璃。主要用于安装高级门窗、橱窗。

(3)磨砂玻璃。把普通平板玻璃的表面处理成均匀的毛面得到的。通常用于需要隐蔽的房间的门窗。

(4)花纹玻璃。压花玻璃：广泛用于高级宾馆、大厦等现代建筑的装饰工程中，富有良好的装饰效果；喷花玻璃：适用于镶嵌门窗，兼有采光与装饰两种功能。

5.2.5　木窗

在《房屋建筑与装饰工程工程量计算规范》(GB 50854—2013)中，木窗包含的项目有木质平开窗、木质推拉窗、矩形木百叶窗、木组合窗、木天窗、异形木固定窗等。

1. 木质窗

1）木质窗清单项目说明见表5-24。

表5-24　木质窗清单项目说明

工程量计算规则	以樘计量（按设计图示数量计算）或平方米计量（按设计图示洞口尺寸以面积计算）
计量单位	樘（m^2）
项目编码	010806001
项目特征	窗代号及洞口尺寸；玻璃品种、厚度
工作内容	窗安装；五金、玻璃安装

2）对应项目相关内容介绍

平开窗的类型：按照窗平开方向可分为外平开和内平开两种。

窗主要是由窗框、窗扇和五金零件所组成，根据不同的要求尚有贴脸（压缝隙用的木条）、窗台板、窗帘盒等附件。

平开窗特点：窗扇在一侧边装上铰链（或称合页）水平方向开关的窗，有单扇、双扇、多扇及向内开、向外开之分。构造简单，开关灵活，制作、安装、维修均较方便，为一般建筑中使用最为普遍的一种类型。

涂料的选用原则：正确地选用涂料，应熟悉各种涂料的基本知识。门窗涂料总的选用原则是装饰性、耐久性和经济性。首先是要求涂装效果好，门窗涂饰效果主要是由线型、质感和色彩三个方面构成，其中线型是由门窗的结构形式决定的，而质感和色彩则是由涂料的涂饰效果决定的；其次是要求耐久性能高，涂膜的变色、龟裂、粉化、剥落等漆病直接与涂饰效果有关，亦即应选择使用寿命长的涂料；第三是要求涂料价格低，在比较经济上的合理性时，就必须考虑到涂饰费用。

2. 木质窗

1）木质窗清单项目说明见表5-25。

表5-25　木质窗清单项目说明

工程量计算规则	以樘计量（按设计图示数量计算）或以平方米计量（按设计图示洞口尺寸以面积计算）
计量单位	樘（m^2）
项目编码	010806001
项目特征	窗代号及洞口尺寸；玻璃品种、厚度
工作内容	窗安装；五金、玻璃安装

2）对应项目相关内容介绍

天窗：屋顶上窗的统称。

天窗分类：

（1）按形式分类。平天窗、采光罩、采光板、采光带、三角形天窗、矩形天窗、M形天窗、锯齿形天窗、下沉式天窗、避风天窗。

（2）按开启分类。上悬式天窗、中悬式天窗、立转式天窗、开敞式天窗、固定天窗、百叶天窗。

天窗玻璃安装：斜天窗安装玻璃，应按设计要求选用玻璃的品种与规格。设计无要求时，应使用夹丝玻璃。如若使用平板玻璃,宜在玻璃下面加设一层镀锌钢丝网。

斜天窗玻璃应顺流水方向盖叠搭接安装,并用卡子扣牢,以防滑脱。斜天窗的坡度如大于25%时,两块玻璃要搭接35mm左右;如坡度小于25%时,要搭叠50mm。搭接重叠的缝隙,应垫好油纸并用防锈油灰嵌塞密实。

天窗的主要功能是采光、通风和排烟。

天窗有普通型和玻璃采光型两类。

5.2.6 金属窗

在《房屋建筑与装饰工程工程量计算规范》(GB 50854—2013)中,金属窗包含的项目有金属推拉窗、金属平开窗、金属百叶窗、彩板窗、特殊五金等。

1. 金属窗

1)金属窗清单项目说明见表5-26。

表5-26 金属窗清单项目说明

工程量计算规则	以樘计量(按设计图示数量计算)或以平方米计量(按设计图示洞口尺寸以面积计算)
计量单位	樘(m^2)
项目编码	010807001
项目特征	窗代号及洞口尺寸;框、扇材质;玻璃品种、厚度
工作内容	窗安装;五金、玻璃安装

2)对应项目相关内容介绍

铝合金门窗制作:型材矫正、放样下料、切割断料、钻孔组装、制作搬运。

铝合金门窗安装:现场搬运、安装、校正框扇、裁安玻璃、五金配件、周边塞口、清扫等。

铝合金推拉窗制作:

(1)开料。亦称下料,是铝窗制作的第一道工序,也是重要关键的工序。

①上亮部分的下料:窗的上亮通常是用25.4mm×90mm的扁方管做成“口”字形。“口”字形的上、下两条扁方管长度为窗框的宽度,“口”字形两边的竖扁方管长度,为上亮高度减去两个扁方管的厚度。

②窗框的开料:是切割两条边封铝型材和上、下滑道铝型材各一条。两条边封的长度等于全窗高减去上亮部分的高度。上、下滑道的长度等于窗框宽度减去两个边封铝型材的厚度。

③窗扇的开料:因为窗扇在装配后既要在上、下滑道内滑动,又要进入边料的槽内,通过挂钩把窗扇锁住。窗扇锁定时,两窗扇的带钩边框之钩边刚好相碰,但又要能封口。所以窗扇开料要十分小心,使窗扇与窗框配合恰当。窗扇的边框和带钩边框为同一长度,其长度为窗框边封的长度再减45~50mm。窗扇的上、下横为同一长度,其长度为窗框宽度的一半再加5~8mm。

(2)窗框的组装。

①上亮部分的连接组装:上亮部分的扁方管型材,通常采用铝角码和自攻螺钉进行连接。这种方法既可隐藏连接件,又不影响外表美观,衔接牢固、简单实用,铝角码多采用厚为2mm左右的直角铝角条,每个角需要多长就切割多长。角码的长度最好能同扁方管内宽相符,以免发生接口松动现象。

②窗框的连接:首先测量出在上滑道上面两条固紧槽孔距侧边的距离和高低位置尺寸,然

后按这两个尺寸在窗框边封上部衔接处划线打孔，孔径在 ϕ5 左右。钻好孔后，用专用的碰口胶垫，放在边封的槽口内，再将 M4×35mm 的自攻螺钉，穿过边封上打出的孔和碰口胶垫上的孔，旋进上滑道上面的固紧槽孔内。在旋紧螺钉的同时，要注意上滑道与边封对齐，各槽对正，然后再上紧螺钉，最后在边封内装毛条。

按同样的方法先测出下滑道下面的固紧槽孔距、侧边距离和其距上边的高低位置尺寸。然后按这两个尺寸在窗框边封下部衔接处划线打孔，孔径也是 ϕ5 左右。钻好孔后，用专用的碰口胶垫，放在边封的槽口内，再将 M4×35mm 的自攻螺钉，穿过边封上的孔和碰口胶垫上的孔，旋进下滑道下面的固紧槽孔内。注意固定时不得将下滑道的位置装反，下滑道的滑轨面一定要与上滑道相对应才能使窗扇在上下滑道上滑动。

窗框的四个角衔接起来后，用直角尺测量校正一下窗框的直角度，最后上紧各角上的衔接自攻螺钉。将校正并紧固好的窗框立放在墙边，防止碰撞。

(3)窗扇的组装。

①在连接装拼窗扇前，要先在窗扇的边框和带钩边框上下两端处进行切口处理，以便将上下横插入其切口内进行固定。上端开切 51mm 长，下端开切 76.5mm 长。

②在下横的底槽中安装滑轮，每条下横的两端各装一只滑轮。

③在窗扇边框和带钩边框与下横衔接端划线打孔。

④安装上横角码和窗扇钩锁。

⑤上密封毛条以及安装窗扇玻璃。

⑥上亮与窗框组装。

⑦窗钩锁挂钩的安装：窗钩锁的挂钩安装于窗框的边封凹槽内。挂钩的安装位置尺寸要与窗扇上挂钩锁洞的位置相对应。挂钩的钩平面一般可位于锁洞孔的中心线处。

铝合金推拉窗的安装：铝合金推拉窗的安装顺序一般是先装窗框，然后装窗扇，最后装玻璃及附件等。窗洞的四边尺寸比窗框的四边尺寸大 25~35mm。在窗框的每条边上应安装连接件，且每边不少于两个，用水泥钢钉或膨胀螺栓将连接件与窗洞连接起来。铝合金窗框在安装前应用保护胶带将窗框的周边贴好，避免用嵌缝材料进行塞口处理时，使铝型材的表面受损。安装窗框时应进行水平度和垂直度的校正，校正后用木楔块将窗框临时固定，再用连接件进行最后固定。当窗框的连接固定，水平度及垂直度均符合要求时，则可进行窗框的填缝处理。最后把窗扇框放入窗框内，使上下横与上下滑道对齐，用螺丝刀调节光企底端的滑轮调节螺钉，使窗扇框既能在滑轨上自由移动，同时又保证了窗扇的密封性能。

2. 金属窗、特殊五金

1)金属窗、特殊五金清单项目说明见表 5-27。

表 5-27　金属窗、特殊五金清单项目说明

工程量计算规则	以樘计量(按设计图示数量计算)或以平方米计量(按设计图示数量计算)
计量单位	樘(m^2)
项目编码	010807001
项目特征	窗代号及门洞尺寸；框、扇材质；玻璃品种、厚度
工作内容	窗安装；五金、玻璃安装

2)对应项目相关内容介绍

特殊五金:指在门窗工程中不常用的五金配件。

五金材料包括铰链、插销、拉手及执手。

五金材料:

(1)铰链。

①普通型铰链:即合页、摇皮、厚铁铰链。它的一个叶片固定在门窗框上,另一个叶片固定在门窗扇上,可沿轴转动启闭。

②轮型铰链:又名薄铰链、薄合页,轻型铰链的叶板比普通型铰链的叶板薄且窄,适用于轻便门窗上。

③抽芯型铰链:也称抽芯铰链、穿心合页。这种铰链的芯轴(销子)可以抽出,两片叶板即分开,抽出芯轴后,门窗扇即可取下,便于擦洗和更换。

④H 型铰链:也叫活络式马鞍铰链。H 型铰链系抽芯铰链的一种,主要用于需经常拆卸的纱门窗等。

(2)插销。建筑门窗常用的插销有普通型、封闭型、管型、蝴蝶型、暗插销、翻窗插销和防暴插销等几种。

1)普通插销:这种插销的套圈与插板是铆固的,适用于一般门窗。

2)封闭型插销:特点是其插板管部,系用整体材料冲制而成的,结构比较牢固,故适用于用来固定较高级或密封要求较严格的门窗。

3)管型插销:插板宽度较小,故而适于镶在框架较窄的门窗上。

(3)拉手及执手。小拉手是供拉启室内门窗扇、壁橱或抽屉之用的。按其外形分有普通式、香蕉式等。按其表面防护分有烘漆的和镀铬的两种。

5.2.7 门窗套

在《房屋建筑与装饰工程工程量计算规范》(GB 50854—2013)中,门窗套包含的项目有木门窗套、金属门窗套、石材门窗套、门窗木贴脸等。

1. 木门窗套

1)木门窗套清单项目说明见表 5-28。

表 5-28 木门窗套清单项目说明

工程量计算规则	以樘计量(按设计图示数量计算,以平方米计算,按设计图示尺寸以展开面积计算)或以米计量(按设计图示中心以延长米计算)
计量单位	樘(m^2)(m)
项目编码	010808001
项目特征	筒子板宽度;基层材料种类;面层材料品种、规格;线条品种、规格;防护材料种类
工作内容	清理基层;立筋制作、安装;基层板安装;面层铺贴;线条安装;刷防护材料

2)对应项目相关内容介绍

木门窗套:木质材料制作的门窗套,称之为木门窗套。

窗洞装饰:其窗头线、窗大头板的构造做法与门头线、筒子板的做法相同。

窗台板装饰:窗台板除用实木板之外,也可用木龙骨五合板平封窗台,并用木装饰线收头。

门窗套、门窗贴脸、筒子板包括底层抹灰,如底层抹灰已包括在墙、柱面底层抹灰内,应在工程量清单中进行描述。

窗洞造型改制:一般窗洞造型是建筑结构已定的,但可以通过室内装饰取得新颖感。

(1)封板结构。利用木龙骨的排列和三合板的封板改变原建筑窗的造型。

(2)悬挂结构。利用五合板锯成需要的造型,用木框架固定在窗洞上,使原窗洞改观。

窗套异型面砖在抹灰时要看好角度是否一致,要随拌随检查,防止面砖位移,若角度不一致,则会影响整个外墙板的质量,即使修理,难度也很大。

2. 门窗木贴脸

1)门窗木贴脸清单项目说明见表5-29。

表5-29 门窗木贴脸清单项目说明

工程量计算规则	以樘计量(按设计图示数量计算)或以米计量(按设计图示尺寸以延长米计算)
计量单位	樘(m)
项目编码	010808006
项目特征	门窗代号及洞口尺寸;贴脸板宽度;防护材料种类
工作内容	安装

2)对应项目相关内容介绍

门窗贴脸板构造及安装形式:门窗贴脸板的式样很多,尺寸各异,应按照设计图纸施工。其构造和安装形式如图5-26所示。

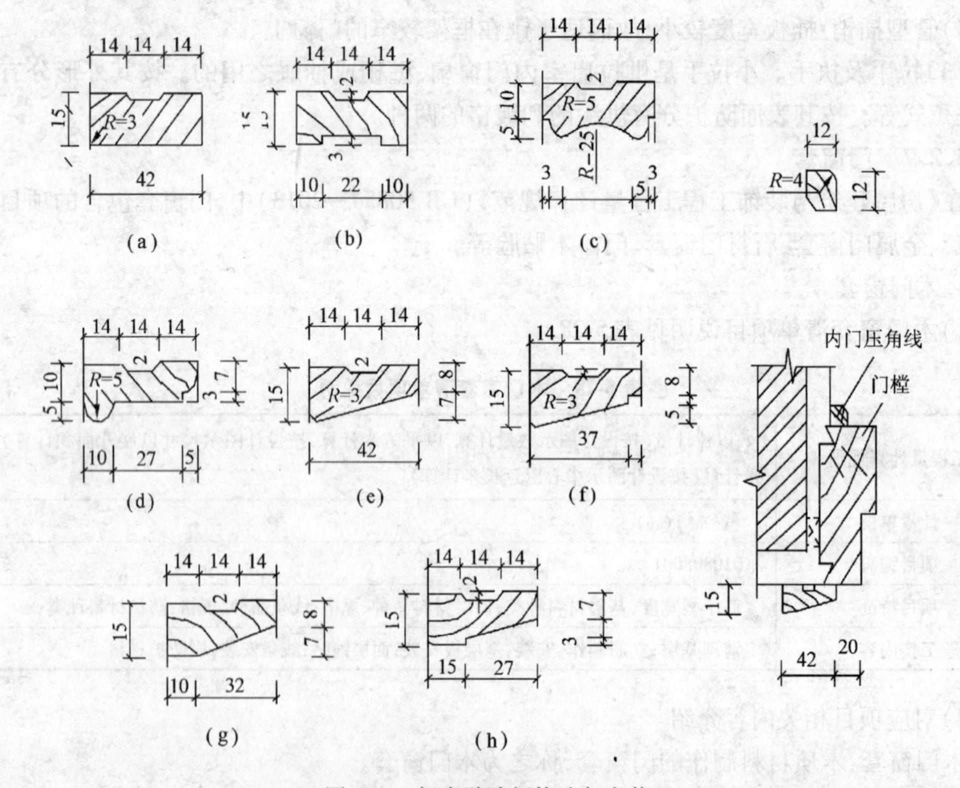

图5-26 门窗贴脸板构造与安装

贴脸板的制作:首先检查配料的规格、质量和数量,符合要求后,先用粗刨刮一遍,再用细刨子刨光。先刨大面,后刨小面。刨得平直光滑,背面打凹槽。然后用线刨子顺木纹起线,线条应清新、梃秀,并需深浅一致。

如果做圆贴脸,必须先套出样板,然后根据样板线刮料。

贴脸板的安装:门框与窗框安装完毕,即可进行贴脸板的安装。

贴脸板距门窗口边15~20mm。贴脸板的宽度大于80mm时,其接头应做暗榫;其四周与抹灰墙面须接触严密,搭盖墙的宽度一般为20mm,最小不应少于10mm。

将钉钉入贴脸板,一般是先钉横的,后钉竖向的。先量出横向贴脸板所需的长度,两端锯成45°斜角(即割角),紧贴在框的上槛上,其两端伸出的长度应一致。将钉帽砸扁,顺木纹冲入板表面1~30mm,钉长宜为板厚的两倍,钉距不大于50cm。接着量出竖向贴脸板长度,钉在边框上。

贴脸板下部宜设贴脸墩,贴脸墩要稍厚于踢脚板。不设贴脸墩时,贴脸板的厚度不能小于踢脚板的厚度,以免踢脚板冒出而影响美观。

横竖贴脸板的线条要对正,割角应准确平整,对缝严密,安装牢固。

门窗贴脸是指在门窗框上紧密地固定贴脸板。门窗贴脸所用的材料为木方和钉子,贴脸板紧密地固定在门窗框上,贴脸板用的木方先刨大面,后刨小面,然后顺纹起线,线条清秀,深浅一致,刨光面平直光滑,装钉的钉子钉帽要求砸扁,钉入板内3mm。

木贴脸板制作:

(1)首先检查配料的规格、质量和数量,符合要求后,先用粗刨刮一遍,再用细刨刨光,先刨大面,后刨小面。刨得平直、光滑、背面打凹槽。

(2)用线刨顺木纹起线,线条要深浅一致,清晰、美观。

(3)如果做圆贴脸时,必须先套出样板,然后根据样板划线刮料。

木贴脸板装钉:

(1)在门窗框安装完毕及墙面做好后即可装钉。门窗贴脸板构造如图5-27所示。

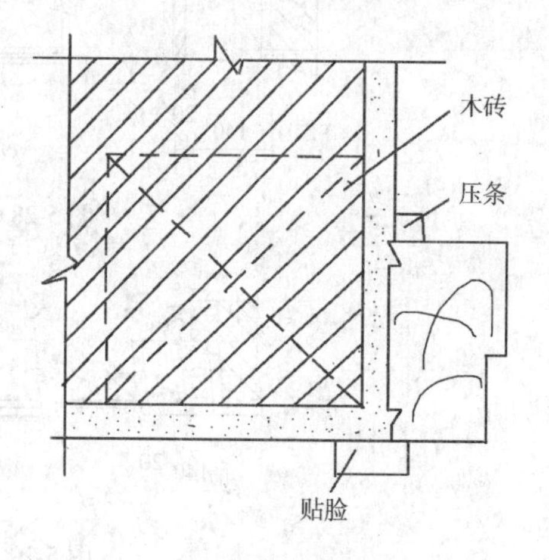

图5-27 门窗贴脸板构造

(2)在一般情况下,先钉横向部分,后钉竖向部分。装钉时,先量出横向贴脸板所需的长度,两端锯成45°斜角,即割角,紧贴在框的上槛上,其两端伸出的长度应一致。将钉帽砸扁,顺木纹冲入板表面下1~3mm,钉长宜为板厚的两倍,钉距不大于500mm。接着量出竖向贴脸板的长度,钉在边框上。

(3)木贴脸板下部要有门墩。门墩要稍厚于踢脚板。不设门墩时,木贴脸板的厚度不能小于踢脚板的厚度,以免踢脚板冒出,影响美观。

(4)木贴脸板内边沿至门窗框裁口的距离应一致;木贴脸板搭盖墙的宽度一般为20mm,但不少于10mm;横竖贴脸板的线条要对正,割角应准确平整,对缝严密,安装牢固。

5.2.8 窗帘盒、窗帘轨

在《房屋建筑与装饰工程工程量计算规范》(GB 50854—2013)中,窗帘盒、窗帘轨包含的项目有木窗帘盒、饰面夹板、塑料窗帘盒、金属窗帘盒、窗帘轨。

1. 木窗帘盒

1）木窗帘盒清单项目说明见表5-30。

表5-30　木窗帘盒清单项目说明

工程量计算规则	按设计图示尺寸以长度计算
计量单位	m
项目编码	010810002
项目特征	窗帘盒材质、规格；防护材料种类
工作内容	制作、运输、安装；刷防护材料

2）对应项目相关内容介绍

木窗帘盒：一种为吊挂窗帘而在窗户内侧顶上设置的长条木质盒子。

木窗帘盒有明、暗两种。明窗帘盒整个露明，一般是先加工成半成品，再在施工现场安装；暗帘盒的仰视部分露明，适用于吊顶的房间。窗帘盒里悬挂窗帘，普遍采用帘轨道，轨道有单轨，双转或三轨。如图5-28和图5-29所示为普通常用的单轨明、暗窗帘盒示意图。

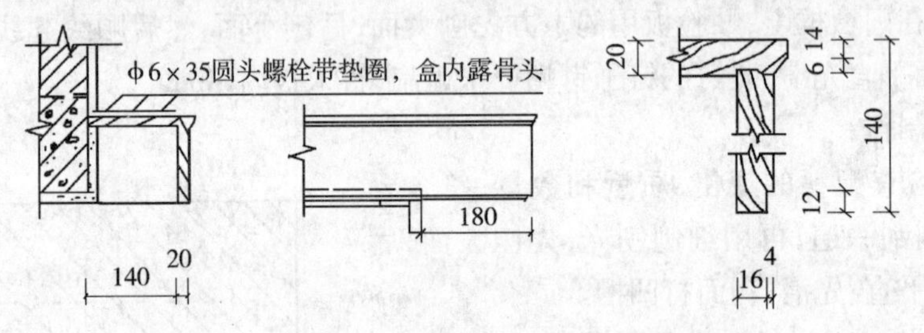

图5-28　单轨明窗帘盒示意图

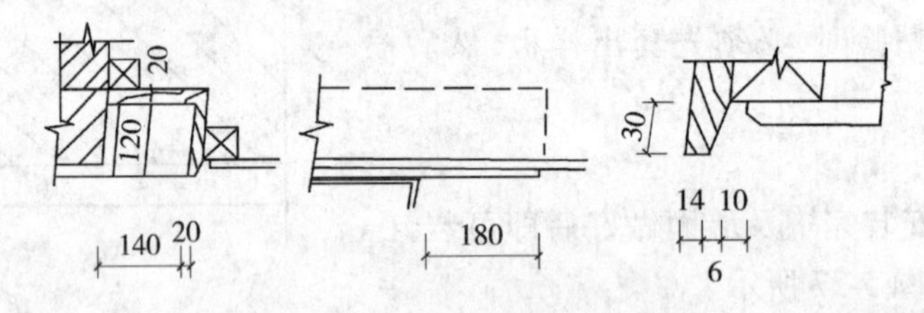

图5-29　单轨暗窗帘盒示意图

窗帘在室内装饰工程中主要用来装饰窗户、遮隔光线。高级装饰工程所用的窗帘，按其不同的材料性质和开启方式，可分为高级铝合金百叶窗帘、高级纤维百叶窗帘和高级装饰布制作的布质窗帘三种。高级铝合金百叶窗帘和高级纤维百叶窗帘由专业厂家生产，按尺寸订制成成品，在现场上安装便可。高级装饰布制作的窗帘既可订制，也可由装饰施工企业自行加工。高级装饰布窗帘由两部分组成，配套使用。一部分是窗纱，用窗纱布制作，挂于靠窗的一面。另一部分是窗布，它由银里遮光布、窗帘装饰布共同构成，遮光布是通过缝上魔术贴而粘贴在装饰布上，起到遮光作用，挂于靠室内的一面，随着窗帘的拉开、拉合，就起到遮光或增加光线的作用。窗帘布常用的配件有窗布道轨、挂钩、帘头布带等。

窗帘盒进行粘贴处理后，使其同墙面装饰更加和谐一致、完美，显得富贵、华丽。施工方法一般是粘贴高级原木夹板或是壁纸。

窗帘盒的材料有：木板、金属板、PVC塑料板等。

木窗帘盒规格：分为明窗帘盒（即单体窗帘盒）和暗装窗帘盒。窗帘盒里悬挂窗帘，简单的用木棍或钢筋棍,而普遍采用的是窗帘轨道。

窗帘轨的规格有单轨、双轨和三轨。目前有的采用 ϕ19~25 不锈钢管替代窗帘轨。

2. 窗帘轨

1)窗帘轨清单项目说明见表 5-31。

表 5-31 窗帘轨清单项目说明

工程量计算规则	按设计图示尺寸以长度计算
计量单位	m
项目编码	010810005
项目特征	窗帘轨材质、规格、轨的数量;防护材料种类
工作内容	制作、运输、安装;刷防护材料

2)对应项目相关内容介绍

窗帘轨(杆):安装于窗子上方,用于悬挂窗帘的横杆。

铝合金窗帘轨:指采用铝合金辊压制品及轧制型材而成的窗帘轨。窗帘轨是各类建筑住宅的理想配套设备。

纤维板 5mm 厚:指厚度为 5mm 的纤维板。纤维板是木材的优良代用材料,它具有良好的易加工性能,有硬质纤维板、半硬质(中密度)纤维板和普通纤维板。纤维板是将碎木加工成纤维状,除去杂质,经纤维分离、喷胶、成型、干燥后,在高温下用压力机压缩而成的。

红丹防锈漆:即铅丹漆、红丹油或章丹油。

窗帘轨的安装可采用沿墙安装或吸平顶(吸窗帘箱顶)方法安装。

(1)吸平顶(吸窗帘箱顶)。吸平顶安装时,直接用木螺钉(或膨胀螺钉)通过铝接头上安装孔固定在平顶的木板上(或窗帘箱),每隔 500mm 加一支撑。

(2)沿墙安装。沿墙安装时,采用角尺连接件与铝接头固定,再把连接件固定在墙上,每隔 500mm 加一支撑。

5.2.9 窗台板

在《房屋建筑与装饰工程工程量计算规范》(GB 50854—2013)中,窗台板包含的项目有木窗台板、铝塑窗台板、石材窗台板、金属窗台板。

1. 石材窗台板

1)石材窗台板清单项目说明见表 5-32。

表 5-32 石材窗台板清单项目说明

工程量计算规则	按设计图示尺寸以展开面积计算
计量单位	m^2
项目编码	010809004
项目特征	粘结层厚度、砂浆配合比;窗台板材质、规格、颜色
工作内容	基层清理;抹找平层;窗台板制作、安装

2)对应项目相关内容介绍

石材窗台板:用大理石、花岗石等石材制作而成的窗台面。

人造石材是以不饱和聚酯、树脂或水泥为胶结材料,以天然大理石碎料、石英砂、石渣等为骨料及适量的阻燃剂、稳定剂、颜色等,经拌和、成型固化、打磨抛光切割而成,常用的人造石材

有人造花岗石、大理石和水磨石三种。根据人造石材使用的胶结材料类型,可分为以下四类:

(1)水泥型人造石材。

(2)聚酯型人造石材。

(3)复合型人造石材。

(4)烧结型人造石材。

人造石材的性能:

(1)装饰性。人造石材具有天然石材的花纹和质感,美观、大方、仿真效果好,同一品种的色调一致,具有很好的装饰性。

(2)物理性能。质量轻、强度高、耐腐蚀、耐污染、施工方便。

(3)耐久性。

①骤冷、骤热(0℃,15min与80℃,15min)交替30次,表面无裂纹,颜色无变化。

②80℃下烘100h,表面无裂纹,色泽微变黄。

③室外暴露300d,表面无裂纹,色泽微变黄。

(4)可加工性。人造石材具有良好的可加工性,可用加工天然石材的常用方法对其锯、切、钻孔等,加工容易,对人造石材的安装和使用十分有利。

2. 金属窗台板

1)金属窗台板清单项目说明见表5-33。

表5-33　金属窗台板清单项目说明

工程量计算规则	按设计图示尺寸以展开面积计算
计量单位	m^2
项目编码	010809003
项目特征	基层材料种类;窗台面板材质、规格、颜色;防护材料种类
工作内容	基层清理;基层制作、安装;窗台板制作、安装;刷防护材料

2)对应项目相关内容介绍

金属窗台板:用金属材料加工而成的窗台面。

常用的金属装饰板有:不锈钢装饰板、铝合金装饰板、烤漆钢板和复合钢板等。

(1)不锈钢柱面。主要是采用不锈钢板材作饰面,作为装饰用的不锈钢板材可分为两种类型。

①平面钢板:分为有光泽钢板和无光泽钢板。

②凹凸钢板:分为深浮雕不锈钢板和浅浮雕不锈钢板。

(2)金属方板、条形扣板是用铝合金板、彩色钢板、不锈钢板等金属材料及复合铝板等复合材料制成的。条形扣板可因环境的需要选用不同材质的材料加工而成。由于铝合金材料资源丰富,性能优良,因此铝合金条形扣板被广泛应用。复合铝板是将铝合金板胶粘于各种胶合板、塑料板或其他板材上。它具有铝合金板的特性并质轻,价格低廉,同铝合金板一样可加工成方板、弧形板等用于室内外墙柱面装饰。

(3)漆面金属板是在铝合金板、钢板等金属板表面做各种涂层的饰面板。在表面做各种漆面、涂层的金属板可以有各种品种、规格,根据设计要求可以加工制做各种方板、条板、扣板等断面形状的装饰板。在表面做不同漆面、涂层的金属饰面板,因其表面漆面、涂层色彩丰富、牢固耐久而具有其他着色处理所不及的特性。

5.3 定额应用及问题答疑

5.3.1 普通木门

在《全国统一建筑工程基础定额 土建》(GJD 101—1995)中,普通木门包含的项目有镶板门、胶合板门等。

1)镶板门、胶合板门定额项目说明见表5-34。

表5-34 镶板门、胶合板门定额项目说明

计量单位	$100m^2$
定额编号	7-1~7-72
工作内容	制作安装门框、门扇及亮子,刷防腐油;装配亮子玻璃及小五金;制作安装纱门扇、纱亮子、钉铁纱

2)对应项目相关问题答疑

(1)门的分类有哪些?

门按开启方式可分为推拉门、弹簧门、平开门、折叠门、转门等

按材料可分为木门、钢门、铝合金门、塑料门。

按门扇又可分玻璃门、镶板门、夹板门、百叶门和纱门等。

按用途可分为普通门、保温门、隔声门、防火门等。

门的类型如图5-30、图5-31所示。

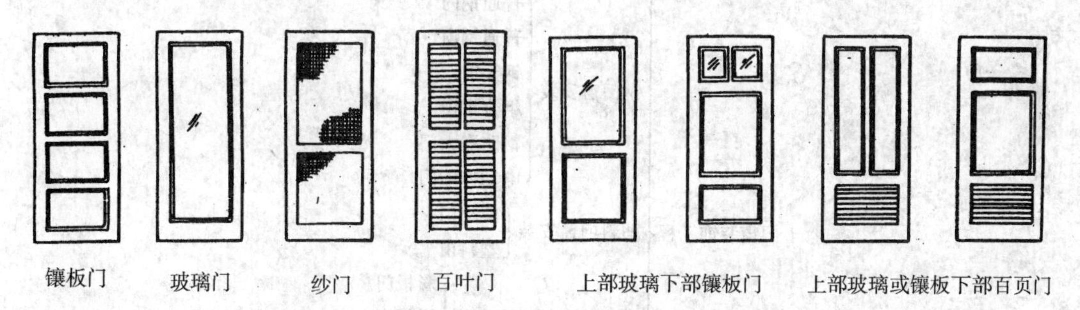

图5-30 镶板门、玻璃门、纱门和百叶门的立面形式

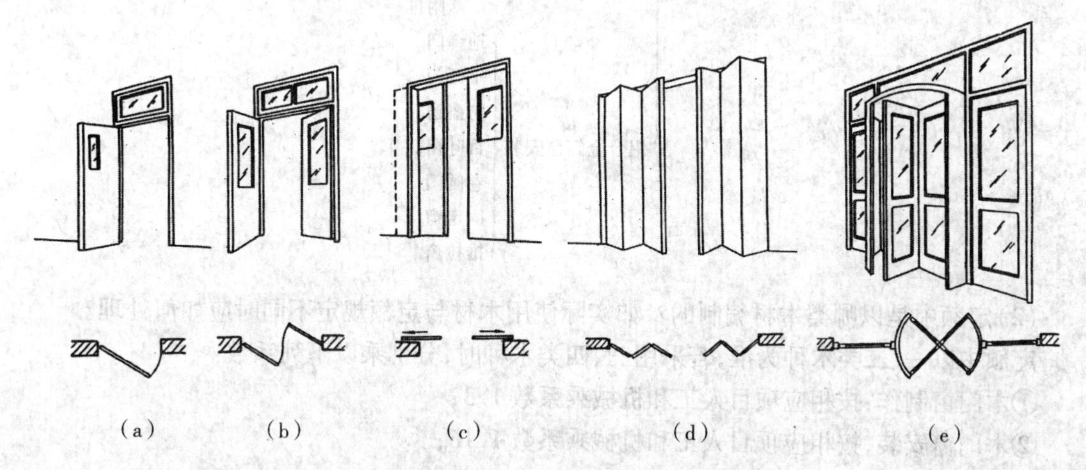

图5-31 门的开启方式

(a)平开门;(b)弹簧门;(c)推拉门;(d)折叠门;(e)转门

(2)胶合板门指什么?

胶合板门:指门芯板用整块胶合板(例如三夹板)置于门梃双面裁口内,并在门窗的双面用胶粘贴平整而成。

(3)镶木板怎样计算宽度?

按门扇宽图示尺寸减梃宽×2加裁口100mm×2加10×2,镶木板高度按门扇高图示尺寸减冒头宽(上、中、下冒)加裁口数×100mm加200mm×门芯板块数。门芯板高低缝(错口缝)不另计,已考虑损耗率13%(制作)和6%(安装)。

木门窗框的工程量以门窗的砖口面积计算;木门窗扇的工程量以门窗扇的净面积计算。

5.3.2 普通木窗

1)普通木窗定额项目说明见表5-35。

表5-35 普通木窗定额项目说明

计量单位	$100m^2$(100m)
定额编号	7-166~7-258
工作内容	制作安装窗框、窗扇、刷防腐油、填塞麻刀石灰浆、装配玻璃、铁纱及小五金

2)对应项目相关问题答疑

(1)门窗装饰工程主要包括哪些内容?各部分定额列出了哪些项目?

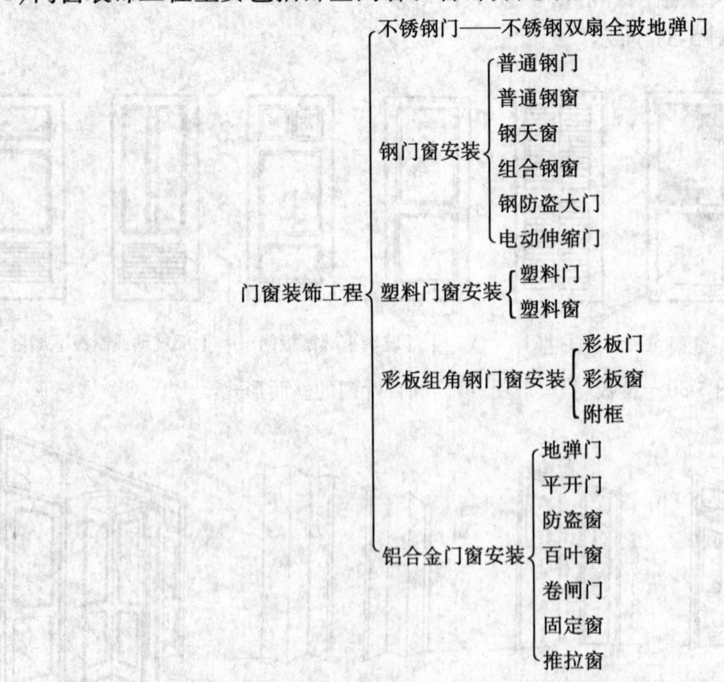

(2)定额中是以哪类木材编制的?如实际使用木材与定额规定不同时应如何处理?

定额中以一、二类木种为准,若采用三、四类木种时,分别乘以下列系数:

①木门窗制作:按相应项目人工和机械乘系数1.3;

②木门窗安装,按相应项目人工和机械乘系数1.16;

③其他项目按相应人工和机械乘系数1.35。

(3)什么是普通木窗?有哪些主要类型?

普通木窗是指没有什么特殊要求的木制窗户。

普通木窗的主要类型有：单层玻璃窗、一玻一纱窗单扇、双扇玻璃窗、双层玻璃窗、双玻内外开带纱扇窗、木百页窗、推拉传递窗、圆形玻璃窗、半圆形玻璃窗等。

(4)木门窗的制作过程是什么？

木门窗的制作过程包括：放样→配料→截料→刨料→画线→打眼→开榫、拉肩→裁口与倒棱→拼装。

5.3.3 铝合金门窗制作、安装

1)铝合金门窗制作、安装定额项目说明见表5-36。

表5-36 铝合金门窗制作、安装定额项目说明

计量单位	$100m^2$
定额编号	7-259~7-285
工作内容	制作：型材矫正、放样下料、切割断料、钻孔组装、制作搬运；安装：现场搬运、安装、校正框扇、裁安玻璃、五金配件、周边塞口清扫等；定位：弹线、安装骨架、钉木基层、粘贴不锈钢片面层、清扫等全部操作过程

2)对应项目相关问题答疑

(1)什么是铝合金门窗？铝合金门窗的特点是什么？

铝合金门窗是用铝合金的型材，经过生产加工制成门窗框料构件，再与连接件、密封件、开闭五金件一起组合装配而成的轻质金属门窗。

铝合金门窗的特点：

铝合金门窗轻质高强，具有良好的气密性和水密性、隔声、隔热、耐腐蚀性，都较普通钢、木门有显著的提高，对有隔声、保温、防尘特殊要求的建筑以及多风沙、多暴雨、多腐蚀性气体环境地区的建筑尤为适用，经阳极氧化和封孔处理后的铝合金型材呈银白色金属光泽，不需要涂漆，不褪色，不需要经常维修保护，还可以通过表面着色和涂膜处理获得多种色彩和花纹，具有良好的装饰效果。

(2)铝合金门窗的制作和安装包括哪些内容？

铝合金门窗制作：型材矫正、放样下料、切割断料、钻孔组装、制作搬运。

铝合金门窗安装：现场搬运、安装、校正框扇、裁安玻璃、五金配件、周边塞口、清扫等。

(3)铝合金地弹门的结构和定额含量是如何构成的？

铝合金地弹门的组成部分有：门框、门扇、闭门器和玻璃。

一般采用100×44型扁方管型材(定额采用101.6mm×44.45mm)做门框，选用46系列型材做门扇，闭门器一般为座地式地弹簧，其玻璃一般采用5~6mm的平板玻璃。

按规定铝合金门框与墙洞口应弹性连接牢固，不得直接埋入墙体。定额中选用软填料(如玻璃棉毡、矿棉条等)做连接件。

定额含量按下式计算：

实用外框铝合金型材=(立框长+上、中横框宽)×型材单位重

注：铝合金先算门外框实用量，待以后累加内扇后再算含量。

(4)铝合金门窗表面有何质量要求？

①门窗表面不应有明显的擦伤、划伤、碰伤等缺陷。

②门窗相邻杆件着色表面不应有明显的色差。

③门窗表面不应有铝屑、毛刺、油斑或其他污迹，装配连接处不应有外溢的胶粘剂。

(5)如何计算铝合金平开窗定额含量？

铝合金平开窗多为单扇和双扇，又分为带上亮、带侧亮、不带上亮和带顶窗四种形式，所用的型材通常为38系列和50系列。它的主要部件有窗框(外框)，窗扇(内框)压条和拼角连接件。

5.3.4 塑料门窗安装

1)塑料门窗安装定额项目说明见表5-37。

表5-37 塑料门窗安装定额项目说明

计量单位	$100m^2$
定额编号	7-302~7-305
工作内容	校正框扇、安装门窗、裁安玻璃、装配五金配件，周边塞缝等

2)对应项目相关问题答疑

(1)怎样计算塑料门窗安装材料量？

塑料门窗安装材料量计算分塑料门、玻璃、塑料压条、密封油膏、软填料、地脚、膨胀螺栓、螺钉的计算。

①塑料门计算：按 $100m^2$ 乘外框系数0.962计算。

②玻璃计算：按上亮部分 $17.01kg/100m^2$ 列入。

③塑料压条：按上亮部分 $119m/100m^2$ 列入。

④密封油膏：按铝合金门部分 $53.40kg/100m^2$ 和 $51.62kg/100m^2$ 列入。

⑤软填料计算：参照铝合金门软填料用量计算。

⑥地脚计算：单扇有亮平开门按每樘13个计算。

$13个\times1.01\div2m^2\times100个/100m^2=657个/100m^2$。

⑦膨胀螺栓和螺钉耗用量同地脚。

(2)塑料门窗有哪些品种？

塑料门窗分为基本门窗和组合门窗。每类门窗按门窗框厚度构造尺寸分为若干系列。

塑料门窗按其开启方式分为平开门、推拉门、固定窗、平开窗、滑撑平开窗、上悬窗、中悬窗、推拉窗等。

平开门有50系列、58系列。基本门洞高度有2000mm、2100mm、2400mm、2700mm、3000mm；基本门洞宽度有700mm、800mm、900mm、1000mm、1200mm、1500mm、1800mm。推拉门有80系列、85系列、85A系列、95系列。基本门洞高度有2000mm、2100mm、2400mm；基本门洞高度有1500mm、1800mm、2100mm、2400mm、2700mm、3000mm。固定窗有45系列、50系列、58系列。基本窗洞高度有900mm、1200mm、1400mm、1500mm、1800mm、2400mm；基本窗宽度有600mm、900mm、1200mm、1400mm、1500mm、1800mm、2100mm、2400mm。平开窗有45系列、45A系列、50系列、58系列；基本窗洞高度有1400mm、1500mm、1800mm，基本窗洞宽度有600mm、900mm、1200mm、1500mm、1800mm、2100mm、2400mm。滑撑平开窗有45系列、50系列、58系列；上悬窗有50系列、58系列，螺窗有50系列、59系列；推拉窗有75系列、80系列、85系列、95系列。基本窗洞高度有600mm、900mm、1200mm、1400mm、1500mm、1800mm、2100mm、2400mm；基本窗洞宽度有1200、1500、1800、2100、2400mm。

塑料门窗按其使用性能分为一般型和全防腐型两类，两者所不同的是五金件的选择。

(3)塑料门窗有哪些特点?

①由于型材是PVC在熔融状态下通过模具挤出成形、定形的,因此可以形成实现各类功能的精细构造。

②通过放置不同规格、形状的增强型钢,可使塑料窗获得不同的抗风压强度。除了满足普通风压要求外,也可有很高的抗风压强度。

③塑钢窗的隔声效果好。

④塑料门窗耐腐蚀性能好,可用于酸雨、沿海、化工厂等腐蚀严重的环境。

⑤白色的塑料门窗对室内装修的色调要求有较大范围的适应性,近年来相继应用的双色共挤、覆膜、喷涂技术使塑料窗室外侧颜色更为丰富,满足建筑外立面的色彩要求。

⑥塑料窗的框、扇角都是焊接,可以免除组角式窗因工艺不当使缝隙处漏水。

⑦塑料门窗的型材可回收,重复利用,因为PVC树脂是热塑性材料,因此可以反复加热成形,成为新的制品,循环使用,符合环保要求。

⑧塑钢窗最大的优点是节能,并在这方面体现出优良的性能价格比。首先就材料的生产能耗来说,单位重量的PVC只是钢的1/8,铝的1/16。而且在回收重复利用时不需要重新冶炼、铸锭,只需将型材破碎后,即可当做原料使用。能耗极少。这一点对于我国资源短缺的情况十分有利。

(4)塑料门窗按加工方式不同可分为哪几种类型?

塑料门窗按加工方式不同可分为以下三种类型:

①塑料复合材料门窗。为了增加刚度、延长寿命,在塑料型材中加入型钢或铝材,使之成为塑钢复合或塑铝复合的塑钢门窗,像这种将聚氯乙烯制成中空型材内衬其他芯材复合而成的门窗被称为塑料复合门窗。

②塑料型材组装门窗。它是将塑料经挤压注塑机制成各种门窗型材,而后按各种规格进行裁切、组装,焊接而成。

③全塑整体门窗。它是将门窗扇整体加工一次成形而得的。

(5)什么是塑料门窗?定额有哪些具体规定?

塑料门窗是在硬质聚氯乙烯中加入适量耐老化剂、稳定剂、增塑剂等,经专门加工而成的。塑料门一般都是用于室内,一般不带纱。塑料窗不分带亮和不带亮,统一按洞口面积以“m^2”计算。定额中门已综合考虑了3.8%的折算系数,窗已综合考虑了2.5%的折算系数。

定额是按“塑料型材组装门窗”编制的。设计种类不同时,其单价可以换算。安装工程量按洞口面积以$100m^2$计算。

塑料门窗是按成品计价的,门窗的运输费用已计入成品价内。

5.3.5 钢门窗安装

1)钢门窗安装定额项目说明见表5-38。

表5-38 钢门窗安装定额项目说明

计量单位	$100m^2$
定额编号	7-306~7-323
工作内容	包括解捆、划线定位、调直、凿洞,吊正、埋铁件、塞缝、安纱门扇、纱窗扇、拼装组合、钉胶条、小五金安装等全部操作过程;放样、划线、裁料、平直、钻孔、拼装、焊接、成品校正,刷防锈漆及成品堆放

2)对应项目相关问题答疑

(1)怎样计算钢门窗安装材料量?

钢门窗安装材料量计算分普通钢门、铁纱、电焊条、现浇混凝土、人工水泥砂浆、预埋铁件来计算。

①普通钢门计算:按 $100m^2$ 乘外框系数 0.962 计算。

②铁纱计算:按钢门带纱扇 $95.20m^2$ 列入。

③电焊条计算:

a. 单层钢门:$0.0309kg/m^2 \times 0.95 \times 100kg/100m^2 = 2.94kg/100m^2$

b. 单层带纱:$0.0533kg/m^2 \times 0.95 \times 100kg/100m^2 = 5.06kg/100m^2$

④现浇混凝土计算:按 $0.2m^3/100m^2$ 取定。

⑤1:2 水泥砂浆计算:

a. 按单扇 $0.9 \times 2.1m^2 = 1.89m^2$,取 70% 为 37.04 樘/$100m^2$。

b. 按双扇 $1.2 \times 2.1m^2 = 2.52m^2$,取 30% 为 11.90 樘/$100m^2$。

c. 钢门框边缝平均取 $2 \times 3cm$。

d. 计算式:

$[(2.1 \times 2 + 0.9) \times 37.04 + (2.1 \times 2 + 1.2) \times 11.90] \times 0.12 \times 0.03 = 0.911m^3/100m^2$

⑥预埋件计算按原定额耗用量列入。

(2)使用钢门窗安装定额应注意哪些问题?

①钢门窗的运输,可按土建工程预算定额构件运输分部Ⅲ类"金属构件运输"定额执行。折算重要按各地规定或产品说明书,若无资料,可参考下述平均数计算:

钢门:$32 \sim 34kg/m^2$,门带纱:$35 \sim 38kg/m^2$。

钢窗:$24 \sim 26kg/m^2$,窗带纱:$28 \sim 30kg/m^2$。

②钢门窗安装包括五金配件和铁脚在内,不得另行计算,但玻璃安装另行套用"钢门窗安玻璃"项目定额。安装玻璃定额是按油灰考虑的,若采用塑料压条或橡皮条,则按每 $100m^2$ 使用压条 736m 计算,并减去油灰和清油的价值。

③安装工程量按设计洞口面积计算,定额中已考虑了门的折算系数3.2%、窗的折算系数5.2%。

④钢门窗安装,不分空腹式或实腹式,定额含量统一按定额规定执行,成品单价可以调整。

5.4 经典实例剖析与总结

5.4.1 经典实例

项目编码:010802001　　项目名称:金属平开门

【例5-1】 如图5-32所示,求双扇有亮不带纱金属门工程量。

【解】 1)清单工程量:

工程量 $= 2.7 \times 1.5 = 4.05m^2$

清单工程量计算见表5-39。

表5-39　清单工程量计算表

项目编码	项目名称	项目特征描述	计量单位	工程量
010802001001	金属门	双扇有亮不带纱平开金属门,洞口尺寸为1500mm×2100mm	m^2	4.05

2)定额工程量同清单工程量。

套用消耗量定额 4 -012。

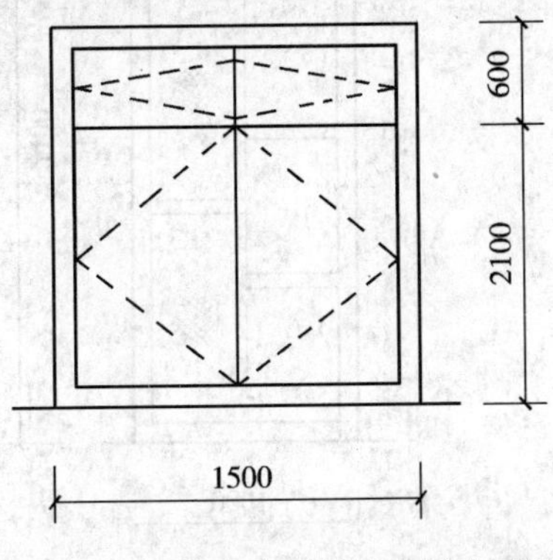

图 5-32 双扇有亮不带纱金属分开门

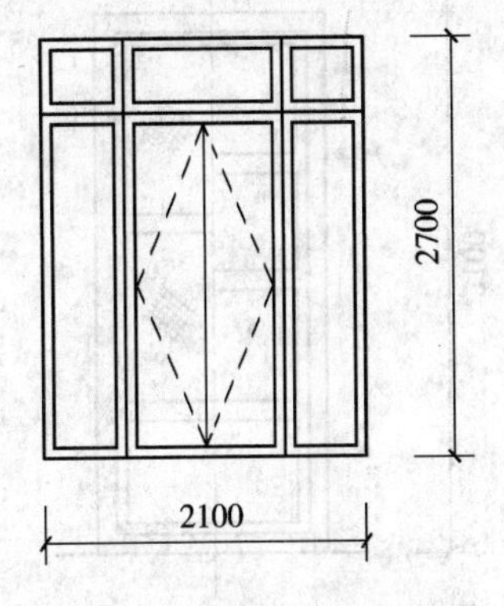

图 5-33 双扇铝合金地弹门

项目编码:010802001　　项目名称:金属地弹门

【例 5-2】 如图 5-33 所示有上亮、有侧亮双扇地弹铝合金门,试求其工程量。

【解】 1)清单工程量:

铝合金地弹门工程量为:

$S = 2.7 \times 2.1 = 5.67\text{m}^2$

清单工程量计算见表 5-40。

表 5-40 清单工程量计算表

项目编码	项目名称	项目特征描述	计量单位	工程量
010802001002	金属地弹门	有上亮、有侧亮双扇地弹铝合金门	m^2	5.67

2)定额工程量同清单工程量。

套用消耗量定额 4 -006。

项目编码:010801001　　项目名称:木质门

【例 5-3】 如图 5-34 所示镶板木门,带纱扇、无亮子,45 樘,求其工程量。

【解】 1)清单工程量[按图示数量计算]:

工程量 =45 樘

清单工程量计算见表 5-41。

表 5-41 清单工程量计算表

项目编码	项目名称	项目特征描述	计量单位	工程量
010801001001	木质门	带纱扇,无亮子,尺寸 900mm ×2100mm	樘	45

2)定额工程量:

工程量 $= 2.1 \times 0.9 \times 45 = 85.05\text{m}^2$

门框制作套用基础定额 7 -9;

门框安装套用基础定额 7 -10;

门扇制作套用基础定额 7 -11;

门扇安装套用基础定额 7 -12。

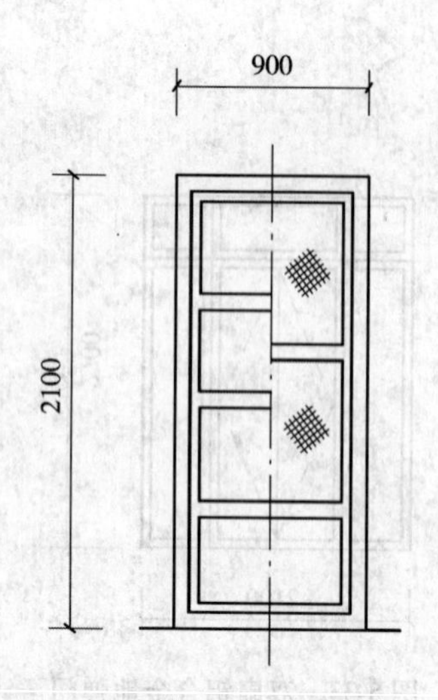

图 5-34　带纱扇无亮子镶板木门示意图

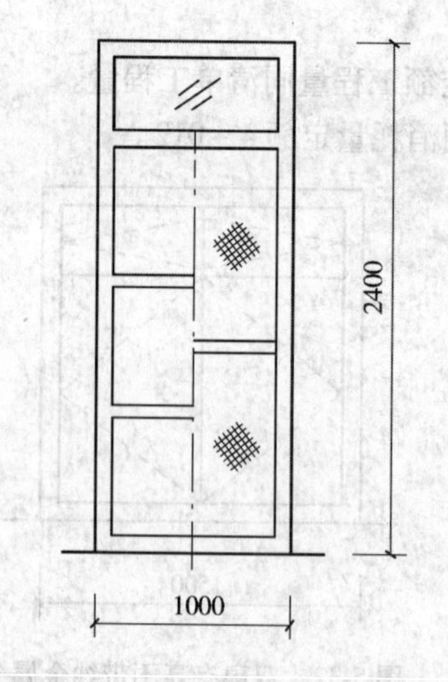

图 5-35　带纱带亮单扇胶合板门

项目编码:010801001　　项目名称:木质门

【例 5-4】　现有带纱带亮单扇胶合板门 50 樘,门洞尺寸如图 5-35 所示,门具体形式也表达至图 5-35,试计算其工程量。

【解】　1)清单工程量:

工程量 =50 樘

清单工程量计算见表 5-42。

表 5-42　清单工程量计算表

项目编码	项目名称	项目特征描述	计量单位	工程量
010801001001	木质门	带纱带亮单扇,尺寸 1000mm×2400mm	樘	50

2)定额工程量:

工程量 $=1\times2.4\times50=120\text{m}^2$

带亮带纱单扇胶合板门门框制作套用基础定额 7-41。

门框安装套用基础定额 7-42。

门扇制作套用基础定额 7-43。

门扇安装套用基础定额 7-44。

项目编码:010806001　　项目名称:木质窗

【例 5-5】　有一木质两扇左右推拉窗(成品),上固定下开启,如图 5-36 所示,试求其工程量。

【解】　1)清单工程量:

工程量 =1 樘

清单工程量计算见表 5-43。

表 5-43　清单工程量计算表

项目编码	项目名称	项目特征描述	计量单位	工程量
010806001001	木质窗	木质两扇左右推拉窗	樘	1

2)定额工程量:

工程量 $=0.9\times1.2=1.08m^2$

套用消耗量定额4-033。

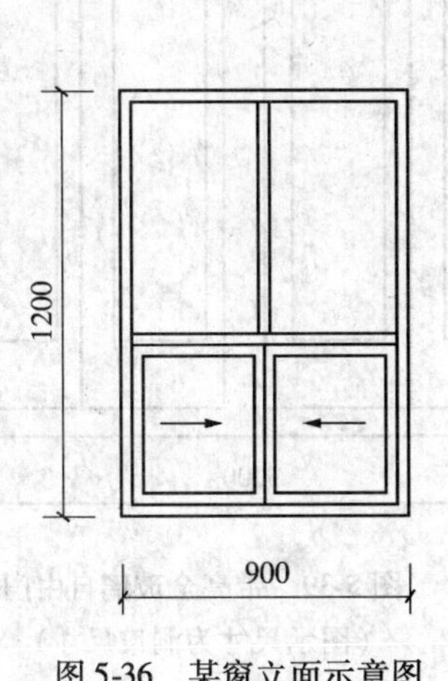

图5-36　某窗立面示意图

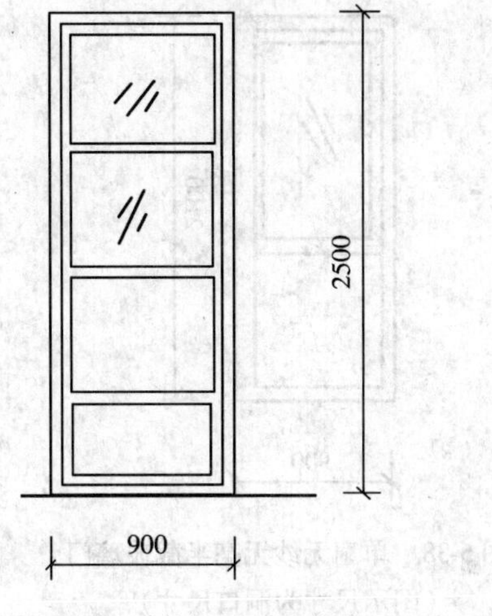

图5-37　某门立面示意图

项目编码:010801001　　项目名称:木质门

【例5-6】 如图5-37所示,试求实木镶板半玻门扇工程量。

【解】 1)清单工程量:

工程量=1樘

清单工程量计算见表5-44。

表5-44　清单工程量计算表

项目编码	项目名称	项目特征描述	计量单位	工程量
010801001001	木质门	实木镶板半玻门扇	樘	1

2)定额工程量:

工程量 $=0.9\times2.5=2.25m^2$

套用消耗量定额4-056。

项目编码:010801001　　项目名称:木质门

【例5-7】 试求如图5-38所示单扇无纱无亮半截玻璃门工程量。

【解】 1)清单工程量:

工程量 $=0.90\times2.10=1.89m^2$

清单工程量计算见表5-45。

表5-45　清单工程量计算表

项目编码	项目名称	项目特征描述	计量单位	工程量
010801001001	木质门	单扇无纱无亮,尺寸900mm×2100mm	m^2	1.89

2)定额工程量同清单工程量。

套用基础定额7-97~7-100。

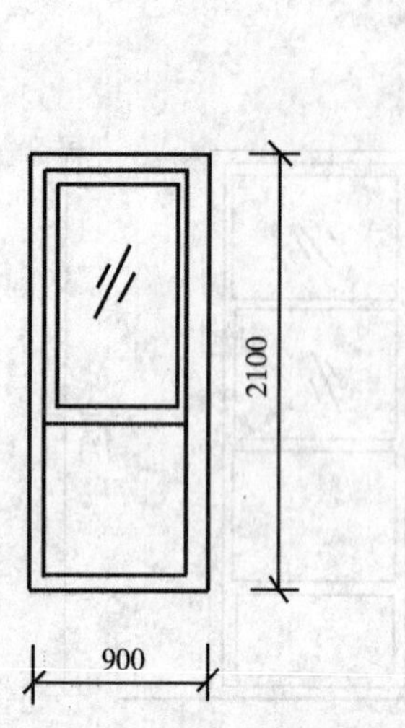

图 5-38　单扇无纱无亮半截玻璃门
（图示尺寸为洞口尺寸）

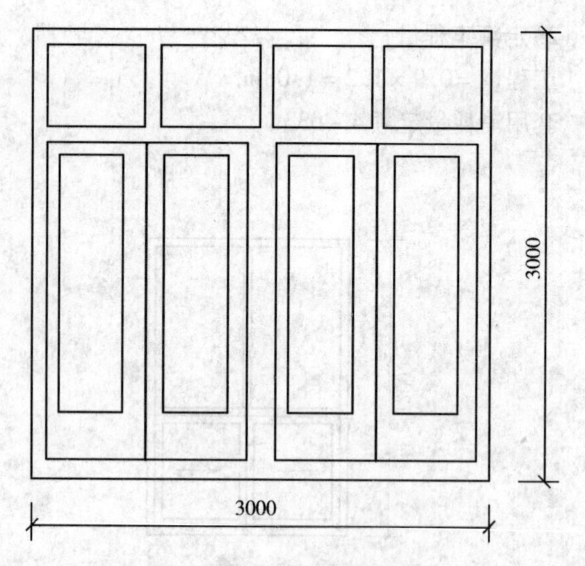

图 5-39　带亮全玻璃自由门
（图示尺寸为洞口尺寸）

项目编码:010805005　　项目名称:全玻自由门

【例 5-8】 试求如图 5-39 所示带亮全玻璃自由门工程量。

【解】 1)清单工程量:

工程量 $=3.0\times3.0=9.0\text{m}^2$

清单工程量计算见表 5-46。

表 5-46　清单工程量计算表

项目编码	项目名称	项目特征描述	计量单位	工程量
010805005001	全玻自由门	带亮全玻自由门,尺寸 3000mm × 3000mm	m^2	9.00

2)定额工程量同清单工程量。

套用基础定额 7 – 113 ~ 7 – 116。

项目编码:010803001　　项目名称:金属卷帘门

【例 5-9】 如图 5-40 所示,试求电动铝合金卷闸门工程量。

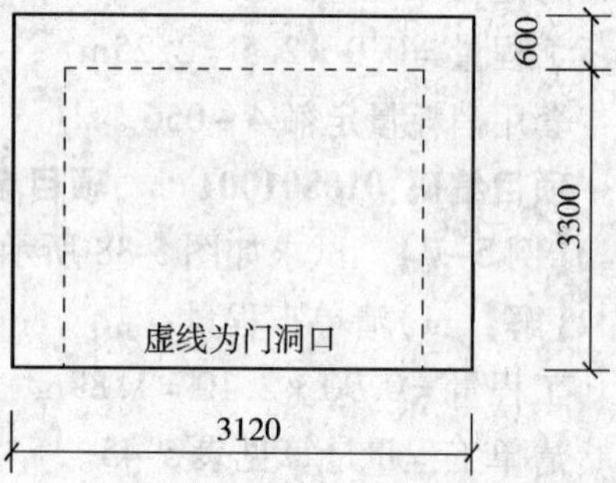

【解】 1)清单工程量:

卷帘门安装:

工程量 $=3.12\times(3.3+0.6)$

$=12.17\text{m}^2$

清单工程量计算见表 5-47。

600
3300
虚线为门洞口
3120

图 5-40　铝合金电动卷闸门示意图

表 5-47　清单工程量计算表

项目编码	项目名称	项目特征描述	计量单位	工程量
010803001001	金属卷帘门	电动铝合金卷帘门	m^2	12.17

2)定额工程量:

卷帘门安装:

工程量 $=12.17m^2$

套消耗量定额 4－038。

电动装置安装：

工程量 $=1\times1$ 套 $=1$ 套

项目编码:010803001　　项目名称:金属卷帘门

【例 5-10】　某车库安装铝合金卷闸门 5 个,设计洞口尺寸为 4000mm×4000mm,电动卷闸,带活动小门,试求其工程量。

【解】　1)清单工程量:

铝合金卷闸门工程量 $=4.00\times(4.00+0.60)\times5=92m^2$

清单工程量计算见表 5-48。

表 5-48　清单工程量计算表

项目编码	项目名称	项目特征描述	计量单位	工程量
010803001001	金属卷帘门	铝合金卷闸门	m^2	92.00

2)定额工程量:

(1)铝合金卷帘门

工程量 $=92m^2$

套消耗量定额 4－038。

(2)电动装置 $=5$ 套

套消耗量定额 4－039。

(3)活动小门 $=5$ 个

套消耗量定额 4－040。

项目编码:010806001　　项目名称:木组合窗

【例 5-11】　普通窗上部带半圆窗如图 5-41 所示,共 10 樘,求其工程量。

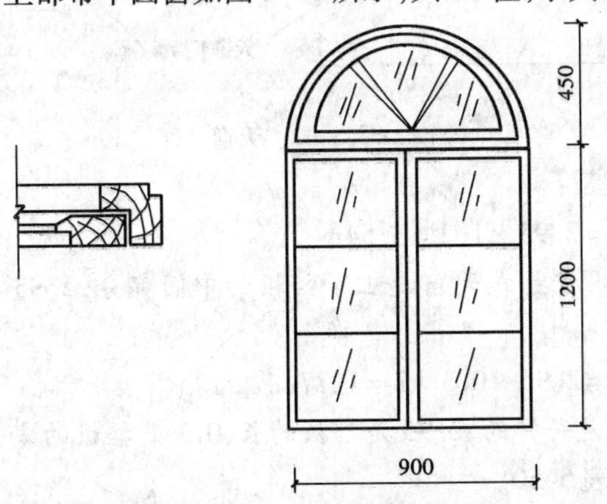

图 5-41　带半圆窗普通窗

【解】　1)清单工程量:

普通窗工程量 $=0.9\times1.2\times10m^2=10.8m^2$

【注释】　普通窗工程量按图示尺寸以面积计算,0.9是普通窗的宽,1.2是普通窗的高,10是窗户的个数。

半圆窗工程量 $=3.14\times0.45^2/2\times10=3.18m^2$

【注释】 半圆窗工程量按图示尺寸以半圆的面积计算，$\pi r\times r/2$，$r=0.45$ 是半圆的半径，10 是窗户的个数。

工程量 = 普通窗工程量 + 半圆窗工程量 $=10.8+3.18=13.98m^2$

清单工程量计算见表 5-49。

表 5-49 清单工程量计算表

项目编码	项目名称	项目特征描述	计量单位	工程量
010806001001	木质窗	普通窗尺寸为 900mm × 1200mm；单圆窗尺寸直径 900mm	m^2	13.98

2)定额工程量同清单工程量。

(1)普通窗工程量：

套用基础定额 7－253。

(2)半圆窗工程量：

套用基础定额 7－250 ~ 7－253。

项目编码：010806001　　项目名称：木质窗

【例 5-12】 如图 5-42 所示，求木屋架气楼上中悬式天窗及上下木挡板工程量。

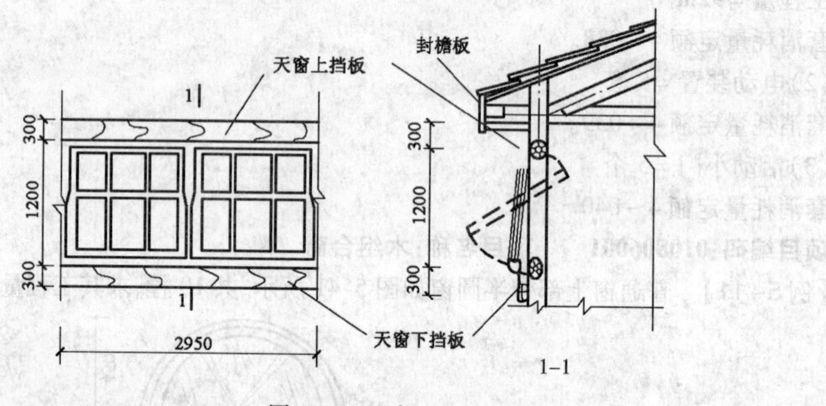

图 5-42 天窗

【解】 1)清单工程量：

中悬式天窗工程量 $=2.95\times1.2=3.54m^2$

【注释】 根据图示，中悬式天窗是上下挡板的中间部分，2.95 是天窗的长，1.2 是天窗的宽。

上下木挡板工程量 $=2.95\times0.3\times2=1.77m^2$

【注释】 上下挡板是一样的，2.95 是挡板的长，0.3 是挡板的宽，2 是挡板的个数。

清单工程量计算见表 5-50。

表 5-50 清单工程量计算表

项目编码	项目名称	项目特征描述	计量单位	工程量
010806001001	木质窗	中悬固定，尺寸为 1200mm × 2950mm	m^2	3.54

2)定额工程量同清单工程量。

套用基础定额 7－238 ~ 7－241。

项目编码:010806001　　项目名称:矩形木百叶窗

【例5-13】 有一木百叶窗如图5-43所示,计算其工程量。

【解】 1)清单工程量:

工程量=1樘

清单工程量计算见表5-51。

表5-51　清单工程量计算表

项目编码	项目名称	项目特征描述	计量单位	工程量
010806001001	木质窗	矩形木百叶窗,尺寸为600mm×1200mm	樘	1

2)定额工程量:

工程量$=0.6\times1.2=0.72\text{m}^2$

【注释】 木百叶窗按设计图示数量或设计图示洞口尺寸以面积计算,0.6是木百叶窗的宽,1.2是木百叶窗的长。

窗制作套用基础定额7-230。

窗安装套用基础定额7-231。

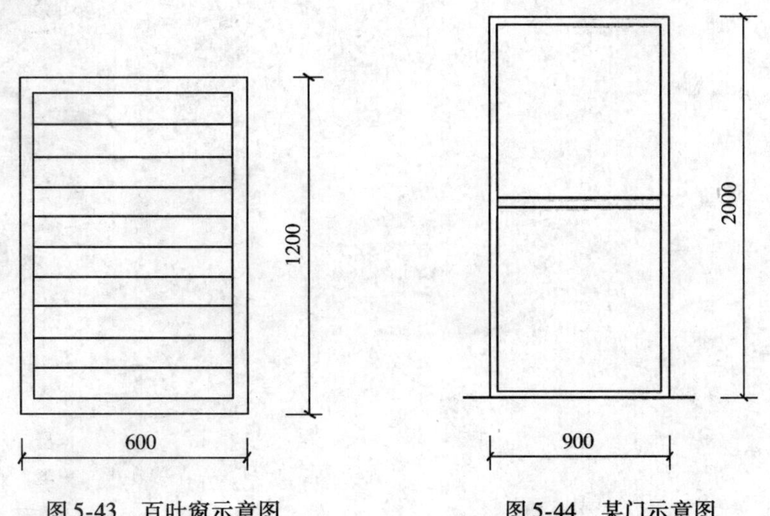

图5-43　百叶窗示意图　　　　图5-44　某门示意图

项目编码:010801001　　项目名称:木纱门

【例5-14】 如图5-44所示,求木纱门工程量。

【解】 1)清单工程量:

工程量=1樘

清单工程量计算见表5-52。

表5-52　清单工程量计算表

项目编码	项目名称	项目特征描述	计量单位	工程量
010801001001	木质门	木纱门	樘	1

2)定额工程量:

工程量$=0.9\times2.0=1.80\text{m}^2$

【注释】 木纱门按设计图示洞口尺寸以面积计算,0.9是木纱门的宽,2是木纱门的高。

5.4.2 剖析与总结

1. 各类门、窗制作、安装工程量均按门、窗洞口面积计算。

(1)门、窗盖口条、贴脸、披水条,按图示尺寸以“延长米”计算,执行木装修项目。

(2)普通窗上部带有半圆窗的工程量应分别按半圆窗和普通窗计算。其分界线以普通窗和半圆窗之间的横框上裁口线为分界线。

(3)门窗扇包镀锌铁皮,按门、窗洞口面积以“m^2”计算;门窗框包镀锌铁皮,钉橡皮条、钉毛毡按图示门窗洞口尺寸以“延长米”计算。

2. 铝合金门窗制作、安装,铝合金、不锈钢门窗、彩板组角钢门窗、塑料门窗、钢门窗安装,均按设计门窗洞口面积计算。

3. 卷闸门安装按洞口高度增加600mm乘以门实际宽度以“m^2”计算。电动装置安装以“套”计算,小门安装以“个”计算。

4. 不锈钢片包门框按框外表面面积以“m^2”计算;彩板组角钢门窗附框安装按“延长米”计算。

第6章　油漆、涂料、裱糊工程

6.1　油漆、涂料、裱糊造价基本知识

6.1.1　油漆、涂料、裱糊相关应用释义

花饰:指在抹灰过程中现制的各种浮雕图形。

熟桐油:即经过炼制的桐油,用油桐的种子榨的油,黄棕色,有毒,是质量很好的干性油,用来制造油漆、油墨、油布,也可做防水防腐剂。

漆片:是一种涂料,漆片即虫胶漆,或称泡立水、胶片。用时以酒精等溶解涂在器具上能很快地干燥,它一般多与硝基清漆配套使用。

臭油:又称为"柏油",是具有强烈的臭气,稀释后水一样的黑色液体,在建筑上多用作木材防腐及白铁、生铁构件的防腐涂料。国家的标准名称为防腐油。

腊克:又叫"硝基清漆",由硝酸纤维、树脂、颜料和稀释剂等多种成分配制而成。它是建筑中的高档油漆,它与油基漆(调和漆或透明无色的油质清漆)不能同时使用,因此木门窗在装修作腊克时,其底漆不能用清油,应先刷漆片,然后再刷腊克。木器经刷腊克后表面可光滑坚韧,干燥也较快。

润粉:有油粉、水粉之分。以大白粉为主要原料,掺合某种其他油料,制成为浆糊状物,用其揩擦填补木材表面的操作过程就叫润粉。将大白粉加色粉、光油、清油、松香水混合成浆糊状,用麻丝团沾上油粉,将木材面上棕眼擦平,称做润油粉;将水胶、大白、色粉混合成浆糊状,将木材表面上棕眼擦平,称做润水粉。

毛刺:指的是金属工件的边缘或较光滑的平面上因某种原因而产生的不光、不平的部分,通常应加工去掉毛刺。金属表面应清除灰尘、油渍、鳞皮、锈斑、焊渣、毛刺。

三层二玻一纱窗:是指双层框三层扇。

木护墙、木墙裙:是保护墙体用的木装修。

木墙裙:是指加在室内墙壁下半部起装饰和保护作用的木质墙裙。

窗台板:指窗下框内侧设置的两端挑出墙面 30~40mm 木板,厚约 30mm。

盖板:指室内装修标准高时,两扇窗的高低链接缝处在一面或两面加钉的压缝条。

踢脚线:即楼地面与内墙脚相交处的护壁层,主要是为了保护内墙角免遭破坏,并可保持表面清洁。

抹灰线条油漆:是在抹灰线条上施涂色漆,一般常用铅油、调和漆。

锦锻墙面:是指用锦缎浮挂墙面的做法,在我国已有悠久的历史。对墙面装饰效果、织物所具的独特质感和触感是其他任何材料所不能相比的。由于织物的纤维不同,织造方式和处理工艺不同,所产生的质感效果也不同,因而给人的美感也有所不同。

擦涂:擦涂是用棉花团包纱布蘸漆在物面上顺木纹擦涂几遍,放置 10~15min,等滚膜稍干后再较大面积打圈揩擦,直至均匀发亮为止。此法得到的漆膜光亮、质量好,但费工又费时,

仅适用于擦涂漆片。

揩涂:是用布或蚕丝揉成团浸在油漆中,然后涂在物体表面上,来回左右滚动,反复搓揩以达到均匀的漆膜。此法用料省,施工设备简单,但费工费时,用手工操作时易中毒,仅适用于生漆的涂刷施工。

厚漆:俗称铅油,是由着色颜料、大量体质颜料和10% ~20%的精制干性油或炼豆油,并加入润湿剂等研磨而成的稠厚浆状物。厚漆中没有加入足够的油料、稀料和催干剂等,因而具有运输方便的特点。使用时需加入清油或清漆调制成面漆、无光漆或打底漆等,并可自由配色。

磁漆:磁漆与调和漆的区别是漆料中含有较多的树脂,并使用了鲜艳的着色颜料,漆膜坚硬、耐磨、光亮、美观,很像磁器(即瓷器),故称为磁漆。

"广(生)漆":广(生)漆是一种天然漆,它是由一种天然植物(即谓之漆树)的液汁经过滤,除去杂质而得。它有两个品种,即生漆(有称国漆、土漆、天然大漆等)和广漆(有称熟漆、坯漆等)。

生漆是将过滤后的液汁经过曝晒、低温烘烤或将漆置于放水的容器内用文火加温,使其脱去一部分水分后加入适量改性溶剂而成。

广漆是在生漆中掺入坯油(即熟桐油)配制而成,它的光亮度比生漆好。

在预算中若遇油漆品种和材料单价不同时,单价可以调整。

彩色喷涂:是用喷涂机将彩砂涂料喷涂在墙面上的一种工艺,彩砂涂料是将彩色硅砂和各种助剂加入苯乙烯-丙烯酸酯共聚乳液为主的基料中,配制而成。定额中的彩砂涂料是按丙烯酸彩砂涂料计算的,除此之外还有丙烯酸脂陶石颗粒状喷涂料,苯乙烯-丙烯酸脂彩砂涂料,D—831彩砂有机建筑涂料等。这种涂料具有颜色稳定,质感丰富,快干无毒,耐水耐碱等特点。

砂胶涂料:是一种类似于彩砂喷涂的喷涂工艺,其操作过程如下:

(1)在基层上喷涂粘贴涂料。

(2)在粘结涂料上喷涂彩砂,并用橡胶辊压平滚牢。

(3)在彩砂上喷涂罩面涂料。

金属墙纸:是将表面经化学处理后的金属薄箔(目前所用多为铝箔)进行彩色印刷,再涂以保护膜,然后通过复合分卷流水线与防水纸粘贴,复合分卷而成的一种墙面装饰材料。

其特点为:不积污垢、表面光洁、耐水耐磨、图像清晰、色洁高雅,不发霉,不发斑、不变色,其规格有20000mm×530mm、10000mm×530mm。

织锦缎:是指用不同的纺纱工艺和花色拈线的加工方式将棉麻、丝等天然纤维或玻璃纤维所制成的各种粗细纱和织物,粘到基层纸上而制成的壁纸。

104外墙饰面材料:104外墙涂料是用有机高分子胶粘剂和无机胶粘剂为基料,加入填充料、砂、矿物颜料等加工而成的一种水性厚质饰面涂料。其品种有白、绿、蓝、灰、咖啡等各种颜色。

内墙多彩花纹涂料:是用甲基纤维素和组成的溶液做基料,慢慢渗入带色的有花纹的溶剂型树脂涂料,不断搅拌使其分散成细小的溶剂型油漆涂料滴所形成的不同颜色油滴的混合悬浊液,是一种常用的墙面、顶棚装饰涂料。

绒面涂料:是一种涂膜具有丝绒装饰效果,触感柔韧而富有弹性的新型装饰性涂料。

内墙彩绒涂料:是指用着色的聚氨酯及聚脲共聚合物为颜料制成的用于室内墙面装饰的

涂料。

仿瓷涂料:以多种高分子化合物为基料,配以各种助剂、颜料和无机填料,经过加工而成的一种光泽涂层。因其涂层有仿瓷效果,故称仿瓷涂料或瓷釉涂料。

仿瓷涂料一般为双组份,使用方便,可在常温下自然干燥,涂刷时涂二遍。

刮涂法:使用金属或非金属刮刀,如硬胶皮片、玻璃钢刮刀、牛角刮刀等用手工涂刮,一般用于涂刮各种厚浆涂料,填孔剂、大漆、清漆和腻子等。

墙面钙塑涂料:是以轻质碳酸钙和聚氨乙烯为主要原料,配以少量助剂加工而成,也有用聚乙烯或聚丙烯取代聚氯乙烯的。

封底涂料:系由多彩涂料生产厂家配套提供的,以苯丙乳液为主要成膜物的耐碱性封底涂料。

腻子涂料:42.5 级白水泥,细度大于 150 目的滑石粉、白云石粉或重质碳酸钙等,108 或 801 建筑胶水。

"804"型地板涂料:是采用环氧树脂等高分子材料加溶剂及颜料,通过一系列化合反应而成的。

"地板漆":主要是针对木地板而言,适用于木质地板的油漆有钙酯地板漆(T80—1)和酚醛地板漆(F80—3)。此两种漆除适用于木地板外,也适用于楼梯栏杆、钢质平台等的涂装。其特点分别为:

(1)钙酯地板漆平滑光亮、耐摩擦且漆膜坚硬。

(2)酚醛地板漆具有平整光滑、耐磨、耐水性好、漆膜坚韧等特点。

乳胶漆:有内墙和外墙乳胶漆之分,其品种较多,下面以建筑罩光乳胶漆为例说明:

这种漆是由苯丙乳液、交联剂和助剂等配制而成,以水为稀释剂,安全、无毒、漆膜色浅、保光性能好。该涂料可用作无光乳胶涂料表面罩光,也可用作石碑、青铜器文物和建筑物表面保护之用。

防火漆:是将防火添加剂、助剂等加入到以有机或无机物为成膜基料的物体中,在一定工艺条件下合成加工而成的一种特种油漆,其在遇火受热时,便分解膨胀,形成一层防火、隔热层,将易燃的基层保护起来,从而可以防止初期火灾或延缓火灾的蔓延。

防火漆分类方法有三种:

(1)按油漆使用时的工作形状可分为膨胀型防火漆和非膨胀型防火漆。

(2)按油漆成膜材料可分为有机防火漆、无机防火漆以及有机、无机多种复合防火漆。

(3)按其用途可分为钢结构用防火漆、木结构用防火漆、预应力混凝土楼板防火漆和多用途防火漆。

定额在"隔断、木地板、护壁木龙骨、隔墙、顶棚"等"木材面油漆"的子目中所列出的防火漆均指木结构用防火漆。

6.1.2 经济技术资料

1. 涂层厚度

涂层厚度可用下式求出:

$$涂层厚度(\mu m)=\frac{所耗漆量(kg)\times 固体含量(\%)}{固体含量密度\times 涂刷面积(m^2)}\times 1000$$

或将油漆固体含量(不挥发部分)体积分数与油漆涂刷面积的厚度乘积,即得涂层总厚度。

2. 墙面喷塑工程量按墙面喷塑图示尺寸面积计算,计算单位为 m^2。即

$$S(m^2) = L \times H - \sum S_d + \sum S_c$$

式中 S——墙面喷塑的面积,m^2;

L——墙面喷塑图示长度,m;

H——墙面喷塑图示高度,m;

$\sum S_d$——门窗洞口、空圈等占墙面的面积,m^2;

$\sum S_c$——门窗洞口、空圈等侧壁及顶面喷塑面积,m^2。

3. 墙面贴装饰纸。其工程量按装饰纸(对花墙纸、不对花墙纸、金属墙纸、织绵缎)的不同,分别按墙实贴面积计算。即

$$S_q = 墙长 \times 墙高 - S_d + S_c$$

式中 S_q——墙面贴装饰纸的工程量,m^2;

S_d——门窗洞口、空圈所占墙面面积,m^2;

S_c——门窗洞口、空圈侧面、顶面贴装饰纸的面积,m^2。

4. 柱面贴装饰纸。其工程量按装饰纸(对花墙纸、金属墙纸、织锦缎)的不同,分别按柱外表面实贴面积计算,即

$$S_2 = 柱周长 \times 柱高$$

式中 S_2——柱面贴装饰纸的工程量,m^2。

5. 含水率

所谓含水率即材料吸收空气中水分的能力 W。

$$W = \frac{m_k - m_d}{m_d} \times 100\%$$

式中 m_k——材料吸收空气中水分后的质量,g;

m_d——材料烘干至恒重时的质量,g;

W——材料的含水率,%。

6.1.3 相关数据参考与查询

1. 油性防锈漆组成特性及适用范围见表 6-1。

表 6-1 油性防锈漆组成特性及适用范围

名称		型号	组成及特性	适用范围	备注
油性防锈漆	红丹油性防锈漆	Y53—31	系以干性植物油炼制后与红丹粉、体质颜料、催干剂、溶剂等调制、加工而成。防锈性能好,干燥较慢	主要用于钢铁表面作防锈打底	因红丹与锌、铝板易起电化学作用,故该漆不能用在锌板、铝板上
	铁红油性防锈漆	Y53—32	系以干性植物油炼制后与氧化锌、氧化铁红和体质颜料、催干剂、溶剂等调制、加工而成。防锈性能较好,但次于红丹防锈漆,漆膜较软	主要用于室内外钢铁表面打底	该漆单独使用耐候性不好,因此应与面漆配套使用。配套漆为酚醛漆或酯胶漆

2. 复层涂料表面质量要求见表6-2。

表6-2 复层涂料表面质量要求

项次	项　目	水泥系复层涂料	合成树脂乳液复层涂料	硅溶液类复层涂料	反应固化型复层涂料
1	漏涂、透底	不允许			
2	掉粉、起皮	不允许			
3	返碱、咬色	允许轻微	不允许		
4	喷点疏密程度	疏密均匀	疏密均匀,不允许有连片现象		
5	颜色	颜色一致	颜色一致		
6	门窗、玻璃、灯具等	洁　净	洁　净		

3. 清漆表面质量要求见表6-3。

表6-3 清漆表面质量要求

项次	项　目	中级油漆(清漆)	高级油漆(清漆)
1	脱皮、漏刷、斑迹	不允许	不允许
2	木纹	棕眼刮平、木纹清楚	棕眼刮平、木纹清楚
3	光亮和光滑	光亮足、光滑	光亮柔和、光滑无挡手感
4	裹楞、流坠、皱皮	大面不允许,小面明显处不允许	不允许
5	颜色、刷纹	颜色基本一致、无刷纹	颜色净致、无刷纹
6	五金、玻璃等	洁　净	洁　净

4. 常用自配腻子及成品腻子见表6-4。

表6-4 常用自配腻子及成品腻子

种　类	组成及配比(质量比)	性能及应用
油性石膏腻子	(Ⅰ)　(Ⅱ)　(Ⅲ) 熟石膏粉　1　0.8~0.9　1 清油(或熟桐油)　0.3　1　0.5 厚漆　0.3　　0.5 松香水　0.3　适量　0.25 水　适量　0.25~0.3　0.25 液体催干剂　松香水和熟桐油质量的1%~2%	使用方便,干燥快,硬度好,刮涂性好,易打磨,适用于金属、木质、水泥面
血料腻子(水性)	大白粉　56 血　料　16 鸡脚菜　1	易刮涂填嵌,易打磨,干燥快,适用于木质、水泥抹灰面
菜胶腻子(水性)	将鸡脚菜胶放入大白粉内搅拌而成,如需增加硬度和粘结力,可加入适量的石膏粉和皮胶	易操作,易打磨,干燥快,适用于水泥抹灰面
羧甲基纤维素腻子(水性)	大白粉　3~4 羧甲基纤维素　0.1 聚醋酸乙烯乳液　0.25	易填嵌、干燥快、强度高、易打磨,适用于水泥抹灰面

续表

种类	组成及配比（质量比）	性能及应用
乳胶腻子（水性）	大白粉 2 3 4 聚醋酸乙烯乳液 1 1 1 羧甲基纤维素 适量 适量 适量 六偏磷酸钠 适量 适量 适量	易施工、强度好、不易脱落、嵌补刮涂性好，用于抹灰、水泥面
虫胶腻子	大白粉 75 虫胶清漆 24.2 颜料 0.8	干燥快、不渗陷、坚硬、附着力好，用于木质面孔隙初步嵌补，注意现制现用
天然漆腻子	天然漆 7 石膏粉 3	与天然大漆配套使用
过氯乙烯腻子	过氯乙烯底漆与石英粉（320目）混合拌匀成糊状。若粘结力和可塑性较差，可用部分过氯乙烯清漆代替底漆	适用于过氯乙烯油漆饰面的打底
硝基腻子	硝基漆 1 香蕉水 3 大白粉适量 （可加适量体质颜料）	与硝基漆配套使用，属快干腻子，用于金属面时宜用定型产品
喷漆腻子	石膏粉、白厚漆、熟桐油、松香，配合比为3:1.5:1:0.6，调配时加适量水和催干剂，催干剂用量按厚漆和桐油的总质量计算，春、秋季为1%～2%，冬季为2.5%，夏季为1%或不加	不可多刮，以免将表面封闭使腻子内部不易干硬。头道腻子表面应呈粗糙颗粒状以利干燥，2～3道腻子应稀薄以利平整
T07－2 油性腻子	用酯胶清漆、颜料、催干剂和200号溶剂汽油研磨后制成	刮涂性好，可用以填平金属、木质表面凹坑、钉孔及裂纹等，用200号溶剂汽油调稀
Q07－5 硝基腻子	由硝化棉、醇酸树脂、增韧剂、各色颜料组成，其挥发部分由酯、酮、醇、苯类等溶剂组成	干燥快、附着力好、易打磨，可用于金属和木质面填平细孔、缝隙。用X－1或X－2硝基漆稀释剂调稀
G07－4 过氯乙烯腻子	用过氯乙烯树脂、醇酸树脂、颜料与有机溶剂混合研磨后制成	用于金属表面以填补凹凸不平处并增加与面漆的附着力。用X－3过氯乙烯稀释剂调稀

5. 钢筋混凝土构件刷浆工程量系数及展开面积见表6-5。

表6-5　钢筋混凝土构件刷浆工程量系数及展开面积表

项目	工形柱、双枝柱、空格柱	矩形柱、吊车梁、异形梁、矩形梁	人字形屋架、组合式屋架、薄腹屋面架	拱形屋架、折线形屋架、F型和Π型屋面板	大型屋面板、柱间支撑
计算基础	每立方米构件				
系数					
展开面积（m^2）	13	10	18	25	20

续表

项目	槽瓦	檩条	密肋板、井字板、预制小梁现浇板	有梁板	整体楼梯	阳台、雨篷遮阳板	混凝土檐沟	混凝土栏杆、花格窗
计算基础	每立方米构件		水平投影面积(m^2)				每延长米投影面积(m^2)	
系数	42	32	1.4	1.2	1.15	0.8		
展开面积(m^2)							0.5	2.5

6. 混凝土及抹灰内墙、顶棚表面及外墙表面薄涂料的主要工序见表6-6。

表6-6 混凝土及抹灰内墙、顶棚表面及外墙表面薄涂料的主要工序

项次	工序名称	水性薄涂料		乳液薄涂料			溶剂型薄涂料			无机薄涂料	
		普通	中级	普通	中级	高级	普通	中级	高级	普通	中级
1	清扫	+	+	+	+	+	+	+	+	+	+
2	填补缝隙、局部刮腻子	+	+	+	+	+	+	+	+	+	+
3	磨平	+	+	+	+	+	+	+	+	+	+
4	第一遍满刮腻子	+	+	+	+	+	+	+	+	+	+
5	磨平	+	+	+	+	+	+	+	+	+	
6	第二遍满刮腻子		+		+	+		+	+		+
7	磨平		+		+	+		+	+		+
8	干性油打底						+	+	+		
9	第一遍涂料	+	+	+	+	+	+	+	+	+	+
10	复补腻子		+		+	+			+		+
11	磨平(光)		+		+	+		+	+		+
12	第二遍涂料	+	+	+	+	+	+	+	+	+	+
13	磨平(光)					+		+	+		
14	第三遍涂料					+		+	+		
15	磨平(光)								+		
16	第四遍涂料								+		

注:1. 表中“+”中表示应进行的工序。

2. 机械喷涂可不受表中施涂遍数的限制,以达到质量要求为准。

3. 高级内墙、顶棚薄涂料工程,必要时可增加刮腻子的遍数及1~2遍涂料。

4. 石膏板内墙、顶棚表面薄涂料工程的主要工序除板缝处理外,其他工序同上表。

5. 湿度较高或局部遇明水的房间,应用耐水性的腻子和涂料。

7. 纸基塑料壁纸裱糊常用胶粘剂配方见表6-7。

表6-7 纸基塑料壁纸裱糊常用胶粘剂配方

配方 \ 材料名称	聚乙烯酸缩甲醛胶(108胶)	聚醋酸乙烯乳液	羧甲基纤维素溶液(1%~2%)	水
配方一	100	10	20~30	适量
配方二	100	10		100
配方三		100	20~30	适量

8. 成品壁纸胶粘剂的类别及应用见表6-8。

表6-8　成品壁纸胶粘剂的类别及应用

形态类别	主 要 贴 料	分类代号		现 场 调 用
		第1类	第2类	
粉状胶	通常为改性聚乙烯醇、纤维素醚及其衍生物等	1F	2F	根据产品说明将胶粉缓慢撒入定量清水中,边撒边搅拌,使之溶解直至均匀无团块
糊状胶	淀粉及其改性胶等	1H	2H	根据产品说明直接使用或按要求用清水稀释搅拌至均匀无团块
液状胶	聚乙烯醇、聚乙烯醇缩甲醛及其改性胶等	1Y	2Y	根据产品说明直接使用或按要求用清水稀释搅拌至均匀无团块

注:应按壁纸品种选配胶粘剂,一般壁纸可选用第1类胶粘剂;要求高湿黏性、高干强的壁纸裱糊可选用第2类胶粘剂。

9. 内墙涂料及顶棚涂料各种性能见表6-9。

表6-9　内墙涂料、顶棚涂料表

品种及特点	用　途	技术性能
OH型多彩纹塑膜内墙涂料 是一种水包油型单组分液态塑料、喷涂面形成塑料膜层。耐老化、耐油、耐酸碱、耐水洗刷、抗潮、阻燃,有立体感,装饰效果好	适用于宾馆、饭店、影剧院、商场、办公楼、家庭居室	固体含量:40% 耐碱性:(饱和 $Ca(OH)_2$ 溶液)18h无异常 耐水性:浸入96h无异常 耐洗刷性:300次无露底 干燥时间:(GB6751)24h以内 贮存稳定性:(5℃以上常温)6个月
803内墙涂料(聚乙烯醇半缩醛) 新型水溶性涂料,具有无毒无味、干燥快、遮盖力强、涂层光洁、在冬季较低温度下不易结冻,涂刷方便,装饰性好,耐擦性好,对墙面有较好的附着力等优点	可涂刷于混凝土、纸筋石灰、灰泥表面,适用于大厦、住宅、剧院、医院、学校等室内墙面装饰	表面干燥时间:<30min(35℃) 附着力:100% 耐水性:浸24h不起泡不脱粉 耐热性:80℃6h无发粘开裂 耐洗刷性:50次无变化、不脱粉 粘度:25℃,50~70s
108耐擦洗内墙涂料 系以改进型108胶为基料制成。具有干燥快、涂层光洁美观、防水、防污等突出特点	适用于各种民用、公用等建筑内墙的装饰	干燥时间:常温1h 耐水性:48h无变化 遮盖度:<250h/m^2 耐洗净性:<150次 贮存稳定性:1~2个月
毛面顶棚涂料 涂层表面有一定颗粒状毛面质感,对棚面不平有一定的遮盖力,装饰效果好、施工工艺简单,喷涂工效高,可减轻劳动强度	产品分高、中、低档,适用于宾馆、饭店、影剧院、办公楼等公共建筑物的空间较大的房间或过道的顶棚装饰	耐水性:48h无脱落 耐碱性:8h无变化,48h无脱落 渗水性:无水渗出 耐刷洗:250次无掉粉 储存稳定性:半年后有沉淀

续表

品种及特点	用　途	技术性能
JHN84-1 内墙涂料 粘结度高又耐擦洗的无机建筑涂料 具有价格低、耐擦洗、耐碱酸、耐老化、耐高温等特点	适用于机关、厂矿、学校、商店、医院、饭店及城乡民用住宅内墙装饰	最低成膜温度:5℃以上 耐水性:7d 耐污染:30 次 耐擦洗:300 次 耐紫外线:200h 常温贮存稳定性:3 个月

10. 外墙涂料各种参数见表 6-10。

表 6-10　外墙涂料品种、特点、用途及技术性能

品种及特点	用　途	技术性能
104 外墙饰面涂料 由有机高分子胶粘剂和无机胶粘剂制成 具有无毒无味,涂层呈片状,防水、防老化性能好,涂层厚干燥快,粘结力强,色泽鲜艳,装饰效果好	适用于各种工业、民用建筑外墙粉刷之用	粘结力:0.8MPa 耐水性:20℃浸 1000h 无变化 紫外线照射:520h 无变化 人工老化:432h 无变化 冻融循环:25 次无脱落
沙胶外墙涂料 由聚乙烯醇水溶液及少量氯乙烯偏二氯乙烯乳液为成膜物质,加填料、消泡剂等制成 具有无毒、无味、干燥快、粘结力强、装饰效果好等特点	适用于住宅、商店、宾馆、工矿、企事业单位的外墙饰面	粘结力:0.76~0.97MPa 耐水性:20℃浸水 1000h 无变化 人工老化:418h 无变化 紫外线光照射:500h 无变化 冻融循环:25 次无脱落 最低成膜温度:≥5℃
乙丙外墙乳胶漆 由乙丙乳液、颜料、填料及各种助剂制成 以水作稀释剂,安全无毒、施工方便,干燥迅速,耐候性、保光保色性较好	适用于住宅、商店、宾馆、工矿、企事业单位的建筑外墙饰面	黏度:≥17s 固体含量:不小于 45% 干燥时间:表干≤30min 实干≤24h 遮盖率≤170g/m² 耐湿性:浸 96h 破坏 <5% 耐碱性:浸 48h 破坏 <5% 冻融稳定性: >5 个循环不破坏
JH80-1 无机建筑材料 以硅酸钾为主要胶粘剂 具有良好的耐老化、耐紫外线辐射性能、成膜温度低、色泽质感丰富、装饰效果明快	适用于工业、民用建筑外墙饰面工程	干燥时间:2h 遮盖率:320g/m² 耐水性:60d 无异常 耐碱性:30d 无异常 耐酸性:30d 无异常 耐老化性:1000h 耐高温性:600℃无异常

续表

品种及特点	用　　途	技术性能
JH80-2 无机建筑涂料 以胶态氧化硅（硅溶胶）为主要胶粘剂 具有耐水、耐酸、耐碱、耐冻融、耐老化、耐擦洗、涂膜细腻、颜色均匀明快、装饰效果好。涂膜致密坚硬、可打磨抛光，涂膜不产生静电，可喷涂、滚涂等	适用于工业和民用建筑的外墙饰面和内墙耐擦洗饰面	干燥时间：0.5h 最低成膜温度：+6℃ 遮盖率：300g/m² 耐水性：>1000h 耐碱性：（$Ca(OH)_2$ 溶液）>500h 耐沸水性：>2h 耐冻融性：>50 次循环 耐高温性：（600℃）无烟、不燃 耐酸性：（5% HCL）>500h

6.2　清单计价规范对应项目介绍

6.2.1　门油漆

1）木门油漆清单项目说明见表6-11。

表6-11　木门油漆清单项目说明

工程量计算规则	以樘计量（按设计图示数量计量）或以平方米计量（按设计图示洞口尺寸以面积计算）
计量单位	樘（m²）
项目编码	011401001
项目特征	门类型；门代号及洞口尺寸；腻子种类；刮腻子遍数；防护材料种类；油漆品种、刷漆遍数
工作内容	基层清理；刮腻子；刷防护材料、油漆

2）对应项目相关内容介绍

门油漆：门一般为金属门和木门。金属门和木门一般采用调和漆和磁漆。

门油漆中常用的调和漆有各色油性调和漆、各色油性无光调和漆、各色酯胶调和漆、各色酚醛调和漆、各色醇酸酯胶调和漆、各色醇酸调和漆、各色聚酯胶调和漆。常用的磁漆有各色酯胶磁漆、各色酚醛磁漆、各色醇酸磁漆。

门有很多种，像木板门、木纱门、平开门、推拉门、胶合板门、半百叶门、全百叶门、带亮子、不带亮子、单扇门、双扇门及无门框、有门框和单独门框的等等。

包括木门和金属门两种。木门主要有单层木门、双层（一板一纱）木门、双层（单裁口）木门、单层全玻门、木百叶门、厂库大门等。金属门主要有单层钢门窗、双层（一玻一纱）钢门窗、钢百叶门窗、半截百叶门窗等。

厂库房平开钢大门和钢木推拉大门：用型钢作为基本骨架，木板做面板，用螺栓连接而成的平开式和推拉式大门，也可统称为钢木大门。推拉门由门框、门扇、导轨、滑轮及地槽组成。门扇开关时沿轨道滑行，当门扇高小于 4m 时，采用门扇固定在门洞上方的导轨移动的上挂式；门扇高大于 4m 时，采用洞上下方均设导轨的下滑式。

折叠门：由门扇、上下导轨、滑轮、吊挂螺栓、导向铰链、门铰、门框组成。门框一般为钢板制的。上下轨道须与门洞所在墙面有一夹角，以便门扇开启后能全部平靠门洞两侧。

包镀锌铁皮门：门扇或窗扇的木材表面，由镀锌铁皮保护起来，免受火种直接烧烤，一般作为防火门。

腻子：也叫油漆腻子，俗称刮腻子、刮灰，是由体质颜料（填料）、胶粘剂、颜料调制而成。根据工艺精度要求确定不同的遍数，一般分满批腻子和找补腻子。

刮腻子要求：将基体或基层表面坑洼不平的地方填平，通过砂纸打光，使基层表面平整、光滑。

在刷油前，必须先清除木材表面的灰尘、污垢等，并要用砂纸将木材表面磨平，用油粉将其表面的棕眼擦平之后刮腻子一遍以嵌补木材面的裂缝，而后刷调和漆两遍，最后用一遍磁漆罩光。

单层木门：即用木材做成的装置在房屋、车船或用篱笆、围墙围起来的地方的出入口，能开关的单层木质结构。单层木门刷底油一遍、刮腻子、刷调和漆两遍的主要材料有：

（1）熟桐油。即经过炼制的桐油，用油桐的种子榨的油，黄棕色，有毒，是质量很好的干性油，用来制造油漆、油墨、油布，也可做防水防腐剂。油漆溶剂油（稀释剂）：洗刷子、油桷擦手等用辅助溶剂油，油基漆取总用量的5%，其他漆类取总用量的10%；油基漆是干性、半干性植物油脂和高分子合成树脂的统称。

（2）石膏。一种无机化合物，化学式 $CaSO_4 \cdot 2H_2O$，为透明或半透明结晶体，白色、淡黄色、粉红色或灰色，大部分为天然产物。用于建筑装饰塑造和制造水泥等，也叫生石膏，在本分项中主要用于配制石膏油腻子或漆片腻子。

（3）清油又称为熟油或鱼油，用干性油或干性植物油和部分干性植物油，加入催干剂经熬炼而制成的，可作打底涂料或配腻子用，也可单独涂刷于基层表面。

（4）漆片。一种涂料，漆片即虫胶漆，或称泡立水、胶片。用时以酒精等溶解涂在器具上能很快地干燥，它一般多与硝基清漆配套使用。在油漆中，硝基木器清漆属于一种高档漆，价格比较贵，单独使用不太经济，所以一般都先用虫胶液（又叫泡立水）打底子，将木孔较好地封闭，这样可以节约清漆材料，并且两者之间有很好的粘结力。酒精在油漆工程中是作抗冻剂使用的，取石膏腻子中石膏粉用量的2%；催干剂按油基漆总用量的1.7%计取，石膏油腻子中使用的熟桐油同样加1.7%。砂纸上粘有玻璃粉，主要用于打磨木材表面。劳动定额工作内容规定了油漆的过水，并用湿布擦净工序，因此，木材面油漆考虑了白布用量取定的工日按计量单位计算。每工日取定白布0.014m，所以本定额编号11－409中需白布 $0.014 \times 17.69 = 0.25$m。调和漆两遍，每遍按 $10.1kg/100m^2$ 取定，催干剂按 $0.47kg/100m^2$ 取定。洗刷用油漆溶剂油按 $1.017kg/100m^2$ 取定。

调和漆：色漆的一种，可作面漆使用，最常见的是用干性油和着色颜料、体质颜料、催干剂和溶剂等配制而成的。调和漆可开桶即用。成膜物没有树脂仅有干性油的叫油性调和漆，含有干性油和树脂的称磁性调和漆，仅有树脂组成的叫树脂调和漆，各种调和漆均有平光、半光和有光之别。

点漆片：将漆片用酒精溶化（泡立水），然后点刷木材面上的木节及刮净臭油的地方。

可以套用该定额的工程项目还有：双层（一板一纱）木门即一层木板门、一层纱门的门；双层（单裁口）木门即门扇安装在单裁口线上的双层木门；单层全玻门也就是单层的门扇全部装玻璃的门；木百叶即门扇由许多横板条组成，并且板条间有较为均匀的空隙以便通风透气。厂库大门也就是通常设置在工厂和仓库出入口的木质自由关闭的障碍物。以上工程项目在套用该定额时必须乘以相应的工程量系数。

油漆：涂料的旧称。古代从漆树上获得天然树脂制作的涂料，称为大漆。以后人工漆均以干性或半干性植物油为成膜物质，极少是无油的，所以称其为“油漆”。随着科学技术的发展，开发利用各种有机合成树脂及改性油或合成油,用其配制的涂料随习惯称为“人造油漆”。油漆的科学性名称应该叫“有机涂料”。油漆的成膜物部分或全部采用油料的,统称为油基漆。油漆的命名方法很多,如:、

(1)按使用对象命名,如汽车磁漆、自行车烘漆、地板漆、木器漆、烟囱漆等。

(2)按使用效果命名,如打底漆、防锈漆、绝缘漆、耐火漆等。

(3)按组成形态命名,如清漆、厚漆、色漆、调和漆等。

(4)按使用过程命名,如喷漆、烘漆等。

(5)按漆膜外表颜色和光亮度命名,如大红漆、白漆、有光漆、无光漆、平光漆、皱纹漆等。

(6)按主要成膜物命名,如油基漆、树脂漆、水乳化漆等。

浅色:白色、银灰(浅灰而略带银光的颜色)、乳黄、浅蓝、蛋青(像青鸭蛋壳的颜色)、水绿。

中色:正灰(蓝灰、深灰、绿灰)、正蓝(深蓝)、大红(桔红、酱红)、正黄(桔黄、棕黄)、正绿(果绿、黑绿)。

深色:粟色、紫棕、铁红、黑色。

底层工艺:有刷底油、润油粉、润水粉等区别。底油一般由熟桐油、清油、溶剂油等调和而成,在设计图中一般不做详细说明,对要求不高的普通油漆面,无论设计有否说明,都必须刷底油一遍。

润油粉和润水粉:高级油漆面的底层工艺,润即指均匀揉擦,粉即指粉面;润油粉和润水粉只是润粉剂的成分稍有区别,有时在定额印刷上或设计书写中,可能将油粉和水粉相互误写,套用定额时要注意原材料的组成。

润油粉由大白粉、溶剂油、清油、熟桐油等组成,有时也适当加入调和漆。

润水粉由大白粉、色粉、骨胶(水胶)等调和而成。

木材在油漆前应对基层进行处理(包括漂白和染色),其具体方法如下:

(1)漂白。用双氧水(30%)100g,水100g,氨水(25%)10~20g的混合溶液均匀地涂刷在木材表面,涂刷过2~3d后,木材面净白。

(2)染色。可用染料着色,也可用化学药品着色。

①染料着色:一般分为水色和酒色两种。水色是颜料的水溶液,配制水色染料要用酸性染料;酒色染料常是将碱性染料溶在酒精漆片(虫胶漆)中。

②药品着色:用浓度0.5%~5%的药品溶液进行着色,常用药品有Cu、Fe的硫酸盐、醋酸盐、高锰酸钾、石灰水及氨水等。化学药品着色因得不到均匀的色调,故不常用。

刷底油时,木材表面门窗玻璃口四周均须刷到、刷匀,不可遗漏,抹腻子时对于宽缝、深洞要深入压实、抹平刮光;磨砂时要打磨光滑,不能磨穿油底,不可磨损棱角;涂刷时应做到横平竖直、纵横交错、均匀一致;顺序应为先上后下、先内后外、先浅后深,按木纹方向理平理直。涂刷混色油漆时,一般不少于四遍,清漆涂刷不宜少于五遍。刷清漆时,在操作上应注意色调均匀,拼色相互一致,表面不得露节疤;涂刷清漆蜡克时,要做到均匀一致,理平理直,不露刷纹。有打蜡出光要求的工程,应将砂蜡打匀,擦油蜡时要薄要匀,感光一致。

木门窗基层处理:即先将木门窗上的油污、灰尘、旧漆膜、水汽等清理干净。木门窗框边沾上的石灰、泥砂要仔细剔除。用砂纸将木门窗上的毛刺打磨光滑,然后用腻子将裂缝、凹陷等缺陷填平,干后用砂纸打磨平滑,并用清洁的布将存留在物面上的砂粒或尘灰揩净。如果木门窗表面不平整可用刮刀刮批1~2遍腻子。

木门窗刷漆:即使用油性调和漆或酚醛磁漆、醇酸磁漆等。

钢门窗的基层处理：即先清除钢门窗表面的氧化皮、锈蚀、油污、回漆膜、水分以及砂灰，事先已刷过防锈漆的钢门窗应细致地检查有无锈斑。一般可用砂布全部打磨一遍，除去浮锈及灰尘后，用汽油或松香水揩擦干净。

6.2.2 窗油漆

1)木窗油漆清单项目说明见表6-12。

表6-12 木窗油漆清单项目说明

工程量计算规则	以樘计量（按设计图示数量计量）或以平方米计量（按设计图示单面洞口尺寸以面积计算）
计量单位	樘（m^2）
项目编码	011402001
项目特征	窗类型；窗代号及洞口尺寸；腻子种类；刮腻子遍数；防护材料种类；油漆品种、刷漆遍数
工作内容	基层清理；刮腻子；刷防护材料、油漆

2)对应项目相关内容介绍

窗：装设在围护结构上的用于采光、通风和观望等作用的建筑配件。外墙上的窗起隔声、保温、隔热装饰的作用。

在天然采光的建筑中，窗的大小根据采光要求来确定，常用窗面积同室内面积来计算。窗由窗扇、窗樘、玻璃、窗纱、五金零件等组成。窗按不同的用途分为普通窗、天窗和组合窗。普通窗又分为带纱和不带纱，分别以材料来立项。

窗的类型应分为平开窗、推拉窗、提拉窗、固定窗、空花窗、百叶窗以及单扇窗、双扇窗、多扇窗、单层窗、双层窗、带亮子、不带亮子等。

单层木窗：即单层的用于采光、通风及眺望的木质围护结构中的配件。

双层木门窗（单裁口）：指双层框扇。

三层二玻一纱窗：指双层框三层扇。

醇酸磁漆：由清漆、颜料等制成。清漆种类较多，为无色油漆，漆膜光亮，耐水性较好。单层木窗在刷调和漆两遍之后，再刷一遍醇酸磁漆，色彩鲜明，光彩柔和。

腻子种类分石膏油腻子（熟桐油、石膏粉、适量水）、胶腻子（大白、色粉、羧甲基纤维素）、漆片腻子（漆片、酒精、石膏粉、适量色粉）、油腻子（矾石粉、桐油、脂肪酸、松香）等。刮腻子要求，分刮腻子遍数（道数）或满刮腻子或补腻子等。

6.2.3 木扶手及其他板条线条油漆

在《房屋建筑与装饰工程工程量计算规范》（GB 50854—2013）中，木扶手及其他板条线条油漆包含的项目有木扶手油漆、窗帘盒油漆、封檐板、顺水板油漆等。

1.木扶手油漆

1)木扶手油漆清单项目说明见表6-13。

表6-13 木扶手油漆清单项目说明

工程量计算规则	按设计图示尺寸以长度计算
计量单位	m
项目编码	011403001
项目特征	断面尺寸；腻子种类；刮腻子遍数；防护材料种类；油漆品种、刷漆遍数
工作内容	基层清理；刮腻子；刷防护材料、油漆

2）对应项目相关内容介绍

漆片腻子：用虫胶漆和石膏粉调配而成。它具有良好的干燥性和较强的粘结度，并使填补处无腻子痕迹且易打磨。配比为石膏粉 50%（若掺色粉按石膏 5% 的用量）、酒精 40%、清片 10%。

基层处理：木扶手表面可先用 1 号木砂纸反复打磨除去木毛屑，使表面平滑。榫接合处及其他胶合处残留的胶，用刮刀刮掉或细砂纸打磨掉。

经过除去灰尘、油污、胶迹、木毛及脱色等处理后，刷涂一道 22.2% 的白虫胶清漆；待干后，用 20% 的虫胶清漆和老粉加少量铁黑、铁黄颜料调成腻子，嵌补钉眼、裂缝等缺陷。干后再用 1 号木砂纸全面打磨，并将腻子打磨平，除净表面砂灰。

刷虫胶清漆：一般是按从左到右、从上到下、从前到后、先内后外的顺序刷涂。一般要连续刷涂 2～3 遍，使每遍色泽逐渐加深。冬季涂饰时，要保持室温在 15℃ 以上，以免出现漆膜泛白现象，为了防止泛白，可在虫胶清漆中加入 4% 的松香酒精溶液。

2. 封檐板、顺水板油漆

1）封檐板、顺水板油漆清单项目说明见表 6-14。

表 6-14　封檐板、顺水板油漆清单项目说明

工程量计算规则	按设计图示尺寸以长度计算
计量单位	m
项目编码	011403003
项目特征	断面尺寸；腻子种类；刮腻子遍数；防护材料种类；油漆品种、刷漆遍数
工作内容	基层清理；刮腻子；刷防护材料、油漆

2）对应项目相关内容介绍

封檐板：指堵塞檐口部分的板。封檐是檐口外墙高出屋面将檐口包住的构造做法。

顺水条：指屋面压油毡的小木条，有的用灰板条。

湿固化型聚胺脂涂料：涂膜可在潮湿表面或空气湿度大的环境中施工固化，涂膜坚韧、致密、耐磨、耐化学侵蚀，有良好的抗污染和耐油性。施工时剩余的异氰酸酯会释放出，对人有害，须有保护措施。它一般用作潮湿环境中的防腐涂料，抹灰面上的潮湿部位封闭涂料，水泥地面涂料及耐化学耐磨墙面。

常用的防护漆有：

（1）以沥青植物油树脂为基础的沥青漆。它是户外各类基层面的防护用漆，可制成多种性能涂料，加入干性油和树脂后，涂膜在柔韧性、附着力机械强度、耐候性和外观装饰上都有很大改进，尤其是加入铝粉后耐候性在沥青漆中是最好的一种，极宜做户外钢铁结构的面漆。这类油漆有 L01－13 沥青清漆、L04－2 沥青铝粉磁漆。

（2）以沥青为基础的沥青漆。主要用于水下、地下钢铁构件、管道、木材、水泥面的防潮、防水、防腐。其干燥快、涂膜硬，但附着力机械强度差，具有良好耐水、防潮、防腐及抗化学侵蚀性。但耐候、保光性差，不宜暴露在阳光下，户外容易收缩龟裂。这类涂料有 L01－17 煤焦沥青清漆、L01－16 沥青清漆。

喷漆腻子：不可多刮，以免将表面封闭使腻子内部不易干硬。头道腻子表面应呈粗糙颗粒状以利干燥，2～3 道腻子应稀薄以利平整。

刷清油：清油刷涂时必须严格要求按正确刷涂顺序涂刷，刷涂均匀，不允许有流挂等现象。

在木质顺水板上刷涂清油时如加入少量颜色,可使木材颜色一致,并可避免遗漏。抹灰面一般采用3″~4″或16管排笔刷涂。如果刷涂时间较长,清油内稀料挥发变稠,须及时加入稀料调整稠度。夏天为减少挥发可适当加些煤油。

6.2.4 木材面油漆

在《房屋建筑与装饰工程工程量计算规范》(GB 50854—2013)中,木材面油漆包含的项目有木板、纤维板、胶合板油漆、木护墙、木墙裙油漆、木间壁、木隔断油漆、梁柱饰面油漆、木地板油漆等。

1. 木护墙、木墙裙油漆

1)清单项目说明见表6-15。

表6-15 木护墙、木墙裙油漆清单项目说明

工程量计算规则	按设计图示尺寸以面积计算
计量单位	m^2
项目编码	011404001
项目特征	腻子种类;刮腻子遍数;防护材料种类;油漆品种、刷漆遍数
工作内容	基层清理;刮腻子;刷防护材料、油漆

2)对应项目相关内容介绍

木材:可作为建筑装饰材料。按树叶的不同,可分为针叶树(又称“软木材”)和阔叶树(又称“硬木材”);按加工程度和用途的不同,可分为原木、杉原木和板方材。

木板:木材经过加工成形的板状料。

纤维板:以植物纤维为主要原料,经破碎浸泡、热压成型、干燥等工序制成的一种人造板材。

胶合板:用原木旋切成片,再用胶粘剂按奇数层数,以各层纤维互相垂直的方向,粘合热压而成的人造板材。

木材的着色分底材着色和涂膜着色两种。底材着色时木材的木质感更为优异,涂层的透木纹性更为明显。木材的底材着色和涂膜着色所用着色剂分为染料系和颜料系两类。底材着色用着色剂中的染料系着色剂,主要使木筋部位着色;颜色着色剂主要使木材导管部位着色(特别是擦涂时),加入填料起填孔作用。对硬木的着色效果是染料系着色剂优于颜料系着色剂。

白厚漆:又称丙级厚漆、白水管接头厚漆,以白色颜料、体质颜料与精炼干性油研磨而成的膏状物。漆膜较软,遮盖力较锌厚白漆差,是最低级油性涂料。一般用于管子接头时涂敷一般要求不高的建筑物以及木质物面作底漆用,另外还可作配香水油的主要原材料。

各色油性调和漆:以干性植物油与各种颜料、体质颜料研磨后,加入催干剂及200号溶剂汽油或松节油调制而成。其耐候性好,但干燥慢,适用于室内外一般金属、木质物面及建筑物表面的装饰和涂刷。

清扫:即基层处理,其包括手工清扫、机械清扫、化学清扫、热清扫及木基层的漂白。

(1)手工清扫。使用扁錾、铲刀、刮刀和金属刷具,对木质面、金属面、水泥抹灰基层上的毛刺、飞边、凸缘、旧涂层及氧化铁皮等进行清理去除。

(2)机械清扫。主要是采用动力钢丝刷、除锈枪、蒸汽剥除器及喷水分、喷砂等机械方式,其特点是效率高,清扫能力强,特别适用于黏附牢固的锈迹和氧化铁皮等。在清理基层的同

时，这类做法还可以对清除面造成深度适宜的糙面效果，对油漆涂层与基层的结合有利。

(3)化学清扫。当基层表面的油脂污垢，锈蚀和旧涂膜等较为坚实牢固时，多采用化学清除的处理方法。

(4)热清扫。主要用以清除金属基层表面的锈蚀、氧化皮及木质基层表面的旧漆膜。

(5)木基层的漂白。当木质表面刷清漆作透明涂饰时，为了显示优质木料的美观纹理，除采用蘸热水水砂纸打磨、热肥皂水或碱水（5%～6%的碳酸钠溶液）清洗等方法进行处理之外，根据要求及木质色素的具体情况，有的需作漂白处理，一般是在木材面清理后和砂纸打磨之前进行。其做法是用排笔或油刷蘸漂白溶液，均匀地涂刷木材表面，以分解木材的色素，使其成净白，然后用2%浓度的肥皂水或稀盐酸溶液清洗几次，再用清水洗擦净。

常用的漂白溶液有：

①30%浓度的双氧水100g，25%浓度的氨水10～20g，与100g水的混合溶液。

②3%浓度的漂白粉溶液（温度为70℃先涂刷几次）。

③3%浓度的草酸水溶液中加入适量氨水（加入量不宜过大，否则经漂白的木质面会泛黄变色）。

④5%浓度的漂白粉。

磨砂纸：即将头遍清漆面上的光亮全部打磨掉的砂纸。其具体方法是头遍漆清漆干透后（最少3d以上），用砂纸蘸水打磨或用细的木砂纸打磨。这样第二遍清漆涂刷后才能达到漆面光亮丰满。

打底油、抹腻子、刷防护油漆释义见项目编码011401001中工程内容释义。

木材面油漆表面处理：

(1)去污。木制品在加工和安装过程中，表面难免留下油脂、污垢、胶渍、砂浆、沥青等，尤其是木件组装后在接榫处总有些粘胶被挤出，这些油脂、污垢、胶渍会影响着色的均匀和油漆的干燥。油脂和胶渍可用温水、肥皂水、碱水等清洗，也可用酒精、汽油或其他溶剂擦拭掉。

(2)去脂。树脂可采用溶剂溶解、碱液洗涤或烙铁烫铲等方法清除。

溶解法去脂所用的溶剂有：丙酮、酒精、苯类与四氯化碳。

常用的碱溶液是5%～6%碳酸钠水溶液或4%～5%的苛性钠（火碱）水溶液。如果将碱液（80%）和丙酮水溶液（20%）掺合使用效果更好。

用铁铲烧红去脂或用烧红的烙铁烫树脂部位，待树脂受热渗出时铲除，反复几次直至不渗出树脂为止。

(3)漂白。高级清水木材方面，应采用漂白的方法将木材的色斑和不均匀的色调消除。漂白一般是在局部色深的木材表面上进行，也可在制品整个表面进行。其方法主要有过氧化氢（俗称双氧水）、草酸、漂白粉。

(4)材质要求。木材含水率不应大于12%。

嵌补打磨：木材表面有裂缝、毛刺、脂囊等，在清除后应用腻子嵌补密实。普通油漆可不满批腻子，但局部不平及缺陷处，应找补腻子2～3遍并磨光；中、高级油漆局部不平及缺陷处找补腻子外，中级油漆还应满批一遍腻子并磨光；高级油漆应满批两遍腻子并磨光。

2. 木间壁、木隔断油漆

1)木间壁、木隔断油漆清单项目说明见表6-16。

表 6-16　木间壁、木隔断油漆清单项目说明

工程量计算规则	按设计图示尺寸以单面外围面积计算
计量单位	m^2
项目编码	011404008
项目特征	腻子种类；刮腻子遍数；防护材料种类；油漆品种、刷漆遍数
工作内容	基层清理；刮腻子；刷防护材料、油漆

2）对应项目相关内容介绍

木间壁、木隔断油漆：把一间房子隔成几间的遮挡的木隔断，用来分隔房间的简易玻璃墙，悬露在外的墙体所用的露明墙筋，用木条做成的类似篱笆而较坚固的木栅栏，用木条做的桥两侧或看台、凉台等边上起拦挡作用的木栏杆。带有扶手的，工程量均按单面外围面积计算。工程量系数见其他木材面工程量系数表。

木间壁、木隔断常用油漆有：

（1）虫胶漆。五六十年代，虫胶漆作为家具面漆使用。而随着涂饰工艺发展，从 70 年代末期开始，虫胶漆主要作为底漆，80 年代出现树脂漆后，虫胶漆就逐渐被淘汰。

（2）酚醛树脂漆。应用较广泛的是松香改性酚醛树脂漆（俗称改良漆），是酚醛树脂与松香直接熔融，然后加入干性油（桐油或亚麻油等），在碱催化作用下而成。

（3）醇酸树脂漆。应用在木制品上的油漆有：氨基醇酸树脂、硝基醇酸树脂和丙烯酸醇酸树脂。

（4）硝基清漆。主要作为高级家具的涂料。

硝基清漆涂饰一般由涂刷、揩涂、水磨和抛光四道工序组成。涂刷 4 ~ 5 遍，再揩涂 10 遍以上，直至毛孔被漆填满，表面平整为止。仅涂刷和揩涂工序花费的时间大约为 $2h/m^2$。揩涂完毕后，一般要停放 24h 以上才能进行水磨和抛光。

3. 梁柱饰面油漆

1）梁柱饰面油漆清单项目说明见表 6-17。

表 6-17　梁柱饰面油漆清单项目说明

工程量计算规则	按设计图示尺寸以油漆部分展开面积计算
计量单位	m^2
项目编码	011404012
项目特征	腻子种类；刮腻子遍数；防护材料种类；油漆品种、刷漆遍数
工作内容	基层清理；刮腻子；刷防护材料、油漆

2）对应项目相关内容介绍

梁柱饰面油漆：梁柱饰面的装饰要求比较高，一般采用彩色油漆，要求质感好。

梁柱饰面应根据其材质合理选择油漆，还可在上面画石纹。画石纹是指在油漆面做大理石纹的一种工艺，可采用涂刷和喷涂两种方法。它是在底层已做好白色油漆的面上再刷一道灰色油漆，不等其干燥就在上面刷上黑色的粗条纹，在油漆干燥前即用干净刷子把条纹的边线刷混，刷到隐约可见，使两种颜色充分调和，待干燥后再用清漆罩面即成。

6.2.5　金属面油漆

1）金属面油漆清单项目说明见表 6-18。

表 6-18 金属面油漆清单项目说明

工程量计算规则	1. 以吨计量，按设计图示尺寸以质量计算；2. 以平方米计量，按设计展开面积计算
计量单位	t(m^2)
项目编码	011405001
项目特征	构件名称；腻子种类；刮腻子遍数；防护材料种类；油漆品种、刷漆遍数
工作内容	基层清理；刮腻子；刷防护材料、油漆

2）对应项目相关内容介绍

金属面油漆前，首先要对其基层进行处理。黑色金属可采用手工除锈机械除锈、喷砂除锈、酸洗除锈、电化学除锈等方法，有色金属应先用皂液清除表面灰尘、油腻等污垢，再用清水冲净，其次再用 H_3PO_4 溶液（85%磷酸液 10 份，甘醇油 70 份，清水 20 份调制）涂刷一层，过两分钟后轻轻用刷擦一遍，再用水冲洗干净。金属表面的油污、鳞皮、焊渣、毛刺、浮砂、尘土等，务必在油漆前清除干净。防锈涂料要涂刷均匀，不得遗漏。当金属表面镀锌时，防锈涂料选用 C53－33 锌黄醇酸防锈漆，面漆选用 C04－45 灰醇酸磁漆[C04－45 灰醇酸磁漆为双组分分罐色浆。使用时甲组分（C04－45 醇酸清漆）：乙组分（铝锌金属浆）＝100：20～25（质量比）调配，充分搅拌匀后用 1600 孔/cm^2 筛过筛。调配后的油漆黏度在 50～60s，再用三甲米：松香水（$200^{\#}$）＝1：2.4 的稀释剂（亦可单独用松香水）加以稀释]。金属面除锈后，应在 8h 内（湿度大时为 4h 内）尽快涂刷底漆，充分干燥后刷次层油漆，间隔时间一般不少于 48h。第一、第二度防锈涂料涂刷的时间间隔不应超过 7 天，第二度防锈漆干后应尽快涂刷第一度面漆，共计涂刷涂料一般宜为 4～5 遍。漆膜总厚度：室外为 125～175μm，室内为 100～150μm。

除锈：即除去金属表面锈斑等内容的操作。锈蚀按其程度不同可分为轻、中、重三种（人工、半机械除锈标准）。所谓轻锈即部分氧化皮开始脱落，红锈开始产生；中锈即氧化皮部分破裂脱落，呈粉末状，除锈后肉眼允许见到腐蚀性小凹点；重锈即大部分氧化皮脱落，呈片状锈层或凸起的锈斑，除锈后出现麻点或麻坑。喷砂除锈标准共分三级：一级要求除净金属表面的油脂、氧化皮、锈蚀产物等一切杂物，呈现均一的金属本色，并有一定的粗糙度；二级要求完全除去金属表面的油脂、氧化皮、锈蚀产物等一切生物可见的阴形条纹斑痕等残留物不得超过单位面积的 5%；三级要求除去金属表面油脂锈皮、松疏氧化皮、浮锈等杂物，允许有附紧的氧化皮。若因施工需要发生两次除锈的其工程量另行计算，金属面刷油不包括除锈费用。金属结构（不分结构形式和构件大小）的面积，每 100kg 按 5.8m^2 计算除锈工程量。微锈（标准氧化完全紧附，仅有少量锈点）发生时，按轻锈定额的人工、材料、机械乘以系数 0.2。各级管件、阀门及设备上人孔管口凸凹部分的除锈已综合考虑在定额内，不得增加。除锈的主要方法有：手工除锈、机械除锈、喷砂除锈、酸洗除锈、电化学除锈等。

人工除锈：用废旧砂轮片、砂布、铲刀、钢丝刷和手锤等简单工具，以敲、铲、磨、刷等方法将金属表面的氧化物及铁锈等除掉，露出金属本色，用棉纱擦净。一般用在刷防锈漆和调和漆的设备、管道和钢结构的表面除锈以及无法使用机械除锈的场合进行弥补除锈。

砂轮机除锈：工人使用风（电）动砂轮机进行除锈。它除锈的质量和效果比人工除锈高，适宜于小面积和不易使用机械除锈的场合。

喷砂除锈：最常用的机械除锈方法，它是用压缩空气将河砂或石英砂通过喷嘴喷射到金属表面，冲击金属表面锈层达到除锈目的。该法除锈效率高、质量好，适用于对金属表面处理要求较高的大面积除锈。

化学除锈:又称酸洗除锈,它是利用一定浓度的无机酸水溶液对金属表面起溶蚀作用,以达到除去金属表面氧化物及油污的目的。化学除锈适用于形状复杂的设备或零件的除锈。

刷防护材料、油漆:

(1)金属表面涂饰油漆的施工程序。涂防锈漆→涂磷化底漆→涂铝油→涂调和漆。

(2)涂施工艺。

①涂防锈漆。金属构件在工厂制成后,应刷一遍防锈漆。

a. 涂饰时,金属表面必须干燥、洁净,如有水汽凝聚,必须擦干后再涂饰,要涂满均匀。

b. 在工厂已经涂饰防锈漆的金属构件,当运往工地后放置时间较长,如出现剥落生锈情况,应再涂饰一遍防锈漆或补涂剥落生锈处。

c. 对于钢结构中不易涂饰到的缝隙处(如角钢相背拼合的构件等),应在装配前除锈和涂漆。

d. 除锈漆干后,应用石膏油腻子嵌补拼接不平处。嵌补面积较大时,可在腻子中加入适量厚漆或红丹粉,以增加腻子的干硬性,干后再打磨清扫。

②涂磷化底漆。为了使金属表面的油漆具有较好的附着力,延长油漆的使用期,避免生锈腐蚀,可在金属表面先涂一遍磷化底漆。磷化底漆由两部分组成:一部分是底漆;另一部分是磷化液。使用前将两部分混合均匀,质量比为4:1(底漆:磷化液)。磷化液不是溶剂,用量不能随意增减。

a. 磷化液调配时,首先要将底漆搅合均匀,再将底漆倒入非金属容器中,一面搅拌,一面逐渐加入磷化液,加完搅匀后放置30min再使用,并须在12h内用完。

b. 涂刷时以薄为宜,不能涂刷得太厚,厚者效果较差。漆稠时可用3份乙醇(95%以上)比1份丁醇的混合液稀释。乙醇、丁醇的含水量不能太大,否则漆膜易泛白,影响效果。

c. 施工现场需要干燥,如环境相对湿度较高(大于85%),漆膜易发白。

d. 磷化底漆涂2h后,即可施涂其他底漆和面漆。一般情况下,施涂24h后,就可用清水冲洗和用毛板刷除去表面的磷化剩余物。待其干燥后,作外观检查,如金属表面生成一种灰褐色的均匀的磷化膜,则达到了磷化的要求。

③涂铅油。薄钢板制品、管道等,可在加工厂进行刷铅油,安装后再施涂面层油漆。

④涂调和漆。金属表面基层经过一定的工序处理后,即可涂调和漆。

a. 一般金属构件的表面打磨平整、清扫干净后即可涂调和漆。因涂刷面较多,常有漏涂情况,因此一个构件涂后要反复观察是否有漏涂。

b. 钢门窗在玻璃安装完毕,并抹好油灰后,窗子里的油灰宜修补平整、门窗经打磨清扫后才能涂刷调和漆。

6.2.6 抹灰面油漆

在《房屋建筑与装饰工程工程量计算规范》(GB 50854—2013)中,抹灰面油漆包含的项目有抹灰面油漆、抹灰线条油漆。

1. 抹灰面油漆

1)抹灰面油漆清单项目说明见表6-19。

表6-19 抹灰面油漆清单项目说明

工程量计算规则	按设计图示尺寸以面积计算
计量单位	m^2

续表

项目编码	011406001
项目特征	基层类型;腻子种类;刮腻子遍数;防护材料种类;油漆品种、刷漆遍数、部位
工作内容	基层清理;刮腻子;刷防护材料、油漆

2)对应项目相关内容介绍

抹灰面油漆:抹灰面最常用的是乳胶漆,它是施工最方便、价格也最适宜的一种油漆。

乳胶漆是以各种乳液(也称乳胶,如聚醋酸乙烯乳液、丙烯酸乳液等)为主要成膜物质,与各种颜料浆调和而成。

常用的涂饰抹灰面的水溶性有五种类型,即水溶性油类、水溶性醇酸树脂类、水溶性丙烯酸树脂类、水溶性环氧树脂类和水溶性聚酯树脂类。

常用的乳胶漆有:聚醋酸乙烯乳胶漆、丙烯酸乳胶漆、丁苯乳胶漆和油基乳化漆等。

抹灰面过氯乙烯漆:以过氯乙烯树脂为主要成膜物质,根据不同情况,加入适量其他树脂(如干性油改性醇酸树脂、顺丁烯二酸酐树脂等)和增韧剂(如邻苯二甲酸二丁酯、磷酸三甲苯酯、氯化石蜡等),溶于酯、酮、苯等混合溶剂中调制而成。过氯乙烯漆是由底漆、磁漆和清漆为一组配套使用的。

灰面的油漆、涂料,应注意基层的类型,如一般抹灰墙柱面与拉条灰、拉毛灰、甩毛灰等油漆,涂料的耗工量与材料的消耗量不同。

在基层检查、清理和必要的修补之后,在涂饰施工之前,还必须对基层进行认真复查,核查其处理质量是否符合建筑涂料的施工要求,以确保涂料施涂后的涂层质量。

(1)外墙基层:

①水分:在基层修补之后遇到降雨或表面结露时,如果在此基层上进行施工,尤其是涂刷溶剂型涂料,会造成涂膜固化不完全而出现起泡和剥落,必须待基层充分干燥,符合涂料对基层的含水率要求时方可施工。此外,应通过含水率的检查同时测定修补部分砂浆的碱性是否与大面基层一致。

②被涂面的温度:基层表面温度过高或过低,会影响某些涂料的施工质量。在一般情况下,5℃以下会妨碍某些涂料的正常成膜硬化;但超过50℃会使涂料干燥过快,同样成膜不良。根据所用涂料的性能特点,当现场环境及基层表面的温度不适宜施工时,应调整施工时间。

③基层的其他异常:检查基层经修补后是否产生新的裂缝,腻子有否塌陷,嵌填或封底材料有否粉化,基层是否有新的玷污等。对于检查出的异常部位应及时处理。

(2)内墙基层。

①潮湿与结露:影响内墙涂料施工的首要因素是潮湿和结露,特别是当屋面防水、外墙装饰及玻璃安装工程结束之后,水泥类材料基层所含有的水分大部分向室内散发,使内墙面含水率增大,室内湿度增高。同时,由于室内外气温的差别,当墙体较冷时即在内墙面产生结露。此时应采取通风换气或室内供暖等措施,加快室内干燥,待墙体表面的水分消失后再进行涂料饰面施工。

②基层发霉:对于室内墙面及顶棚基层,在处理后也常会再度产生发霉现象,尤其是在潮湿季节的某些建筑部位,如北侧房间或卫生间等。对于发霉部位须用防霉剂稀释液冲洗,待其充分干燥后再涂饰掺有防霉剂的涂料。

③基层的丝状裂缝:室内墙面发生微细裂纹的现象较为普遍,特别是水泥砂浆基层在干燥

的过程中进行基层处理时，往往会在涂料施工前才明显出现。如果此类裂缝较严重，必须再次补批腻子及打磨平整。

2. 抹灰线条油漆

1）抹灰线条油漆清单项目说明见表6-20。

表6-20 抹灰线条油漆清单项目说明

工程量计算规则	按设计图示尺寸以长度计算
计量单位	m
项目编码	011406002
项目特征	线条宽度、道数；腻子种类；刮腻子遍数；防护材料种类；油漆品种、刷漆遍数
工作内容	基层清理；刮腻子；刷防护材料、油漆

2）对应项目相关内容介绍

抹灰线条油漆：在抹灰线条上施涂色漆，一般常用铅油、调和漆。

刮腻子、面漆的要求如下：

（1）重视清油打底。清油打底可增强腻子与基层的附着力，阻断了抹灰面吸水，使腻子容易均匀批刮。

（2）用水石膏把抹灰面存在的洞眼、缝隙嵌实，待干后再用油性腻子进一步在缺陷处嵌批平整。如需多次嵌补，每次腻子厚度不宜超过5mm，最后收刮干净。

（3）满批腻子，力求平整光洁、四角方正、线角顺直，处处批满。一般满批三遍，每遍不宜太厚。

（4）施涂第二遍铅油前，应再次对基层面遗留下的缺陷，用油性腻子补嵌干燥后，轻轻打磨。

（5）施涂面漆，施涂深色漆三遍成活，浅色漆四遍成活。施涂面漆的厚度在0.2～0.4mm之间，注意厚薄均匀，保证涂膜光泽丰满。

（6）施涂工具的选用，面漆选用半新漆刷，选用的漆刷宜在3″～4″之间。

天花线：天花上不同层次面的交接处的封边，天花上各不同材料面的对接处封口，天花平面上的造型线，天花上设备的封边。

天花角线：天花与墙面、天花与柱面的交接处封边。

墙面线：墙面上不同层次面的交接处封边，墙面上各不同材料面的对接处封口，墙裙压边、踢脚板压边，设备的封边装饰边，墙面饰面材料压线，墙面装饰造型线，造型体、装饰隔墙的收边口线和装饰线等。

6.2.7 喷塑、涂料

在《房屋建筑与装饰工程工程量计算规范》（GB 50854—2013）中，喷塑、涂料包含的项目有刷喷涂料。

1）墙面刷喷涂料清单项目说明见表6-21。

表6-21 墙面刷喷涂料清单项目说明

工程量计算规则	按设计图示尺寸以面积计算
计量单位	m^2
项目编码	011407001
项目特征	基层类型；喷刷涂料部位；腻子种类；刮腻子遍数；涂料品种、喷刷遍数
工作内容	基层清理；刮腻子；喷、刷涂料

2)对应项目相关内容介绍

刷涂:用刷子蘸油刷在物体表面上,顺木纹及光线的方向进行。主要优点是设备工具简单,操作方法方便、用油省、适应性强,但工效很低,对快干和扩散性不好的油漆不适合。宜用于油料状或云母片状涂料。

喷涂:用喷枪(把泵送来的灰浆喷涂在基层的专用机具,可分为气压式和非气压式两类)等使用工具,利用空气压缩时形成的气流,将涂料(包括油漆)喷成雾状散布到物体表面上。喷涂每层时应往复进行,纵横交错,一次不能太厚,若需喷厚油漆时,应分几次完成,以达到规定厚度但不流坠为限。喷嘴应均匀地移动,离物体表面的距离应控制在250~350mm,速度为10~18m/min,气压为300~400kPa。采用这种施工方法的优点是施工简单,工效高,油膜分散均匀且光滑平整,干燥也较快,但材料的消耗较多,施工时应有防火、通风、防爆等安全措施。宜用含粗填料或云母片的涂料。

油漆在涂刷时,要求有一定的稠度和干燥性。油漆就其本身而言,是一种混合物质,主要有油料、树脂、颜料、辅助材料和溶剂组成。其中油料和树脂是主要的成膜物质。油料成膜物质有干性油、半干性油和不干性油三种。干性油干后既不软化也不熔化,几乎不溶于有机溶剂,常见的有桐油、亚麻仁油、梓油、苏子油等。半干性油干后能重新软化和熔融,较易溶于有机溶剂,常用的有大豆油、向日葵油、菜籽油等。不干性油涂刷后不能自行干燥,不适合单独作涂料,但可与树脂或干性油混用。不干性油有蓖麻油、椰子油、花生油、牛油、猪油、柴油等。树脂是遇热变软,具有可塑性的高分子化合物的统称。一般为无定形固体或半固体,能溶于有机溶剂中,溶剂挥发后,能形成一层与基体粘结牢固的薄膜,最常用的树脂有松香、虫胶等天然树脂和酚醛、醇酸、硝酸纤维等合成树脂。颜料是指可用来着色的物质,种类很多,如朱砂、锌白等。油漆中的颜料应具有不褪色、稳定性好等性质。催干剂、增塑剂、硬化剂均为辅助材料,主要是为了改善和提高油漆的性能。能溶解其他物质的叫溶剂。油漆、涂料工程中常用的溶剂有酒精、香蕉水、松香水、汽油、乙醇、水、丙酮等,主要用以调整涂料的稠度,便于施工。

喷塑(一塑三油)包括底油、装饰漆和面油,其规格按喷点面积分为三类。当喷点面积不足1cm^{2}时称为喷中点。喷点压平,点面积大于1cm^2,小于1.2cm^{2}的称为中压花。喷点压平,点面积大于1.2cm^{2}的称为大压花。

6.2.8 花饰、线条刷涂料

在《房屋建筑与装饰工程工程量计算规范》(GB 50854—2013)中,花饰、线条刷涂料包含的项目有空花格、栏杆刷涂料、线条刷涂料。

1. 空花格、栏杆刷涂料

1)空花格、栏杆刷涂料清单项目说明见表6-22。

表6-22 空花格、栏杆刷涂料清单项目说明

工程量计算规则	按设计图示尺寸以单面外围面积计算
计量单位	m^2
项目编码	011407003
项目特征	腻子种类;刮腻子遍数;涂料品种、刷喷遍数
工作内容	基层清理;刮腻子;刷、喷涂料

2)对应项目相关内容介绍

建筑花格:建筑整体中一个华丽的组成部分。一般有水泥或混凝土花格、竹木花格、金属花格和玻璃花格等,通常用于建筑内部或外部空间的局部点缀。建筑花格不仅可用来装饰空间、美化环境,增进建筑艺术效果,同时还能起到联系和扩展空间的作用,并增加空间的层次和流动感;有的还兼有吸声、隔热的效果。

随着现代科学技术的飞速发展,花格制品也日新月异、五彩纷呈。近年国内钛金膜层高新技术的出现,TG 系列离子镀膜设备的开发,使金属饰面增添了雍容华贵,流光溢彩,永不磨损的仿金色,给室内带来金碧辉煌的效果;艺术装饰玻璃(如各类立体雕刻玻璃、平面雕刻玻璃、仿镶嵌彩绘及浮雕彩绘玻璃等)的普及使用以其花饰新颖、制作精细、品质上乘,又为花格增添了魅力,用于室内时,显得非常清新和高雅。

作为建筑整体的一个组成部分,建筑花格的设计和安装,必须从建筑的总体要求出发,保持与空间、环境的协调配合。从图案比较、材料选用、体型大小、色调和谐、制作安装质量各个方面必须做到精益求精,才能充分发挥建筑花格的综合效果。

砖花格:用砌块砖砌筑的花格花墙。砌块砖要求质地坚固、大小一致、平直方整。一般多用 1:3 水泥砂浆砌筑,其表面可做成清水或抹灰。根据立面效果可分为平砌砖花、凹凸面砖花。砖花格墙的厚度根据砖的规格尺寸有 120mm 和 240mm 两种。120mm 厚砖花格墙砌筑的高度和宽度≤1500mm×3000mm;240mm 厚砖花格墙的高度和宽度≤2000mm×3500mm,砖花格墙必须与实墙、柱连接牢固。

木花格:用于通透式隔断的木材,多为硬质杂木,其造型处理可与雕刻(浮雕或透雕)相结合达到不同的风格要求,其表面可涂色漆或清漆。

现将安装固定花格常用材料介绍如下:

(1)水泥。花饰工程常用的水泥是普通硅酸盐水泥、白水泥和彩色硅酸盐水泥。普通硅酸盐水泥的凝结速度快,早期强度高,耐冻性较好,但耐化学作用差。

(2)沙及砂浆。沙和砂浆主要起着填充、找平、粘结和修饰等作用。对砂浆的主要技术性能要求是和易性(包括稠度和保水性两个方面),强度要求可以低一些。各个不同的部位所选用的砂浆也不尽相同。装饰工程砂浆可采用细沙(平均粒径为 0.25~0.35mm)。

(3)胶粘剂。

①环氧树脂类胶粘剂:用于混凝土、玻璃、砖石、陶瓷、木材、钢铁、硬铝等材料的自粘和互粘。

②聚异氰酸酯胶粘剂:由 A、B 两个组分组成,使用时现场调配,用于木材、塑料的粘贴。

③聚乙酸乙烯胶粘剂:主要用于聚氯乙烯板材、木板材与水泥基层的粘贴。

④橡胶胶粘剂:以天然橡胶及合成橡胶配制而成,主要用于金属、木材、玻璃、聚氯乙烯、塑料等黏结。

目前,常用的胶粘剂有 JX490、903 多功能建筑胶,可直接使用,其粘结强度高,适用于室内;JD504、JX492、P08 为单组分乳液,加水泥、沙搅拌使用,粘结强度高,耐水、耐老化,适用于室内外。至于冬期安装用的胶粘剂有"广厦"冬期施工型、"百乐粉"冬期施工型、"建友"冬期施工型等,冬期 -15℃以上施工,具有强度高、耐水、耐老化等特点。

2. 线条刷涂料

1)线条刷涂料清单项目说明见表 6-23。

表 6-23　线条刷涂料清单项目说明

工程量计算规则	按设计图示尺寸以长度计算
计量单位	m
项目编码	011407004
项目特征	基层清理；线条宽度；刮腻子遍数；刷防护材料、油漆
工作内容	基层清理；刮腻子；刷、喷涂料

2）对应项目相关内容介绍

线条刷涂料：主要指踢脚线、顶棚装饰线、压顶等的涂刷材料。

线条有石膏装饰线、木质装饰线、水泥踢脚线、金属装饰线等，其涂料的种类和规格应根据线条的材质而定。

线条主材料：木线条的主材料即为木线条本身。核算时将各个面上木线条按品种、规格分别计算。所谓按品种规格计算，即把木线条分为压角线、压边线和装饰线三类，其中又分为角线、半圆线、指甲线、凹凸线、波纹线等品种，每个品种又可能有不同的尺寸。计算时就是将相同品种和规格的木线条相加，再加上损耗量。一般对线条宽 10～25mm 的小规格木线条，其损耗量为 5%～8%；宽度为 25～60mm 的大规格木线条，其损耗量为 3%～5%。对一些较大规格的圆弧木线条，因为需要订做或特别加工，所以一般都需单项列出其半径尺寸和数量。

辅助材料线条：木线条的辅助材料是钉和胶。如用钉枪来固定，每 100m 木线条需 0.5 盒，小规格木线条通常用 20mm 的钉枪钉。如用普通铁钉（俗称 1 寸圆钉），每 100m 需 0.3kg 左右。木线条的粘贴用胶，一般为白乳胶、309 胶、立时得等。每 100m 木线条需用量为 0.4～0.8kg。

6.2.9　裱糊

在《房屋建筑与装饰工程工程量计算规范》（GB 50854—2013）中，裱糊包含的项目有墙纸裱糊、织锦缎裱糊。

1. 墙纸裱糊

1）墙纸裱糊清单项目说明见表 6-24。

表 6-24　墙纸裱糊清单项目说明

工程量计算规则	按设计图示尺寸以面积计算
计量单位	m^2
项目编码	011408001
项目特征	基层类型；裱糊部位；腻子种类；刮腻子遍数；粘结材料种类；防护材料种类；面层材料品种、规格、颜色
工作内容	基层清理；刮腻子；面层铺粘；刷防护材料

2）对应项目相关内容介绍

墙纸裱糊：指用壁纸或墙布对室内的墙、柱面、顶棚进行装饰的工程。它具有装饰性好、图案、花纹丰富多彩，材料质感自然，功能多样等功能。除了装饰功能外，有的还具有吸声、隔热、隔潮、防霉、防水和防火等功能。

刮腻子应注意刮腻子遍数，是满刮，还是找补腻子。

混凝土基层处理：先清除表面污垢，对泛碱部位宜用9%的稀醋酸中和、清洗，然后满刮一遍腻子，并用砂纸磨平。

木质、石膏板基层处理：先将基层的接缝、钉眼等用腻子填平，基层大致用石膏腻子满刮一遍，再用砂纸磨平，纸面石膏板基层用油性石膏腻子局部刮平，也可满刮并磨平，无纸石膏板基层应刮一遍乳液石膏腻子并磨平。

不同基层的处理：可在两种基层交接处贴一层纱布或穿孔纸带，然后喷刷一遍配比为酚醛清漆：汽油 =1：3 的浆液，或刮腻子一遍。

清除抹灰面上的浮杂物，并对墙面缺陷进行执补，刷底油，用腻子填平，用砂纸磨光，配制好用于粘贴的墙纸（布）、胶水等工具和材料。刷胶于基层表面和墙纸背面，裁好墙纸（布），贴装壁纸。

（1）混凝土及抹灰基层面处理。满刮腻子，将混凝土和抹灰面气孔、麻点、凸凹不平填刮平整、光滑。空裂处应剔凿重做，再重刮腻子磨平。需要增加刮腻子遍数时每遍腻子应薄，打磨后再刮。处理好的底层应该平整光滑、阴阳角线通畅、顺直，无裂纹、崩角、无砂眼、麻点。特别是阴阳角、窗台下、暖气炉片后、阴露管道后及与踢脚连接处应仔细处理到位，不留腻子屎。

（2）木材基层处理。木胶合板基层在有钉接处往往下凹，非钉接处向外凸。所以第一遍满刮腻子主要是找平大面。第二遍可用石膏腻子找平，腻子的厚度应减薄，可在其五至六成干时，用塑料刮板有规律地压光，最后用干净的抹布轻轻将表面灰粒擦净。

如果要裱糊金属壁纸，则木基层上的处理应与木家具打底方法基本相同，批刮腻子应三遍以上，在找补第二遍腻子时采用石膏粉配猪血料调制腻子，其配比为10：3（质量比）。批刮最后一遍腻子并打平后，用软布擦净。

（3）石膏板基层处理。对于纸面石膏板，批刮腻子主要是在对缝处和螺钉孔位处。用嵌缝腻子处理好板缝后，贴牢接缝带，贴平整，然后批刮腻子，先顺平大面然后再找平。在无纸面的石膏板上，应满刮腻子，找平大面，然后用第二遍腻子进行修整，平整为止。

（4）不同基层对接处的处理。不同基层材料相接处，如石膏板与木夹板、水泥或抹灰基面与木夹板、水泥基面与石膏板之间的对缝，应用棉纸带或穿孔纸带粘贴封口，以防止裱糊后的壁纸面层被拉裂撕开。

涂刷防潮底漆和底胶：为了防止壁纸受潮脱胶，一般对要裱糊墙面涂刷防潮底漆。防潮底漆用酚醛清漆与汽油或松节油来调配，其配比为清漆：汽油（或松节油）=1：3。该底漆可涂刷，也可喷刷，漆液不宜厚，且要均匀一致。

涂刷底胶是为了增加粘结力，防止处理好的基层受潮弄污。底胶一般用108胶配少许乳胶加水调成，其配比为108胶：水：乳胶 =10：10：1。底胶可涂刷，也可喷刷。在涂刷防潮底漆和底胶时，室内应无灰尘，且防止灰尘和杂物混入该底漆或度胶中。底胶一般是一遍成活，但不能漏刷、漏喷。

若面层贴波音软片，基层处理最后要做到硬、平、光。要在做完通常基层处理后，还须增加打磨与两遍清漆或虫胶漆。

2. 织锦缎裱糊

1）织锦缎裱糊清单项目说明见表6-25。

表 6-25　织锦缎裱糊清单项目说明

工程量计算规则	按设计图示尺寸以面积计算
计量单位	m^2
项目编码	011408002
项目特征	基层类型;裱糊部位;腻子种类;刮腻子遍数;粘结材料种类;防护材料种类;面层材料品种、规格、颜色
工作内容	基层清理;刮腻子;面层铺粘;刷防护材料

2)对应项目相关内容介绍

织锦缎:丝织物的一种,在三色以上纬丝织成的缎纹上,织出绚丽多彩、典雅精致的花纹织物。此墙纸给人一种柔和、和谐及舒适的感觉。但价格偏高、又不易清洗、质软而易变形。

锦缎是丝绸中的锦或缎子匹布材料。它具有色彩华丽、格调高雅的装饰效果,舒适的温暖感,还能从纹理上显示出富贵、豪华、古朴等特色,是一种高级墙面装饰织物。但因其造价高,不易擦洗、不耐光、易腐蚀等局限,使用面不广。织锦缎即绸布。宣纸即安徽宣城泾县出产的一种高级纸张,用于写毛笔字和画国画,质地绵软坚韧,不易破裂和被虫蛀,吸墨均匀,适于长期存放。

锦缎墙面:指用锦缎浮挂墙面的做法,在我国已有悠久的历史。对墙面装饰效果、织物所具的独特质感和触感是其他任何材料所不能相比的。由于织物的纤维不同,织造方式和处理工艺不同,所产生的质感效果也不同,因而给人的美感也有所不同。

基层凡有一定强度、表面平整光洁、不疏松掉粉的抹灰面、石膏板面、木质面、石棉水泥板面,以及质量合格的现浇或预制混凝土墙体等基面,均可以作为裱糊的基层。原则上说,基层表面都应垂直方正,平整度符合规定,至少凸出阳角的垂直度及上下成直线的凹凸度应不大于高级抹灰的允许偏差,即 2m 直尺检查不超出 2mm。

封底涂料的选用,可根据装饰部位及等级和环境情况而择定,如相对湿度较大的南方地区或室内易受潮的部位,可采用酚醛清漆或光油(酚醛清漆或光油: 200 号溶剂汽油 =1∶3 质量比);在终年相对湿度较小的地区或室内干燥通风部位,一般采用 1∶1 的 108 胶水溶液刷涂于基层即可。

锦缎涂刷胶粘剂时,由于其材性柔软,通常的做法是先在其背面衬糊一层宣纸,使之略有挺韧平整以方便操作,而后在基层上涂刷胶粘剂进行裱糊。

裱糊饰面的显著部位应采用整幅壁纸墙布,不足整幅者应裱贴在光线较暗或不明显处。与顶棚阴角线、挂镜线、门窗装饰包框等线脚或装饰构件,均应衔接紧密,不得亏纸留下残余缝隙。

6.3　定额应用及问题答疑

6.3.1　木材面油漆

1)木材面油漆定额项目说明见表 6-26。

表 6-26 木材面油漆定额项目说明

计量单位	$100m^2$
定额编号	11－409～11－573
工作内容	清扫、磨砂纸、点漆片、刮腻子、刷底油一遍、调和漆二遍等；调和漆三遍；润油粉、磁漆一遍；刷润油粉一遍、刷调和漆一遍、磁漆二遍等；磨退出亮等；刮石膏油腻子二遍、磁漆罩面等；刷醇酸磁漆一遍；刷醇酸清漆一遍；刷聚氨酯漆二遍；刷聚氨酯漆三遍；刷聚氨酯漆一遍；色聚氨酯漆二遍等；刷色聚氨酯漆三遍等；刷底油、油色、刷酚醛清漆二遍等；刷清漆三遍等；刷清漆二遍等；刷清漆四遍、磨退出亮等；刷理漆片、刷理硝基清漆、刷醇酸清漆一遍、丙烯酸清漆三遍；补缝、刷油等；刷防火漆二遍等；涂熟桐油一遍、嵌腻子、磨光、补嵌腻子、刷广（生）漆二遍、碾颜料、过筛等；刮油粉、油色、刷地板漆二遍、烫硬蜡；漆片、清漆、擦蜡

2）对应项目相关问题答疑

（1）门窗的油漆工程量是按正、反两面，还是按正、反、侧三面计算？

普通钢木门窗通称为单层钢木门窗，其油漆工程量既不能按正、反两面计算，也不能按正、反、侧三面进行计算，因为油漆面积在定额中已综合考虑，其工程量应按框外围面积进行计算。

（2）如果是双层或三层钢木门窗，其油漆工程量是否按倍数计算？

①定额中所指的双层门窗，是指一个框上安装两扇门窗扇（包括纱扇），或者小框装小窗扇，大框装大窗扇，大框装小柜的木窗。

在计算工程量时，双层木门窗按框外围面积乘以系数 1.36 套用单层木门窗定额；双层钢门窗按框外围面积乘以系数 1.5 套单层钢门窗定额。

②定额中所指的三层只指木窗、门和钢窗都不能做成为三层。三层木窗是在一个框上装里外两道窗扇，中间夹一道固定窗扇。

其工程量按框外围面积乘以 2.4 系数套单层木窗定额。

③如果是独立的两套或三套框扇组合而成的门窗，都不能算为定额中双层或三层门窗，它们只能按两套或三套单层门窗计算。

（3）木油漆定额中的“木扶手（不带托板）”是指什么？

木扶手很多是装在铁栏杆上的，这种楼梯扶手一般是在杆顶用一根长扁铁将铁栏杆焊接成为一个整体，之后再用螺钉将木扶手安装在扁铁上，这块扁铁称为木扶手的托板，木扶手不带托板就是将木扶手与铁栏杆直接相连。

定额中木扶手油漆是按不带托板的木扶手编制的，若计算带托板木扶手油漆工程量时，按扶手长度乘以 2.5 系数，并套用木扶手（不带托板）定额项目。

6.3.2 金属面油漆

1）金属面油漆定额项目说明见表 6-27。

表 6-27 金属面油漆定额项目说明

计量单位	$100m^2$
定额编号	11－574～11－601
工作内容	除锈、清扫、刷调和漆；磨光、刷醇酸磁漆；补缝、刮腻子、喷漆；清除铁锈、擦掉油污、刷漆；磨砂纸、刷银粉漆二遍；擦掉铁皮面油污、洗清刷油等

2）对应项目相关问题答疑

（1）金属面油漆定额中“其他金属面”适用哪些项目？

"其他金属面"油漆的适用项目有：

①轻型钢屋架工程量 = 实际重量 ×1.4(t)。

②踏步式钢扶梯工程量 = 实际重量 ×1.1(t)。

③钢爬梯、消防梯工程量 = 实际重量 ×1.2(t)。

④钢栅栏门、钢栏杆、铁窗栅工程量 = 实际重量 ×1.7(t)。

⑤操作台、走台、制动梁、车档工程量 = 实际重量 ×0.7(t)。

⑥钢柱、吊车梁、花式梁柱、空花构件工程量 = 实际重量 ×0.6(t)。

⑦钢屋架、天窗架、挡风架、屋架梁、支撑、檩条等工程量 = 实际重量(t)。

⑧其他零星铁件工程量 = 实际重量 ×1.3(t)。

(2)调和漆和磁漆有何区别?

调和漆又称为油性调各漆，是将颜料、催化剂加入以干性植物油为主的基料中，用200号溶剂汽油或松节油与二甲苯的混合剂配制而成。其与磁漆虽同属一类，但性质不同。

调和漆的附着力好、不易龟裂、脱落，但光泽和硬度较差、干燥较慢，磁漆又称为磁性调和漆，其与调和漆基本相同，只是在基料中多加入了树脂。根据所加入的树脂不同，分为脂胶磁漆，醇酸磁漆和酚醛磁漆等。

磁漆的漆膜较硬，光亮平滑，也比调和漆干燥的快，但易失光、龟裂，所以一般用于室内。

两者的根本区别是磁漆中含有树脂、色彩鲜艳而调和漆则不然。

(3)木材面油漆和金属面油漆的系数表是怎样制定的?

系数表中所指的系数是一种按单面面积或重量计算的增加系数，它是先确定某一个常用项目为基础，来确定其他项目与其相比较而增加的倍数。现举例如下：

在木材面油漆中，按单层木门项目定额计算工程量的系数，是以单层木门为基础，它的油漆面积系数为2.4$\left(\text{即:}\dfrac{\text{取定的单层木门洞口面积}}{\text{取定的单层木门油漆展开面积}}\right)$，而双层(一板一纱)木门的面积系数为3.27，则双层木门套用单层木门定额时，其工程量应较单层木门增加：3.27/2.4 = 1.36倍。

(4)金属面油漆一般有哪些规定?

金属面油漆的一般规定：

①施涂涂料前，应将金属表面的灰尘、油渍、鳞皮、锈斑、焊渣、毛刺等清除干净。

②潮湿的表面不得施涂。

③防锈涂料和第一遍银粉涂料，应在设备、管道安装就位前施涂。最后一遍银粉涂料，应在刷浆工程完工后施涂。

④薄钢板制作的屋脊、檐沟和天沟等咬口处，应用防锈油腻子填补密实。

6.3.3 抹灰面油漆

1)抹灰面油漆定额项目说明见表6-28。

表6-28 抹灰面油漆定额项目说明

计量单位	$100m^2$
定额编号	11-602~11-615
工作内容	清扫、磨砂纸、刮腻子、刷底油一遍、调和漆二遍；配浆、刷乳胶漆；刷乳胶漆二遍；涂熟桐油、磨光、刷底油、做花纹、刷漆等

2)对应项目相关问题答疑

(1)什么是抹灰面油漆？其他的特点有哪些？

抹灰面油漆:是指涂饰抹灰面的水溶性漆,它是利用能溶于水的树脂作为成膜物质,与颜料混合研磨,再加水稀释而成。它的特点是以水为稀释剂,制作时成膜物质能溶于水,但施工后涂膜又能抗水。

(2)常用的涂饰抹灰面的水溶性分哪几种类型?

常用的涂饰抹灰面的水溶性有五种类型,即水溶性油类、水溶性醇酸树脂类、水溶性丙烯酸树脂类、水溶性环氧树脂类和水溶性聚酯树脂类。

(3)油漆有哪些命名方法?

①按使用对象命名,如汽车磁漆、自行车烘漆、地板漆、木器漆、烟囱漆等。

②按使用效果命名,如打底漆、防锈漆、绝缘漆、耐火漆等。

③按组成形状命名,如清漆、厚漆、色漆、调和漆等。

④按使用过程命名,如喷漆、烘漆等。

⑤按漆膜外表颜色和光亮度命名,如大红漆、白漆、有光漆、无光漆、平光漆、皱纹漆等。

⑥按主要成膜物命名,如油基漆、树脂漆、水乳化漆等。

(4)油漆由哪些成分组成?

油漆在涂刷时,要求有一定的稠度和干燥性。油漆就其本身而言,是一种混合物质,主要有油料、树脂、颜料、辅助材料和溶剂组成。其中油料和树脂是主要的成膜物质。油料成膜物质有干性油、半干性油和不干性油三种。干性油干后既不软化也不熔化,几乎不溶于有机溶剂,常见的有桐油、亚麻仁油、梓油、苏子油等。半干性油干后能重新软化和溶融,较易溶于有机溶剂,常用的有大豆油、向日葵油、菜籽油等。不干性油涂刷后不能自行干燥,不适合单独作涂料,但可与树脂或干性油混用。不干性油有蓖麻油、椰子油、花生油、牛油、猪油、柴油等。树脂是遇热变软,具有可塑性的高分子化合物的统称。一般为无定形固体或半固体,能溶于有机溶剂中,溶剂挥发后,能形成一层与基体粘结牢固的薄膜,最常用的树脂有松香、虫胶等天然树脂和酚醛、醇酸、硝酸纤维等合成树脂。颜料是指可用来着色的物质,种类很多,如朱砂、锌白等。油漆中的颜料应具有不褪色、稳定性好等性质。催干剂、增塑剂、硬化剂均为辅助材料,主要是为了改善和提高油漆的性能。能溶解其他物质的物质叫溶剂。油漆、涂料工程中常用的溶剂有酒精、香蕉水、松香水、汽油、乙醇、水、丙酮等,主要用以调整涂料的稠度,便于施工。

6.3.4 涂料、裱糊

在《全国统一建筑工程基础定额 土建》(GJD 101—1995)中,涂料、裱糊包含的项目有喷塑、喷(刷)涂料、裱糊。

1. 喷塑

1)喷塑定额项目说明见表6-29。

表6-29 喷塑定额项目说明

计量单位	$100m^2$
定额编号	11-616~11-623
工作内容	清扫、清铲、执补墙面、门窗框贴粘合带、遮盖门窗口、调制、刷底油、喷塑、胶辘、压平、刷面油等

2)对应项目相关问题答疑

(1)什么是喷塑、大压花、中压花及幼点?

从广义上讲，喷塑属于喷涂，只是其在操作工艺和用料等方面与喷涂有所不同。

喷塑的涂层有底层、中间层和面层三层组成。

底层起封底作用，是基层与涂层之间的结合层，并可防止硬化后的水泥砂浆抹灰基层中的可溶性盐渗出而破坏面漆，这一工艺被称为刷底油或刷底漆，一般是用毛辊沾上漆料滚涂在基面上，常用的底漆有 B882 封底漆，917#底漆等，但现在有部分喷塑涂料不用刷底漆。

中间层是一种大小颗粒的厚涂层，是喷塑的主体层，有平面喷涂和花点喷涂两种。其中花点喷涂可分为大、中、小三个档次，也就是定额中的大压花、中压花和幼点。其喷点大小可用喷枪的喷嘴直径控制，其具体尺寸如下：

①大压花选用直径为 8 ~ 10mm 的喷嘴，点面积大于 $1.2cm^2$。

②中压花选用直径为 6 ~ 7mm 的喷嘴，其点面积在 $1 \sim 1.2cm^2$ 之间。

③幼点（中点）选用直径为 4 ~ 5mm 的喷嘴，其点面积小于 $1cm^2$。

当喷点设有固结时，要用圆辊将其压平使其形成自然花形，此道工序称为压平。

面层：指罩面漆，通常都是喷涂两道以上的罩面漆，定额中所指的一塑三油即为：一塑即中间厚涂层，三油即底漆和两道罩面漆。

底漆一般用毛辊蘸上漆料滚涂在基面上，喷塑层即中间层的用料目前主要有两种类型：

①“合成乳液喷点料”：是以合成乳液为粘结料的。合成乳液喷点料一般为合成乳液（主要成分为丙烯酸酯聚合物或环氧乳液与聚酰胺合成物），矿砂及各类助剂等组成。

②“硅酸盐类喷点料”是以白水泥为粘结料的，其组成材料主要为白水泥、108 胶、矿砂等。

面漆分为油性面漆和水溶性面漆。当喷点没有固结时，要用圆辊将喷点压平，使其形成自然花形，此工序称为压平。

喷塑工艺在南方使用较普遍，可用于外墙、顶棚和内墙。定额中是以原色为准，如使用其他颜色，可以调整材料费。

（2）墙、柱、梁、顶棚面喷塑工程量如何计算？

墙、柱、梁、顶棚面喷塑的工程量，均按喷塑的面积计算，不同花点大小、平面或立面应分别计算其工程量。

2. 喷（刷）涂料

1）喷（刷）涂料定额项目说明见表 6-30。

表 6-30　喷（刷）涂料定额项目说明

计量单位	$100m^2$（100m）
定额编号	11－624～11－658
工作内容	基层清理、补小孔洞、调料遮盖不应喷处、喷涂料、压平、清铲、清理被喷污的位置等；配料、刮腻子、磨砂纸、刮仿瓷涂料二遍；清扫灰土、刷底涂一遍、喷多彩面涂一遍、遮盖不喷涂部位等；清理、找平、配浆、打蜡、擦光、养护；刷涂料等

2）对应项目相关问题答疑

（1）涂料分哪些种类？

涂料按其涂膜薄厚及涂层组成，分为薄涂料、厚涂料及复层涂料三大类。

薄涂料有水性薄涂料、合成树脂乳液薄涂料、溶剂型（包括油性）薄涂料及无机薄涂料，其中溶剂型薄涂料俗称油漆。

厚涂料有合成树脂乳液厚涂料、合成树脂乳液砂壁状涂料、合成树脂乳液轻质厚涂料及无机厚涂料等。其中轻质厚涂料有珍珠岩粉厚涂料、聚苯乙烯泡沫塑料厚涂料及蛭石厚涂料。复层涂料有水泥系复层涂料、合成树脂乳液系复层涂料、硅溶胶系复层涂料及反应固化型合成树脂乳液系复层涂料。

涂料按其使用部位不同,分为外墙涂料、内墙涂料及顶棚涂料。内墙涂料不得用于外墙,外墙涂料不宜用于内墙。有些内墙涂料也可用作顶棚涂料,但顶棚涂料不宜作为内墙涂料。未注明使用部位的涂料,则外墙、内墙、顶棚均可使用。注明内用者,只能用于内墙和顶棚,注明外用者宜用于外墙。

涂料品种繁多,名称各异,即使相同品种,由于生产厂不同,其施工方法也有差异,为此,涂料施工前必须看清产品说明,按说明上的施工步骤和要求去涂饰。

(2)什么是复层建筑涂料?它的分类及特点是什么?

复层建筑涂料由封底涂料、主层涂料及罩面涂料组成,三种涂料配套使用。

封底涂料用于封闭基层和增强主层涂料的附着力;主层涂料用于形成凹凸或平状装饰面,罩面涂料用于装饰面着色,提高耐候性、耐污染性和防水性等。

复层建筑涂料按其主层涂料中所用粘结料分为:

①聚合物水泥系复层涂料:用混有聚合物分散剂的水泥作为粘结料。

②硅酸盐系复层涂料:用混有合成树脂乳液的硅溶胶等作为粘结料。

③合成树脂乳液系复层涂料:用合成树脂乳液作为粘结料。

④反应固化型合成树脂乳液系复层涂料:用环氧树脂乳液等作为粘结料。

封底涂料主要采用合成树脂乳液及其无机高分子材料的混合物,也有采用溶剂型合成树脂。主层涂料主要采用以合成树脂乳液、无机硅溶胶、环氧树脂等为基料的厚质涂料以及普通硅酸盐水泥等。罩面涂料主要采用丙烯酸系乳液涂料,也可采用溶剂型丙烯酸树脂和丙烯-聚氨酯的清漆和磁漆。

复层建筑涂料的主要特点是外观美观豪华,耐久性和耐污染性较好,且由于其涂层对墙体的保护功能也较佳。

(3)复层建筑涂料施工应注意些什么?

复层建筑涂料施工时应注意以下几个方面:

①在混凝土及抹灰内墙、顶棚表面施涂复层建筑涂料,应进行填补缝隙,局部刮腻子,两遍满刮腻子应予磨平。在混凝土及抹灰外墙面施涂复层建筑涂料只需要填补缝隙、局部刮腻子磨平即可。在石膏板、胶合板、纤维板的内墙和顶棚表面上施涂复层建筑涂料、应进行板缝处理、局部刮腻子、两遍满刮腻子,每层刮腻子应予磨平。

②封底涂料可采用喷涂或刷涂方法,待其干燥后再喷涂主层涂料,主层涂料干燥后再喷涂两遍罩面涂料。如只施涂一遍罩面涂料,易造成涂层不匀、遮盖不完全、颜色不一致等缺陷。有光涂料涂两遍才能达到光滑、光亮要求。

③喷涂主层涂料时,点状的大小应加以控制,内墙面喷涂一般控制在 5~15mm,外墙面喷涂一般控制在 5~25mm,同时点状的疏密程度应均匀一致,以免影响复层建筑涂料的装饰效果。

④水泥系主层涂料喷涂后,应先干燥 12h,然后洒水养护 24h,再干燥 12h 后,才能施涂罩面涂料。这是由于水泥是水硬性胶凝材料,如不洒水养护一段时间,水泥达不到应有强度,主涂层易产生疏松现象,施涂罩面涂料时,易将水泥点刷掉,影响装饰效果。另一方面,由于主涂层疏松,影响主涂层与罩面层粘结强度,使罩面层易发生空鼓、开裂、剥落等现象,降低涂料施工质量。

⑤聚合物水泥系、反应固化型环氧树脂系复层涂料无封底涂料,在腻平磨平后即喷涂主层涂料。

⑥如需要半球面点状造型时，可不在主层涂料面上进行滚压工作。

⑦施涂罩面涂料时，不得有漏涂和流坠现象，待第一遍罩面涂料干燥后，才能施涂第二遍罩面涂料。

(4)什么是JQ—831耐擦洗涂料？有哪些特点和用途？

JQ—831耐擦洗内墙涂料是以聚醋酸乙烯树脂为主要粘合剂，配以多种填料、颜料及各种助剂而制成的水性耐擦洗涂料。

JQ—831耐擦洗涂料具有无毒、无味、不燃烧、耐擦洗性好、装饰效果明快、施工方便等优点。适用于一般民用建筑、学校、工厂、医院、商店等内墙墙面。

3. 裱糊。

1)裱糊定额项目说明见表6-31。

表6-31 裱糊定额项目说明

计量单位	100^2
定额编号	11-659~11-670
工作内容	清扫、执补、刷底油、刮腻子、磨砂纸、配制贴面材料、裱糊刷胶、裁墙纸(布)、贴装饰面等

2)对应项目相关问题答疑

(1)裱糊工程中基面刷底油刮腻子对工程造价有何影响？

在现行装饰工程预算定额中，按规范要求对墙、柱、顶棚的抹灰面作了清理，刷底油、刮腻子、打砂纸处理。其中，刷底油一道主要是为了防潮和增加壁纸的粘结能力；基面清理是为了除掉墙面杂质；刮腻子、打砂纸是确保基面平整。这几道工序都是保证质量所不可缺少的工序。但实际设计、施工中有部分施工企业和设计单位偷工减料，采用局部刮腻子，且不刷底油，甚至不刮腻子、不刷底油，这就少用了酚醛清漆、油漆溶剂油、羧甲基纤维素、大白粉等材料和相当一部分劳动工日。因此，使用定额时，凡设计、施工偷工减料与定额不符，一律按油漆、涂料工程的相应子目扣除偷工减料的基价。没有相应子目者，应由当地定额管理部门参考油漆、涂料工程编制一次性补充子目给予调整。

(2)裱糊工程中施工工艺对工程造价有何影响？

随着裱糊材料的不同，裱糊工艺也可能不同，如仿织锦缎、平绒、人造革等，它们的裱糊工艺多为胶合板面上压钉固定。为了使装饰面丰满，基面和饰面间常固定1cm厚的泡沫塑料，然后用铜压条、木压条、不锈钢压条，竖向1~2m间距压固饰面。它和直接贴于墙布的基价相差很大。因此，在使用定额时，要对照图纸，弄清各种材料的施工工艺，对面层材料相同、施工工艺不同的裱糊工程应分开计算工程量。

(3)裱糊工程中主材对工程造价有何影响？

裱糊工程的主材是裱糊面层材料和胶粘剂。裱糊面层主要有墙纸、墙布和仿织锦缎等。在现代化的装饰工程中，仅墙纸和墙布已达千种以上。定额中，仅有墙纸和仿织锦缎，没有墙布。不同的裱糊材料，不同的基面，应采用不同的胶粘剂。例如，SG8104壁纸胶粘剂适用于水泥砂浆、混凝土、石膏板、水泥石棉板、胶合板等基面的壁纸粘贴；又如801胶粘剂既适用墙纸粘贴又适用墙布粘贴。定额中所用的胶粘剂是聚醋酸乙烯乳胶(白乳胶)。因此，在使用定额时，凡主材与定额不符时，可以按定额取定价进行换算。

(4)裱糊工程中不同基面对工程造价有何影响？

可裱糊的基面很多，常用的基面有水泥砂浆基面、混凝土基面、木材基面、石膏板基面、水泥石棉板基面等。不同的基面处理所用的材料也不相同。因此，使用定额时，凡设计与定额不符者，可增设补充子目。

6.4 经典实例剖析与总结

6.4.1 经典实例

项目编码:011401001　　项目名称:门油漆

【例6-1】 如图6-1所示单层木门，共50樘，刷调和漆两遍、磁漆一遍，试求其工程量。

【解】 1)清单工程量：

按设计图示数量或设计图示单面洞口面积计算。

则门的工程量为：

$1.8\times2.7\times50\times1.0=243m^2$

清单工程量计算见表6-32。

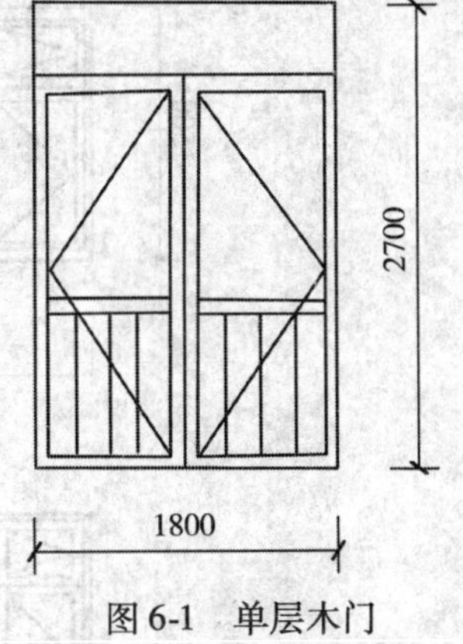

图6-1　单层木门

表6-32　清单工程量计算表

序号	项目编码	项目名称	项目特征描述	计量单位	工程量
1	011401001001	木门油漆	单层木门，刷调和漆两遍、磁漆一遍	m^2	243.00

2)定额工程量：

门的工程量按门洞口面积再乘以相应的系数，木门窗按木门窗定额，钢门窗按钢门窗定额。

则门的工程量为：

$1.8\times2.7\times50\times1.0=243m^2$

注：1.0为系数，单层木门乘以系数1.0。

套用消耗量定额5-001。

项目编码:011402001　　项目名称:窗油漆

【例6-2】 如图6-2所示：假设下列双层木窗分别为37、2、4、25樘，均刷调和漆（底油一遍，刮腻子）两遍，求其工程量。

【解】 1)清单工程量：

C1—1518　　$37\times1.5\times1.8=99.9m^2$

C1—1508　　$2\times1.5\times0.8=2.4m^2$

C1—1208　　$4\times1.2\times0.8=3.84m^2$

C1—1218　　$25\times1.2\times1.8=54m^2$

清单工程量计算见表6-33。

表6-33　清单工程量计算表

序号	项目编码	项目名称	项目特征描述	计量单位	工程量
1	011402001001	木窗油漆	双层木窗，刷调和漆两遍，规格1800mm×1500mm	m^2	99.90
2	011402001002	木窗油漆	双层木窗，刷调和漆两遍，规格1500mm×800mm	m^2	2.40
3	011402001003	木窗油漆	双层木窗，刷调和漆两遍，规格1200mm×800mm	m^2	3.84

续表

序号	项目编码	项目名称	项目特征描述	计量单位	工程量
4	011402001004	木窗油漆	双层木窗,刷调和漆两遍,规格 1200mm × 1800mm	m^2	54.00

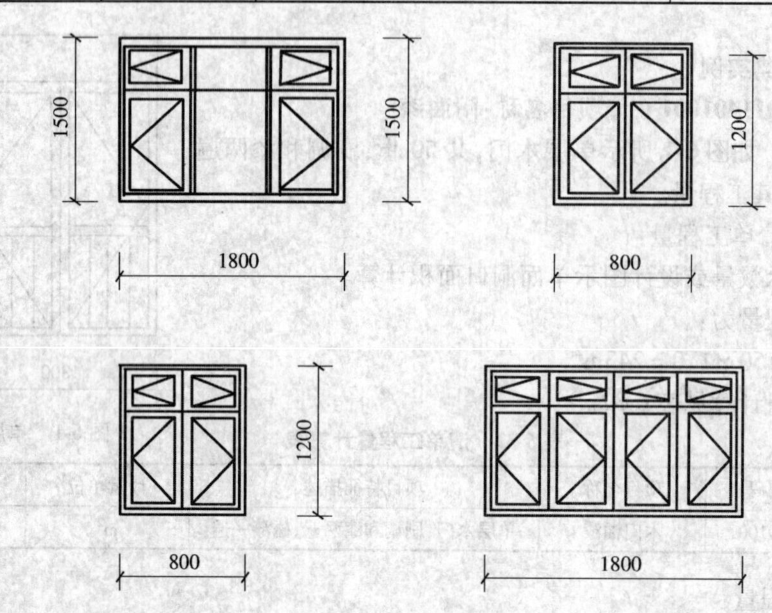

图 6-2　双层木窗

2)定额工程量:

C1—1518　$37 \times 1.5 \times 1.8 = 99.9m^2$

C1—1508　$2 \times 1.5 \times 0.8 = 2.4m^2$

C1—1208　$4 \times 1.2 \times 0.8 = 3.84m^2$

C1—1218　$25 \times 1.2 \times 1.8 = 54m^2$

小　计　$160.14m^2$

双层木窗工程量 $= 160.14 \times 1.36 = 217.79m^2$

(C1—1518,即 1.5m 高,1.8m 宽,下同)

1.36 为系数,见工程量计算规则。如为单层木窗,则不乘 1.36 的系数。

套用消耗量定额 5 - 002。

项目编码:011403001　　项目名称:木扶手油漆

【例 6-3】　如图 6-3 所示的木扶手栏杆(带托板),现在某工作队要给扶手刷一层防腐漆,试求其工程量。

【解】　1)清单工程量:

工程量 = 8.00m

【注释】　木扶手油漆工程量按设计图示尺寸以长度计算。

清单工程量计算见表 6-34。

表 6-34　清单工程量计算表

项目编码	项目名称	项目特征描述	计量单位	工程量
011403001001	木扶手油漆	扶手刷一层防腐漆	m	8.00

2)定额工程量：

工程量 = 8.00 × 2.60 = 20.80m

套用消耗量定额 5 - 267。

注：套用定额计算时，工程量计算方法为按延长米计算，延长米是各段尺寸的累积长度。计算时，需乘以一个折算系数。木扶手分不带托板和带托板两种，本题是带托板的扶手栏杆，所以其折算系数为 2.60。

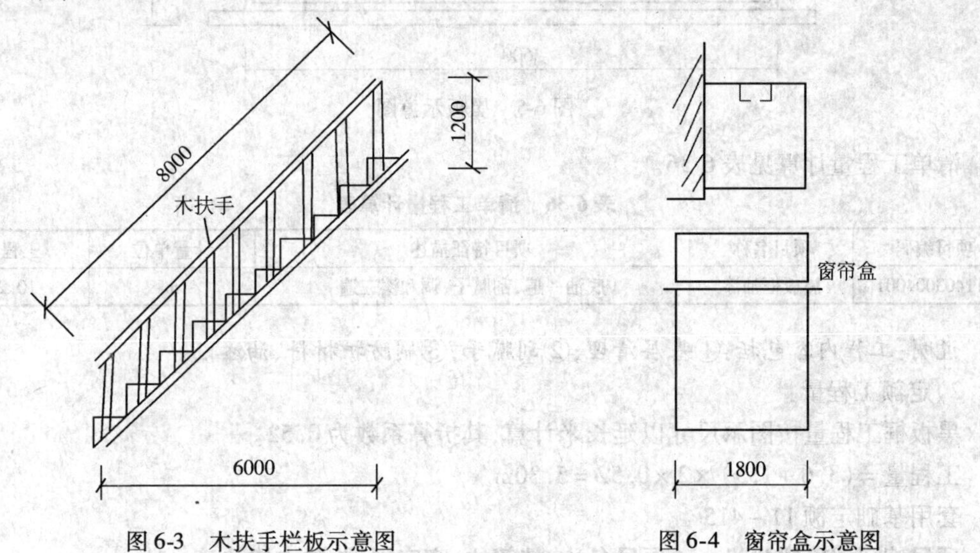

图 6-3　木扶手栏板示意图　　　　图 6-4　窗帘盒示意图

项目编码:011403002　　项目名称:窗帘盒油漆

【例 6-4】　王先生家进行家庭装修，为了增加窗帘布的美化效果，王先生请装修队在窗帘盒上刷一层绿色的油漆，假如你是装修队的，窗帘盒示意图如图 6-4 所示，试求其工程量。

【解】　1)清单工程量：

工程量 = 1.80m

【注释】　窗帘盒油漆工程量按设计图示尺寸以长度计算。

清单工程量计算见表 6-35。

表 6-35　清单工程量计算表

项目编码	项目名称	项目特征描述	计量单位	工程量
011403002001	窗帘盒油漆	窗帘盒上刷一层绿色的油漆	m	1.80

2)定额工程量：

工程量 = 1.8 × 2.04 = 3.67m

套用消耗量定额 5 - 201。

注：《全国统一建筑装饰装修工程消耗量定额》(GYD 901—2002)中规定，窗帘盒的工程量按延长米计算，其折算系数为 2.04。

项目编码:011403004　　项目名称:挂衣板、黑板框油漆

【例 6-5】　图 6-5 所示黑板框刷调和漆三遍，求其工程量。

【解】　1)清单工程量：

工程量 = (3.6 + 1.5) × 2 = 10.2m

【注释】 挂衣板、黑板框油漆工程量按设计图示尺寸以长度计算。

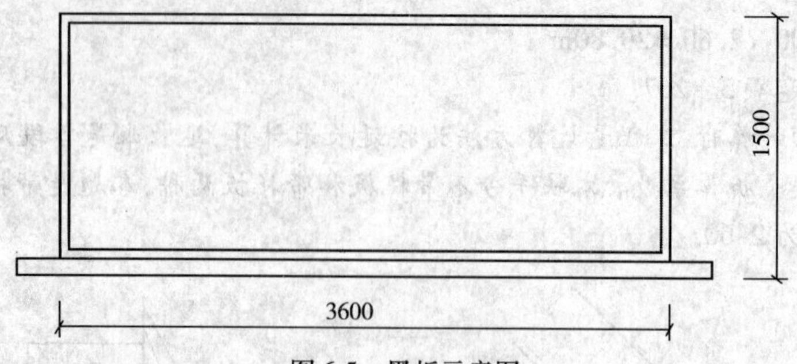

图 6-5 黑板示意图

清单工程量计算见表 6-36。

表 6-36 清单工程量计算表

项目编码	项目名称	项目特征描述	计量单位	工程量
011403004001	黑板框油漆	底油一遍,刮腻子,调和漆三遍	m	10.20

说明:工程内容包括:①基层清理;②刮腻子;③刷防护材料、油漆。

2)定额工程量:

黑板框工程量按图示尺寸以延长米计算,其折算系数为 0.52。

工程量 = (3.6 + 1.5) × 2 × 0.52 = 5.30m

套用基础定额 11 - 415

项目编码:011403005　　项目名称:挂镜线、窗帘棍、单独木线油漆

【例 6-6】 如图 6-6 所示,求窗帘棍油漆的工程量。

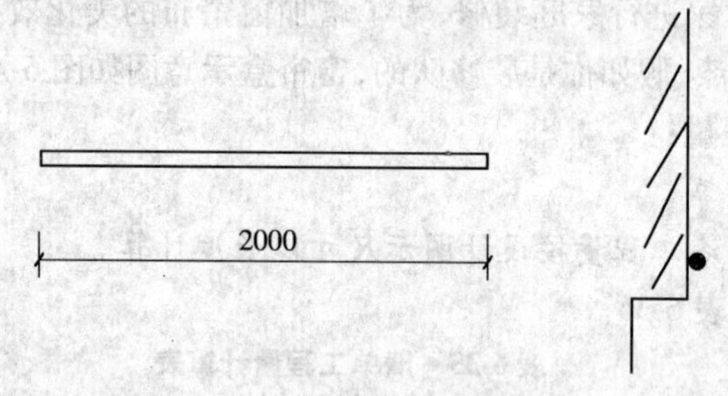

图 6-6 窗帘棍示意图

【解】 1)清单工程量:

工程量 = 2.00m

清单工程量计算见表 6-37。

表 6-37 清单工程量计算表

项目编码	项目名称	项目特征描述	计量单位	工程量
011403005001	挂镜线、窗帘棍、单独木线油漆	窗帘棍油漆	m	2.00

2)定额工程量:

工程量 = 2 × 0.35 = 0.70m

套用消耗量定额 5 - 201。

注:套用定额时,窗帘棍工程量按延长米计算,单独木线条 100mm 以内,取其系数为0.35,利用清单计算时,其工程量按设计图示尺寸以长度计算。

项目编码:011408001　　项目名称:墙纸裱糊

【例6-7】　某住宅书房平面布置图如图6-7所示,已知其墙面裱糊金属墙纸,求房间贴金属墙纸工程量。

【解】　1)清单工程量:

$S = [(3.6+4.8)\times 2\times(2.8-0.12)-1.8\times 1.5-0.9\times 2]=40.52\text{m}^2$

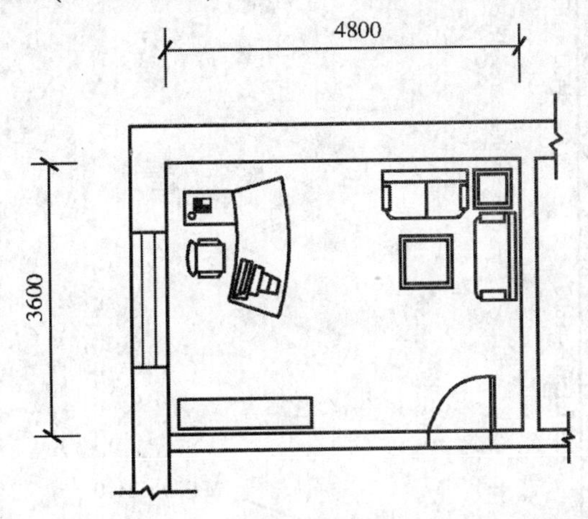

图6-7　书房平面布置图

注:1. 窗尺寸 宽×高=1800mm×1500mm。
2. 门尺寸宽×高=900mm×2000mm。
3. 房间榉木踢脚板高120mm。
4. 房间顶棚高度2800mm。

【注释】　根据图示尺寸以面积计算,(3.6+4.8)×2×(2.8-0.12)是房间的面积,3.6是宽,4.8是长,(3.6+4.8)×2是房间的周长;(2.8-0.12)是房间的净高,2.8是房间顶棚的高度,0.12是踢脚板的高。1.8×1.5是窗户的面积,1.8是宽,1.5是高。0.9×2是门的面积,0.9是宽,2是高。

清单工程量计算见表6-38。

表6-38　清单工程量计算表

项目编码	项目名称	项目特征描述	计量单位	工程量
011408001001	墙纸裱糊	金属墙纸	m^2	40.52

2)定额工程量同清单工程量。

套用基础定额11-669。

项目编码:011408002　　项目名称:织锦缎裱糊

【例6-8】　如图6-8所示为会议室设计为墙面贴织锦缎,吊平顶标高为3.30m,木墙裙高度为1.20m,窗洞口侧壁假设为100mm,窗口高度为100mm,求贴织锦缎工程量。

【解】　1)清单工程量:

织锦缎工程量=[(9-0.24)+(8.75-0.24)]×2×(3.30-1.20)-0.9×(2.10-1.20)-1.50×(1.80-0.10)-1.40×(1.80-0.10)-1.80×(2.40-0.10)-2.0×(2.4-0.10)+1.80×2×0.10+1.80×2×0.10+2.4×2×0.10+2.40×2×0.10

$=72.53-0.81-2.55-2.38-4.14-4.6+0.36+0.36+0.48+0.48$

$=59.73\text{m}^2$

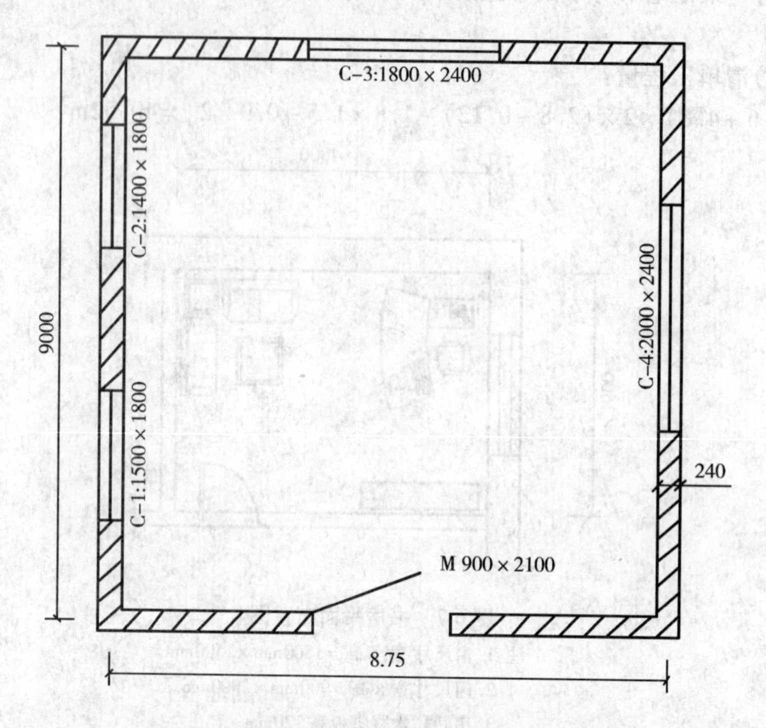

图 6-8　某工程平面图

【注释】　织锦缎工程量按图示尺寸以面积计算，[(9－0.24)＋(8.75－0.24)]×2×(3.30－1.20)是墙的面积，[(9－0.24)＋(8.75－0.24)]×2是墙的周长，其中9－0.24是墙的净长，0.24是墙厚；8.75－0.24是墙的净宽；(3.30－1.20)是需要贴织锦缎的墙高，3.3是地面到吊平顶的高，1.2是木墙裙的高。0.9×(2.10－1.20)是门所占的贴织锦缎的面积，其中0.9是门宽，2.1是门高，1.2是墙裙高。1.50×(1.80－0.10)是窗C－1所占的面积，1.5是窗宽，1.8是窗高，0.1是窗口高。1.40×(1.80－0.10)是窗C－2所占的面积，1.4是宽，1.8是高，0.1是窗口高。1.80×(2.40－0.10)是窗C－3所占的面积，1.8是宽，2.4是高，0.1是窗口高。2.0×(2.4－0.10)是窗C－4所占的面积，2.0是宽，2.4是高，0.1是窗台高。1.80×2×0.10是窗C－1，C－2的侧壁所占的面积，0.1是侧壁的宽，2是指两个侧壁。2.40×2×0.10是窗C－3、C－4侧壁所占的面积，2.4是高，0.1是侧壁宽，2是指两个侧壁。

清单工程量计算见表6-39。

表6-39　清单工程量计算表

项目编码	项目名称	项目特征描述	计量单位	工程量
011408002001	织锦缎裱糊	墙面贴织锦缎	m^2	59.73

2)定额工程量同清单工程量。

套用基础定额11－666。

项目编码:011407001　　项目名称:刷喷涂料

【例6-9】　如图6-9、图6-10所示，求内墙墙面刷涂料的工程量。

【解】　1)清单工程量:

工程量 $= [4.5 + 5.4 - 0.12 \times 4] \times 3 + (3 - 0.12 \times 2) \times 3 + (4.5 \times 3 + 2 \times 3) + (5.4 - 0.12 \times 2) \times 3 + (3 + 2 - 0.12 \times 2) \times 3 - 1.7 \times 1.8 \times 4 - 0.8 \times 1.9$

$= 72.04m^2$

【注释】 $[4.5+5.4-0.12\times4]\times3$ 为上边横墙的面积,3 为墙高,$(3-0.12\times2)\times3$ 为左边纵墙的面积,4.5×3 为下边 4500 横墙的面积,2×3 为下边 2000 纵墙的面积,$(5.4-0.12\times2)\times3$ 为下边 5400 横墙的面积,$(3+2-0.12\times2)\times3$ 为右边纵墙的面积。$1.7\times1.8\times4$ 为四个窗的面积,0.8×1.9 为门的面积,应扣除。

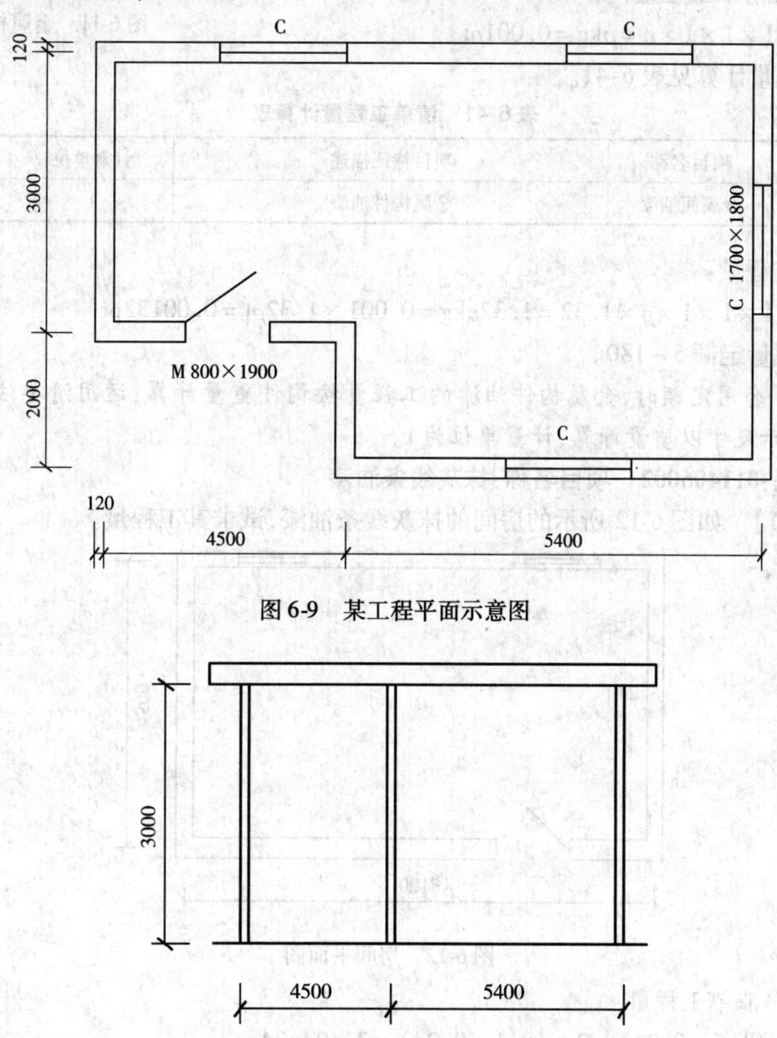

图 6-9 某工程平面示意图

图 6-10 某工程剖面示意图

清单工程量计算见表 6-40。

表 6-40 清单工程量计算表

项目编码	项目名称	项目特征描述	计量单位	工程量
011407001001	墙面刷喷涂料	内墙墙面刷涂料	m^2	72.04

2)定额工程量:

工程量 $= 72.04 \times 1.00 = 72.04m^2$

套用消耗量定额 5-232。

【注释】 1.00 为折算系数。

项目编码:011405001　　项目名称:金属面油漆

【例 6-10】 如图 6-11 所示为一个金属构件,现在欲给它涂一层金属油漆,已知该金属构件的密度为 $\rho kg/m^3$,试求该金属构件油漆的工程量。

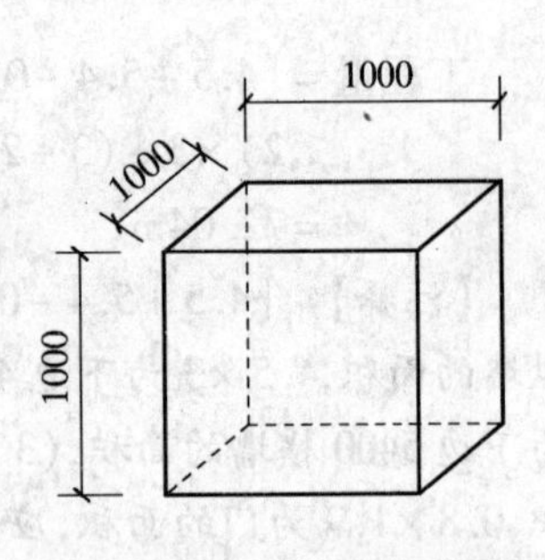

图 6-11　金属构件示意图

【解】 1)清单工程量:

工程量 $=1\times1\times1\times\rho=\rho kg=0.001\rho t$

清单工程量计算见表 6-41。

表 6-41　清单工程量计算表

项目编码	项目名称	项目特征描述	计量单位	工程量
011405001001	金属面油漆	金属构件油漆	t	0.001ρ

2)定额工程量:

工程量 $=1\times1\times1\times\rho\times1.32=1.32\rho kg=0.001\times1.32\rho t=0.00132\rho t$

套用消耗量定额 5-180。

【注释】 套用定额时,金属构件油漆的工程量按构件重量计算;运用清单法计算工程量时,按设计图示尺寸以质量计算,计量单位为 t。

项目编码:011406002　项目名称:抹灰线条油漆

【例 6-11】 如图 6-12 所示的房间的抹灰线条油漆,试求其工程量。

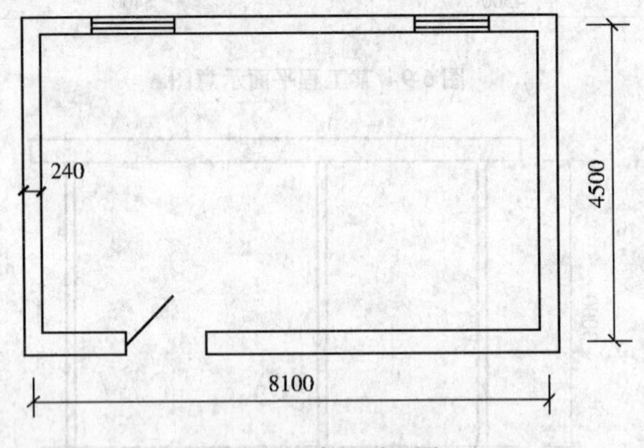

图 6-12　房间平面图

【解】 1)清单工程量:

工程量 $=(4.5-0.24)\times2+(8.1-0.24)\times2=24.24m$

【注释】 $(4.5-0.24)\times2$ 为两个纵墙净长,$(8.1-0.24)\times2$ 为两个横墙净长。

清单工程量计算见表 6-42。

表 6-42　清单工程量计算表

项目编码	项目名称	项目特征描述	计量单位	工程量
011406002001	抹灰线条油漆	抹灰线条油漆	m	24.24

2)定额工程量同清单工程量。

套用消耗量定额 5-196。

项目编码:011407004　　项目名称:线条刷涂料

【例 6-12】 如图 6-13 所示的建筑,其踢脚板的高度为 300mm,门洞侧面宽 100mm,踢脚板刷涂料,试求该建筑踢脚板涂料的工程量。

【解】 1)清单工程量:

(4.5 -0.24) ×2 ×3 +(6 -0.24) ×2 ×3 -1 ×3 +0.1 ×6 =57.72m

【注释】 (4.5 -0.24) ×2 ×3 为横墙净长度,(6 -0.24) ×2 ×3 为内纵墙总长度,1 ×3 为门洞总宽度,1 为门宽、3 为个数,0.1 ×6 为门洞侧面踢脚板总长度,0.1 为侧面宽,6 为侧面数。运用清单法计算工程量时,按设计图示尺寸以长度计算,计量单位为 m。

清单工程量计算见表 6-43。

表 6-43　清单工程量计算表

项目编码	项目名称	项目特征描述	计量单位	工程量
011407004001	线条刷涂料	踢脚板刷涂料,高 300mm	m	57.72

2)定额工程量同清单工程量。

套用消耗量定额 5 -271。

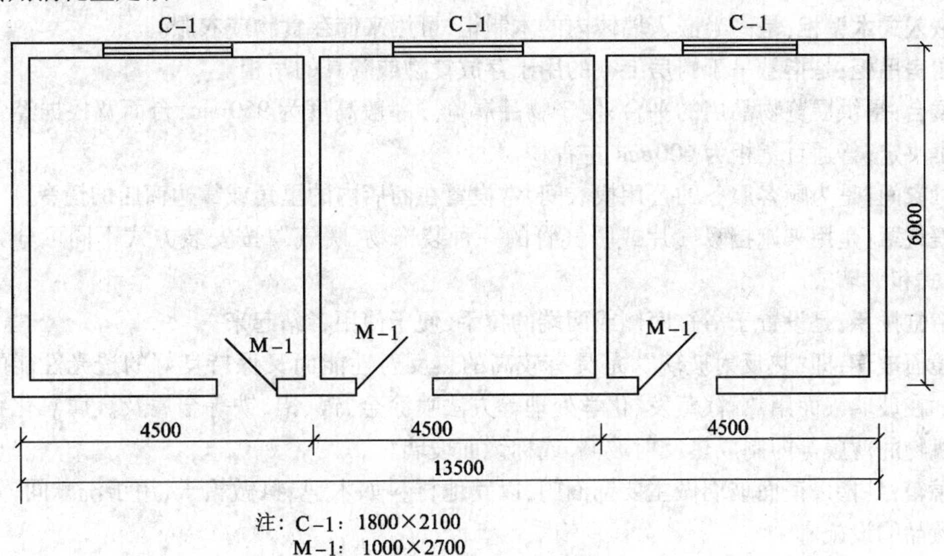

图 6-13　某建筑布置图

6.4.2　剖析与总结

喷涂、油漆、裱糊工程量按以下规定计算:

1. 楼地面、顶棚面、墙、柱、梁面的喷(刷)涂料、抹灰面、油漆及裱糊工程,均按楼地面、顶棚面、墙、柱、梁面装饰工程相应的工程量计算规则规定计算。

2. 木材面、金属面油漆的工程量分别按相关规定计算。

第7章 其他工程

7.1 其他造价基本知识

7.1.1 其他相关应用释义

柜台:营业用的台子类器具,式样像柜,用木头、金属、玻璃等制成。

鞋柜:指家用或大型公共场所供人们存放鞋的柜子。一般呈长形的格层式。

附墙书柜:是一种紧贴墙设计的固定式书柜。这种书柜可节约空间。其中间设置若干隔层。

厨房壁柜:是指设于厨房紧贴墙壁的一种储物柜。

嵌入式木壁柜:是一半嵌入墙体内的木制柜,可用来储存食物或衣服。

厨房吊柜:是指悬吊于厨房上空的用于存放食物或餐具的吊柜。

展台:是供展览物品用的平台,便于物品展览。一般高度为950mm,台面宽根据经营商品的种类决定,普通百货柜为600mm左右。

试衣间:是为顾客服务的公用换衣间,常设置在商店内的里角或靠边商店的镜旁。

暖气罩:是用来遮挡暖气片或暖气管的一种装饰物,暖气罩按安装方式不同可分为挂板式、明式和平墙式。

浴缸拉手:是设置于浴缸两侧或两端的拉手,便于使用者站起来。

镜面玻璃:即"热反射玻璃",是具有较高的热反射性能而又保持良好的透光性能的平板玻璃。在玻璃表面用热解、蒸发、化学处理等方法喷涂金、银、铝、铁等金属及金属氧化物或粘贴有机物的薄膜等即制成热反射玻璃,或称镜面玻璃。

镜箱:是指以镜面玻璃做主要饰面门,以其他材料如木、塑料做箱子,用于洗漱间,并可存放化妆品的设施。

压条:是指饰面的平接面、相交面、对接面等的衔接口所用的板条。即是用在各种交接面(平阶面、相交面、对接面等)沿接口的压板线条。

装饰条:是指分界面、层次面、封口线以及为增添装饰效果而设立的板条。

木线条:是选用质硬,木质较细,耐磨,耐腐蚀,不劈裂,切面光滑,加工性质良好,油漆性,上色性好,粘结力好,钉着力强的木材,经过干燥处理后,用机械加工或手工加工而成。木线条应表面光滑,棱角棱边及弧面弧线既挺直又轮廓分明,木线条不得有扭曲和斜弯。

木线条可油漆成各种色彩和木纹本色,可进行对接拼接,以及弯曲成各种弧线。

石材装饰线:与其他装饰线条一样是用于装饰工程中各种平接面、相反面、分界面、层次面、对接面的衔接处,以及交接口的收口封边材料。

石膏装饰线:是以半水石膏为主要原料,掺加适量增强纤维、胶结剂、促凝剂、缓凝剂,经料浆配制,浇注成型,烘干而制成的线条。它具有重量轻、易于锯拼安装、价格低廉、浮雕装饰性强的优点。

镜面玻璃条:是以镜面玻璃制成的条状嵌饰物,是玻璃表面通过银镜反应或真空镀铝等方法形成反射率极强的镜面玻璃,为提高装饰效果,可在镀镜之前对基体玻璃进行彩绘、化学蚀剂等加工而成。

夹层玻璃:是安全玻璃的一种,系在两片或多片平板玻璃之间嵌夹透明塑料薄片,经热压黏合而成的平面或弯曲的复合玻璃制品。玻璃原片可采用磨光玻璃、浮法玻璃、彩色玻璃、吸热与热反射玻璃等。

金属旗杆:指用金属做成的旗杆。一般广场中心或公共场所的旗杆最上端装有滑轮,用来升旗。

招牌:一般由衬底和招牌字或图案组成,附加在商店的立面上,服从于立面的整体设计,成为店面的有机组成部分。它反映了商店店面装饰水平,是商店吸引和招揽顾客的重要手段。

灯箱:是装上灯具的招牌,悬挂在墙上或其他支承物上。它比雨篷或招牌有更多的观赏面,有更强的装饰效果。无论白天或夜晚,灯箱都能起到招牌广告作用。

灯箱式招牌:是悬挂在立面或其他支承装置上安装有灯具的招牌。其工程量按正立面边框外围面积计算,对凹凸造型的部分不另计。

竖式标箱:则为竖向的长方形六面体招牌。其形状为规则长方体时为矩形形式,当带弧形造型或其正立面有凸出面时,则为异形形式。

有机玻璃字:采用有机玻璃制作的有一定立体效果的装饰字。

顶棚饰面层:即在龙骨下方起装饰效果的低层平面(龙骨:指用以支承和承重的结构。它的构成材料通常有木材、竹篾、铝合金、轻钢等)。主要分为湿抹灰面层和罩面层两大类。

泡沫塑料:是以聚氯乙烯、改性聚氯乙烯树脂或其他树脂为主要原料,添加适量的助剂、改性剂,经挤出成形而成。其变形较大,刚度较差。

天花线:是指天花上不同层次面的交接处的封边,天花上各种不同材料面的对接处封口,天花平面上造型线,天花上设备的封边线。

天花角线:是指天花与墙面、天花与柱面的交接处封边。

墙面线:是指墙面上不同层次面的交接处封边,墙面上各种不同材料面的对接处封口,墙裙压边,踢脚板压边,设备的封边装饰边,墙面饰面材料压线,墙面装饰造型线等。

轻质墙:是指由轻质材料做成的非承重隔墙,如加气混凝土板墙,石膏板墙等。

7.1.2 相关数据参考与查询

1. 手纸盒及手纸架的型号、规格见表 7-1。

表 7-1 手纸盒及手纸架的型号、规格

名 称	图 形	型 号	规格(mm)
手纸盒	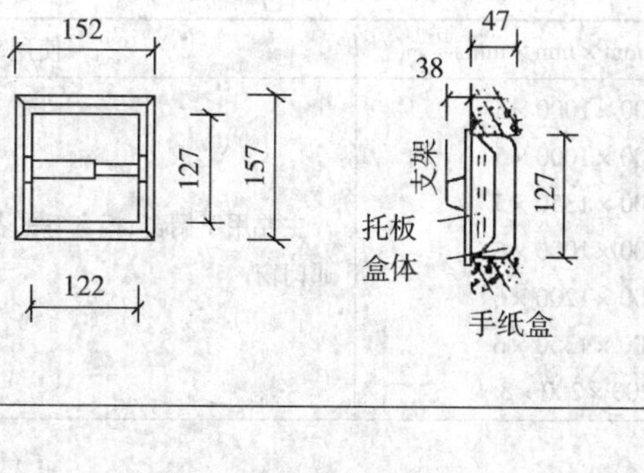 152 127 157 122 47 38 支架 托板 盒体 127 手纸盒	A—102	

续表

名　称	图　形	型　号	规格(mm)
手纸架	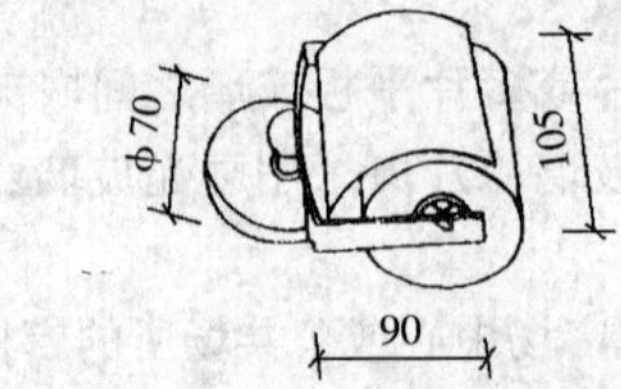	W—1060	
	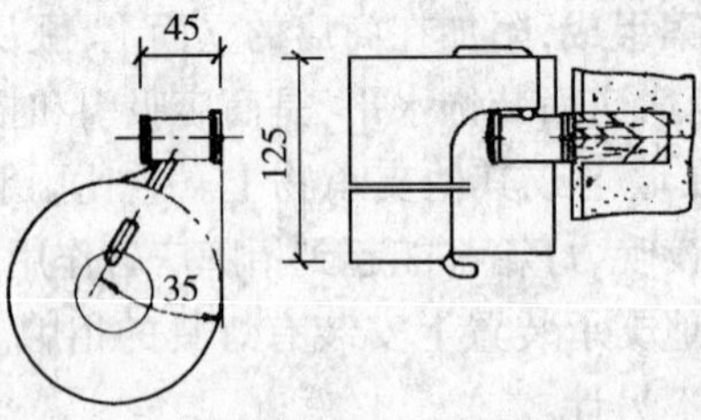	PSh1	

2. 用胶量参考见表 7-2。

表 7-2　用胶量参考表

用　途	单位	用量	计算基数	备　注
柜类木骨架粘接	kg/m^2	0.1	家具正立面面积(m^2)	
柜类表面粘贴板材	kg/m^2	0.26	家具表面粘接板材面积(m^2)	双面刷胶
柜类表面粘贴板材	kg/m^2	0.14	家具表面粘接板材面积(m^2)	单面刷胶

3. 圆钉用量参考见表 7-3。

表 7-3　圆钉用量参考表

圆钉规格	单　位	数　量		计算基数
		框架式	板　式	
12	kg/m^2	0.2		柜子正立面面积
20	kg/m^2	0.2	0.2	
25	kg/m^2	0.2	0.2	
32	kg/m^2		0.2	
38	kg/m^2	0.2		

4. 柜台常用玻璃规格见表 7-4。

表 7-4　货柜、货架常用玻璃材料品种规格

品　种	规格(mm×mm×mm)	使用范围
平板玻璃	2000×1000×5 2400×1000×5 2500×1350×5 2000×1000×6 2200×1200×6 2500×1350×6 2200×200×8	主要用于橱窗、柜台等的各种玻璃隔架，也可用于普通门窗

续表

品　　种	规格(mm×mm×mm)	使用范围
特厚玻璃	3050×2140×12 3050×2140×15 3300×2140×15	主要用于橱窗、展台、柜台等各种玻璃隔架

5. 毛巾杆的型号、规格见表7-5。

表7-5　毛巾杆的型号、规格

名称	图　　形	型号	规格(mm)
毛巾杆	600　φ70　φ19	W 1050	长600
	51×51　610　84　13　固定环　木螺钉　支架　底座　紧固螺钉	A 610 A 500	支架中心距 610 500 全长 661 551
	520　69　62　127　146	PM1	长5

6. 一般圆钢钉规格及理论重量见表7-6。

表7-6　一般圆钢钉规格及理论重量

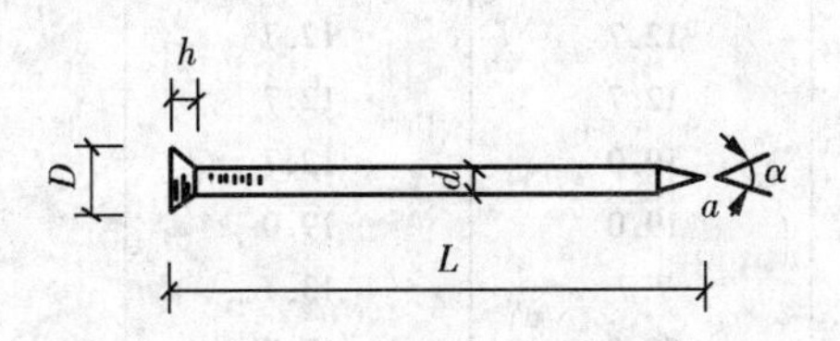

续表

钉长 L (mm)	钉杆直径 d (mm)			1000 个圆钉重 (kg)		
	重型	标准型	轻型	重型	标准型	轻型
10	1.10	1.00	0.90	0.079	0.062	0.045
13	1.20	1.10	1.00	0.120	0.097	0.080
16	1.40	1.20	1.10	0.207	0.142	0.119
20	1.60	1.40	1.20	0.324	0.242	0.177
25	1.80	1.60	1.40	0.511	0.359	0.302
30	2.00	1.80	1.60	0.758	0.600	0.473
35	2.20	2.00	1.80	1.060	0.80	0.70

7. 铝合金条规格品种见表 7-7。

表 7-7 铝合金条规格品种

截面尺寸	宽 B(mm)	高 H(mm)	壁厚 T(m)	长度(m)
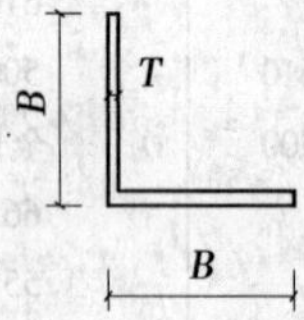	9.5		1.0	6.0
	12.5		1.0	
	15.0		1.0	
	25.4		1.0	
	25.4		1.5	
	25.4		2.3	
	30.0		1.5	
	30.0		3.0	
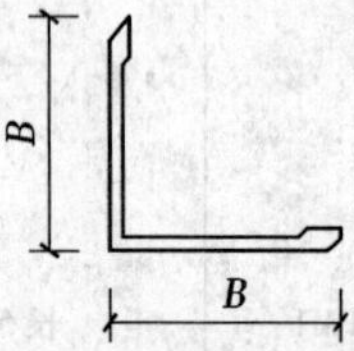	25.4			6.0
	29.8			
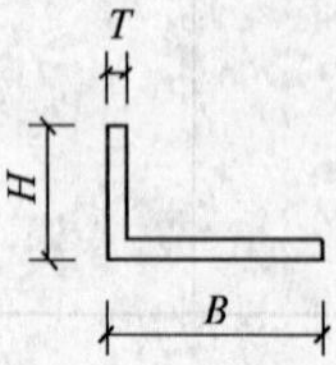	19.0	12.7	1.2	6.0
	21.0	19.0	1.0	
	25.0	19.0	1.5	
	30.0	18.0	3.0	
	38.0	25.0	3.0	
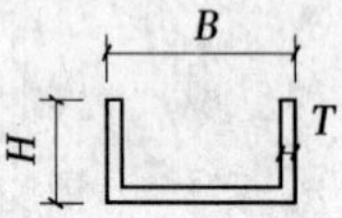	9.5	9.5	1.0	6.0
	9.5	9.5	1.5	
	12.0	5	1.0	
	12.7	12.7	1.0	
	12.7	12.7	1.5	
	19.0	12.7	1.6	
	19.0	19.0	1.0	
	7.7	13.1	1.3	
	50.8	12.7	1.5	

8. 常用铜条规格见表7-8。

表7-8　常用铜条规格

外　　型	宽 B(mm)	高 H(mm)	壁厚 T(mm)	长度(mm)
	3.0	6.0		
	3.5	6.0		
	4.0	8.0		
B / H	4.5	8.0		2
	5.0	9.0		
	6.0	9.0		
	7.0	10.0		
	50.0	17.0	5.0	
H / B	50.0	20.0	5.0	2
	75.0	50.0	3.0	
	50.0	30.0	3.0	

9. 不锈钢线条规格品种见表7-9。

表7-9　不锈钢线条规格品种

截面形状	宽 B(mm)	高 H(mm)	壁厚 T(mm)	长度(mm)
	15.9	15.9	0.5	
	15.9	15.9	1.0	
	19.0	19.0	0.5	
	19.0	19.0	1.0	
	20.0	20.0	0.5	
T / H / B	20.0	20.0	1.0	2~4
	22.0	22.0	0.8	
	22.0	22.0	1.5	
	25.4	25.4	0.8	
	25.4	25.4	2.0	
	30.0	30.0	1.5	
	30.0	30.0	2.0	
	20.0	10.0	0.5	
	25.0	13.0	0.5	
	25.0	13.0	1.0	
	32.0	16.0	0.8	
	32.0	16.0	1.5	
	38.1	25.4	1.5	
B / H / T	38.1	25.4	0.8	
	75.0	45.0	1.2	
	75.0	45.0	2.0	
	90.0	25.0	1.2	
	90.0	25.0	1.5	
	90.0	45.0	1.5	
	90.0	45.0	2.0	
	100.0	25.0	1.5	
	100.0	25.0	2.0	

10. 硬质 PVC 低发泡挤出型材的典型配方见表 7-10。

表 7-10　低发泡硬质 PVC 挤出型材配方比例

材料名称	份数	材料名称	份数
PVC 树脂(SG-5 型)	100	氧化乙烯石蜡(润滑剂)	0.4～0.6
硫醇(稳定型)	1.0～1.5	丙烯酸化合物(助流剂)	6.0～8.0
环氧化合物(稳定剂)	1.0～2.0	$CaCO_3$(<5μm)	3.0～4.0
硬脂酸钙(润滑剂及稳定剂)	0.8～1.2	ADC 发泡剂和促进剂①	0.5～0.7
脂肪酸酯(内润滑剂)	0.5～0.8	颜料	适量

注:AC 发泡剂为 Azodicarbonamide 偶氮二甲酰胺发泡剂,ADC 促进剂为 Ammonium diethyl dithiocarbamate 氨荒酸二乙胺。

7.2　清单计价规范对应项目介绍

7.2.1　柜类、货架

在《房屋建筑与装饰工程工程量计算规范》(GB 50854—2013)中,柜类、货架包含的项目有柜台、酒柜、衣柜、厨房壁柜、展台、货架、书架、服务台等。

1. 柜台

1)柜台清单项目说明见表 7-11。

表 7-11　柜台清单项目说明

工程量计算规则	1. 以个计量,按设计图示数量计量;2. 以米计量,按设计图示数量计算;3. 以立方米计量,按设计图示尺寸以体积计算
计量单位	个(m)(m^3)
项目编码	011501001
项目特征	台柜规格;材料种类、规格;五金种类、规格;防护材料种类;油漆品种、刷漆遍数
工作内容	台柜制作、运输、安装(安放);刷防护材料、油漆;五金件安装

2)对应项目相关内容介绍

材料种类、规格:

柜类设施的材料主要有木材、钢材、钢筋混凝土、玻璃、铝合金型材、不锈钢饰材、铜条、铜管、大理石、花岗石板材、防火板、胶合板、饰面板、木线条。

台柜的规格以能分离的成品单体长、宽、高来表示,如:一个组合书柜分上下两部分,下部为独立的矮柜,上部为敞开式的书柜,可以上、下两部分标注尺寸。

台柜项目以"个"计算,应按设计图纸或说明,包括台柜、台面材料(石材、皮革、金属、实木等)、内隔板材料、连接件、配件等,均应包括在报价内。

台柜制作:柜台、服务台,包括酒吧台、吧柜,都是商业建筑、旅馆建筑、机场、邮局、银行等公共建筑中必不可少的设施。这些柜台、服务台有的是服务性质的,有的是营业性质的,有的是服务兼营业的。柜台、服务台的构造设计首先必须满足使用要求。一般商业建筑的柜台也许考虑商品陈列、美观、牢固即可,而银行柜台保密、防盗、防抢的安全性要求则是必须首先满足的。

由于功能要求不一样,其构造方式,包括基层结构、面层材料选择、连接方式都可能不同。银行柜台为满足其保密性、安全性要求,多采用钢筋混凝土结构基层,面层材料多用不透明的石材、胶合板材、金属饰面板。商店柜台为了商品陈列的需要，则多采用不锈钢或铝合金型材构架，正立面和柜台面面层则多采用玻璃，甚至四周和柜台面均采用玻璃。酒吧是西餐厅和夜总会的构成部分，在餐厅中占有重要位置。吧台、酒柜及其上部顶棚的构造，选用的材料、灯光、色彩对气氛的烘托、意境的创造非常重要。一般吧台、酒柜的选材及制作均需优良。

如图 7-1 ~ 图 7-4 所示为各种服务台、柜台、货架的构造实例。

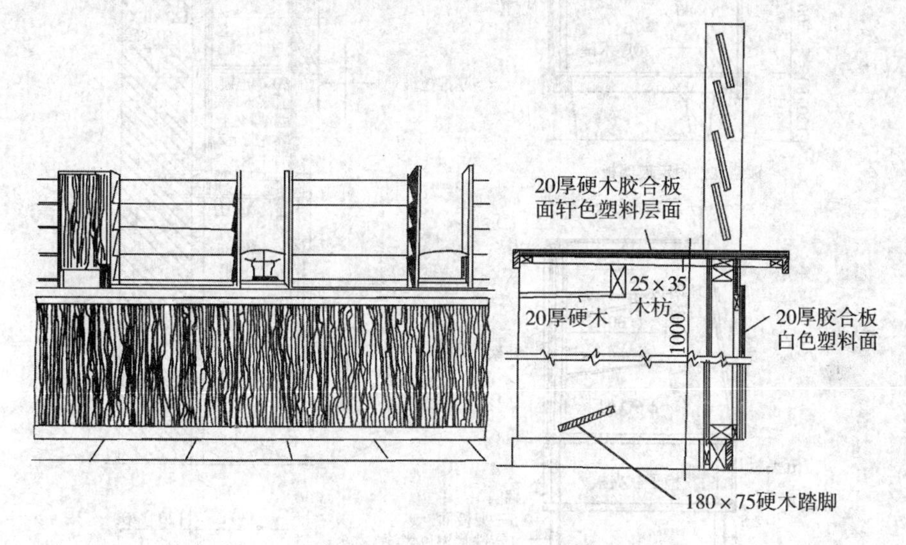

图 7-1　服务台构造示意图

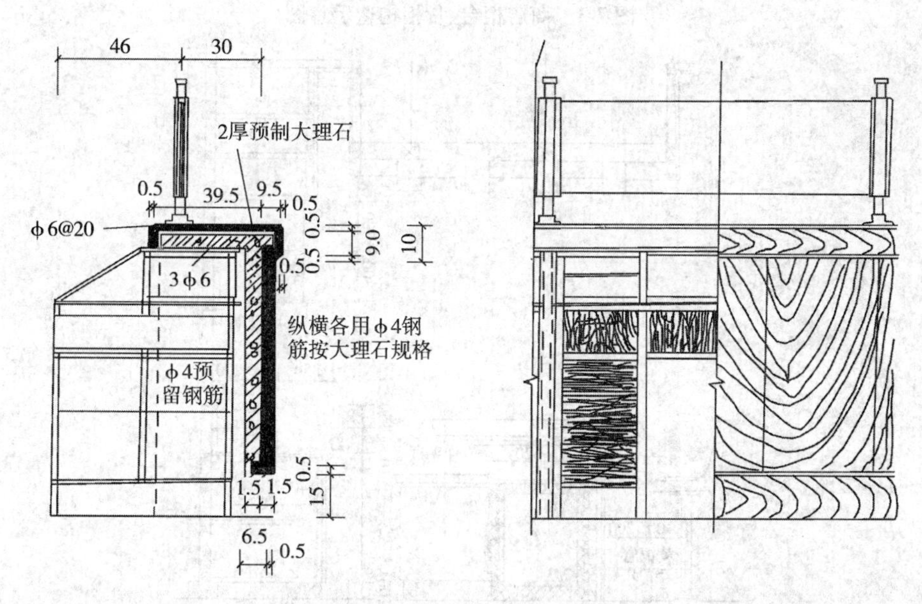

图 7-2　银行柜台构造示意图

由于柜台、服务台、吧台等设施必须满足防火、防烫、耐磨、结构稳定和实用的功能要求，以及满足创造高雅、华贵的装饰效果的要求，因而这些设施多采用木结构、钢结构、砖砌体、混凝土结构、玻璃结构等组合构成。钢结构、砖结构或混凝土结构作为基础骨架，可保证上述台、架的稳定性，木结构、厚玻璃结构可组成台、架功能使用部分。大理石、花岗石、防火板、胶合饰面板等作为这些设施的表面装饰，不锈钢槽、不锈钢管、钢条、钢管、木线条等则构成其面层点缀。

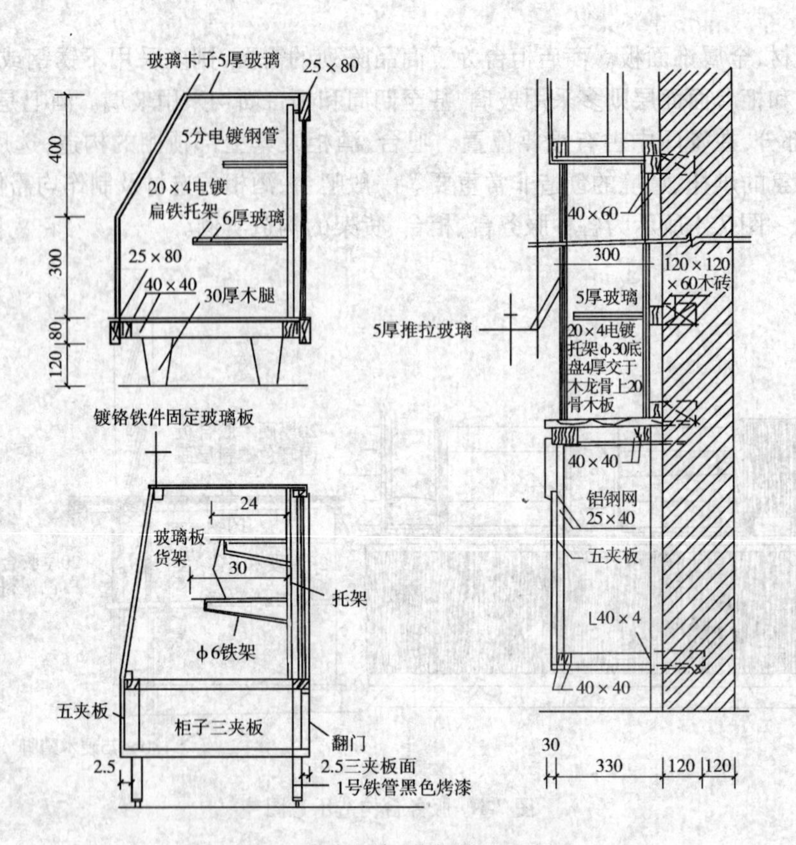

图7-3　商店柜台、货柜构造示意图

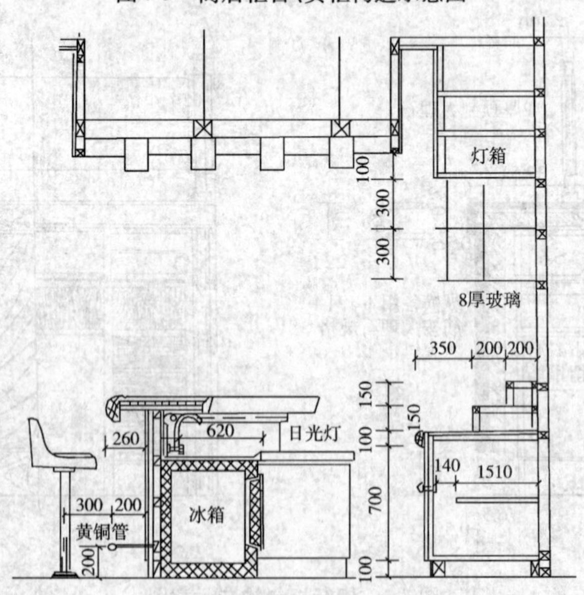

图7-4　吧台、酒柜构造示意图

这种混合结构其各部分之间的连接方式一般为：

(1)石板与钢管骨架之间采用钢丝网水泥镶贴，石板与木结构之间采用环氧树脂粘接。

(2)钢骨架与木结构之间采用螺钉，砖、混凝土骨架与木结构之间采用预埋木砖、木楔、钉结。

(3)厚玻璃结构间以及厚玻璃与其他结构间采用卡脚和玻璃胶固定。

(4)不锈钢管、铜管架采用法兰座和螺栓固定,线条材料常用粘结、钉接固定。

(5)钢骨架与墙、地面的连接用膨胀螺栓或预埋铁件焊接。钢骨架混合结构、混凝土骨架混合结构中各部分之间的连接如图7-5所示。

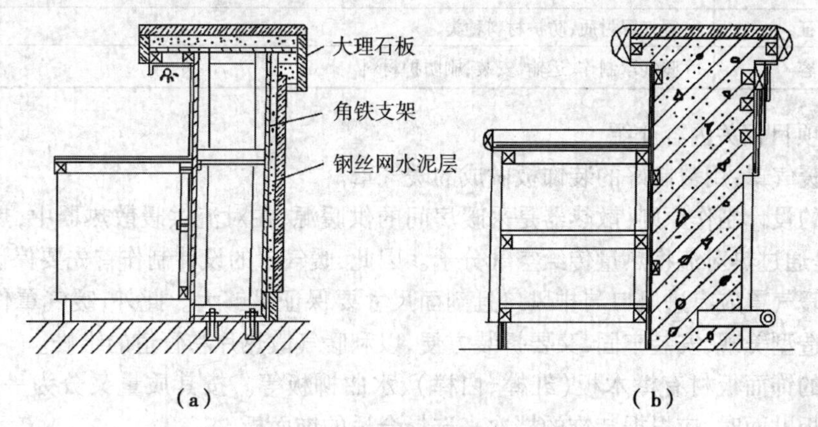

图7-5 混合结构连接示意图

(a)钢骨架混合结构;(b)混凝土骨架混合结构

2. 货架

1)货架清单项目说明见表7-12。

表7-12 货架清单项目说明

工程量计算规则	以个计量,按设计图示数量计算;以米计量,按设计图示尺寸以延长米计算;以立方米计量,按设计图示尺寸以体积计算
计量单位	个(m)(m^3)
项目编码	011501018
项目特征	台柜规格;材料种类、规格;五金种类、规格;防护材料种类;油漆品种、刷漆遍数
工作内容	台柜制作、运输、安装(安放);刷防护材料、油漆;五金件安装

2)对应项目相关内容介绍

货架:既向行人介绍商店经营商品的一种展示和宣传形式,又是商店立面装饰的重要组成部分。

货架除用于贮存商品外,还可用于家庭中。贮存性家具是收藏、整理日常生活中的器物、衣物、消费品、书籍等的家具。根据存放物品的不同,可分为柜类和架类两种不同贮存方式。柜类贮存方式主要有大衣柜、小衣柜、壁柜、被褥柜、书柜、床头柜、陈列柜、酒柜等;而架类贮存方式主要有书架、食品架、陈列架、衣帽架等。贮存类家具的功能设计必须考虑人与物两方面的关系:一方面要求家具贮存空间划分合理,方便人们存取,有利于减少人体疲劳;另一方面又要求家具贮存方式合理,贮存数量充分,满足存放条件。

7.2.2 暖气罩

在《房屋建筑与装饰工程工程量计算规范》(GB 50854—2013)中,暖气罩包含的项目有饰面板暖气罩、塑料板暖气罩、金属暖气罩。

1. 饰面板暖气罩

1)饰面板暖气罩清单项目说明见表7-13。

表 7-13　饰面板暖气罩清单项目说明

工程量计算规则	按设计图示尺寸以垂直投影面积(不展开)计算
计量单位	m^2
项目编码	011504001
项目特征	暖气罩材质;防护材料种类
工作内容	暖气罩制作、运输、安装;刷防护材料

2)对应项目相关内容介绍

饰面板暖气罩:用裁制好的装饰板做成的暖气罩。

暖气罩的设计制作原则:散热器是采暖房间的供暖源,在对流供暖散热器中,热量并非通过辐射,而是通过热对流将热量传给空气分子。因此,暖气罩的设计制作首先要保证散热器的散热效率。暖气罩应有进风口与排风口且剖面尺寸要保证足够大。此外,暖气罩作为室内装饰构件还要造型美观,安装牢固,又要拆装方便,以利暖气散热片和管道的维修。

通常用的饰面板材有榉木板(红榉、白榉)、水曲柳板等。按其质量又分为一、二、三等。在进行装饰板贴面时,应根据装饰的档次来选择合适的饰面板。

单个罩的垂直投影面积指一个单独的暖气罩不展开时的垂直投影面积。

暖气罩的形式、材料和构造,根据墙体、窗台和散热器的相对位置关系,暖气罩可有窗台下设置、沿墙设置、嵌入式设置和独立式设置等形式。如图 7-6 所示。

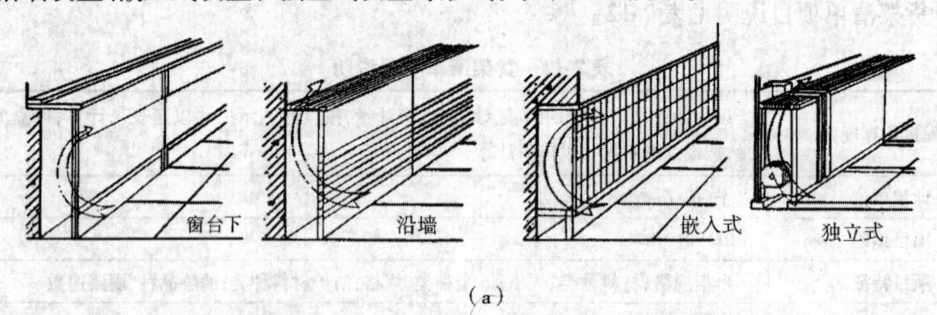

(a)

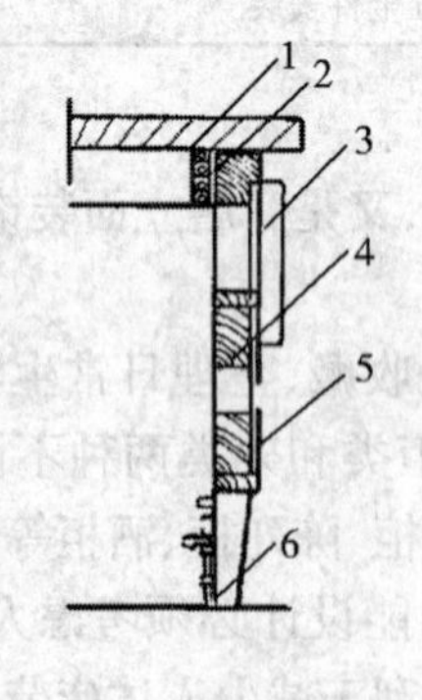

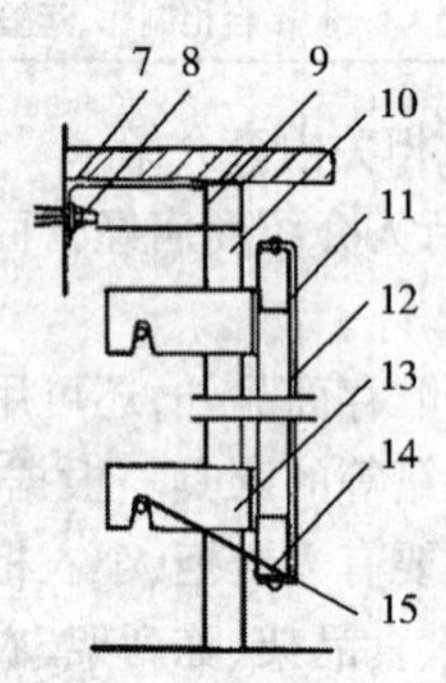

(b)

图 7-6　暖气罩的形式及构造做法示意图

(a)布置方式;(b)构造方式

1—石材面;2—磁夹;3—木散热箅子;4—木横撑龙骨;5—胶合板;
6—铁插销;7—角钢;8—膨胀螺栓;9—金属方通;10—金属方通立梃;
11—金属方通;12—复核铝塑板;13—扁钢挂片;14—抽芯铆钉;15—定位轴

如图 7-7 所示,是一种钢木结合拼装式暖气罩，由金属竖筋(预制成形)、纵横方向上的金

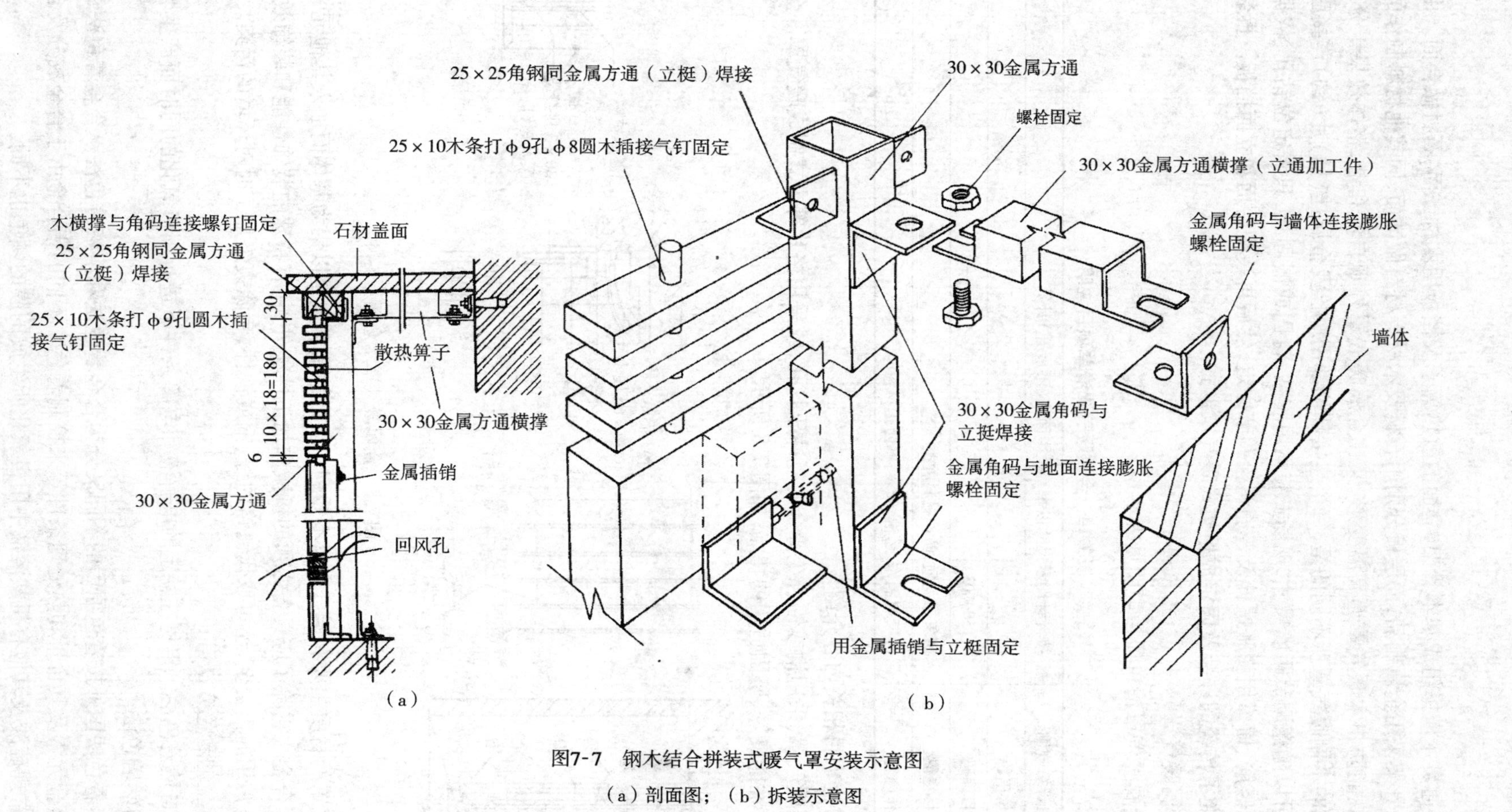

图7-7 钢木结合拼装式暖气罩安装示意图

（a）剖面图；（b）拆装示意图

属横撑及通贯木横撑组成基本骨架,立面的散热箅子及挡板用木材饰面,石材做台面。由于这种暖气罩骨架采用金属制品,面层板分别用石材及木材等材料做饰面,同其他材料制作的暖气罩相比,既能防止木暖气罩遇高温变形,又比金属暖气罩外观自然和谐,整体效果十分理想。它与通常的木制暖气罩所不同的是,每个连接部位都用螺栓及金属挂(插)片(钩)连接固定组合,而且可以随意调节距墙尺寸,现场安装不用胶粘、钉固或嵌固死,只需定位钻孔,依据水平线将金属竖筋、横撑用膨胀螺栓及普通螺栓调节固定,然后再装配台面和立面挡板。拆装快捷方便,改变了传统的嵌装及固定成柜架式暖气罩形式。

2. 金属暖气罩

1)金属暖气罩清单项目说明见表7-14。

表7-14 金属暖气罩清单项目说明

工程量计算规则	按设计图示尺寸以垂直投影面积(不展开)计算
计量单位	m^2
项目编码	011504003
项目特征	暖气罩材质;防护材料种类
工作内容	暖气罩制作、运输、安装;刷防护材料

2)对应项目相关内容介绍

金属暖气罩:采用钢或铝合金等金属板冲压打孔,或采用格片等方式制成暖气罩。金属暖气罩具有性能良好、坚固适用的特点,如图7-8所示。

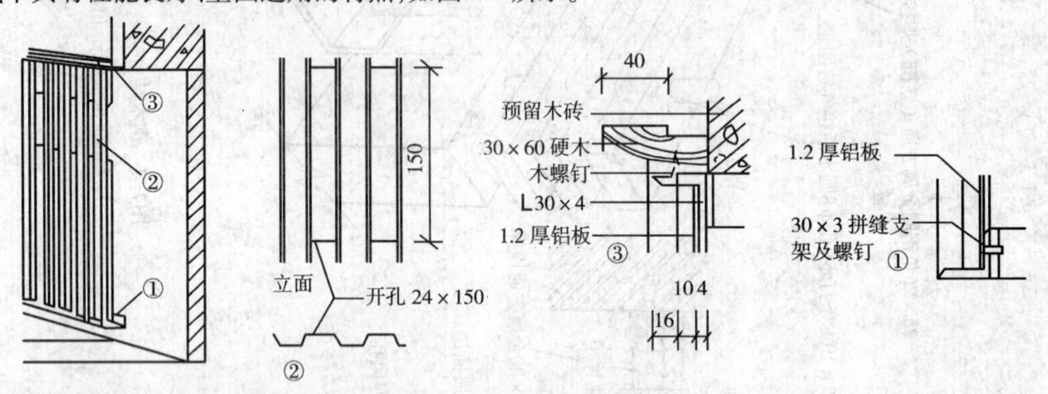

图7-8 金属暖气罩示意图

暖气罩的材质主要有铝合金及不锈钢。装饰性铝合金是以铝为基体而加入其他元素所构成的新型合金。它除了应具备必须的机械和加工性能外,还有特殊的装饰性能和装饰效果,不仅可代替常用的铝合金,还可取代镀铬的锌、铜或铁件,免除镀铬加工时对环境的污染。

铝合金的着色方法有:

(1)自然着色法。铝材在特定的电解液和电解条件下进行阳极氧化的同时而产生着色的方法叫自然着色法。

自然着色法国外按着色原因的不同又分为合金着色法和溶液着色法。合金着色法靠控制铝材中合金元素及其含量和热处理条件等来控制着色。不同的铝合金由于合金成分及含量的不同,在常规硫酸及其他有机酸溶液中阳极氧化所生成的膜的颜色也不同。

实际生产中自然着色法是合金着色法和溶液着色法的综合,既要控制合金成分,又要控制电解液成分和电解条件。

(2)电解着色法。对在常规硫酸浴中生成的氧化膜进一步进行电解,使电解液中所含金属盐的金属阳离子沉积到氧化膜孔底而着色的方法叫电解着色法。

目前各国又根据对色调的不同要求、着色容易性、颜色分布均匀性、电解液稳定性(不沉淀变质)、成本低廉以及建筑对氧化膜的多种性能要求等,相应派生出多种多样的电解着色法。如按电源波型分,有交流、直流、交直流叠合或脉冲电源等;按电解液成分分,除常用的含金属盐的酸性电解液外,还有碱性电解液等;所加金属盐有镍盐、铜盐、锡盐以及混合盐等;按色调分,除常用的青铜色系、棕色系、灰色系外,还有红、青、蓝等原色调,以至发展到图案、条纹着色等。

电解着色本质上也就是电镀,是把金属盐溶液中的金属离子通过电解沉积到铝阳极氧化膜针孔底部,光线在这些金属粒子上漫射,就使氧化膜呈现颜色。由于预处理、阳极氧化及电解着色条件的不同,电解析出的金属及其粒度和分布状况也有差异,从而就出现不同的颜色,获得青铜色系、褐色系以至红、青、绿等原色的着色氧化膜。

7.2.3 浴厕配件

在《房屋建筑与装饰工程工程量计算规范》(GB 50854—2013)中,浴厕配件包含的项目有洗漱台、晒衣架、毛巾杆(架)、卫生纸盒、镜面玻璃、镜箱等。

1. 洗漱台

1)洗漱台清单项目说明见表7-15。

表7-15 洗漱台清单项目说明

工程量计算规则	1. 按设计图示尺寸以台面外接矩形面积计算。不扣除孔洞、挖弯、削角所占面积,挡板、吊沿板面积并入台面面积内 ;2. 按设计图示数量计算
计量单位	m^2(个)
项目编码	011505001
项目特征	材料品种、规格、颜色;支架、配件品种、规格
工作内容	台面及支架制作、运输、安装;杆、环、盒、配件安装;刷油漆

2)对应项目相关内容介绍

洗漱台:卫生间中用于支承台式洗脸盆,搁放洗漱、卫生用品,同时装饰卫生间,使之显示豪华气派风格的台面。洗漱台一般用纹理、颜色均具有较强装饰性的花岗岩、大理石板材,经磨边、开孔制作而成。台面的厚度一般为20mm,宽度约500~600mm,长度视卫生间大小而定,另设侧板。台面下设置支承构件,通常用角铁架子、木架子、半砖墙,或搁在卫生间两边的墙上。定额按大理石台板编制,台面尺寸为20mm×700(含侧板200)mm×1400mm,开单孔,若设计石材尺寸、品种规格与定额不符时,含量、单价应换算,台板磨边可为45°斜边,一阶半圆或指甲圆,均按相应磨边子目执行。

宾馆住宅卫生间内的洗漱台台面下常做成柜子,一方面遮挡上下水管,另一方面存放部分清洁用品。洗漱台一般用纹理颜色具有较强的装饰性的云石和花岗石光面板材经磨边、开孔制作而成。台面一般厚20mm,宽约570mm,长度视卫生间大小和台上洗脸盆数量而定。一般单个面盆台面长有1m、1.2m、1.5m;双面盆台面长则1.5m以上。

洗漱台现场制作、切割、磨边等人工、机械的费用应包括在报价内。

为了加强台面的抗弯能力,台面下须用角钢焊接架子加以支承。台面两端若与墙相接,则可将角钢架直接固定在墙面上，否则须砌半砖墙支承。洗漱台安装示意如图7-9所示。

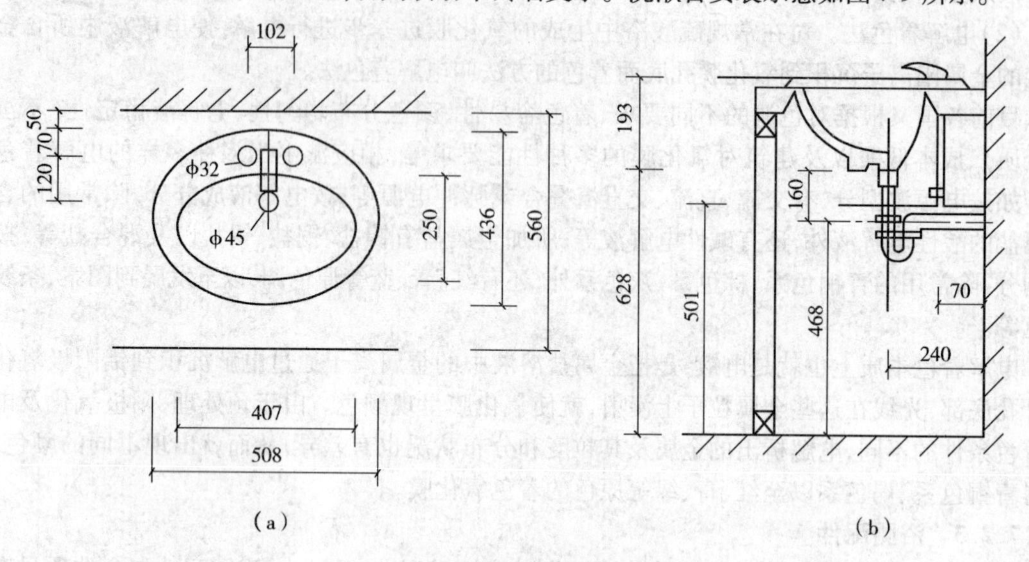

图7-9 洗漱台安装示意图

(a)平面图；(b)侧面图

2. 毛巾杆(架)

1)毛巾杆(架)清单项目说明见表7-16。

表7-16 毛巾杆(架)清单项目说明

工程量计算规则	按设计图示数量计算
计量单位	套
项目编码	011505006
项目特征	材料品种、规格、颜色；支架、配件品种、规格
工作内容	台面及支架制作、运输、安装；杆、环、盒、配件安装；刷油漆

2)对应项目相关内容介绍

毛巾杆：家居、宾馆、饭店房间内用于悬挂毛巾的杆件，其材质一般有塑料、不锈钢和木材等，可自制也可直接从商店、超市等地购买。一般可直接用螺钉锚固，易于拆卸。

毛巾杆一般采用不锈钢制作。不锈钢可加工成板、管、型材、各种连接件等，表面加工成自不发光，无光泽的至高度抛光发光的。如通过化学浸渍着色处理，可制得褐、蓝、黄、红、绿等各种彩色不锈钢，既保持了不锈钢原有的优异的耐蚀性能，又更进一步提高了它的装饰效果。

3. 镜面玻璃

1)镜面玻璃清单项目说明见表7-17。

表7-17 镜面玻璃清单项目说明

工程量计算规则	按设计图示尺寸以边框外围面积计算
计量单位	m^2
项目编码	011505010
项目特征	镜面玻璃品种、规格；框材质、断面尺寸；基层材料种类；防护材料种类
工作内容	基层安装；玻璃及框制作、运输、安装

2)对应项目相关内容介绍

镜面玻璃的基层材料是指玻璃背后的衬垫材料,如:胶合板、油毡等。

该类玻璃的热反射率约为90%,绝热功能较好。热反射玻璃既能透光,又能反射热量。在建筑物上大面积使用,即成玻璃幕墙。白天在有玻璃幕墙的室内可以看到室外的景物,但室外却看不清室内。

按颜色分类有银、灰、蓝、金、绿、茶、棕、褐等;按膜层材料分类有金、银、钯、钛、铜、铝、铬、镍、铁等金属涂层,有氧化铜、氧化锑及二氧化硅等氧化物涂层。

卫生间镜面玻璃按档次、安装构造不同,可分为车边防雾镜面玻璃、普通镜面玻璃。

镜面玻璃按档次不同分为车边防雾镜面玻璃、普通镜面玻璃。普通玻璃多用于镜面四周带框的时候,因为这种情况需要用木条、铝合金或不锈钢封边。当车边镜面玻璃的尺度较小时,可直接用不锈钢玻璃钉固定在墙面上,美观大方。当镜面玻璃尺度较大或墙面不平整时,宜采用嵌压固定方式,可使玻璃有更牢固的连接,也使镜面玻璃有一个平整的镜面玻璃基面。

4.镜箱

1)镜箱清单项目说明见表7-18。

表7-18　镜箱清单项目说明

工程量计算规则	按设计图示数量计算
计量单位	个
项目编码	011505011
项目特征	箱体材质、规格;玻璃品种、规格;基层材料种类;防护材料种类;油漆品种、刷漆遍数
工作内容	基层安装;箱体制作、运输、安装;玻璃安装;刷防护材料、油漆

2)对应项目相关内容介绍

玻璃的表面处理具有十分重要的意义,不但可以改善玻璃的外观和表面性质,还可对玻璃进行装饰。表面处理技术应用很广泛,下面简单介绍几种。

(1)玻璃的化学蚀刻。玻璃的化学蚀刻是用氢氟酸溶掉玻璃表面的硅氧,根据残留盐类的溶解度各不相同,而得到有光泽的表面或无光泽的表面。

蚀刻后玻璃的表面性质决定于氢氟酸与玻璃作用后所生成的盐类性质、溶解度大小、结晶的大小以及是否容易从玻璃表面清除。如生成的盐类溶解度小,且以结晶状态保留在玻璃表面不易清除,遮盖玻璃表面,阻碍氢氟酸溶液与玻璃接触反应,则玻璃表面受到的侵蚀不均匀,得到粗糙又无光泽的表面。如反应物不断被清除,则腐蚀作用很均匀,并且得到非常平滑或有光泽的表面。结晶的大小对光泽度也有影响,结晶大则产生光线的漫射,表面无光泽。

影响蚀刻表面的主要因素是玻璃的化学组成和蚀刻液的组成。生产中根据不同的需要采用各种蚀刻液或蚀刻膏。

(2)化学抛光。化学抛光的原理与化学蚀刻一样,利用氢氟酸破坏玻璃表面原有的硅氧膜,生成一层新的硅氧膜,使玻璃得到很高的光洁度与透明度。

化学抛光有两种方法:一种是单纯用化学侵蚀作用;另一种是用化学侵蚀和机械研磨相结合的方法。前者大都应用于玻璃器皿,后者大都应用于平板玻璃。

采用化学侵蚀法进行抛光时,除了用氢氟酸外,还要加入能使侵蚀生成物(硅氟化物)溶解的添加物。一般采用硫酸,因为硫酸的酸性强,同时沸点高,且不易挥发。

化学侵蚀和机械研磨相结合的方法称为化学研磨法。在玻璃表面添加磨料和化学侵蚀剂,化学侵蚀生成的氟硅酸盐,通过研磨而去除,使化学抛光的效率大为提高。此方法一度被视为高效率磨光玻璃的生产方法。

(3)表面金属涂层。金属涂层广泛用于制造热反射玻璃、护目玻璃、膜层导电玻璃及玻璃器皿和装饰品等。

玻璃表面镀金属薄膜的方法,有化学法和真空沉积法。前者可分为还原法、水解法(又称液相沉积法)等。后者又分为真空蒸发镀膜法、真空电子枪蒸镀法等。

(4)表面着色(扩散着色)。玻璃表面着色就是在高温下用着色离子的金属、熔盐、盐类的糊膏涂覆在表面上,使着色离子与玻璃中的离子进行交换,扩散到玻璃表面层中去,使玻璃表面着色;有些金属离子还需要还原为原子,原子集聚成胶体而着色。表面着色的优点是设备简单,操作易掌握,且着色以后的玻璃是透明的,表面平滑光洁。缺点是生产效率低。

7.2.4 压条、装饰线

在《房屋建筑与装饰工程工程量计算规范》(GB 50854—2013)中,压条、装饰线包含的项目有金属装饰线、木质装饰线、石材装饰线、镜面玻璃线、铝塑装饰线等。

1. 金属装饰线

1)金属装饰线清单项目说明见表7-19。

表7-19 金属装饰线清单项目说明

工程量计算规则	按设计图示尺寸以长度计算
计量单位	m
项目编码	011502001
项目特征	基层类型;线条材料品种、规格、颜色;防护材料种类
工作内容	线条制作、安装;刷防护材料

2)对应项目相关内容介绍

金属装饰线:用于装饰面的压边线、收口线以及装饰画、装饰镜面的框边线,也可用在广告牌、灯光箱、显示牌上做边框或框架。金属装饰线条按材料分有铝合金线条、铜线条和不锈钢线条。断面形状有直角形和槽口形。

金属装饰条主要有铝合金线条、铜线条和不锈钢线条。

铝合金线条是用纯铝加入锰镁等合金元素后,经挤压成型加工而成的型材。其具有轻质、高强、耐蚀、刚度大、规整等特点,表面经阳极氧化着色处理,有鲜明的金属光泽,色泽统一,耐光和耐候性能良好。

铜线条是用合金铜即“黄铜”制成,其强度高、耐磨性好、不锈蚀,经加工后表面有黄金色光泽。其主要用于地面大理石、花岗石、水磨石块面间的间隔线,楼梯踏步的防滑条,楼梯踏步的地毯压角线,高级装饰的墙面分格线,家具的装饰线。

不锈钢线条具有强度高、耐腐蚀、耐水、耐候、耐擦、表面光洁如镜的特点,装饰效果很好,用量日趋增多。

线条安装:

(1)安装方法。金属装饰线应严格按以下要求安装施工。

①不锈钢线条和铜线条收口线的安装,均采用表面无钉条的收口方法。其工艺方法如下:

a. 先用圆钉在收口位置上固定一条木衬条，木衬条的宽、厚尺寸略小于不锈钢或铜合金线条的内径尺寸。

b. 再在木衬条上涂环氧树脂胶（万能胶），在不锈钢条槽内涂环氧树脂，再将该线条卡装在木衬条上。

c. 如不锈钢线条有造型，相应地木衬也应做出造型来。

②不锈钢线条槽表面一般都贴有一层塑料胶带保护层，该塑料胶带应在饰面施工完毕后再从不锈钢线条槽上撕下来。如线条槽表面没有塑料胶带保护层，在施工前需贴上一层，以免在施工中损坏线条表面。

（2）注意事项。安装金属装饰线施工过程中，应注意以下两点：

①不锈钢线条和铜合金线条在角位的对口拼缝，应用45°角拼口，截口时应在45°定角器上，用钢锯条截断，并注意在截断操作时不要损伤表面。

②不锈钢线槽和铜合金线条槽截断操作均不得使用砂轮片切割机，以防受热后变色，对切断好的拼接面，应用什锦锉修平。

2. 木质装饰线

1）木质装饰线清单项目说明见表7-20。

表7-20　木质装饰线清单项目说明

工程量计算规则	按设计图示尺寸以长度计算
计量单位	m
项目编码	011502002
项目特征	基层类型；线条材料品种、规格、颜色；防护材料种类
工作内容	线条制作、安装；刷防护材料

2）对应项目相关内容介绍

木装饰制作安装按其造型线角的道数，分"三道线内"和"三道线外"两类编制，每类又按木装饰条宽度在25mm以内、50mm以内、50mm以外套用定额。

木线条表面光滑，棱角棱边及弧面弧线既梃直又轮廓分明；可漆成各种色彩和木纹本色，可进行对接拼接，以及弯成各种弧线。

其主要用于：

（1）天花线。天花上不同层次面的交接处的封边，天花上各种不同材料面的对接处封口，天花平面上造型线，天花上设备的封边线。

（2）天花角线。天花与墙面、天花与柱面的交接处封边。

（3）墙面线。墙面上不同层次面的交接处封边，墙面上各种不同材料面的对接处封口，墙裙压边，踢脚板压边，设备的封边装饰边，墙面饰面材料压线，墙面装饰造型线等。

原条：指已去掉根皮、树梢的木料，但尚未按一定尺寸加工成规定的材料，如建筑工程中使用的脚手杆等。

原木：由原条按一定尺寸加工成规定长度的木材，它分为直接使用的原木和待加工用的原木。直接使用的原木如建筑中的檩、椽、木桩，供电用的电线杆等；待加工用的原木可锯制成锯材或加工成木材制品等。

锯材：阔叶树锯材长度为1～6m，针叶树锯材长度为1～8m。2m以上长度的按0.2进级，同时也有2.5m长的；不足2m的按0.1m进级。

木线条的用途：顶棚线、顶棚角线、墙面线。

木线条的品种：从材质上分有硬质杂木线、进口洋杂木线、白木线、白元木线、水曲柳木线、山樟木线、核桃木线、柚木线等；从功能上分有压边线、柱角线、压角线、墙角线、墙腰线、上楣线、覆盖线、封边线、镜框线等；从外形上分有半圆线、直角线、斜角线、指甲线等；从款式上分有外凸式、内凹式、凸凹结合式、嵌槽式等。

木线规格：指最大宽度与最大高度，各种木装饰的常用长度为2～5m。

木装饰线安装：

(1)木线固定。木装饰线在条件允许时，应尽量采取胶粘固定。如果需用钉固定，最好采用气钉枪钉。如用圆钉，应将钉头打扁再钉。钉的位置应在木装饰线的凹槽部位或背视线的一侧。对半圆木装饰线来说，其位置高度小于1.5m时，应钉在木线中点偏下部；高度大于1.7m时，应钉在木线中点偏上部，以避开人的视线。当采用气钉枪钉固时，因钉眼小，远视并不明显，故对钉固位置的要求并不严格。

在室内装饰工程中，最醒目的木装饰线要算顶棚和墙面、顶棚与柱面交界面的阴角线。木装饰阴角线的固定方法如下：在墙面加木楔或用钢钉直接钉入混凝土中固定。阴角线条以45°夹角拼接，阴、阳夹角拼接和顺。同时，要求线脚条安装牢固，线脚拼接严密，与墙面、平顶无间隙，各种线脚细木尺寸误差不得大于2mm。

(2)木线拼接。木装饰线的对拼方式按部位有直拼和角拼。

①直拼：木装饰线在对口处应开成30°或45°角。截面加胶后拼口，拼口处要求光滑顺直，不得有错位现象。

②角拼：对角拼接时，应把木线放在45°定角器上，用细锯锯断，截口处不得有毛边。两条角拼的木线截好口后，在截面上涂胶后进行对拼，对拼口处不得有错位或离缝现象。

注意事项：木装饰线的自身对口位置，应远离人的视平线，或置于室内的不显眼位置处。

(3)圆弧收口的做法。最常见的圆弧收口线是截面为半圆的木线条。通常在工厂制作成形，也可用开槽法来把直木线弯曲成圆弧木线，即在木线条背面用细锯间隔一定距离开出一条条细槽口。开槽的间距和槽深视圆弧的弧度大小来定。一般圆弧半径大的，开槽间距可大一些，槽口深度可浅一些。反之则开槽间距小一些，槽口可开深一些。通常开槽深度最大为木线厚度的2/5，间距最小为5mm。

(4)收口线的交圈。所谓交圈即是指装饰线条的连贯性、规整性、协调性。

连贯：要求收口线在转角、转位处能连接贯通，圆顺自然，不能断头、错位，或线条宽窄不等，线型不一等，要求一种线型从头至尾封闭交圈。

规整：指装饰线应线型分明，平整顺直，表面光滑、流畅，色调一致。

协调：应与收口装饰线一致，间隔宽度、位置、粗细比例适度有韵律，相互平行或垂直的应平行、垂直，色彩也应搭配适当。

7.2.5 雨篷、旗杆

在《房屋建筑与装饰工程工程量计算规范》(GB 50854—2013)中，雨篷、旗杆包含的项目有雨篷吊挂饰面、金属旗杆。

1.雨篷吊挂饰面

1)雨篷吊挂饰面清单项目说明见表7-21。

表 7-21　雨篷吊挂饰面清单项目说明

工程量计算规则	按设计图示尺寸以水平投影面积计算
计量单位	m^2
项目编码	011506001
项目特征	基层类型;龙骨材料种类、规格、中距;面层材料品种、规格;吊顶(顶棚)材料、品种、规格;嵌缝材料种类;防护材料种类
工作内容	底层抹灰;龙骨基层安装;面层安装;刷防护材料、油漆

2)对应项目相关内容介绍

雨篷:建筑物入口处位于外门上部用以遮挡雨水、保护外门免受雨水侵害的水平构件。多采用现浇钢筋混凝土悬臂板,其悬臂长度一般为 1~1.5m,也可采用其他结构形式,如扫壳等,其伸出尺度可以更大。

常见的钢筋混凝土悬臂雨篷有板式和梁板式两种。为防止雨篷产生倾覆,常将雨篷与入口处门上过梁(或圈梁)浇在一起。

店面雨篷:传统的店面雨篷如图 7-10 所示,一般都承担雨篷兼招牌的双重作用。现代店面如图 7-11 所示往往以丰富入口及立面造型为主要目的,制作凸出和悬挑于入口上部建筑立面的雨篷式构造。

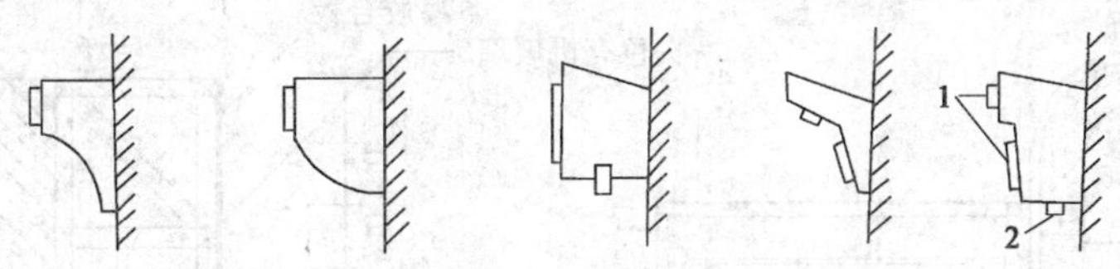

图 7-10　传统的雨篷式招牌形式示意图

1—店面招字牌;2—灯具

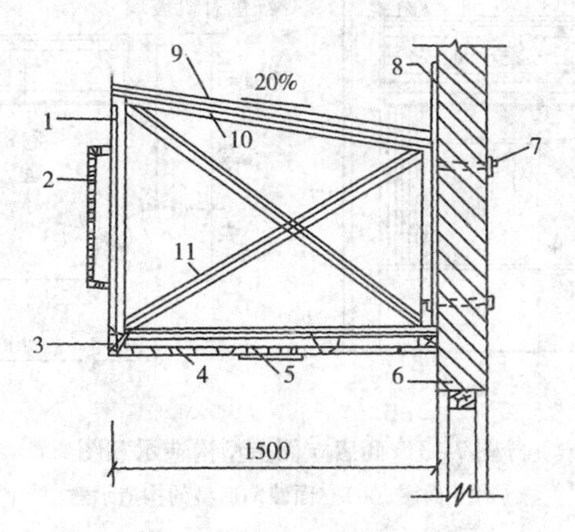

图 7-11　雨篷式招牌构造示意图

1—饰面;2—店面招字牌;3—40×50 吊顶木筋;4—顶棚饰面;5—吸顶灯;6—建筑墙体;7—ϕ10×12 螺杆;8—26 号镀锌铁皮泛水;9—玻璃钢屋面瓦;10—⌊30×3 角钢;11—角钢剪刀撑

现代的店面装饰,其立面要求趋于复杂,凹凸造型变化较为丰富,但在构造做法上并未脱离一般装饰体的制作和安装方法,即框架组装、框架与建筑基体连接、基面板安装和最后的面层装饰等几个基本工序。

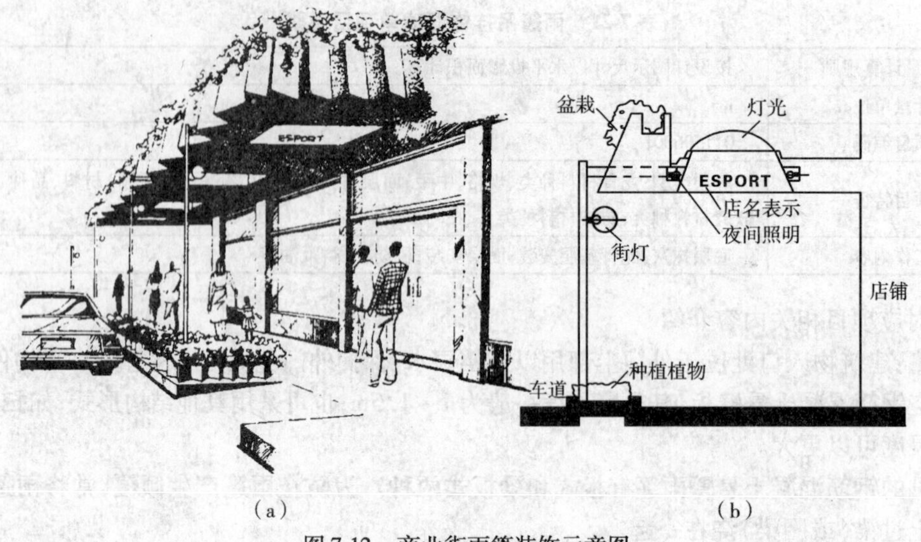

（a）　　　　　　　　　　　　（b）

图 7-12　商业街雨篷装饰示意图

（a）透视效果；（b）雨篷悬挑构造示意

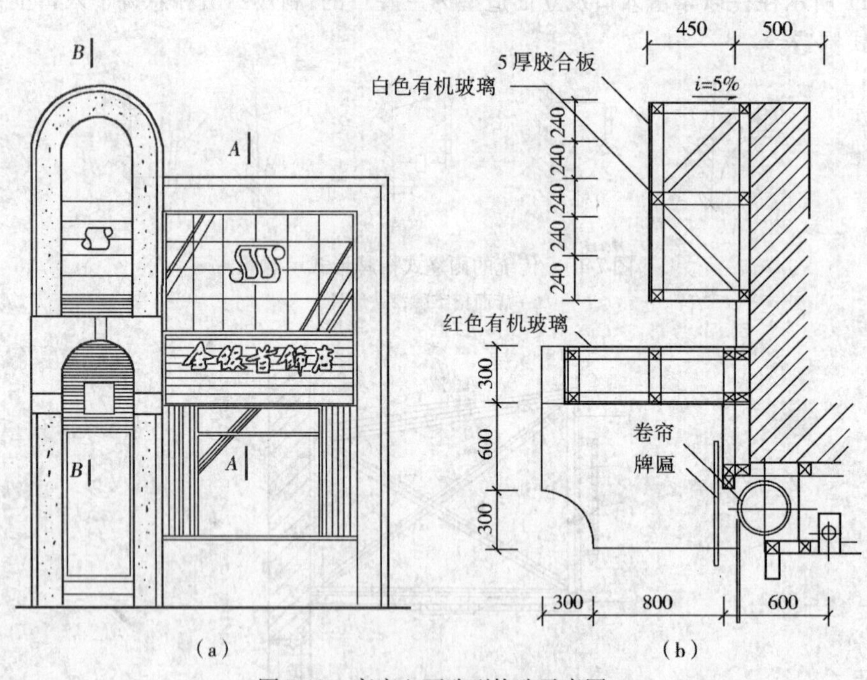

（a）　　　　　　　　　　　　（b）

图 7-13　商店立面造型构造示意图

（a）立面图；（b）立面装饰造型的构造示意

如图 7-12 所示为目前较为普遍的城市商业街装饰示例，其共用的悬挑雨篷底部设采光井，井内安装灯具供夜间照明；上部边缘设盆栽观赏植物。各商店的店名设置于采光井内。此类雨篷的构造，一般是在土建工程中同时与房屋结构做现浇混凝土制作完成。如图 7-13 所示的商店立面造型做了两部分的悬挑，与传统的构造做法相同，只是悬挑部分的饰面采用了红色有机玻璃板，以及在造型形式上使用了两个拱形的门头装饰方式，即取得了一定的美观效果。如图7-14所示的雨篷及门洞采用了较别致的造型处理，店面装饰手法简洁，但与建筑主体立面形式配合既有对比又很和谐。

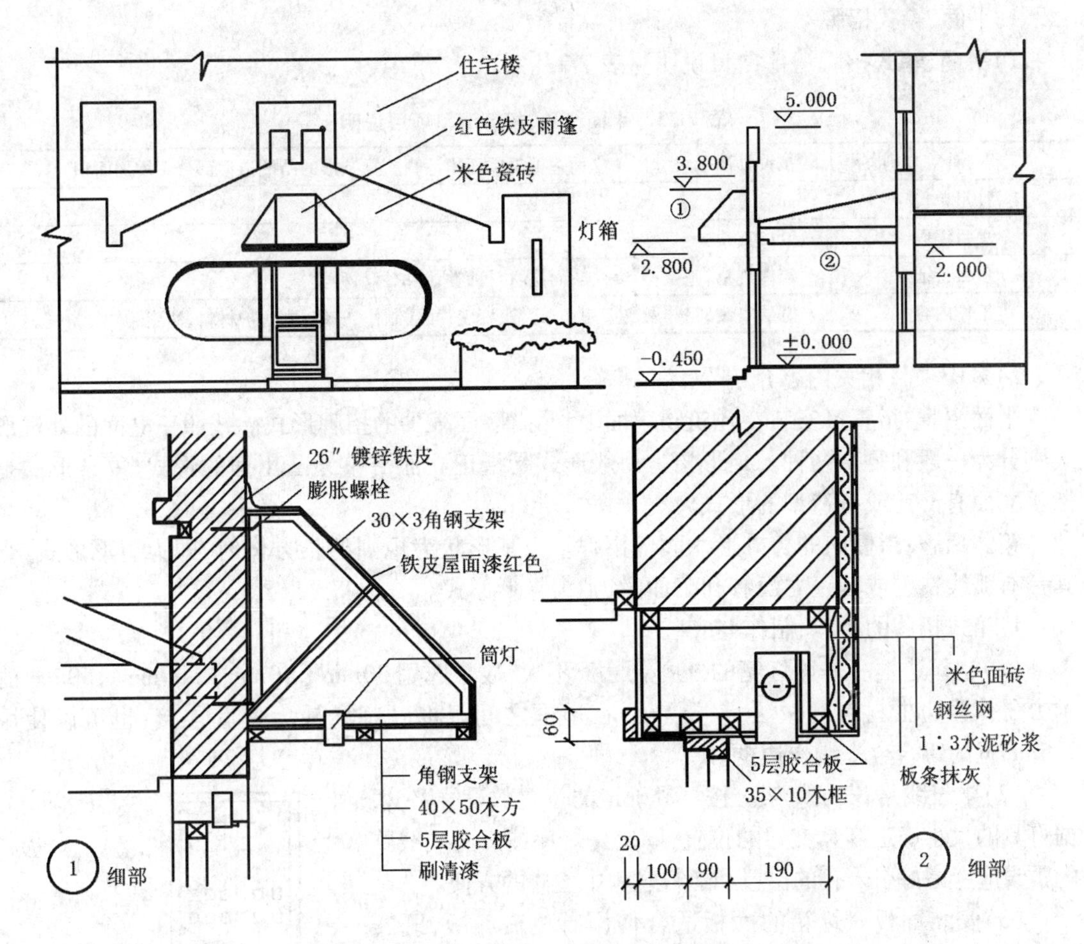

图 7-14　店面雨篷及入口造型处理示意图

2. 金属旗杆

1) 金属旗杆清单项目说明见表 7-22。

表 7-22　金属旗杆清单项目说明

工程量计算规则	按设计图示数量计算
计量单位	根
项目编码	011506002
项目特征	旗杆材料、种类、规格；旗杆高度；基础材料种类；基座材料种类；基座面层材料、种类、规格
工作内容	土(石)方挖填运；基础混凝土浇注；旗杆制作、安装；旗杆台座制作、饰面

2) 对应项目相关内容介绍

旗杆的材料通常有铝及铝合金、铜及铜合金、不锈钢等。一般用得较多的为不锈钢旗杆。

旗杆高度指旗杆台座上表面至杆顶的尺寸(包括球珠)。

金属旗杆也可将旗杆台座及台座面层一并纳入报价。

7.2.6　招牌、灯箱

在《房屋建筑与装饰工程工程量计算规范》(GB 50854—2013)中，招牌、灯箱包含的项目有平面、箱式招牌、竖式标箱、灯箱。

1. 平面、箱式招牌

1)平面、箱式招牌清单项目说明见表 7-23。

表 7-23　平面、箱式招牌清单项目说明

工程量计算规则	按设计图示尺寸以正立面边框外围面积计算。复杂形的凸凹造型部分不增加面积
计量单位	m^2
项目编码	011507001
项目特征	箱体规格;基层材料种类;面层材料种类;防护材料种类
工作内容	基层安装;箱体及支架制作、运输、安装;面层制作、安装;刷防护材料、油漆

2)对应项目相关内容介绍

平面招牌:指直接安装在建筑物表面上,凸出墙面很少的招牌形式。按照正立面的外观形式则分为一般和复杂两种。矩形招牌一般形式是指正立面平整无凸出面的形式,复杂形式是指正立面有凸起或有造型的形式。

箱体招牌:指横向的长方形六面体招牌。当其形状为规则的长方体时,即为矩形形式;当其带有弧线造型或其正立面有凸出面时,则为异形形式。

灯箱式招牌的材料、制作与安装:

(1)制作边框。一般灯箱的外廓尺寸都不大,故常选用 30mm×40mm 或 40mm×50mm 的木方子作为边框材料。做法是:下料后在边框之间开榫、刷胶,最后使其连接;也可以使用 2.5mm宽的铝合金来制作边框。

(2)敷设线路、安装灯架。按灯具确定的位置敷设线路,根据灯具的大小确定灯具支架的位置,固定好灯座或灯脚。线路的敷设应考虑好引入孔的位置和运行过程中检修的方便。

(3)安装面板。灯箱的面板适合使用有机玻璃板,既透光又不刺眼,同时,有机玻璃易于加工,也不怕风、雨、雪的侵蚀。有机玻璃板与边框连接前先在连接点上钻出 1.5mm 的小孔,然后用圆钉或螺丝钉与边框钉固或拧固,其构造如图 7-15 所示。

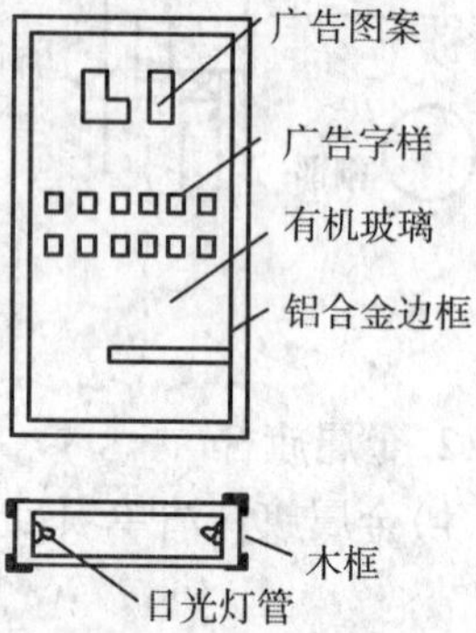

广告图案
广告字样
有机玻璃
铝合金边框
木框
日光灯管

图 7-15　灯箱的外形构造示意图

(4)安装铝合金边框。选用适合灯箱体量的铝合金型材,按灯箱的外缘尺寸,用型材切割机下料,并在切割好的型材上每隔 400~600mm 用手电钻钻出 1.5mm 的钉子孔眼,然后将型材与灯箱边缘的边框钉固。

(5)安装灯箱。灯箱与墙面的连接固定方法有附贴法、悬吊法和悬挑法三种。安装时,按灯箱制作时选定的方法在墙面上定位、放线并进行安装。

2. 灯箱

1)灯箱清单项目说明见表 7-24。

表 7-24　灯箱清单项目说明

工程量计算规则	按设计图示数量计算
计量单位	个
项目编码	011507003
项目特征	箱体规格;基层材料种类;面层材料种类;防护材料种类
工作内容	基层安装;箱体及支架制作、运输、安装;面层制作、安装;刷防护材料、油漆

2)对应项目相关内容介绍

灯箱由框和面板组成。由于灯箱的尺寸很小,可选用 30mm×40mm、40mm×50mm 木材或型钢做边框。边框的设置应考虑箱与灯具支架的位置以及灯线引入孔和检修的方便。面板用有机玻璃最为合适,因其既透光、光线又不刺眼,同时这种材料不怕雨、易加工,面板与边框用铁钉或螺栓连接。连接前应先在面板上用电钻钻 1.5 小孔,以防拧钉时板开裂。

常用面板有板材和块材两种。

(1)板材面板。面板常用金属压型板、铝镁曲板。面板可直接钉在边框的木方上,四周加型铝压条。金属平板一般要加胶合板做衬板。将胶合板钉在边框的木方上,钉头压入板内,然后用砂纸打磨平整,扫去浮灰,在板面上刷胶粘剂,如环氧树脂、502 胶、白乳胶等,再将金属板贴上。有机玻璃面板在尺寸较大时,也要做衬板,方法同金属平板。

(2)块材面板。块材面板多用面砖、锦砖、大理石、花岗岩薄板。首先在边框上钉木板条,板条间距 30~50mm,其上钉钢板网,抹 20mm 厚 1∶3 水泥砂浆,最后安装块材。

灯箱的制作方法:

(1)制作边框。对于尺寸较小的灯箱,一般采用 30mm×40mm、40mm×50mm 的木方制作边框;如果灯箱尺寸较大时,可采用上述雨篷等悬挑构造的框架制作材料及其制作方法。边框材料之间开榫并结合涂胶连接,如采用型钢边框时可用焊接。

(2)安放灯架并敷设线路。根据灯具的大小确定灯具支架的位置,拧上灯座或灯脚。根据灯线的引入方向,设置引入开孔,应注意考虑方便以后的检修。

(3)覆盖面板。灯箱的面板多是选用有机玻璃板,因其透光柔和,容易加工并不怕风雨侵袭。面板与边框可用螺钉连接,连接前应先在有机玻璃板上钻 φ1.5 小孔,以防拧钉时使面板开裂。

(4)安装金属边框。按灯箱外缘尺寸用型材切割机或小钢锯切割铝合金或不锈钢角条,在其上每隔 500~600mm 的距离钻 φ1.5 钉孔,然后将金属角条覆盖在灯箱边缘阳角,用钉钉入或拧入边框,即完成了灯箱的基本形体制作。待将有关字体或图案黏附其上,即成灯箱成品,如图 7-16 所示。

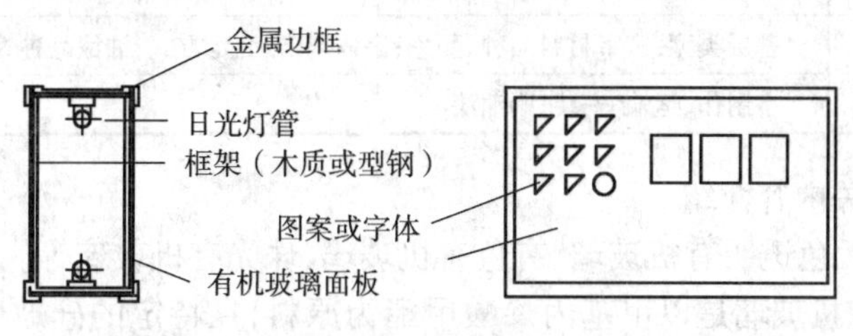

图 7-16　店面灯箱构造示意图

(5)灯箱装设。在灯箱制作时需考虑到它的装设方式。灯箱与墙体的连接方法较多,常用的方法有悬吊、悬挑和附贴等。

灯箱上的字体或图案,多是采用彩色有机玻璃板裁割制作。有时为增强字体或图案的立体感,需要增加其厚度,常用做法是以 50~100mm 厚泡沫聚苯板作衬底。

字体和图案的制作:

(1)书写、设计字体或图案。

(2)将字或图案按比例放大至所需尺寸。

(3)把放大后的字或图案用复写纸复印到有机玻璃灯箱面板上;如果有泡沫塑料衬底时,也用同样方法复印。

(4)用锯字机或手工钢丝锯沿复印的图线裁割有机玻璃板;用电热丝或多用刀按复印图线裁割泡沫塑料板。

(5)用环氧树脂胶将裁割好文字或图案的有机玻璃与泡沫塑料粘合为一体。

(6)用锉刀修整边角,使有机玻璃与泡沫塑料字(图)形精密重合并形体准确。

(7)如果不采用泡沫聚苯板作衬底时,可在有机玻璃切割裁制后即直接粘贴于灯箱面板上,字厚3~4mm,较适合小型灯箱上的小型字体或图案。对于较大型的灯箱上的大型文字或标徽图案等,厚度不足时会影响装饰效果,如不采用塑料泡沫底板,可在字或图案后面做有机玻璃侧板,其具体做法是:

(1)将有机玻璃文字或图案裁割准确后,根据要求的厚度尺寸裁割有机玻璃条,条宽等于字(图)厚,并用木锉或刨刀修平切割面,用砂纸打磨精致。

(2)用开水浸泡有机玻璃条使之软化,按字或图案的轮廓弯曲成型,迅速用冷毛巾覆于有机玻璃条上,使其冷却定型。以此方法分段将侧板加工完毕。

(3)在侧板的裁割面上和字或图案的边缘,用针头(医用注射器内吸氯仿)将氯仿(一般使用三氯丙烷)分别注涂,然后将侧板与字(图)静置数分钟即完成了制作。

7.2.7 美术字

在《房屋建筑与装饰工程工程量计算规范》(GB 50854—2013)中,美术字包含的项目有泡沫塑料字、有机玻璃字、木质字、金属字。

1.有机玻璃字

1)有机玻璃字清单项目说明见表7-25。

表7-25 有机玻璃字清单项目说明

工程量计算规则	按设计图示数量计算
计量单位	个
项目编码	011508002
项目特征	基层类型;镌字材料品种、颜色;字体规格;固定方式;油漆品种、刷漆遍数
工作内容	字制作、运输、安装;刷油漆

2)对应项目相关内容介绍

有机玻璃分为无色透明有机玻璃、有色有机玻璃、珠光有机玻璃等。

(1)无色透明有机玻璃是以甲基丙烯酸甲酯为原料,在特定的硅玻璃模或金属模内浇铸聚合而成。

(2)有色有机玻璃是在甲基丙烯酸甲酯单体中,配以各种颜料经浇铸聚合而成。有色有机玻璃又分为透明有色、半透明有色、不透明有色三大类。有色有机玻璃在建筑工程中主要用作建筑装饰材料及宣传牌用。

(3)珠光有机玻璃是在甲基丙烯酸甲酯单体中加入合成鱼鳞粉,并配以各种颜料经浇铸聚合而成。珠光有机玻璃色彩丰富、富有光泽,具有良好的装饰性。

字和图案的制作步骤和方法:

(1)书写和绘制字与图案并将其放大至所需尺寸。目前多采用电脑制字。

(2)将字或图案复印到所选用的有机玻璃板上,如需泡沫塑料衬底时也以同样方法复印。

(3)用线锯按复印线切割有机玻璃字或图案;用电热丝切割泡沫塑料衬板。然后用环氧树脂胶粘剂将有机玻璃与泡沫塑料粘结,并用锉刀修整,使字体或图案外形精确。

(4)如果不采用泡沫塑料衬底,但又需加厚有机玻璃时,可按所需厚度切割有机玻璃板条,用沸水浸泡软化后依字或图案的轮廓弯曲成型,然后以冷毛巾覆盖使之冷却定型。此后用针头将三氯丙烷等有机玻璃粘结剂将字或图案与侧板粘结,静置数分钟便完成加厚制作。

字或图案的固定安装:

(1)固定于雨篷式招牌的面板上。

①对于有泡沫塑料衬底的有机玻璃字或图案,先在面板上的安装部位钻孔,然后在泡沫塑料衬底上涂白乳胶或环氧树脂即粘贴于安装部位,再从面板背后打入铁钉将粘贴的字或图案固定。

②对于无泡沫塑料衬底的有机玻璃字或图案,当将其与有机玻璃饰面板连接固定时,可直接采用氯仿胶粘剂进行粘合。对于带有机玻璃侧板的字或图案,应在其空心内塞嵌木块或泡沫塑料垫块后再与装饰面板进行钉接或粘结。

(2)直接固定于墙体上。

①对于带泡沫塑料衬底的字或图案,粘贴于墙体上的做法是先将墙面镶装部位清理洁净,准确选点打入铁钉并去掉钉帽,部分钉杆外露于墙面。然后将泡沫塑料衬底处涂抹环氧树脂胶,对准安装位置平贴并使钉头插入衬底,同时用透明胶纸做临时固定,过2d后除去胶纸即完成固定。

②对于无泡沫塑料衬底但带有侧板的有机玻璃字或图案,先将其空心内嵌入木块,然后将其外轮廓线描画于墙面安装位置,再按木块位置在墙面打入木楔,将字或图案内的木块取出照原位钉于墙面木楔处。而后将空心的有机玻璃字或图案套在墙面上的镶嵌木块上,再从侧板上钻孔拧入螺钉即完成固定。

玻璃在运输中必须将箱直立靠紧,箱头向运行方向,谨防摇晃、碰撞或震动,箱顶加盖贮存,以防雨淋受潮。装卸时必须轻取轻放,不能随意溜滑,防止振动和倒塌。短距离运输应把木箱立放,用抬杠抬运,不能抬角搬运。

2. 金属字

1)金属字清单项目说明见表7-26。

表7-26　金属字清单项目说明

工程量计算规则	按设计图示数量计算
计量单位	个
项目编码	011508004
项目特征	基层类型;镌字材料品种、颜色;字体规格;固定方式;油漆品种、刷漆遍数
工作内容	字制作、运输、安装;刷油漆

2)对应项目相关内容介绍

金字招牌:指用金箔材料制作成的招牌,它迎合现代社会的需求,是其他材料制作的招牌所无法比拟的,它豪华名贵,永不褪色,能保持20年以上。

铜制招牌字和图案:指附在黑色和白色的瓷砖、玻璃、大理石、花岗岩、不锈钢等各种衬底上,显得华丽、高贵。在墙面或招牌面上应设置挂钩、铁钉和其他连接件,以保证字和图案的牢固。

不锈钢或其他金属字和图案：指在深色衬底上安装不锈钢或其他金属字和图案，显得醒目生动。固定连接方法同铜制字和图案。

基层类型：常见的有不锈钢、铝及铝合金、铜及铜合金基层。

(1)不锈钢。装饰用不锈钢制品主要是薄钢板，根据不同的饰面处理，不锈钢饰面板可制成光面不锈钢、雾面板、丝面板、腐蚀雕刻板、凹凸板、半珠形板或弧形板。厚度小于2mm的薄钢板用得最多。

(2)铝及铝合金。铝具有良好的延展性，有良好的塑性，易加工成板、管、线及箔(厚度6~25μm)等。

各种变形铝合金的牌号分别用汉语拼音字母和顺序号表示，顺序号不直接表示合金元素的含量。代表各种变形铝合金的汉语拼音字母如下：

LF——防锈铝合金(简称防锈铝)

LY——硬铝合金(简称硬铝)

LC——超硬铝合金(简称超硬铝)

LD——锻铝合金(简称锻铝)

LT——特殊铝合金

LQ——硬钎焊铝

(3)铜及铜合金。铜材是一种高档装饰材料，它色泽稳重，富丽堂皇。常用于高级宾馆、商场的装饰。铜合金主要有黄铜、白铜和青铜。

铝合金招牌制作与安装可分别用两种材料制作：

(1)铝平板条型(铝扣板)。铝平板条型为平面板条，外形截面尺寸为109.7mm×14mm，单位质量为0.45kg/m。它是由铝平板条直接在角铁架上一块扣一块用螺丝固定而成。

(2)铝曲面条型。铝曲面条型为曲面条板，外形截面宽96mm，单位质量为0.397kg/m。它是由铝曲面条和附件卡勾片、封口胶片、卡勾柱杆等在龙骨架或角铁架上制成。铝曲面条型比铝平板条型好看、新颖。

7.3 定额应用及问题答疑

7.3.1 招牌、灯箱基层

1)招牌、灯箱基层定额项目说明见表7-27。

表7-27 招牌、灯箱基层定额项目说明

计量单位	$100m^2$(m^3、t)
定额编号	6-001~6-004/6-005~6-012/6-013
工作内容	下料、刨光、放样、截料、组装、刷防锈漆、焊接成品、矫正、安装成型、清理等全部操作过程；裁制、焊接、安装、固定等全部操作过程

2)对应项目相关问题答疑

(1)招牌由什么组成?

招牌一般由衬底和招牌字或图案组成。

衬底可根据需要选择水泥砂浆、墙面砖、马赛克、大理石、有机玻璃、铝合金、不锈钢、茶色玻璃以及镜面等。

招牌字或图案可根据需要选择铜板、大理石、不锈钢板、塑料板、有机玻璃、贴面塑料等。灯光与霓虹灯管既可用于照明，也可直接制作招牌。

(2)招牌基层如何套用定额？

①平面招牌是指安装在门前的墙上；箱式招牌、竖式标箱是指六面体固定在墙体上；固定在雨篷、檐口、阳台的立式招牌，套用平面招牌复杂子目计算。

②一般招牌和矩形招牌是指正立面平整无凸出面的招牌基层；复杂招牌和异形招牌是指正立面有凹凸或造型的招牌基层。招牌的灯饰均不包括在定额内。

(3)什么是平面招牌的"一般"和"复杂"？

平面招牌是指安装在门前的墙面上，一般的平面招牌是指正立面平整无凸面；复杂招牌是指正立面有凹凸造型。包括招牌的制作与安装，按正立面面积计算，招牌面层涂刷套用顶棚相应面层项目定额、但其人工应乘以0.8的折减系数。

(4)如何区别箱式招牌和竖式标箱的矩形和异形？

箱式招牌是指横向的长方形六面体招牌，竖式标箱是指竖向的长方形六面体招牌。其形状有正规的长方体，即为矩形；也有带有弧线造形或凸起面的，这都算异形。

(5)箱式招牌的尺寸大小不同，人工材料可否换算？

箱式招牌的定额，是按宽700mm、1200mm、1800mm综合取定的，厚度横式按500mm以内及500mm以外，竖式按400mm以内及400mm以外，长度按5000mm而制定，以体积$10m^3$计量。故大小尺寸均综合考虑其内，在实际尺寸不同时，均不得换算。

7.3.2 招牌、灯箱面层

1)招牌、灯箱面层定额项目说明见表7-28。

表7-28 招牌、灯箱面层定额项目说明

计量单位	m^2
定额编号	6-014~6-019
工作内容	下料、涂胶、安装面层等全部操作过程

2)对应项目相关问题答疑

怎样计算灯箱面层工程量？

灯箱面层的计算套用顶棚相应面层项目，其人工乘以0.8系数。工程量按灯箱面层实际面积计算。

7.3.3 美术字安装

1)美术字安装定额项目说明见表7-29。

表7-29 美术字安装定额项目说明

计量单位	个
定额编号	6-020~6-059
工作内容	复纸字、字样排列、凿墙眼、斩木楔、拼装字样、成品矫正、安装、清理等全部操作过程

2)对应项目相关问题答疑

(1)如何使用美术字安装的定额？

定额中，美术字按材料分泡沫塑料字、有机玻璃字、木质字、金属字；粘贴的表面分为混凝土面、砖墙面、玻璃面、其他面；按字的大小分为$0.2m^2$以内、$0.5m^2$以内、$1m^2$以内。因此，在使用定额时，要对照设计图纸，分清美术字的材料、规格及粘贴的基面，凡设计与定额不符者，按定额取定价进行换算。

(2)美术字的字体、尺寸大小不同时，如何处理?

美术字可以按做成后的成品计价列入定额，但安装时不分字体，一律按定额执行。

字体规格，定额是按厚50mm取定，高×宽400mm×400mm按0.2m^2取定、600mm×800mm按0.5m^2取定，、900mm×1000mm按1m^2取定而制定的，故无论尺寸大小如何，一律按定额执行。

(3)什么是木质字？有何优缺点?

木质字即用木板切割或雕刻的字，具有许多优良性能，如轻质高强，即强度高，有较高的弹性和韧性，耐冲击和振动；易于加工；保温性好；大部分木材都具有美丽的纹理，装饰好等。但木质字也有缺点，易随周围环境湿度变化而改变含水量，引起膨胀或收缩；易腐朽及虫蛀；易燃烧；天然疵病较多等。然而由于高科技的参与，这些缺点将逐步消失，将优质、名贵的木材旋切薄片，与普通材质复合，变劣为优，满足消费者对天然木材的喜爱心理。

7.3.4　压条、装饰线条

在《全国统一建筑装饰装修工程消耗量定额》(GYD 901—2002)中，压条、装饰线条包含的项目有金属条、木质装饰线条、石材装饰线等。

1. 金属条

1)金属条定额项目说明见表7-30。

表7-30　金属条定额项目说明

计量单位	m
定额编号	6-060~6-066
工作内容	定位、弹线、下料、加楔、涂胶、安装、固定等全部操作过程

2)对应项目相关问题答疑

(1)金属装饰线和金属装饰条有何区别?

金属装饰线：用于装饰面的压边线、收口线以及装饰画、装饰镜面的框边线，也可用在广告牌、灯光箱、显示牌上做边框或框架。金属装饰线条按材料分为：铝合金线条、铜线条和不锈钢线条。断面形状有：直角形和槽口形。

金属装饰条主要有铝合金线条、铜线条和不锈钢线条。

铝合金线条是用纯铝加入锰镁等合金元素后，经挤压成型加工而成的型材。其具有轻质、高强、耐蚀、刚度大、规整等特点，表面经阳极氧化着色处理，有鲜明的金属光泽，色泽统一，耐光和耐候性能良好。

(2)如何使用装饰条、压条的定额?

定额中，装饰条按材料分为金属装饰条、木装饰条、硬塑料装饰条、石膏装饰条、镜面玻璃条、镁铝曲板条、不锈钢装饰条、石材装饰条等。其中，木装饰条分为半圆线、三道线内、三道线外木装饰条；木装饰压角线分为小压角线、大压角线等，每一种都有不同的规格。石质材料装饰条分为圆边线、角线、异形线、镜柜线等。因此，在使用定额时，对照设计图纸，弄清装饰条的品种、规格、形状。凡设计与定额不符者，可按定额取定价进行换算。

2. 木质装饰线条

1)木质装饰线条定额项目说明见表7-31。

表 7-31　木质装饰线条定额项目说明

计量单位	m
定额编号	6－067～6－078
工作内容	定位、弹线、下料、加楔、涂胶、安装、固定等全部操作过程

2）对应项目相关问题答疑

（1）木线条有哪些用途？

①天花线：用于天花上不同层次面的交接处的封边，天花上各种不同材料面的对接处封口，天花平面上造型线，天花上设备的封边线。

②天花角线：用于天花与墙面、天花与柱面的交接处封边。

③墙面线：用于墙面上不同层次面的交接处封边，墙面上各种不同材料面的对接处封口，墙裙压边，踢脚板压边，设备的封边装饰边，墙面饰面材料压线，墙面装饰造型线等。

（2）木装饰制作安装怎样套定额？

木装饰制作安装按其造型线角的道数，分“三道线内”和“三道线外”两类编制，每类又按木装饰条宽度在25mm以内、50mm以内、50mm以外套用定额。常用木装饰线如图7-17所示。

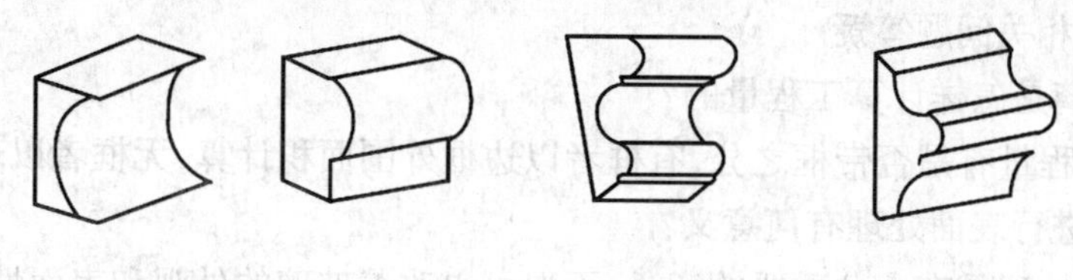

图 7-17　木装饰线条

（a）三道线内；（b）三道线外

（3）木线条可分为哪几类？

从材质上分有：硬质杂木线、进口洋杂木线、白木线、白元木线、水曲柳木线、山樟木线、核桃木线、柚木线等；从功能上分有：压边线、柱角线、压角线、墙角线、墙腰线、上楣线、覆盖线、封边线、镜框线等；从外形上分有：半圆线、直角线、斜角线、指甲线等；从款式上分有：外凸式、内凹式、凸凹结合式、嵌槽式等。

7.3.5　暖气罩

1）暖气罩定额项目说明见表7-32。

表 7-32　暖气罩定额项目说明

计量单位	m^2
定额编号	6－102～6－109
工作内容	下料、裁口、成型、安装、清理等全部操作过程；放样、截料、平直、焊接、铁件制作安装；铝合金面板、框装配、成品固定矫正等全部操作过程

2）对应项目相关问题答疑

（1）暖气罩的装饰很重要吗？

暖气罩是室内装修的重要组成部分，其作用是防止暖气片过热烫伤人员，亦可使冷热空气对流均匀和散热，并兼有美化装饰作用。

(2)暖气罩的材料有哪些？它们各有何特点？

暖气罩的材料常用钢材、木材、铝合金型材制作。

木质暖气罩加工方便，便于雕刻成型还可以成装饰品，金属暖气罩材质主要是铝合金及不锈钢，金属暖气罩传热快、坚固耐用，可以防止暖气罩遇高温变形。

(3)暖气罩的材质主要有哪些？装饰性铝合金有何特点？

暖气罩的材质主要有铝合金及不锈钢。装饰性铝合金是以铝为基体而加入其他元素所构成的新型合金。它除了应具备必须的机械和加工性能外，还有特殊的装饰性能和装饰效果，不仅可代替常用的铝合金，还可取代镀铬的锌、铜或铁件，免除镀铬加工时对环境的污染。

7.3.6 镜面玻璃

1)镜面玻璃定额项目说明见表7-33。

表7-33 镜面玻璃定额项目说明

计量单位	m^2
定额编号	6-110~6-115
工作内容	刷防火涂料、木筋制作安装、钉胶合板、镜面玻璃裁制安装、固定角铝、嵌缝、清理等全部操作过程

2)对应项目相关问题答疑

(1)镜面玻璃是怎样计算工程量的？

镜面玻璃工程量有是否带框之分，有框者以边框外围面积计算，无框者以玻璃面积计算。

(2)对玻璃进行表面处理有何意义？

玻璃的表面处理具有十分重要的意义，不但可以改善玻璃的外观和表面性质，还可对玻璃进行装饰。

(3)玻璃表面处理有哪些方法？

①玻璃的化学蚀刻。玻璃的化学蚀刻是用氢氟酸溶掉玻璃表面的硅氧，根据残留盐类的溶解度各不相同，而得到有光泽的表面或无光泽的表面。

②化学抛光。化学抛光的原理与化学蚀刻一样，利用氢氟酸破坏玻璃表面原有的硅氧膜，生成一层新的硅氧膜，使玻璃得到很高的光洁度与透明度。

③表面金属涂层。金属涂层广泛用于制造热反射玻璃、护目玻璃、膜层导电玻璃及玻璃器皿和装饰品等。

④表面着色(扩散着色)。玻璃表面着色就是在高温下用着色离子的金属、熔盐、盐类的糊膏涂覆在表面上，使着色离子与玻璃中的离子进行交换，扩散到玻璃表面层中去，使玻璃表面着色；有些金属离子还需要还原为原子，原子集聚成胶体而着色。

7.3.7 货架、柜类

1)货架、柜类定额项目说明见表7-34。

表7-34 货架、柜类定额项目说明

计量单位	m(m^2、个)
定额编号	6-116~6-144
工作内容	下料、刨光、划线、拼装、钉贴胶合板、贴装饰面层、安裁玻璃、五金配件安装、清理；截角线、装配玻璃、五金配件等；成型、调制粘贴剂、贴大理石板、擦缝、切割磨边、酒吧设备安装、配合用工等；钉夹板、贴台面板等；制裁、钉(胶)夹板等全部操作过程

2)对应项目相关问题答疑

(1)柜类、货架有何作用?

柜类、货架的作用是陈列展示商店的商品,让客人清楚地看见商品的特点,还有分隔和美化风景的作用。

(2)柜类设施的材料主要有哪些?

柜类设施的材料主要有木材、钢材、钢筋混凝土、玻璃、铝合金型材、不锈钢饰材、铜条、铜管、大理石、花岗石板材,防火板、胶合板饰面板、木线条。

(3)柜类设施木框架木材及胶合板用量是怎样估算的?

木质柜类设施多为框架式,在估算其材料用量时,应根据施工图,按其形状尺寸,先估算框架木方用量,再根据外表的尺寸和内隔板来计算板材的用量。将木方用量与板材用量分别相加,再加上相应损耗量;即得到其木方总用量和板材总用量。板材总用量平方米数除以每种板材的规格面积,便得到所需板材的张数。

7.4 经典实例剖析与总结

7.4.1 经典实例

项目编码:011501018　　项目名称:货架

【例 7-1】 如图 7-18 所示高货架,试求其工程量。

【解】 1)清单工程量:

工程量 =1 个

清单工程量计算见表 7-35。

表 7-35　清单工程量计算表

项目编码	项目名称	项目特征描述	计量单位	工程量
011501018001	货架	规格 2100mm × 3000mm	个	1

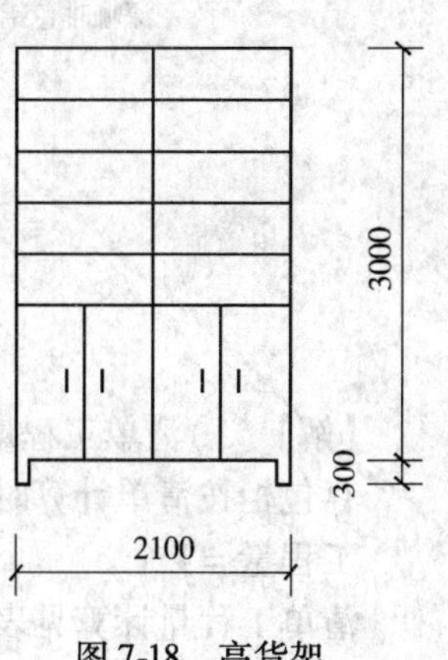

图 7-18　高货架

2)定额工程量:

高货架工程量按正立面面积计算,包括脚的高度在内

则高货架的工程量:

$2.1\times(3.0+0.3)=6.93\text{m}^2$

【注释】 2.1 为高货架宽,3.0 为高货架高,0.3 为脚高。

套用消耗量定额 6 - 122。

项目编码:011501001　　项目名称:柜台

【例 7 -2】 如图 7-19 所示的不锈钢柜台,高 900mm,长为 600mm,共 15 个,计算工程量。

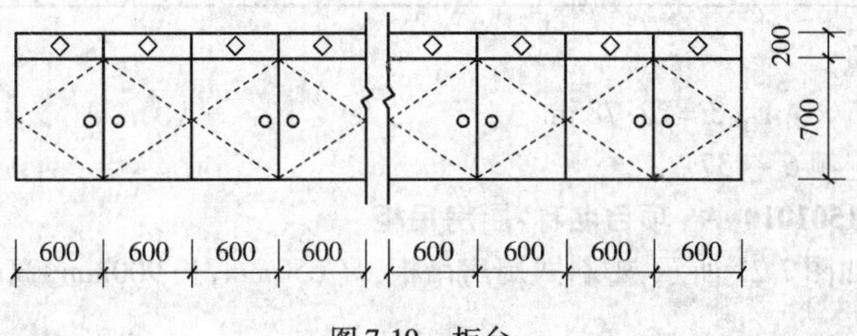

图 7-19　柜台

【解】 1)清单工程量:

柜台按清单计算时,工程量按设计图示数量计算,计量单位为“个”。

工程量 =15 个

清单工程量计算见表 7-36。

表 7-36 清单工程量计算表

项目编码	项目名称	项目特征描述	计量单位	工程量
011501001001	柜台	木质纤维式,规格长 600mm,高 900mm	个	15

2)定额工程量:

0.6 ×15 =9m

套用消耗量定额 6 -116。

项目编码:011501004　　项目名称:存包柜

【例 7-3】 如图 7-20 所示,玻璃门木板式存包柜,宽 2450mm,高 3100mm,共 3 个,试求其工程量。

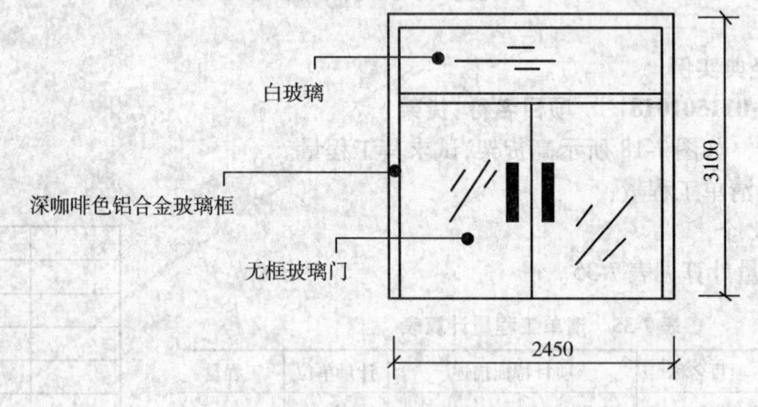

图 7-20 存包柜示意图

【解】 1)清单工程量:

存包柜按清单计算时,工程量按设计图示数量计算,计量单位为“个”。

工程量 =3 个

清单工程量计算见表 7-37。

表 7-37 清单工程量计算表

项目编码	项目名称	项目特征描述	计量单位	工程量
011501004001	存包柜	玻璃门木板式,存包柜宽 2450mm,高 3100mm,其他如图 7-20 所示	个	3

2)定额工程量:

工程量 =2.45 ×3.1 ×3 =22.785m²

套用消耗量定额 6 -137。

项目编码:011501010　　项目名称:厨房吊柜

【例 7-4】 如图 7-21 所示,塑料式厨房吊柜,高 650mm,长 900mm,宽 600mm,共 4 个,试求其工程量。

【解】 1)清单工程量:

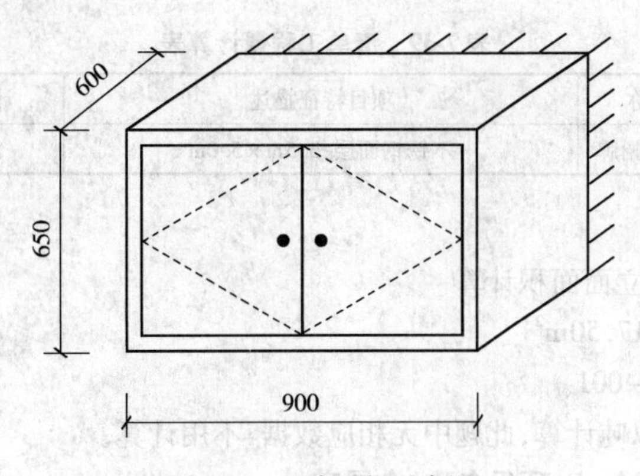

图 7-21　厨房壁柜示意图

厨房吊柜按清单计算时，工程量按设计图示数量计算，计量单位为"个"。

工程量 =4 个

清单工程量计算见表 7-38。

表 7-38　清单工程量计算表

项目编码	项目名称	项目特征描述	计量单位	工程量
011501010001	厨房吊柜	塑料式厨房吊柜，高 650mm，长 900mm，宽 600mm	个	4

2）定额工程量：

工程量 $=0.65\times0.9\times4=2.34\mathrm{m}^2$

套用消耗量定额 6－143。

项目编码：011507001　　项目名称：平面、箱式招牌

【例 7–5】　某户外广告牌，竖式平面，面层材料为不锈钢板，其尺寸如图 7-22 所示。计算广告牌工程量。

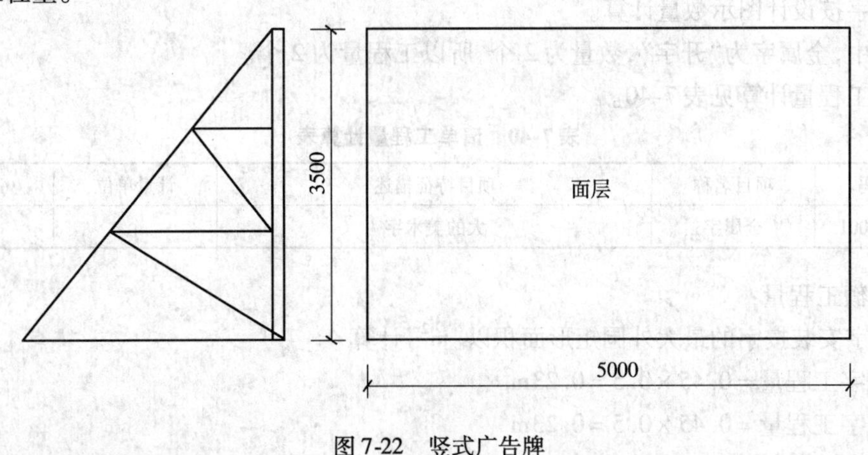

图 7-22　竖式广告牌

【解】　1）清单工程量：

平面招牌按设计图示尺寸以正立面边框外围面积计算

工程量 $=3.5\times5=17.50\mathrm{m}^2$

清单工程量计算表 7-39。

表 7-39　清单工程量计算表

项目编码	项目名称	项目特征描述	计量单位	工程量
011507001001	平面、箱式招牌	不锈钢面层，3.5m×5.0m	m^2	17.50

2）定额工程量：

平面招牌基层按正立面面积计算

工程量 $=3.5\times5=17.50m^2$

套用消耗量定额 6－001。

此外，广告牌骨架以吨计算，此题中无相应数据，不用计算。

项目编码：011508004　　项目名称：金属字

【例 7-6】 此广告牌为一房地产广告，商家要求设置大的美术字，以突出宣传效果，美术字为金属字，字体如图 7-23 所示，计算美术字工程量。

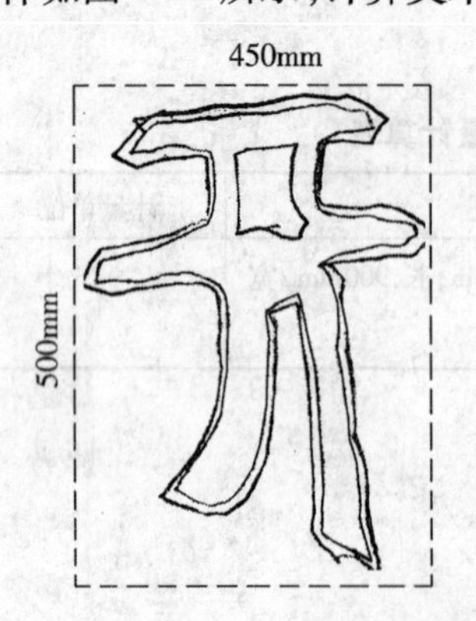

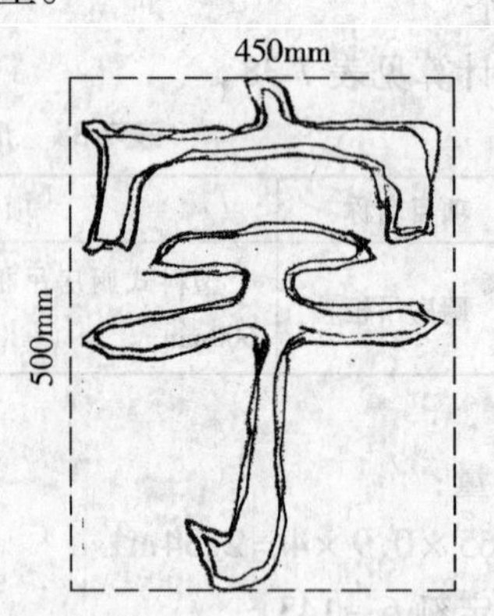

图 7-23　金属字

【解】 1）清单工程量：

金属字按设计图示数量计算。

该题中，金属字为“开宇”，数量为 2 个，所以工程量为 2 个。

清单工程量计算见表 7-40。

表 7-40　清单工程量计算表

项目编码	项目名称	项目特征描述	计量单位	工程量
011508004001	金属字	大的美术字	个	2

2）定额工程量：

美术字安装按字的最大外围矩形面积以“m^2”计算

“开”字工程量 $=0.45\times0.5=0.23m^2$

“宇”字工程量 $=0.45\times0.5=0.23m^2$

套用消耗量定额 6－051。

项目编码：011508002　　项目名称：有机玻璃字

项目编码：011502001　　项目名称：金属装饰线

【例 7-7】 如图 7-24 所示，要求设计一饭店招牌，字为有机玻璃字，红色，尺寸为 450mm×500mm，面层为不锈钢，螺栓固定，为增加艺术效果，要求招牌边框用金属装饰线，角形线，规格为边宽 16mm，厚为 1mm，长为 3m，刷白色油漆一遍，分别计算招牌美术字和金属装饰线的工程量。

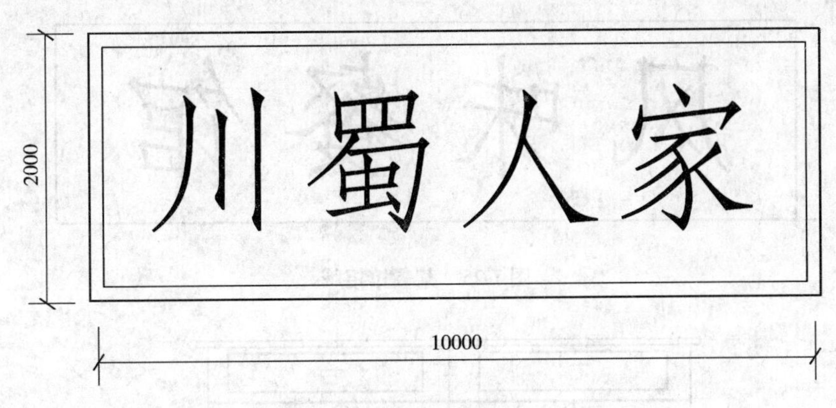

图 7-24　某饭店招牌

【解】　1）清单工程量：

（1）美术字计算：

有机玻璃字按设计图示数量计算。

如图所示工程量为 4 个。

（2）金属装饰线计算：

金属装饰按设计图示尺寸以长度计算。

工程量 =（10 + 2）× 2 = 24.00（m）

清单工程量计算见表 7-41。

表 7-41　清单工程量计算表

项目编码	项目名称	项目特征描述	计量单位	工程量
011508002001	有机玻璃字	有机玻璃字，红色，尺寸为 450mm × 500mm，面层为不锈钢，镙栓固定	个	4
011502001001	金属装饰线	金属装饰线做招牌边框，规格为边宽 16mm，厚为 1mm，长 3m，刷白色油漆一遍	m	24.00

2）定额工程量：

（1）美术字计算：

美术字按装字的最大外围矩形面积以"个"计算。

工程量 = 0.45 × 0.5 × 4 = 0.90m²

套用消耗量定额 6 – 027。

（2）金属装饰线计算：

压条、装饰线条均按"延长米"计算。

计算结果与清单一样。

套用消耗量定额 6 – 061。

项目编码：011508003　　项目名称：木质字

项目编码：011502007　　项目名称：塑料装饰线

【例 7–8】　某一风味饭店，为突出古朴特色，招牌字要求为木质字，如图 7-25 所示，招牌基层为砖墙，采用铆钉固定，字体规格为 500mm × 650mm，黑色，刷二遍漆，室内储物柜台要求用塑料装饰线为压边线，如图 7-26 所示，线条规格为厚为 30mm，宽为 50mm 长为 4m，漆成棕色，两遍，分别计算招牌美术字和塑料装饰线的工程量。

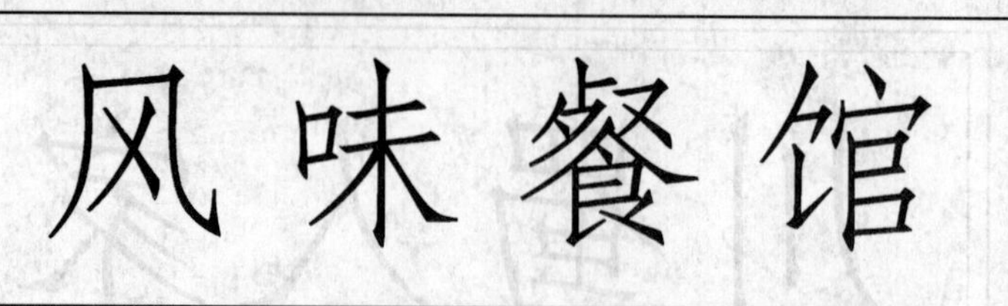

图 7-25　某餐馆招牌

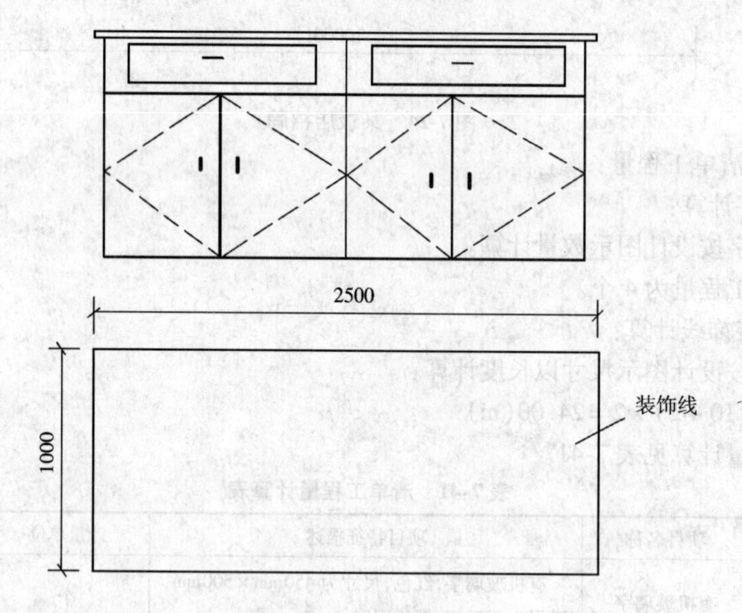

图 7-26　储物柜示意图

【解】 1)清单工程量：

(1)美术字工程量：

木质字按设计图示数量计算。

工程量 =4 个

(2)塑料装饰线工程量：

塑料装饰线按设计图示尺寸以长度计算。

工程量 =(1 +2.5) ×2 =3.5 ×2 =7.00m

清单工程量计算见表 7-42。

表 7-42　清单工程量计算表

项目编码	项目名称	项目特征描述	计量单位	工程量
011508003001	木质字	木质字，招牌基层为砖墙，采用铆钉固定，字体规格 500mm ×650mm，黑色，刷二遍漆	个	4
011502007001	塑料装饰线	塑料装饰线为压边线，线条规格为厚 30mm，宽 50mm，长 4m，漆成棕色，两遍	m	7.00

2)定额工程量：

(1)美术字工程量：

美术字安装按字的最大外围矩形面积以“个”计算。

工程量 $=0.65\times0.5\times4=1.30\mathrm{m}^2$

套用消耗量定额 6 -038。

(2)塑料装饰线工程量：

压条、装饰线条均按“延长米”计算。

计算结果与清单一样，故省略不写。

项目编码:011505001　　项目名称:洗漱台

项目编码:011505010　　项目名称:镜面玻璃

项目编码:011505006　　项目名称:毛巾杆(架)

项目编码:011505009　　项目名称:肥皂盒

【例 7-9】 某工程有客房 20 间，按业主施工图设计，客房卫生间内有大理石洗漱台、镜面玻璃，毛巾架、肥皂盒等配件，如图 7-27 所示，尺寸如下：大理石台板 1800mm × 600mm × 20mm，侧板宽度为 400mm，开单孔，台板磨半圆边；玻璃镜 1500(宽) ×1200(高)mm，不带框；毛巾架 1 套/间，材料为不锈钢；肥皂盒为塑料的，1 个/间，试计算其工程量。

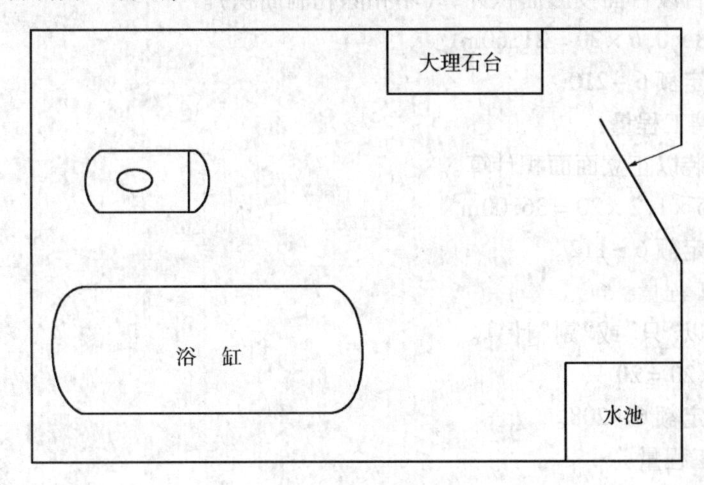

图 7-27　卫生间平面图

【解】 1)清单工程量：

(1)大理石洗漱台工程量：

按设计图示尺寸以台面外接矩形面积计算。不扣除孔洞、挖弯、削角所占面积，挡板、吊沿板面积并入台面内。

工程量 $=1.8\times0.6\times20=21.60\mathrm{m}^2$

【注释】 1.8 为大理石洗漱台的长，0.6 为洗漱台的宽，20 为房间数。

(2)镜面玻璃工程量：

镜面玻璃按设计图示尺寸以边框外围面积计算

工程量 $=1.5\times1.2\times20=36.00\mathrm{m}^2$

(3)毛巾杆工程量：

毛巾杆(架)按设计图示数量计算。

工程量 = 1 × 20 = 20 套

(4)肥皂盒工程量:

肥皂盒按设计图示数量计算。

工程量 = 1 × 20 = 20 个

清单工程量计算见表 7-43。

表 7-43 清单工程量计算表

序号	项目编码	项目名称	项目特征描述	计量单位	工程量
1	011505001001	洗漱台	大理石洗漱台,台板尺寸 1800mm × 600mm × 20mm	m^2	21.60
2	011505010001	镜面玻璃	台板磨半圆边、玻璃镜 1500mm(宽) × 1200mm(高)	m^2	36.00
3	011505006001	毛巾杆(架)	不带框、毛巾架不锈钢	套	20
4	011505009001	肥皂盒	塑料肥皂盒	个	20

2)定额工程量:

(1)大理石洗漱台工程量:

大理石洗漱台以台面投影面积计算(不扣除孔洞面积)。

工程量 = 1.8 × 0.6 × 20 = 21.60m^2

套用消耗量定额 6 - 210。

(2)镜面玻璃工程量:

镜面玻璃安装以正立面面积计算。

工程量 = 1.5 × 1.2 × 20 = 36.00m^2

套用消耗量定额 6 - 112。

(3)毛巾杆工程量:

毛巾杆安装以"只"或"副"计算。

工程量 = 1 × 20 = 20 只

套用消耗量定额 6 - 208。

(4)肥皂盒工程量:

肥皂盒安装以只计算。

工程量 = 1 × 20 = 20 只

项目编码:011506002　　项目名称:金属旗杆

【例 7-10】 如图 7-28 所示,某政府部门的门厅处,有一种铝合金旗杆,高 10m,共 3 根,试求其工程量。

【解】 1)清单工程量:

工程量计算规则,按设计图示数量计算。

工程量 = 3 根

清单工程量计算见表 7-44。

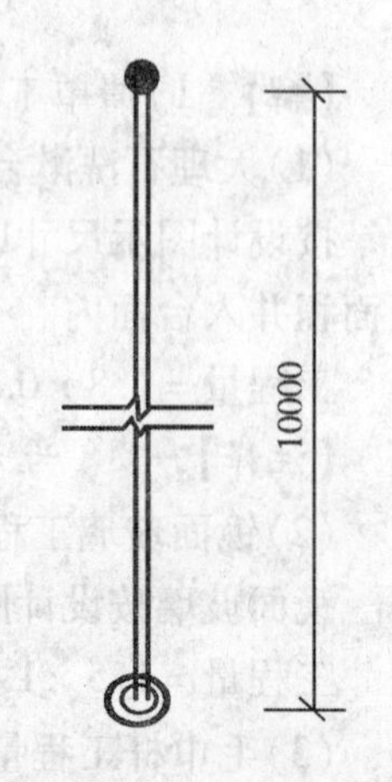

图 7-28 旗杆示意图

表 7-44 清单工程量计算表

项目编码	项目名称	项目特征描述	计量单位	工程量
011506002001	金属旗杆	铝合金旗杆	根	3

2)定额工程量同清单工程量。

套用消耗量定额 6－205。

项目编码:011504001　　项目名称:饰面板暖气罩

【例 7－11】 平墙式散热器罩,尺寸如图 7-29 所示,五合板基层,榉木板面层,机制木花格散热口,共 18 个,求其工程量。

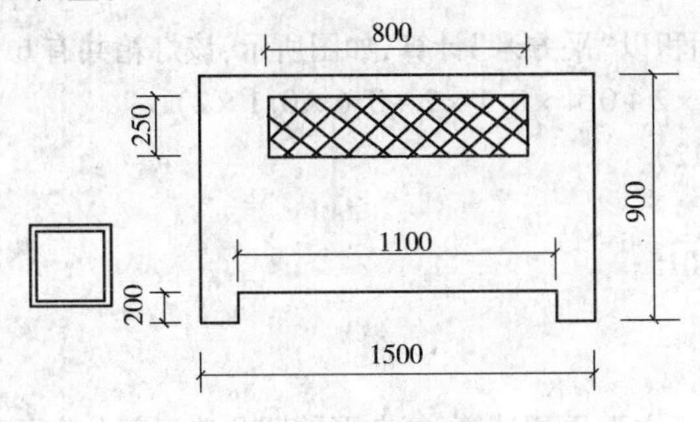

图 7-29　平墙式散热器罩

【解】 1)清单工程量:

饰面板散热器罩工程量＝垂直投影面积

$$=(1.5\times0.9-1.10\times0.20-0.80\times0.25)\times18$$

$$=16.74m^2$$

【注释】 1.5×0.9 为散热器罩的正立面面积,1.10×0.20 为散热器罩两脚之间面积,0.80×0.25 为散热孔所占面积。

清单工程量计算见表 7-45。

表 7-45　清单工程量计算表

项目编码	项目名称	项目特征描述	计量单位	工程量
011504001001	饰面板暖气罩	五合板基层,榉木板面层,机制木花格散热口	m^2	16.74

2)定额工程量同清单工程量。

套用消耗量定额 6－102。

项目编码:011507003　　项目名称:灯箱

【例 7－12】 某商店外安装一玻璃灯箱,尺寸如图 7-30 所示,计算灯箱工程量。

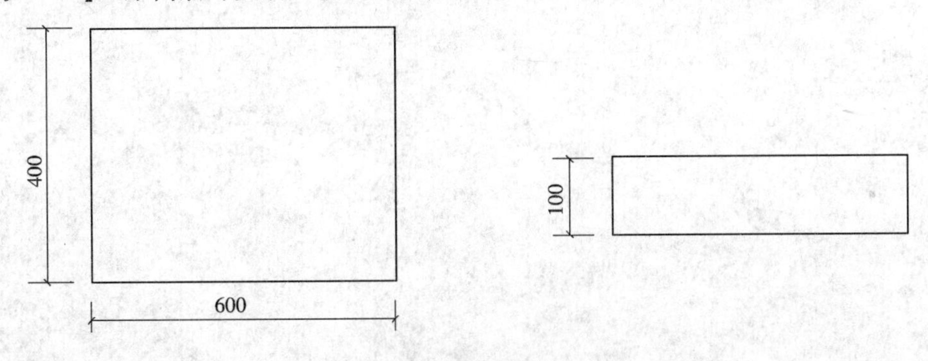

图 7-30　灯箱示意图

【解】 1)清单工程量:

按设计图示数量计算,所以工程量为 1 个。

清单工程量计算见表7-46。

表7-46 清单工程量计算表

项目编码	项目名称	项目特征描述	计量单位	工程量
011507003001	灯箱	灯箱尺寸为400mm×600mm×100mm	个	1

2)定额工程量:

灯箱的面层按展开面积以"平方米"计算,如图所示,该灯箱共有6个面。

工程量 $=(0.4\times0.6\times2+0.4\times0.1\times2+0.6\times0.1\times2)$

$=(0.48+0.08+0.12)$

$=0.68m^2$

套用消耗量定额6-015。

7.4.2 剖析与总结

1.招牌、灯箱:

(1)平面招牌基层按正立面面积计算,复杂形的凹凸造型部分亦不增减。

(2)沿雨篷、檐口或阳台走向的立式招牌基层,按平面招牌复杂型执行时,应按展开面积计算。

(3)箱体招牌和竖式标箱的基层,按外围体积计算。突出箱外的灯饰、店徽及其他艺术装潢等均另行计算。

(4)灯箱的面层按展开面积以"m^2"计算。

(5)广告牌钢骨架以"t"计算。

2.美术字安装按字的最大外围矩形面积以"个"计算。

3.压条、装饰线条均按"延长米"计算。

4.暖气罩(包括脚的高度在内)按边框外围尺寸垂直投影面积计算。

5.镜面玻璃安装、盥洗室木镜箱以正立面面积计算。

6.塑料镜箱、毛巾环、肥皂盒、金属帘子杆、浴缸拉手、毛巾杆安装以"只"或"副"计算。不锈钢旗杆以"延长米"计算。大理石洗漱台以台面投影面积计算(不扣除孔洞面积)。

7.货架、柜橱类均以正立面的高(包括脚的高度在内)乘以宽以"m^2"计算。

8.收银台、试衣间等以"个"计算,其他以"延长米"为单位计算。

9.拆除工程量按拆除面积或长度计算,执行相应子目。